《郑州大学学报》（哲学社会科学版）名栏建设文丛

U0242987

环境美学

基本问题研究 下

乔学杰　主编

中原出版传媒集团
中原传媒股份公司

大象出版社

·郑州·

二、环境美学与外国美学

感知与体验：波德莱尔美学思想中的城市与自然

⊙杨一博

⊙北京师范大学价值与文化研究中心

波德莱尔的美学思想被认为是审美现代性理论的源头，他对城市生活的审美体验被西方理论家进行了不同层面的诠释，丰富了西方美学理论资源。但是，我国在吸收这些理论时往往忽略了波德莱尔审美现代性的原初性特征，将其思想直接纳入到一个体系化的审美现代性理论之中，导致无法发现其美学思想的真正价值，这主要体现在：集中研究发掘其对城市和现代化进程批判的思想，将其诗学理论抽象地放入西方文论史中考察，片面地讨论其对西方象征主义的影响等。波德莱尔审美现代性的原初性体验强调现代化过程对个体感官体验的改造，以及如何通过自身体验与剧烈变化的外在环境相适应。现代化的过程给其思想带来了巨大的矛盾性，他并未全盘否定现代性和城市化进程，也并没有在强调个体体验的"人类中心主义"下忽略对自然的审美。本文试图结合当前生态、环境美学的研究，发掘波德莱尔在城市化进程中的原初审美体验对自然的观照。

一

从题材上看，自然风光在波德莱尔的诗歌和艺术批评中并未占重要地位，如在诗集《巴黎的忧郁》中，波德莱尔以城市为对象，仅有的少数自然风景描写也都是基于城市的背景之中。但是从波德莱尔的整个美学思想看，自然始终贯穿于其中。如在诗集《恶之花》中，虽然并未对自然风光进行直接描写，但大量自然景色作为隐喻穿插其中，特别是诗作《应和》更是清晰地表达艺术要应和自然所蕴藏的隐喻。从这个意义上看，自然甚至是波德莱尔艺术思想的核心。

《巴黎的忧郁》中的自然是和城市相对应的自然风景。在《世界之外的任何地方》中，波德莱尔描绘了与城市相对的树、湖水、矿场以及荷兰风景画所描绘的自然。对与城市相对应的自然风景的关注和描绘是与19世纪巴黎城市化进程相关联的，城市对自然的破坏以及由此引起的对自然的怜悯被认为是审美现代性理论中的一个重要话题。但是，我们应注意到，处于这个过程开端的波德莱尔反对的是城市对人们原有生活经验的冲击，而城市对自然的改造和吞噬并未成为他批判的话题。如波德莱尔在《巴黎的忧郁》中亦有对城市中自然风景的描绘，像"宫殿外的大水池和草坪，城市上空的月亮以及港口"等。实质上，基于技术条件和经济物质水平，处于城市化开端的19世纪的巴黎并未像当前一样如此猛烈地对自然进行破坏和改造。大卫·哈维论述了奥斯曼对巴黎的改造工程："一方面，它强调建造健康都市环境的过程中，空气、阳光、水与污水的自由循环；另一方面，它在同时间也唤起了整个城市金钱、人群与商品的自由循环的联结，彷佛这些事物完全是出于自然。"① 哈维对资本主义的批判只是一种研究视角，不过我们从中可以看到城市建设与自然间的关系。所以，认为波德莱尔对城市化进程的批判就是对传统田园风光保护的唤醒是不妥的。但是，波德莱尔在批判城市给人的生活经验带来的断裂中，自然风景作为城市的环境和背景也必然遭到他的批判。他说道："艺术家的第一件事就是用人取代自然，并向自然提出抗议。"② 他在《世界之外的任何地方》中呼喊不能生活在城市之中，也不能在城市之外的自然之中生活，只有在这"世界之外"才是他栖息的地方。那么"这世界之外"是哪里？在《恶之花》中我们

---

① ［英］大卫·哈维：《巴黎城记》，黄煜文译，广西师范大学出版社，2010年，第266页。

② ［法］波德莱尔：《波德莱尔美学论文选》，郭宏安译，人民文学出版社，2008年，第251页。

看到，这"世界之外"实质就是个体心灵体验中的自然。

波德莱尔在《恶之花》中对自然风景的描绘充满想象力，他总是用绚丽的辞藻来修饰自然之物，特别注重对自然景色的色彩和气味的描绘。波德莱尔美学思想最显著的特征是他对处于环境之中的个体体验的把握及阐释，他所肯定的自然正是能够唤醒个体体验并被个体体验所表达出来的自然。在诗作《应和》中，他认为自然就是宇宙，人生活在象征的森林之中，自然注视着人，用芳香、声音和色彩与人相互应和。在他的诗作中，自然呈现为以下两种面貌：首先，自然不是人之外的自然，它必须能够唤起人独有的、愉悦的体验，所以波德莱尔要让艺术家战胜自然。这里的战胜不是征服，而是将所有感官介入自然之中。从这个角度出发，我们也就能够理解他对于城市向自然拓展并未采取批判的态度。其次，自然是个体与外在相互体验的自然。"应和"的法文和英文在各自语言中都有相互联系、回应之意，所以诗作表达的不仅仅是个体对自然的体验和反映，更重要的还有自然与个体间相互体验的意义。从这个角度出发，我们不能简单地认为波德莱尔的自然观是纯粹的主体想象，也不能认为他所构造的自然是一种审美乌托邦式的抒情地带，它是精神和外在相互交融并达到愉悦的自然。从整体上看，波德莱尔在《应和》中表达出了一种内在的、精神的生态主义。①

波德莱尔作品中的主题"恶"也与其自然观有密切的联系，他作品中恶的观念主要是对奥古斯丁、梅斯特、拉克罗及萨德等关于恶的思想的继承和综合。波德莱尔认为，恶既来源于人的原罪，也来源于人自身所构建的社会和存在的世界。其中拉克罗认为恶的来源之一是人与自然的分离，这种分离又是源于人类构建的社会结构的崩溃。萨德的哲学和自然紧密联系，他认为大自然总是在人的破坏和重建的反复折磨之中，这种对折磨的变态追求根源于人对肉欲

---

① Matthew Del Nevo, *Baudelaire's Aesthetic*, Sophia, 2010, p.513.

和性的追求，所以恶是性的堕落。① 从此角度观察波德莱尔作品中的恶，可以发现其与他自然观间的隐秘联系，即他认为只有基于像对原罪进行观照的那种最内在的、虔诚的体验，才能真正描绘人和自然的关系，由此我们不难理解为何在其作品中经常出现腐烂的花、潮湿的阳光、裹尸布般的云彩等意象。这并不是波德莱尔矫揉造作的词语游戏，它们象征着自然与人内心深处的相互体验过程。

波德莱尔批判城市化进程对人的生活经验和感官带来的巨大冲击。他认为，面对城市这样一个被建构起来的生存环境，只有在个体内心体验之中建构出一个与城市环境相互体验的自然，才能使个体在被建构的同时保持住自身完善的体验和个体人格的完整。正如他在《人群》中所表达的那样，可以随心所欲地成为自己和他人，可以沉浸在众人之中，亦可以在人群中保持孤独。这种"逍遥"的状态正是得益于个体内心与外在环境的和谐体验，即内心的自然与外在的城市间的相互体验。从这个层面上看，波德莱尔的自然观对当前的生态、环境和城市美学具有巨大的启示作用，即如何在精神和内心中去应和外在的自然与城市。

二

波德莱尔试图在内心建构一个与外在匹配的自然，一方面希望以此来唤醒城市中孤独和充满厌倦感的人群，另一方面又希望使个体内心与迅速变化的城市时空相适应，而他的方式就是建构一种全新的体验模式。波德莱尔认为："现代性就是过渡、短暂、偶然，就是艺术的一半，另一半是永恒和不变。"②他对现代性的定义——"过渡""短暂""偶然"——本身就是一种审美体验的描述。他崇尚瞬间性和充满偶然的变幻性的美，原因就在于他希望以这种独

---

① Damian Catani，"Notions of Evil in Baudelaire"，*The Modern Language Review*，2007，pp.994-997.

② ［法］波德莱尔：《波德莱尔美学论文选》，郭宏安译，人民文学出版社，2008年，第440页。

特的体验来适应迅速变幻的城市化过程。在《天鹅》中他写道："城市的模样，唉，比凡人的心变得还要迅疾；我只在想象中看见那片木棚，那一堆粗具形状的柱头、支架，野草，池水畔的巨石绿意莹莹，旧货杂陈，在橱窗内放出光华。"① 可以看出，波德莱尔试图以内心想象体验中的自然赋予迅速变化的城市一种诗意的美。但是，这种新的体验方式绝非被动地建立在外在的城市化进程之中。波德莱尔敏锐地观察到现代城市化进程带来的巨大的贫富差距等社会问题，也敏锐地体验到城市化进程给人带来的孤独和厌倦。所以，波德莱尔全新的体验模式是建立在个体内心主动体验之上，它在适应外在环境的同时，也对其进行有力的批判和反思。波德莱尔的体验方式是一种兼具反思性和建构性的体验，它主要体现在空间中的移动性体验和时间中的回忆性体验。并且波德莱尔认为这两种体验方式不是单纯的思维游戏，它们是建立在人的身体对外在环境感知基础上的，"尊重我们的身体所说的话"② 是他体验方式的内核。

波德莱尔对移动性体验的重视源于19世纪巴黎城市改造对空间的拓展和重塑，一方面城市建设不断地将自然环境纳入其中，另一方面在城市之中又重塑了与乡村生活迥异的生活空间。所以，只有通过人的身体在空间中的移动体验，才能把握整个城市化过程。波德莱尔作品中的"漫游者""流浪汉""闲逛者""人群中的人"，正是移动中的体验者，它们居无定所，浪迹世界，在人群中穿梭。我们在"流浪汉""拾荒者"的身上看到了逝去了的乡村和自然风光中的生活经验，也在"闲逛者""漫游者"身上看到了城市场景中的生活景色。并且波德莱尔认为，这种移动体验具有穿透性，通过"漫游者"的移动，重塑城市人群的审美体验，打破厌倦和孤独的城市生活。"他可以随心所欲地成为自己和他人。就像那些寻找躯壳的游魂，当他愿意的时候，可以进入任何人的躯体。"③

本雅明在《巴黎——19世纪的首都》中把闲逛者置于商品经济造就的拱

---

① ［法］波德莱尔：《恶之花》，郭宏安译，中国书籍出版社，2006年，第67页。

② ［法］波德莱尔：《波德莱尔美学论文选》，郭宏安译，人民文学出版社，2008年，第63页。

③ ［法］波德莱尔：《恶之花》，郭宏安译，中国书籍出版社，2006年，第144页。

廊中考察，使波德莱尔笔下闲逛者的移动性具有了批判资本主义的维度。大卫·哈维在《巴黎城记》中详尽论述资本主义构造的城市地理空间的同时，也赋予了闲逛者穿梭资本和权力空间的魔力。不过，与本雅明对闲逛者赋予的英雄气质不同，哈维认为这种穿梭最终只能带来死亡，愈加地揭露了资本运作的恐怖性。但是，这种理论只是对波德莱尔移动性体验多种阐释的一维，并不能将波德莱尔的审美体验全盘纳入对城市、社会和政治的批评之中，西方学者亦有从波德莱尔漫游者审美体验出发，论述在城市移动之中身体对城市的双向感知体验，认为在城市中移动的散步体验是对城市化进程中的人的心灵的修复。①

波德莱尔在建构与外界应和的自然中尤为重视时间中的回忆性体验。在《记忆的艺术》中，他认为完美的艺术作品是通过艺术家的记忆完成的："一切优秀的、真正的素描家都是根据铭刻在头脑中的形象来作画的，而不是依照实物。"② 在诗作《我爱回忆》和《我没有忘记》中，他将回忆作为源于诗人本性的任务，甚至通过鸦片的作用来排除外在时空干扰，以此在个体自身体验中进行回忆："时空因鸦片而加深，鸦片赋予它一种神奇的、具有各种色彩的意义，使各种声音都振动起来，其声响更加意味深长。"③ 波德莱尔通过回忆的内在体验生成新的经验，并以此来适应城市化进程给人带来的断裂感。在 1857年法院禁止波德莱尔《恶之花》中 6 首诗歌出版的案件中，公诉人提出的第一条检举理由便是波德莱尔的诗歌唤起了人们已经逝去的感官刺激，认为这些感官刺激和所形成的经验都是堕落和邪恶的。④

---

① Nancy Forgione, *Everyday Life in Motion：The Art of Walking in Late-Nineteenth-century Paris*, The Art Bulletin, 2005, pp.664-687.

② ［法］波德莱尔：《波德莱尔美学论文选》，郭宏安译，人民文学出版社，2008 年，第 443 页。

③ ［法］波德莱尔：《波德莱尔美学论文选》，第 171 页。

④ E.S.Burt, *An Immoderate Taste for Truth：Censoring History in Baudelaire's Les Bijoux*, Diacritics, 1997, p.21.

波德莱尔对回忆的重视并不是对过去事物的留恋，也不是以过去事物的美好来批判城市化进程所带来的新事物，而是关注城市化进程所带来的新的感知经验，批判这种新经验给人带来的断裂感，以及在城市化进程中的巨大变迁给人的体验感官带来的伤害。所以波德莱尔以回忆为体验对象，希望在这体验中建立新的经验，以弥补城市化进程给人的感官经验带来的缺失。波德莱尔的回忆性体验是一种经验的再造和生成，而不是对时间的挽留和再现性的纪念。正如在巴黎改造工程中大量建立的、记录巴黎旧城面貌的纪念馆，它们只是对时间纪念的物化形态，而并非回忆性体验。本雅明的"震惊"理论很好地诠释了波德莱尔回忆性体验的功能。他认为，基于回忆经验的"震惊"恰恰是对处于现代性过程中人们感知体验的保护，是现代性体验中的防御机制："震惊防御机制的特殊成就或许体现为，它能够在意识中以牺牲内容的完整性为代价，把某一时刻指派给一个事故。"[1] 波德莱尔回忆性体验的最终目的也正是在个体内心之中建构与外在环境相适应的感知方式和经验。

三

生态、环境美学兴起于现代化进程对生态环境大肆破坏的背景之中，是反思人类中心主义的哲学基础。波德莱尔在现代性和城市化进程开端，对自然的界定以及对自然与城市关系的审美体验方式的建构，对当前生态、环境美学研究具有重要的启示。

在生态、环境美学中，城市与自然的关系越来越成为研究的重点，城市是人类文明的重要型态，正确处理自然与城市的关系才符合人类文明发展的路径。波德莱尔美学思想中的自然是与城市紧密关联的，他通过内在体验的方式建构出与城市化进程相匹配的自然世界，并通过艺术创造的方式表达出来。他通过审美体验将自然界中的事物纳入到对城市的审美体验之中，自然与城市的关系在体验

---

[1] ［德］瓦尔特·本雅明：《巴黎——19 世纪的首都》，刘北成译，上海人民出版社，2007 年，第 192~193 页。

之中和谐交流。并且，波德莱尔的体验具有高度的反思性，这种反思性维护了自然与城市间的张力，使精神体验具有强烈的实践性。从波德莱尔的理论中我们看到，城市发展不是与自然绝对对立的，城市发展中对自然的改造和保护也不是简单地在城市中植草种树。波德莱尔认为，人在城市和自然间的和谐体验和由此得到的经验才是核心。所以，城市建设不只是物质上对自然风景的运用，更应该注重对人的和谐体验的建构，这也是城市美学理论的核心。

波德莱尔以体验为核心的美学理论重视在现代性过程中对人的体验方式的塑造，特别是他对现代城市化进程中人的身体感知方式的探寻，对环境美学中的"参与美学"理论具有启发性。伯林特认为环境经验包括人所有感官的诸多因素，"审美融合"就是要超越艺术审美语境，将人在环境之中的一切感官经验融合在一起，最终对生态环境达到审美的境界。[①] [法] 波德莱尔在城市与自然之间重塑以身体为基础的体验方式，综合人的嗅觉、听觉和视觉体验"芳香、颜色和声音在互相应和"。[②] 他提倡人在环境中移动的审美体验，将传统的凝视审美方式转变为扫视的审美方式，突出在移动扫视体验中的距离空间感受，以"最后的一瞥"作为现代性城市环境中的审美特征，这些理论在当前生态、环境美学关于人在环境中经验生成的讨论中具有重要价值。

波德莱尔强调内感知的体验代表了西方美学发展的转向——美不再是与绝对抽象概念有关的事物。波德莱尔认为，美就是现时代中的现象："各个时代、各个民族都有各自的美……绝对的、永恒的美不存在。"[③] 并且，对美的发现也不再依靠康德所建构的审美直观，因为基于直观的审美方式已随着现代社会科学技术的发展而变化，如科学中的量子力学使得传统直观的空间和直观的时间

①　程相占：《阿诺德·伯林特：从环境美学到城市美学》，《学术研究》2009 年第 5 期。

②　[法] 波德莱尔：《恶之花》，郭宏安译，中国书籍出版社，2006 年，第 10 页。

③　[法] 波德莱尔：《波德莱尔美学论文选》，郭宏安译，人民文学出版社，2008 年，第 272 页。

呈现出非直观的趋势。"世界本身对于现代人来说也失去了本身自明的性质。"① 所以，波德莱尔以内感知的体验作为认识世界的方式，大自然作为艺术家体验的对象被赋予了具有个体性和时代性的意义，这种被体验的自然甚至是更真实的世界。"艺术家像预言家一样，以内感知分解重构自然事物，并重新构造一个更加真实的世界。这种方式不同于科学对自然的认知，它不是基于逻辑和工具主义的。"② 可以说，波德莱尔以艺术体验世界的认知模式，启发了海德格尔和阿多诺关于艺术与现实世界关系的阐释。波德莱尔以体验为核心的认识论转向也为生态、环境美学的哲学基础提供一种反思的维度。生态、环境美学反对人类中心主义哲学观，力图在解构主客二分的认识论基础上达到人和环境的相互交融。波德莱尔尊重人对外在事物现象的心理体验，并以体验的方式来适应和改造与之关联的人和世界的发展。以胡塞尔为开端的现象学理论也是从对人内心意向性体验研究为出发点，甚至在胡塞尔"想象""回忆"和"滞留"理论中，我们可以看到波德莱尔对回忆性体验论述的影子。而以现象学为基础的海德格尔存在主义以及梅洛庞蒂现象学对主客二元的克服，是当前生态、环境美学的哲学基础。虽然波德莱尔以体验为核心的哲学思想与存在主义甚至与主客消融的认识论有内在的关联，但我们并不能以此来排斥波德莱尔的生态、环境美学思想，而是应努力发掘波德莱尔对社会发展和哲学转型有价值的理论，为生态、环境和城市发展提供理论支撑。

（刊于《郑州大学学报》2012 年第 1 期）

---

① ［德］施太格缪勒：《当代哲学主流》，王炳文、燕宏远、张金言等译，商务印书馆，1989 年，第 25 页。

② William W. King, "Baudelaire and Mallarme: Metaphysics or Aesthetics", *The Journal of Aesthetics and Art Criticism*, 1967, p.171.

关注平常物

—— 日本木质建筑所体现的环境美学理念

◎ ［美］芭芭拉·桑德斯

在日本拥有加速发展的技术和先进商业的情况下，伊势神宫或在伊势大神社的美丽和静穆的庄严中，继续敬畏着那些远道而来体验这自然和人造环境神圣交织的人。通过那好客的神社前的牌坊和入口，游人缓缓地穿过那有着精美雕刻的木质人行小桥，在它下面静静流淌着五十铃川。其他的木质牌坊指引着人们在高大、芳香的樟树和日本柳杉的陪同下继续他们的旅程，在那儿，一个接一个羞怯的日本神道圣殿从灰绿色的树荫中浮现出来。其中最受尊崇的神殿每二十年都要被经过传统训练的木匠用日本扁柏仔细地重新整修一遍——这是一个需要花费一生的时间去从事的巨大工程。最著名的伊势神宫内宫，隐藏在庄严的古树之中，拥有日本民族保护神——天照大神的荣誉。重修之处既交错相邻，又有着有序规定，包括清洁和刷新表面。在整修的同时又要保存它原有的、不同寻常的精巧简单的设计。因此，内宫神殿既崭新又古老，既雅致又不失庄重，既平常但又独特。它是昙花一现的，又是经久不衰的。仅仅是身居其下的土地就足以使其从过去到未来都焕发出生命的活力，引导我们去细想过去与现在、新与旧、简单与复杂之间的美学关系。这些被认为是对立的东西根本就不是敌对的，而是空间、地点和时间的统一体。

伊势神宫是日本最受尊敬的平常物，它拥有很高的价值——不仅是因为它安静的氛围和古老的建筑，更因为它体现了被前人所珍惜的地球和天空的和谐品性。其周围的环境充溢着激情、愉悦和美。各种各样的神殿，其中有些和一间小房子大小相当，都体现着建造它们的古代匠人的精神和创造力。这些神殿有的是供游人参观，而有些是供神灵栖息，但都附带着固定的树木和岩石。在日本，天照大神象征着农业和文明的不可分割的联系，其精神渗透在其所居住的内宫神殿中。就是这个神殿，不仅象征着日本先前的皇帝居住的寓所，而且还代表着一般平常的房舍。所以，一个平常的事物往往超过了它被赋予的一般的含义，保留住这些平常物也就相当于保存住了它所承载的不同寻常的意义，就像我们保存其他有意义的物件一样。

英语单词"平常物"，从其字面的含义来说，在日本并没有一个精确的词语与其对应。但在古希腊它是指一个特殊的场所，在那里人们聚集起来交流思想。现在，我们一想到平常物和平常的地方就会想到一般的、无特点的和平庸的。我们厌倦了本国传统文化，不再认为建筑上的细节与精确有其价值，而是把它等同于时间与金钱。我们也发现被许多木匠和手工艺人所展现的谦卑与谦逊的概念是多么的冗长乏味，而不管他们是在精心制作语言、物体、油画还是建筑物。整个发达国家、传统地区和创造它们的人们正在被新的地区和职业专家所取代，他们多次无意识地表述着平常物的现代概念。

然而，传统的平常物联系着人和场所，即使表面上看来是平常单调的，也可能值得我们去注意。一个英国的平常物，用绿叶和季节性的花朵作装饰，就能激起我们的兴趣，而一个简单的日本木质建筑却很少引起我们的注意。在日本，自然的木质材料即意味着平常物。它作为建筑材料本应享有的声誉却被其他一些因素所败坏，这些因素包括其浪漫的、怀旧的形象，收获和进口所需花费的巨大数额的本钱，以及木质材料本身所具有的在地震中易毁坏和易引燃与其紧密相连的城市居所的危险性。然而，这些却不应该阻止我们去研究古老的或是现代的木质建筑和仿木建筑的价值。我使用仿木一词是因为现代的建筑师，像安藤忠雄在他最近的一些设计中就发现了许多利用或者说是暗示木质去表达品质的方式，这些品质可以使木质材料继续散发诱人的魅力。再者，当前的统计资料表明大约3500座建筑物中的百分之九十都是木质建筑，而这些建筑都是由日本政府指派的作为重要的文化遗产而建筑的。① 传统的日本建筑依然对日本乃至全球的现代设计者发挥着强有力的微妙影响，探究古老观念的价值和环境美学的现代概念之间的完美平衡这一活动向我们展示了二者之间一些令人惊奇的相似点。

大多数学者和专业人员都一致认为，古代日本人发展了一种普通而又复杂的环境美学语言，他们意识到改造环境这一行为从本质上来说是一种充溢着神话、信仰和精神的艺术行为。早期的诗歌和文学描写了木和树的美学品质。素描、油画和版画描画了景观和结构之间的相互联系。树木、木质和寓所的重要性就好像有无数的神话、传奇、传闻、故事和最近的逸事，它们都致力于变伪为真。它们中的一些可能有部分的真实，而其他的可能完全是在阐述寓言和比喻，它们经过数世纪的培养，最后变为日本文化的一部分。日本文化和日本的平常物不能分割，因为二者都产生于大地和天空的结合。

然而，就像段义孚所提醒我们的，"文化是人"试图提升自己高于自然之上②。段义孚强调人不只是两只脚的生物。因为我们关心大地，我们就应该调用我们所有的感觉能力。他问道："什么是人类?"答案是："人不仅是一个两足的动物，而是一个能停下来闻一闻大海的味道，能聆听音乐的静谧，能沉思建筑内部变幻的空间，还能惊异于只能用心灵的眼睛才能看到的宇宙的弧度的个体。"③

但是，在今天，我们却不乐意接受文化的农学和生物学上的来源。取而代之的是，我们乐于接受文化的定义学，而这只是代表了西方的哲学观念，像智力的训练、思想的精练以及后来这种精神原则对一个特殊社会所产生的影响。我们对文化的定义也赞美人类智力的抽象发展。如果我们肯定这一定义的话，

① Knut Einar Larsen, *Architectural Preservation in Japan*, Trondheim: Norway, Tapir Publishers, 1994, p.3.

② Yi-Fu Tuan, *Passing Strange and Wonderful*, Washington D.C.Island Press, 1993, p.240.

③ Yi-Fu Tuan, *Passing Strange and Wonderful*, Washington D.C.Island Press, 1993, p.240.

那么，学者将会被认为是有文化的，而农民、艺术家、匠人则毫无文化可言。于是，一种自我意识也就形成了，而这种自我意识却把文化等同于品位和礼貌。

我们所丢失的就是海因里希·恩格尔所称作的"情感愉悦"。① 在其早期著作《日本住宅》中，恩格尔指出了一种我们现在可能不愿意使用的评估文化的方式。他认为，人类有从环境中获取情感愉悦的能力，并以从环境中获取的情感愉悦的深度来对文化进行评估。恩格尔沉迷于被我们一般人所忽视的环境的美学品质之中，包括季节变化的微妙。他说，鉴赏"自然的节奏有助于提升现代社会的文化内涵，所有的研究、工作和创造活动都应该为这一最终目的服务"。②

或许，这只是一种空想，然而我们又是多么的文明与高尚。年轻的恩格尔对日本环境抱有极大的热情，他认识到了文化对建筑的极大意义。其著作一半以上的内容都在致力于描述环境与美学。他很容易就使我们相信日本的建筑"是一个强有力的和有着极大意义的环境，它能够激发居住于其中的人们的哲学思维、宗教信仰、艺术活力和情感感知"。③ 在其著作第一次出版后的二十多年里，原书中的他集中精力描写日本木质建筑技术方面的两章内容被再次出版。在那里，他声称研究"环境境况的全部领域"或许是无用的或没有必要的。他劝服我们说，这两章内容从他原本的哲学基本观念中分割出来，能够给读者提供一个从传统日本建筑中提取出一些因素再利用于当代西方建筑中去的动力，即一种欧洲式的日本后现代主义。把传统日本文化从日本的建筑中分离

---

① Heinrich Engel, *The Japanese House : A Tradition for Contemporary Architecture*, Tokyo : Charles E. Tuttle, 1964, p.363.

② Heinrich Engel, *The Japanese House : A Tradition for Contemporary Architecture*, Tokyo : Charles E. Tuttle, 1964, p.363.

③ Heinrich Engel, *The Japanese House : A Tradition for Contemporary Architecture*, Tokyo : Charles E. Tuttle, 1964, p.483.

出来，可以给他提供这样一种便利，即首先他可以把结构成分抽象化，再对此进行分析，而无须承认审美价值的很大部分在于复杂的居住形式和在地面上所处的位置。对于具体的项目而言，通过认为文化是多余的，恩格尔也就自然地打开了通向环境的单独的技术之门，事实上，他也就无意识地否认了乡土建筑的价值和那些自学成才和师从于专业人员的人。

对文化及其发展做一个本质上令人满意的和有教育意义的解释是我们必须要做的，因为这是我们对过去古老文明所欠下的精神的、美学的以及智力的债务。甚至现在，在日本的许多地方，手工艺品、艺术和其他的建筑，不管是复杂的还是简单的，都依然充溢着对文化的原始理解。日本的概念、观念以及极其有意义的复杂的审美能力的早期发展都以最基本的方式反映出原始文化的持久价值。

尽管佛教对日本建筑所产生的精神的和美学的影响被大量记载着，但是对技艺高超的手工艺人有着根本的宗教和艺术影响的还是日本的神道教。它以诗歌和颂歌的形式把木质的灵魂和对其在建筑中的应用所应给予的尊重灌输给已经掌握了必要的手工技艺的下一代人。兰登·华尔纳怀着敬畏的心情描述了他在20世纪20年代偶遇的一个木匠，这个木匠向他讲述了一个特殊圆木的命运，这根圆木命中注定要去修补奈良市的一个巨大的佛教教堂："兰登·华尔纳被告知，那颗圆木已经被砍倒三年了，在它被伐之前它已经历了多年的岁月，然后它被制成木板揳入木堆中以使其和空气相隔绝，然后再经过数年的时间它才能被钉在高大建筑物的合适位置。就在那时，森林女神为了使其从被扭曲的痛苦中逃脱而劈开了那根圆木。"①

很明显，仁慈的森林女神在离开之前一直在等待圆木足够干以便能够把它切割成木材。尊重圆木的意志就要确保它能够保持常绿而不是被人为地砍伐，同时减少劈开木材事件的发生。这听起来似乎是空想的和有趣的，但是，正像华尔纳所指出的："作为艺术的一部分而发展起来的祈祷和礼拜仪式决不能像

---

① Langdon Warner, *The Enduring Art of Japan*, New York: Grove, 1952, p.2.

摒弃毫无意义的迷信活动一样把它们驱除掉。在它们之中暗含着许多必要的传统的礼仪，就是今天不动感情的科学家也要重新认识它们。"① 确实，这些典礼依然存在并且还将毫无疑问地存在于 21 世纪。它们由于庄严的神殿、教堂或是雕像将被重修，或是像伊势神宫内宫被反复重修的情况而呈现出丰富多彩的变化。更重要的是，这些古老的仪式有助于创造至今仍被称赞的平常物的固有的高雅性。

大多数的平常物都超过了其表面上的世俗、乏味和平庸，因此，我们很难以冷漠或超然的态度去看待它们，然而，大多数的我们却不能赋予它们本应拥有的深刻含义。两个完全不同的 20 世纪的日本手工艺人的艺术作品和思想为我们提供了关于平常物的美学价值及其与文化的亲密关系的极其相似的观点。其中一个是传统的木匠，而另一个则是非传统的建筑师。

从 1934 年到 1954 年，由主要工匠西冈负责对古佛教教堂法隆寺的重修工作，随后，他又负责重修了其他重要的教堂和神殿。他曾经在一篇文章中解释了为什么说理解和尊重每一根木材对一个木匠来说具有至关重要的意义，包括了解它的原产地以及它作为一个神圣空间中许多块木料之一的最终命运："自然万物，无论树还是人都有自己的生命……这就意味着我们必须在树木的生命中生活和呼吸。如果我们不能和木材沟通，我们就没有资格建造神道教的神殿和佛教的教堂。"他花费了许多年的时间才完全认识到法隆寺的伟大不是因为它的古老，而是因为它是人类智慧和木材生命的完美融合。

而西冈之所以能得出这一结论，则缘于他自己独特的求学经历。学习木匠使西冈和他的父亲之间产生了激烈的矛盾，他的父亲想让他进一个工科院校，而其祖父则希望他进修于一个农业院校，然而从事农业却并不是西冈的愿望。随后的数年，西冈都深深憎恶其祖父的坚定决心，因为这样即意味着他要被强迫去养育地球，而不能跟随许多专业人员学习木匠技艺。但西冈也承认，一段时间之后，在其祖父的鼓励之下，他逐渐掌握了土地和创造以及直接经验和智

---

① Langdon Warner, *The Enduring Art of Japan*, New York: Grove, 1952, p.21.

慧之间的亲密关系的意义。"多亏了农业和祖父的教育。"他写道，"因为在这之后我才能明白法隆寺有着 1300 年历史的古老木料现在依然充满着生命的活力以及它为什么如此。"

能够在法隆寺工作，西冈感到无比的骄傲，事实也的确如此。世界上最古老的木质建筑无疑就是法隆寺的金色大厅，像许多木质建筑一样，一座赋有中国式灵感的精美佛教建筑在其完工后不久就重归于尘土。在 8 世纪初法隆寺被重修，在其周围的建筑也被重修或保存，甚至在西冈们开始他们艰苦的重修工作之前，法隆寺已经在随后的世纪里被一再重修。1954 年，在金色大厅经历了又一场火灾之后，最终举行了其落成典礼仪式。纵观其过去和现在的脆弱的存在物，西冈认识到复杂物其实就是平常物。

可见，人与场所、过去与现在之间的深刻联系似乎和传统的日本思想以及许多现代思想有着亲密的联系，甚至一个外国人也能掌握它们之间的持续意义，像希腊、英国和美国的旅居者拉夫卡迪沃·赫恩在日本则以小泉八云而闻名。早在一个世纪之前，他就指出对过去的感激之情就是日本人情感的一大部分："我们所有的知识都是流传下来的知识。逝去的前人给我们留下了他们所学到的所有知识的记录，包括他们对自身和世界的认识，生和死的法则，自私的错误，仁慈的智慧以及牺牲的义务。他们给我们留下了他们所认识到的关于气候、季节和地方的所有信息。……他们创造了所有我们今天称之为文明的东西，并且相信我们能够修正他们所犯下的无法避免的错误。他们为此所付出的辛苦是无法计算的；而且仅仅由于他们为了获取知识而付出的无尽的痛苦和思索这一原因，他们遗留给我们的所有知识都应该是神圣和珍贵的。"①

赫恩所提到的"记录"，事实上只是以口述的形式传给了我们。木匠一般只把他累积的知识和智慧传给他的一个学生，而这一个学生也将履行同样的责任，即从下一个学生中挑选出一位，然后再把其知识传授于他。据西冈所说，其祖父在去世前一年把木匠的技艺传授给了他，并且告诫他只有当他找到一个

---

① Lafcadio Hearn, *Kokoro*, Boston: Houghton Mifflin, 1896, pp.288-289.

能够发扬木匠的所有传统，包括文化和农业之间的特殊联系的人，才能将知识传授于他。而且，无论在何种情况下都不能将木匠的知识写于纸上。如果没有人符合这一标准，那么木匠的这一传统知识就将失传。

西冈认为他从前人那里继承来的知识最为珍贵，这些知识超过了一般的常识、直觉和那些被建筑师和其他人斥之为老生常谈的东西，甚至超过了一些包含经验的看法和判断。祖父的智慧最终感染了他的灵魂。神学家贝尔顿·C.莱恩称这种理解的深度为"见解的多科性"。① 莱恩多少有点悲观地表示，他很难完全理解时间或地方的精神，哪怕是片刻的理解也很难做到。"在我对我所居住的世界的理解中有太少的微妙性。它显得如此的深奥和模糊。而其他的人则对隐藏在平常物之中的可能性看得更加清晰，因为他们更加关注于平常物本身。"②

虽然传统和承继的知识让西冈和古老的、神圣的木质建筑紧紧地联系在一起，但是安藤忠雄则设计现代的和未来派的建筑。他设计的作品大都显示出他丢弃了日本的传统。但是，他也受益于承继的知识，纵使是以一种非传统的方式。正像西冈的祖父鼓励其孙子通过农业来理解世界一样，安藤忠雄的祖母也认识到，紧紧依靠大学的教育是远远不能满足其孙子在建筑上的天赋的。因此，她出资让安藤去研究世界，以让他能够学到在大学中无法学到的知识和经验。事实上，安藤在从事短暂的拳击运动之后开始了自学，他的普遍的研究结束在他所开始的地方：大阪。他的作品几乎可以称之为保守的，但是，这样也许会让人误解。它仅仅从保守的字面意义来说才是保守的，也就是说，它保持了日本传统的持续性。

安藤对平常物的敬重不仅表现在他的建筑设计上，还表现在他对诗歌的理

---

① Belden C.Lane, *Landscapes of the Sacred*, Mahwah N.J: Paulist Press, 1988, p.7.

② Belden C.Lane, *Landscapes of the Sacred*, Mahwah N.J: Paulist Press, 1988, p.39.

解上。他声称，他有"一个日本的感觉能力"①，而且创造诗歌的固有原则也同样适用于建筑。"我相信，就像诗歌是由精选的语词组成的一样，建筑作品也应该由精选的场景组成。"② 这些场景，就像一首俳句或一首连歌的首句，"必须洋溢着联想和共鸣"③，否则这个作品就是不成功的。他写了下面这首诗来表达他的观点："光和风/阴影和无的回声/个人意志的印记/统一的束缚。"④ 他的诗加强了他关于结构和光的观点。"建基在几何学的基础之上的结构通过光线的引入而使空间成为一个有机的整体。"他解释说："光产生了场景，时间也被形式化了。移动的光线暗示了时间的永恒流动。"⑤ 安藤对神圣场所的设计，包括佛教和基督教的建筑，通常利用自然的光线和景观美化来创造饱含思想的空间，如此，这些空间就立即变得优雅和纯净。即使是天照大神也将毫无疑问地赞赏他这一举措。事实上，在一篇名为《即刻即永恒》的文章中，安藤承认了他对天照大神的居所——伊势神宫所欠下的一份债务，并暗示伊势神宫内宫"作为日本传统的审美意识的载体依然有着深刻的意义"。⑥

安藤在大阪的一个茶室就能够很好地说明他诗意的光辉。这座茶室隐蔽在一个小巷内，周围坐落着低矮的房舍，即刻衬托出它的既现代又传统、既唯美

① Ando Tadao,"The Culture of Fragments",*The Journal of Columbia University Graduate School of Architecture*,Planning and Preservation ,1987,p.154.

② Ando Tadao,"The Culture of Fragments",*The Journal of Columbia University Graduate School of Architecture*,Planning and Preservation ,1987,p.153.

③ Ando Tadao,"The Culture of Fragments",*The Journal of Columbia University Graduate School of Architecture*,Planning and Preservation,1987,p.153.

④ Ando Tadao,"The Culture of Fragments",*The Journal of Columbia University Graduate School of Architecture*,Planning and Preservation ,1987,p.151.

⑤ Ando Tadao,"The Culture of Fragments",*The Journal of Columbia University Graduate School of Architecture*,Planning and Preservation ,1987,p.154.

⑥ Ando Tadao,"The Eternal Within the Moment",*Ando Tadao Complete Works*,London:Phaidon,1995,p.474.

又谦逊的建筑风格。确实，千利休的精神或者千利休本人也会在这一茶室内感到无比的舒适。千利休是 16 世纪晚期的一个著名茶道艺人，在当时茶艺代表了日本的审美生活。他从来不会顾忌自己的需求，而是鼓励其客人在这一特殊的空间内去体验时空的微妙变化，这一时空可以激发起他们所有的感官。

在一个潮湿的七月的深夜，加布里尔·委瑞特和她的两位日本上司带着建筑审查的任务来到了安藤的茶室。入口的门敞开着。他们把鞋子脱在了入口通道处，然后就在一个通向镶嵌着天花板的小房间的非常狭窄的楼梯的上方彼此沉默着，周围一片黑暗。加布里尔·委瑞特请求把灯打开，而她的两位上司似乎并没有在意她的这一请求，她显然有些挫败。然而她在理性帮助下，逐渐地适应了包裹她的黑暗。当她进入房间，她立即闻到了地板上草垫的气味，甚至她那赤裸的双脚也感觉到了草垫的纹理。光亮的横木也散发出"温柔的香味"。当她的眼睛适应了那微弱的光线，委瑞特感觉到她已经和茶室完全融为了一体，就连她原先的挫败和疲惫也都消逝不见了。她把余下的时光描述为一个温暖、湿润和不同寻常的夜晚："我们在茶室里坐了很久，直到黎明破晓，开始时是一片静谧，我们感受着黑暗带来的宁静。后来我们开始交谈，当黑暗慢慢消去，光线充溢了整个空间，我们感到了四周的墙壁因为有了光和影的美妙图画而重新焕发出生命的活力。光亮而精美的木质天花板上的木刻俘获了晨曦的光线，把整个房间装扮成了一个惊异的、难以预测的空间。此时的空间宛然就是一个表演着光和影的戏剧的舞台。这是一个充斥着内心深处深邃而持久的快乐的时刻，是一个难以希求的时刻。"①

委瑞特在一个平常的地方体验了一次平常物，这个地方就是一个既古老又弥新的茶室或者是在日本随处可见的茶楼，其里面最为现代化的高层的建筑结构把整个茶室带进了在每个人的家里所举行的茶的"仪式"。委瑞特的两位上司深深地沉浸在安藤建筑的精神里，从而让委瑞特可以独自享受在茶室的每一时

---

① Ando Tadao, "The Eternal Within the Moment", in *Ando Tadao Complete Works*, London: Phaidon, 1995, p.468.

刻，没有任何的解释和说明，只尽心于体验黑暗里的光线。

尽管安藤以善于运用混凝土而闻名，他最近设计的两个建筑作品仍然是木质结构。一个是1992年为了丝波利展览会而建筑成的一个日本亭子，使用了柱和横梁的结构来表达传统日本文化的理念。而根据安藤的意思，这是再次回到了伊势神宫，现在被拆除的建筑往往引起国际的注意，因为其表面的质朴的设计。另一个是1994年4月在兵库县村冈町的一个小山村建造的木质文化博物馆。它运用了和展览会大厅一样的建筑理念，即用一座充当入口通道的桥把外界和建筑物连接了起来。这座桥长达200米，一直延伸到带有一个露天观测板的管理大楼。从远处看，博物馆似乎是一个巨大的木桩，正在从一个迷惑的小树林背后偷窥一场有趣的小规模的表演。一旦进入内部，一直走到下面的圆形斜坡处，那蓝色层状的圆柱似乎就高高耸入了云端。选择一个好的基点从高大的树丛中仰望天空，上面的光线每时每刻都在变化着，就好像站在一个真实的树林里仰望天空一样。

博物馆本身就是一个展览品。它既简单又复杂，充分展现了一个普通但富有精神内涵的地方，在这里对自然和文化的尊重似乎又浮现了出来。村冈町靠近鸟取市，坐落在日本海附近的山地上。博物馆面朝森林和农田，而海则隐藏在山地的另一方。安藤对于树木、海洋和太阳的理念暗示出日本诞生的神话和传统的日本对于环境的供品。确实，日本女皇通过参观场地并在那里种植了五棵树苗而贡献了自己个人的供品。这些特殊的礼仪连接了日本的过去和未来，它固有的神道教遗产也同样尊重树木、木材和富有现代乃至将来技术的建筑基地。

安藤的博物馆及其附近的森林就是平常物的一个例证。景观和建筑作为一个整体的力量共同引诱着人去探究建筑及其场地，就像数个世纪之前日本的先人所做的一样。参观者慢慢地攀沿着一条狭长而倾斜的走道，这条走道指向无数混凝土的阶梯，沿着这些阶梯一定可以进入入口处的桥廊。从某些方面可以说，这感觉就像进入神道教神殿的长长的通道，因为，沿着路线行走，我们所有的感官都像预期的那样复苏了。外部，内部，接着又是外部，我们的感官似乎瞬间增强了，因为它们能够同时集中其注意力。然而，参观者依然不能确定内部和外部的边缘线位于何处，因为此时的建筑、土地和天空似乎完全融合在一起了。稍后，当我沿着一个弯曲而狭窄的羊肠小道下到山下，进入一个小树林时，一个美丽的瀑布倾泻而下，还有一棵神圣而庄严的树木顿时映入眼帘，而美丽的瀑布正在其树根处潺潺流淌着。此时，周围的树木好像也都张开了它们的臂膀，来欢迎参观者进入一个奇特的圣地。这里充满着声音、光线和潮湿的清冷的空气，尤其是光线的变化，来回转移于树枝之间，时而明亮，时而朦胧。

安藤的诗和建筑捕获了光、形式和时间之间的关系，西冈对树木意义的沉思及其对神圣地方的尊重则提醒我们环境也可以以深刻的方式感动我们。西冈和安藤通过关注时空内的地球和天空清晰地阐明了关于平常物的文化。布尔顿·莱恩写道："当一个人开始猜想对任何平常事物的沉思能够通过关注与爱的方式获得不同寻常的意义的时候，这个人也就有可能瞥见玄奥。"① 然而，关注平常物，首先要求我们珍视现存的场所，重视它们对我们的生活所产生的根深蒂固的美学和精神的影响，其次还要求我们试图去寻找能够表达我们对后世人的尊重的新的种类的平常物，因为它们将是我们文化的保管者。

1995 年，在西冈去世之前，他把木匠的传统传递给了下一代人，因此也就保存了传统的结构技巧所固有的美学和精神品质。西冈提醒我们，木匠的传统已经经过了上千年的提炼，因此，它的复杂性在于其微妙的技术，而不是在其自命不凡的表现形式上。传统从来没有被认为是理所当然的或是平凡琐碎的，因为它建立在过去经验的积累的价值之上。"有什么能比经过了时间考验并且是来自我们的祖先在神的年代里的实际经验的传统更为科学的呢？"他问道。"有些学者会认为我是非科学的，但是，其实他们才是非科学的。"

安藤的建筑以一种全新和独特的方式推进了日本文化的传统，然而他仍然毫无疑问地同意西冈，因为他在建筑上的成就都是以通过观察而积累起来的知

---

① Lane, *Landscapes of the Sacred*, p.40.

识、自律、实践以及对文化和传统的尊重为基础的。安藤继续游览伊势神宫，因为伊势神宫的美可以触动和鼓舞着他。"传统的建筑能够以尊重的态度给人与自然的关系提供许多答案，而这一关系在当今是如此的混乱。……我对建筑的接触总是让我试图通过自己的身体和精神去理解事物，并试图去理解自己起初的观点。"[1] 使他感到困扰的是，"文化的历史的和地域的方面已经被抽象化了，在这些地方，文化的这方面的品质都是建立在经济理性之上，即简单和平庸已经占据了主导地位"[2]。他坚持说："们必须创造这样一种建筑空间，在此空间内，人们可以体验到——就像他们阅读诗歌和聆听音乐时一样——惊奇，发现，智力的鼓舞，平静和生活的乐趣。"[3]

创建、保存和发展文化，因而关注地球的平常物似乎对于 21 世纪的居民来说太浪漫。木匠的传统为后世人保存了尊重、美和智慧的理念，然而，这一传统在今天却似乎是非科学的和多余的。而且，在国际上，还有一些人高呼，这个自学成才的建筑师为了赞颂平常物的美而把气候、地理、传统、诗歌和精神都纳入了他自己的作品之中，而这一行为在这个唯经济至上的时代无疑是一种空想。然而，嘲笑这些美德的危险是，在未来的某个时刻，这些平常物和普通的场所就会变成仅仅只是平常物。

译者：张敏、王倩

(刊于《郑州大学学报》2013 年第 2 期)

---

① Ando Todao,"The Eternal Within Moment",*Ando Tadao Complete Works*,London:Phaid-on,1995,p.462.

② Ando Todao,"The Eternal Within Moment",*Ando Tadao Complete Works*,London:Phaid-on,1995,p.462.

③ Ando Todao,"The Eternal Within Moment",*Ando Tadao Complete Works*,London:Phaid-on,1995,p.460.

崇高的自然与浪漫的艺术

——对德国浪漫主义绘画中自然表现的美学反思

⊙ ［日］仲间裕子

当下美学的论争多与自然相关，而自然本身却在逐渐退场。论争的焦点是艺术能否解决今日的危机，如果可以，那么它该如何予以传达。本着这样的观点，当代美学的任务是基于西奥多·阿多诺的否定性理论，将自然作为他者。阿多诺反对对待自然的人类中心主义的态度，他这样批判道："只有在我们想到以艺术的方式表达消极意义的自然风光时，艺术才会忠实地表现自然。"① 关于这个主题，马丁·西尔指出："无论是通过借用或整合或两者皆非的方式抗议对自然的误解是自然美学的使命。"②

阿多诺的美学被沃尔夫冈·韦尔奇深入分析为一种关于崇高的潜美学，他说："美与崇高的对立需要继续探讨，要将美学史作为一个整体去理解。"③ 根据阿多诺的理论，随着常态的优美的消失，崇高似乎变成传统美学的唯一概念在当代艺术中继续存在下去。阿多诺将崇高与冲突、优美与和谐相联系，指出艺术作为对历史上被压抑的自然的一种修补，其功能是重要的。

---

① ［德］西奥多·阿多诺：《美学理论论丛》第 7 卷，美茵河畔法兰克福，1970 年，第 106 页。

② ［德］马丁·西尔：《美学的本质》，美茵河畔法兰克福，1991 年，第 31 页。

③ ［德］沃尔夫冈·韦尔奇：《美学思考》，斯图加特，1990/2003 年，第 114~156 页。

然而这种关于崇高的美学理论的发展在被博克和康德建构时就已忽视了当时真实的艺术场景，对以自然为最重要的艺术问题的德国早期浪漫主义风景画没有做出任何实质性的分析。阿多诺的理论否定了传统的仅仅与精神性划界的崇高，让它与先锋派艺术直接面对，将其化身为被压抑的自然的历史代言人。利奥塔德也强调先锋派绘画结束了浪漫主义的思乡病，他们试图在远方发掘一种不能登大雅之堂的东西，作为一个失去的原乡或归宿，在绘画主题中加以呈现。

　　在艺术史研究领域，各种新的解读都与对浪漫主义的老生常谈相悖，德国早期的浪漫主义者卡斯帕·大卫·弗里德里希（1774—1840）最近就作为画家受到了特别的关注。他以现代主义的碎片化眼光，融入他自己关于崇高的理解，将自己与自然拉开距离从而加以审视。他的独特贡献不仅惠及他的时代，而且对全球化视域中当代艺术的价值也不可低估。因而重新思考浪漫主义绘画中自然的呈现问题，或许会成为审美地面对生活的一个关键。

　　弗里德里希对当代艺术影响最大的艺术作品之一是作于1824年的《冰海》。约瑟夫·博伊斯的《二十世纪末》（1983—1985年）和格哈德·里希特的《雾中冰山》（1982年）只是很多受其影响的画作中的两例。在这幅关于北极意象的风景画《冰海》中，一艘考察船的残骸见于画面，被认为是来自自然的威胁。人类在此是如此无助，难以抵御这个巨大的自然存在。1834年，法国雕塑家戴维·安格尔造访了弗里德里希在德累斯顿的工作室，将他的风景称为"悲剧风景"，并且评论说画家太知道如何将巨大的自然灾难通过风景画传达出来了。

　　弗里德里希画中的灾难意象与崇高概念有关，就如博克在他的《关于崇高与美的起源的哲学探究》中声称的那样：恐怖在任何情况下都或隐或显的是崇高的主导性源泉。崇高被定义为美的反面。美源于愉快，崇高源于痛苦。崇高的源泉是空虚、黑暗、孤独、寂静、无限。康德在其《判断力批判》中的超越性分析揭示了属于理性的崇高的鲜明特色。他说，无限具有一种用有点令人愉快的恐怖填满心灵的倾向，这是崇高感的最真实的效果。他将崇高概念分成两类：数学的崇高与力学的崇高。后者由身体的恐惧所激发，前者源于对无法想象的无限的理性反映。力学的崇高与对狂涛巨浪的沉思有关，数学的崇高与天空及海洋的无穷大有关。

博克与康德的崇高理论在18世纪后半期得到了热情的接受。在法国1767年的"巴黎沙龙"上，狄德罗援引了博克的理论介绍了约瑟夫·维尔纳的海洋风暴风景画。瑞士人亨利希·伍斯特在1769—1772年创作了《罗纳河冰川东北角》，以其宏大气势压倒了他的同人。1771年，苏尔寿在他当时驰名德国的艺术参考书《艺术基本理论》中做了如下的评论："阿尔卑斯山自然风景的庄严没有对其崇高的赞赏是无法领略的，谁能仅仅通过感觉就画出、传达出这样一个有价值的主题，将其升华为崇高呢？"①

1821年，德莱斯顿学院的约瑟夫·安东·科赫在他的风景画《施马德里巴赫瀑布》中刻画了阿尔卑斯山的主峰之一瓦茨曼山。科赫自己承认他是以康德的方式即在崇高与美的二元性中去表现的。画面的上半部画的是高耸入云的瓦茨曼山，下半部是典型的田园牧歌式的经典风景，画面上有一个愉快的牧羊人。然而科赫在1794年画的同样风景的画中插入的却是帕里斯审判而不是田园牧人，由此我们可以断定康德的美与崇高的二元性理论被形式化了。受科赫影响的路德维格·里克特在1824年也画了一幅《瓦茨曼山》，声称他的目的是将德国的自然升华为一种理想的、高贵的伟大。

然而弗里德里希与科赫和里克特正好相反，他强调的是在艺术品与观者之间生动涌现的紧张氛围。他的《瓦茨曼山》是对科赫满溢着美的元素的传统优美型风景画的激烈批判。同期油画《高山》（1824年）也是本着这样激烈排斥的态度创作的，仿佛绝不向观者敞开。这幅风景画是以卡尔·古斯塔夫·卡鲁斯的《夏蒙尼冰川》速写为基础创作的。卡鲁斯是弗里德里希的弟子，也是一位地理学家，试图以纪实的眼光描绘山景。将弗里德里希的作品与原初的速写

---

① ［德］奥斯卡·巴特曼：《自然的性质：山水画（1750—1920）》，科隆，1989年，第49页。

加以对比，我们很容易发现弗里德里希的尖锐有一种强烈的刻意而为，对前景的强调以及最初的 V 字形几何结构召唤着观者走进风景之中，然而同时又拒斥我们更深地进入。

在 1826 年柏林学院的美术展上，弗里德里希刻意安排将作品《瓦茨曼山》置于《冰海》前面。当观者的目光在阿尔卑斯山和北极两个极端冰冷的风景间来回巡视时，对崇高的视觉经验与身体体验升华到了一个更高的高度。置身于风景中并被卷入它的悲剧性是弗里德里希绘画的一个重要特征。德国当代艺术家乔治·巴塞利兹这样描述弗里德里希风景画的那种压倒一切的在场性："观者发现自己突然置身于风景中，所以就不再有在风景之内或之外的感觉，绘画与真实之间的界限坍塌了。"① 我们在《冰海》或《高山》中看到的人类生存的危机很难在同代的其他画家的作品中得以表现，甚至连浪漫主义画家也不例外。约翰尼斯·葛瑞武对弗里德里希的风景画特别是其《冰海》做了如下分析："席勒与康德的理论都是建立在观察者的安全感的基础之上的，弗里德里希似乎已经意识到正是这一点是令人质疑的。"②

但是，为什么人身体的经验而不仅仅是对意象的沉思对于绘画是必要的？利奥塔在 1984 年的文章中指出了"我在场"的情感与"某事正在发生"之间的主要区别，并以此描述前卫艺术的崇高效果。依他之见，博克建立在与时间相关的恐怖基础上的崇高理论比康德的崇高理论更具实质性。他总结道："关于崇高感：一种巨大的、非常强有力的对象威胁着剥夺了任何'正在发生'的事情的灵魂，以'惊讶'将它击中……艺术，通过远离这种威胁，获得一种欣慰、舒畅的愉悦。由于艺术，灵魂回到了生与死的激动不安的状态，这种激动不安就是灵魂的健康，是它的生命。对博克而言，崇高不再是升华的问题，而

---

① ［德］乔治·巴塞利兹：《绘画来自 1966—2000 年关于艺术的宣言和文本而非外部》，伯尔尼，2001 年，第 77 页。

② ［德］约翰尼斯·葛瑞武：《卡斯帕·大卫·弗里德里希和理论的升华》，弗里德里希：《〈冰海〉对当代美学一个核心概念的回答》，魏玛，2001 年，第 77 页。

是强化生命的感觉。"①

　　战后美国艺术家、彩绘画家博纳特·纽曼的艺术理念就与此相关，然而这样一种紧张的氛围，这种让人产生自我存在的清醒意识以及一种无法预知的情感，早在前卫艺术弗里德里希的《海边的僧侣》中常常因画面中海洋与天空的无限巨大与空旷被看作崇高型绘画的代表作，据说戏剧家亨利希·克雷斯特指出这幅画激发起我们心中的无限崇高感。然而，克雷斯特《柏林人晚报》的合作者克莱门斯·布伦塔诺似乎更精确地分析了这幅风景的崇高性。他于1810年在《柏林人晚报》上发表的关于《海边的僧侣》的评论中写道："我在画中所发现的就是我在自己与画作之间所发现的，也就是我的心灵对于此画的需求与画作强加给我的东西之间的断裂感。在这样一个过程中，我自己变成了圣方济教徒，画作变成了沙丘。然而尽管我努力地充满热望地向海边望去，我的面前依然没有海。"②

　　所以布伦塔诺尴尬地将目光投向风景，但他的视线又被风景反弹回自身。对危机的自我意识以及对自然与观者之间关系的反复投射，对理解弗里德里希的风景画尤为重要，就如布伦塔诺的评论所言，他对于画作的精神需求以及画作强加给他的东西之间存在断裂感。天空和海洋以无限的巨大接近了观者，但就如布伦塔诺所指出的那样：即使我们进入了风景，像僧侣一样站立在沙丘上，我们面前也没有海。我们体验到来自自然的拒斥，天空与海洋就像两面垂直的墙将我们的注视反弹了回来。我们被邀请进入风景的瞬间，就已被引领入一种破碎意识，这样一种典型的弗里德里希式的视觉操纵也于此可见一斑了。

　　似乎为了证明布伦塔诺在《海边的僧侣》中所读出的拒斥感，弗里德里希追溯到1809年的一封信来阐明他与此画相关的观点："即使我从早到晚、夜以

① ［法］让-弗朗索瓦·利奥塔：《非人道：对时间的反思》，G. 本宁顿、R. 鲍尔比译，牛津，1991 年，第 99 页。

② ［德］西格丽德·欣茨：《书信和自白中的卡斯帕·大卫·弗里德里希》，柏林，1968年，第 222 页。

继日地沉思，那难以探究的另一世界甚至既不巨大也不可解。"① 由于这封信的复印件首次于1987年得以公开发表，它或许会成为对只关注画作的无限性方面解读的一种批判。赫尔曼·乔赫提供了一种新的解读："画家认为试图走出边界是一种无效的尝试，对那些探究这不可解的另一世界的人也是一种批判。"② 因而《海边的僧侣》所呈现的不仅是"渴望"，也是"冲突"——对无限的渴望以及无法企及的失望。僧侣（通常被认为是作者的自我写照）以手托腮的造型显示着一种反思的态度——在人与自然、有限与无限之间来回穿梭的思想过程。弗里德里希在对他同代艺术家的批评中声称："画家的精彩贡献应该是唤醒观者心灵深处新的思想、情感与感觉。"③

18世纪晚期的哲学倾向被弗里德里希和布伦塔诺作为当时的现代性思想当然地接受了下来，对早期德国浪漫主义文学与哲学的发展做出重要贡献的施莱格尔在他的《雅典娜神殿断片集》（1797年）中声称，表现与反讽是艺术创造及个人精神升华的特定源泉，浪漫的诗歌是"进步的、包罗万象的"，"徘徊在描绘者与被描绘对象的中间点上，乘着诗歌反思的翅膀一次又一次飞升，以无尽的镜像繁殖着世界"。画家的世界观也包含着表现、反讽、进步等元素，显示出与施莱格尔理论的密切联系。

弗里德里希风景画批判浪漫主义的另一个方面，也是与上述的独特性密切相关的，就是他合成碎片的方法，这也同样受到施莱格尔与诺瓦利斯的影响。如《晨光中的乡村风景》描绘的并不是一个特别的真正的村庄，而是一个忽略了地形特征的不同时间、空间的复合体。中间的树是把吕根岛风景画中的树移植了过来，中景与后景层的其他元素基于他经常旅游的对利森山区的波美拉米

---

① ［德］赫尔曼·乔赫：《信件》，汉堡，2006年，第64页。

② ［德］沃纳·霍夫曼：《卡斯帕·大卫·弗里德里希：自然的真实和艺术的真理》，慕尼黑，2000年，第66页。

③ ［德］沃纳·霍夫曼：《卡斯帕·大卫·弗里德里希：自然的真实和艺术的真理》，慕尼黑，2000年。

亚的精细速写。橡树作为一个独立的存在与周围的环境并不相融，暗示着它的碎片性特征。画家意识到了我们与自然的疏离："自然本身是如此伟大和崇高，以至于我们无从领会。"他的这种曾引发一场从碎片到整体的运动的风景构图就源于这种世界观。因此，弗里德里希的合成意象从另一方面否定了我们对自然的幻想，他给我们提供了一个与熟悉的自然之间的批判性距离，而他用以构造整体的辩证方法再次引导我们对自然进行反思。

在当代国际艺术场景中，自然是一个重要的主题。阿根廷艺术家查理·尼金生的影像作品《人的毁灭》放映的是波利维亚盐碱沙漠雨季的情景。在漫天的大雨中，天空得到了几乎最完美的显现，创造了一个非同寻常的镜子般的视野。尼金生充分意识到它的崇高效果和隐喻特征，声称"展示了时光的流逝，消逝于虚空中，在寂静与孤独里，它们诠释着存在正一点点消逝，成为诸种原则的一个宣言"。① 德国艺术家玛丽乐·纽代克的作品《想到一件事》，是一座高耸的圆柱状冰山缩影，暗示着山的崇高品质在于难以接近。被苛刻地封闭在透明容器中的艺术品的冰冷，也昭示着尼金生"在寂静与孤独里"的宣言，揭示了我们正在面临的自然问题。纽代克承认她的想法主要来自德国 19 世纪浪漫主义的概念。

另一方面，中国艺术史家与艺术评论家巫鸿声称，东亚的寂静，就与德国浪漫主义传统有关，就如朝鲜艺术家姜云那幅描绘天空与云的画作《纯粹形态——生动》。姜云自己也声明他所追求的是通过天空意象表现与飞机、天空、精神性相关的崇高。巫鸿进一步声称："如果自然转向艺术的呈现与讨论，它的第一个目标将是当代东亚艺术，因为东亚艺术有悠久而丰富的风景艺术与理论，因为这种传统依然非常鲜活，因为当代东亚艺术保持着与传统的持续互动。当代中国、韩国、日本和台湾艺术家的普遍倾向一直是重新发现本土文化

---

① ［德］斯莱特·本：《2008 年新加坡双年展的奇迹》，新加坡，2008 年，第 60 页。

与美学，并将它们与当代视觉传达相结合。"① 他将这种倾向称为"美的回归"与"自然的回归"。但是这里我们应该注意到，东亚自然观中传统的"寂静"，如韩国艺术家姜云的作品或日本的小林俊哉关于雾中森林的系列快照作品《雾中的风景》，都受到延续至 21 世纪的西方浪漫主义传统的激发。在这个意义上，精神性、静寂等特征可以更多地被定义为后现代艺术的一种跨文化倾向。

那么国际当代艺术场景中这种对德国浪漫主义的兴趣到底源自哪里呢？我们从前面介绍的作品中可以看出，浪漫主义倾向的国际化中最有影响的艺术家之一就是格哈德·里希特，他从 20 世纪 60 年代起创作的系列关于云、海、山等的浪漫主义风景画已经被介绍到国际艺术展中，比如最近一次他的大型个展就于 2008 年在北京中国国家美术馆举行。

里希特的油画被称为照片绘画，画中的意象大多来源于艺术家本人的快照，然而被刻意地不聚焦，用刷子模糊了一下。里希特认为照片是必要的，由于我们今天大多通过摄像头看世界。照片绘画的模糊效果不均渲染了主体与精神氛围，而且表明艺术家反对当下社会流行的照相眼光的批判性立场。柔和的阳光中的绿地《科布伦茨风景》（1987 年），依然是德国一片美丽的郊区风景，仿佛未受到污染，得到了特别的保护。然而通过这样的模糊性，油画揭示了对自然的幻觉。我们平常在电视或宣传海报上看到的绿意盈盈的美丽的自然，不过是出于经济或政治策略的一种错觉，里希特的油画似乎想揭示这样的主题。

采取这样一种远离自然的态度也见于其《森林片段》（1969 年）中，一片异域的热带森林被转化为一个巨大的存在。在《群山》（1968 年）中，山的粗糙不规则的表面被刻意强化，就如显微镜视野下的细胞。塑造一个丑陋的而非理想的自然，将其视为一个死板的物体，被看作是一种接近真实自然的途径。至于他 2005 年的"森林"系列，里希特承认它们确实与弗里德里希的绘画精神有着千丝万缕的联系。黑暗的氛围中的抽象画作，传达出一种对黑暗与孤独

① 巫鸿：《当代东亚艺术中天堂与家园都不能代表风景及其内在本质》，金善姬：《沉默的优雅：东亚当代艺术》，东京，2005 年，第 163~167 页。

的恐惧，提醒我们想起弗里德里希的《海边的僧侣》。

所以我们应该承认，自然确实是里希特绘画的主题，尽管他试图破坏我们对自然的美丽幻觉。里希特自己说："我的风景不仅是美丽的，或者是表面上的乡愁、浪漫或经典，如失乐园一般，它们首先是欺骗性的，我所谓的'欺骗性'指的是我们看待自然时的心醉神迷。但是因其无感知、无仁慈、无同情，因其无所知道而以各种形式与我们相异的自然，是彻底没有思想或精神的，是彻底与我们相悖的，是彻底非人性的。"① 他以其《雾中冰山》自我证明了这番陈述。与弗里德里希的《冰海》相比，其中完全找不到人的痕迹，自然在这里是完全的"他者"。里希特继续说："不是去创造，而是让某物自行显现。因而没有什么主张、建构、发现以及思想可以接近本质，接近更丰富与生动的事物，接近某种凌驾于我们的理解之上的东西，那才是真正的'如自然般绘画'，没有任何目的的生成与存在。"② 所以，也是在这里，我们意识到"（某事）发生"。里希特的否定确实不仅是表面上的否定自然的美丽，由于作品呈现出否定性之外的一种氛围。这种氛围不仅解释了他如弗里德里希一样"美丽地绘画"的欲望，也诠释着机械复制时代的一种美的氛围，显示了我们在他的照片绘画中同样可见的自我否定之后的一种不可避免的结果，向我们昭示着另一个存在。

如果我们以"回归自然"在 21 世纪的艺术中寻找一个避难所，它或许不是一个回归自然，就像我们已有的那个思维定式。只有当弗里德里希的风景画中呈现出的那种批判性浪漫主义扰乱了我们对自然的理解，提出人与自然关系的新思考时，浪漫主义倾向才会当然地扮演一个重要的角色。换句话说，浪漫主义的表现是一个发现自然"他者"身份的途径，就如阿多诺在他的批判理论中的定义。弗里德里希的《岩石峡谷》暗示着禁止我们进入另一个领域，它命

① ［德］肖恩·润邦、朱迪斯·西沃恩：《格哈德·里希特》，伦敦，1991 年，第 117 页。

② ［德］奥斯卡·巴特曼：《疏远的风景》，迪特玛·艾格·格哈德·里希特：《风景》，斯图加特，1998 年，第 35 页。

令我们停止，引导我们重新思考现在的处境，而且它今天依然作为一个否定性的象征在发挥作用，作为一个通向反思自然的新开始的信号，就如 2009 年 10 月 19 日《朝日新闻》报道的那样，在韦斯特创作罗纳河冰川后仅 230 年，那里的冰川就在灾难性地消退，自然就这样从崇高的对象令人惊讶地转变为一个需要保护的物体。

如上所述，在德国浪漫主义（准确地说是弗里德里希）的影响下，在跨文化场景中产生了不止一位当代艺术家。这些艺术家直面自然的真实，一反现代社会逃避现实的陈词滥调，就如里克特在一次采访中所言："我并不认为浪漫主义已经结束。"①

译者：柳清泉，青岛农业大学

（刊于《郑州大学学报》2013 年第 2 期）

---

① ［德］阿斯特丽德·卡斯帕、格哈德·里希特：《绘画作为一门学科》，柏林，2003 年，第 80 页。

环境美学视域下的德国浪漫主义自然观

⊙杨一博
⊙北京师范大学价值与文化研究中心

德国浪漫主义将自然置于整个思想的核心地位，在对人和自然关系的理论探究中，将审美感知作为解决这一关系矛盾的重要手段，这一理论基点，使其与当代环境美学具有高度的理论共识，并且正是基于这种共识，保证了环境美学所属的学科性，也使其获得了源源不断的理论生长点。

一

目前学术界对德国浪漫主义自然观的研究通常呈现为一种类型化的研究模式，其主要表现在两个方面：一是在自然观念史的研究中将德国浪漫主义自然观置于英法启蒙主义的自然观体系之下，作为西方启蒙主义自然观念中的一个分支。例如格拉肯在其地理思想史著作《罗德海岸的痕迹》中，对德国自然观的论述只涉及了康德与赫尔德的自然目的论思想，完全忽视了德国浪漫主义的自然观念。① 霍纳迪在《十八世纪晚期德国文学中的自然》中，认为德国对自然的介入方式是通过对花园、远足和旅行的喜爱而产生的，这种论断显然受到了对英法自然思想研究模式的影响，将德国该时期人与自然的关系描述成一种

---

① Clarence J. Glacken, *Traces on the Rhodian Shore*, Berkeley: University of California Press, 1976.

世俗化的、惬意的和谐状态。① 这种对德国浪漫主义自然观的忽略，实质是基于现代化进程对自然祛魅的视野下，将德国浪漫主义自然观认作是反科学的、愚昧的人与自然的关系。

实质上，从德国浪漫主义自然观的诸多理论细节出发，可以看到德国浪漫主义自然观并非以神秘主义的方式对待自然，其在对自然审美的过程中亦坚持对自然的科学认知。例如，诺瓦利斯认为"科学和审美是介入自然的两条相互独立而又依存的路径"②，歌德、赫尔德、谢林等浪漫主义者也都十分重视以科学的方式对待自然。实质上，德国浪漫主义自然观反对的是以英法启蒙主义为基础的、绝对理性主义的、机械的科学实验方法，谢林就否定这种绝对的科学实验方法肢解并统治着人对自然的认识："每一个实验都是对自然所提出的一个问题，并强求自然要对此问题进行回答。但是每一个实验……都包含着一个先决的判断，即每一次实验都是前一次实验的预判，由此实验本身只是现象的产物……不可达到对自然的内在理解。"③ 所以，德国浪漫主义自然观并非反对科学主义，它否定的是科学实验在人与自然关系中的独断地位。德国浪漫主义自然观要求在科学认知的同时，加入对自然的审美体验，并以审美归正科学对自然的独断论，以审美的方式发现自然与人之间的隐秘联系，可以认为，德国浪漫主义的自然观念恰恰是具有科学性的。

另一方面，学术研究往往直接从唯心主义的普遍原则出发，将德国唯心主义作为一种逻辑在先的理论，前置在对德国浪漫主义人与自然关系的考察中，并总结其自然观念的内容和特征。诚然，德国浪漫主义自然观以主体为出发点，建构对自然客体的审美认知，但是这种唯心主义的自然观念并非德国浪漫主义理论所独创，实质上，将自然视为与人的精神相关联的对象根植于整个西

① Clifford Lee Hornaday, *Nature in the German Novel of the Late Eighteenth Century*, New York: Columbia University Press, 1940.

② Novalis, *Schriften*, Vol.3, Stuttgart: Wissenschaftliche Buchgesellschaft, 1968, p.146.

③ F.W.J.Schelling, *Smmtliche Werke*, Vol.3, Stuttgart: Cotta, 1856, p.276.

方思想史中。

思想史、语言史学家拉夫乔伊在《"自然"的一些含义》中考察了"自然"一词在西方思想史中的意义及其词义转变。他认为从古希腊以降，自然的主要含义有：（1）等同于人的"天性"一词；（2）指代人的身体、器官；（3）在神学中等同于上帝，是构成宇宙的实体；（4）与教化（文化）相对的一个概念。[①] 通过拉夫乔伊的整理，可以看到自然在西方思想中历来就是"人化"的对象，它指代人的本性甚至是人的肉体，对自然的理解必然从人这一主体出发。由此可以认为，德国浪漫主义中人与自然的唯心关系并非是德国唯心主义哲学之必然，那么德国唯心主义与浪漫主义自然观到底是一种什么样的关系？西方学术界有观点认为杜威哲学是一种唯心主义，其鲜明地通过他的自然观念表现出来。亚历山大·托马斯回应这些观点时认为人们曲解了自然和唯心主义的含义，他认为杜威的唯心主义自然观是指"最终根据'自我'（self），更准确地说是通过进行感知或认知的'自我—活动'（self-activity）解释实在（reality）这样的哲学立场。"[②] 托马斯的论述亦适用于阐释德国浪漫主义自然观中的唯心主义，即唯心主义是指以感知实践为基础去把握人与自然的关系，换言之，德国浪漫主义自然观是审美实践的自然观。

通过以上分析可以看到，对德国浪漫主义自然观的类型化研究必然会忽视其理论的诸多细节，为了真正考察德国浪漫主义自然观的重要特征，必须在德国浪漫主义背景下，追问其为何将自然作为如此重要的一个理论对象，然后再基于这一缘由考察其如何建构人与自然的关系，并最终向我们显现出了什么样的理论特征。

---

① 吴国盛：《自然哲学》（第 2 辑），中国社会科学出版社，1996 年，第 567~573 页。

② ［美］亚历山大·托马斯：《杜威的艺术、经验与自然理论》，谷红岩译，北京大学出版社，2010 年，第 10 页。

二

德国浪漫主义对自然关注的核心目的是与其民族意识紧密联系在一起的，强烈的民族意识不仅是浪漫主义也是德国 18—19 世纪的思想主题。"在德国十八至十九世纪的语境中，民族主义具有不确定的话语方式，以至于'民族观念'这一用语可以包含这一时期所有的思想……对该时期思想的考察不能回避其民族主义情感。"[①] 德国在 1871 年以前没有统一的政治、社会和地理特征，较之英法对自然的大肆开采、掠夺，德国民族因政治、军事以及技术的落后，无法在政治意义上的地理位置中确定其自身的民族性，于是其采用了这样一种策略，即将其民族精神与整个大自然紧密联系起来，进而通过这种联系确证德国民族所属的精神文化空间。"德国浪漫主义并非在对自然的技术开发中，而是在审美和精神化的过程中发现和利用自然。"[②]

可以说，对于 18—19 世纪德国文化而言，自然的问题就是其民族文化归属的问题，康德在建构对待自然的目的论模式之初就指出："只有文化才可以是我们有理由考虑到人类而归之于自然的最后目的。"[③] 在《造园学》一书中，德国古典美学家赫什菲尔德要求花园必须体现民族文化特征，花园是德国民族精神在大自然中的展现。[④] 面对英法启蒙主义对神思想的抨击，德国浪漫主义认为必须坚持自然所属的精神性，才能建构和保持其民族精神的信仰。正如普利克特对德国浪漫主义所做的全新阐释那样，他认为德国浪漫主义的自然观是

---

① Edited by Jost Hermand and James Steakley, *Heimat，Nation，Fatherland，The German Sense of Belonging*，New York：Peter Lang，1996，p.5.

② Edited by Christof Mauch，*Nature in German History*，New York：Oxford，Berghahn Books，2004，p.4.

③ [德] 康德：《判断力批判》，邓晓芒译，人民出版社，2002 年，第 287 页。

④ C.C.L.Hirschfeld，*Theory of Garden Art*，Translated by Linda B，Parshall，2001，pp.98-100.

"在自然失去了神圣性之后，重新建立一种新的世界秩序的文化策略"。①

德国浪漫主义自然观正是在其强烈的民族意识背景中展开的，其在哲学上的表现则是将自然作为一个与人的主体紧密连接的他者。在德国浪漫主义之前，以费希特哲学为基础的自然观占据着主导地位，费希特在康德的合目的论自然观基础上，将自然作为"绝对自我"力量的产物，在他与谢林关于自然哲学的大量书信中，费希特始终强调自然的精神性来源于主体，他认为："智性不能通过与非智性的自然力量的相互联系而得到认识，继而你的自然哲学也就不能保证智性的存在。"② 实质上，费希特的自然观抹杀了自然作为主体的他者的可能性，这在具有强烈民族意识的浪漫主义者看来是不可容忍的，因为自然若只是主体的精神投射，那么其民族精神文化的空间亦只是一个凭主体虚构的审美乌托邦。

德国浪漫主义哲学要求自然具有自身的精神性，要求在主体与自然的精神联系过程中认识自然，只有这样才能建构属于德国民族精神所特有的自然地理空间。由此，德国浪漫主义哲学皆将其矛头指向了费希特的自我哲学，并将谢林的自然哲学奉为圭臬。正如谢林对费希特的批评那样，认为"哲学必须从自我设定的主观—客观的关系中抽象出来，这种通过自我设定的主客关系是基于一种理想和心理上的情绪，只有通过自然哲学中的真实的自我建构的哲学才是真正的哲学……将先验唯心主义哲学与自然哲学置于相同的地位，切断了我与

---

① Stephen Prickett, *The Origins of Narrative: The Romantic Appropriation of the Bible*, Cambridge: Cambridge University Press, 1996, p.182.

② J.G.Fichte, F.W.J.Schelling, *The Philosophical Rupture between Fichte and Schelling: Selected Texts and Correspondence*, Translated and edited by Michael G.Vater and David W.Wood, Albany: State University of New York Press, 2012, p.41.

你的知识学之间的逻辑关联。"①

诺瓦利斯在 1798 年研读了谢林的《论世界灵魂》后，着手起草《一般性构想》，其中他明确提出将费希特的"非我"概念改造成为与"我"（Ich）相对应的"你"（Du），即与"我"之主体相对称的他者。② 弗里德里希·施勒格尔在《哲学的发展》中亦明确地反对费希特的自然观："自然并非外在于'我'之外的'非我'；自然并非是对'我'的了无生息的、空洞的、无意义的反映，而是活生生的、与'我'抗衡的力量，一个与自我对应的"你"（Du）。"③

德国浪漫主义对自然的哲学改造具有深远的意义，就连费希特晚年写给谢林的书信中也承认自然具有相对独立的精神，他认为自己在知识学中给予了自然有限的意识性："自然位于人的认识感觉与道德之间。"④ 但是，谢林在 1800 年 11 月 19 日的回信中说道："道德意识只是自然的意识行为中的一个较高层面，它来源于自然的有机组织活动。"⑤ 在此可以看出，谢林认为道德意识是自然向主体运动过程中的一个阶段，他将意识与自然并列，甚至认为道德意识是自然的产物，这就完全瓦解了费希特以道德意识为核心的主体哲学。可以说，

①　J.G.Fichte, F.W.J.Schelling, *The Philosophical Rupture between Fichte and Schelling: Selected Texts and Correspondence* , Translated and edited by Michael G.Vater and David W.Wood, Albany: State University of New York Press, 2012, pp.41-48.

②　Novalis, *Schriften* , Vol.3, Stuttgart: Wissenschaftliche Buchgesellschaft, 1968, p.430.

③　Friedrich Schlegel, *Kritische-Friedrich-Schlegel-Ausgabe* , Vol.12, Stuttgart: Kohlhammer, 1964, p.337.

④　J.G.Fichte, F.W.J.Schelling, *The Philosophical Rupture between Fichte and Schelling: Selected Texts and Correspondence* , Translated and edited by Michael G.Vater and David W.Wood, Albany: State University of New York Press, 2012, p.114.

⑤　J.G.Fichte, F.W.J.Schelling, *The Philosophical Rupture between Fichte and Schelling: Selected Texts and Correspondence* , Translated and edited by Michael G.Vater and David W.Wood, Albany: State University of New York Press, 2012, p.115.

德国浪漫主义哲学正是在对自然自身精神属性的建构中，找寻德国民族精神的外在客观现实的可能性。

三

德国浪漫主义从其民族精神建构的可能性出发，将自然作为与主体联系的他者（你），保证了其文化精神的外在现实性，但是，主体精神与自然的精神始终分属主客两种不同的范畴，谢林以同一性哲学连接两者，他设定自然与主体的精神具有同质性："主体和客体之间［根本］不可能存在什么量的差别以外的差别，因为……两者之间任何质的差别都是不可设想的。"① 但是谢林的设定始终是逻辑上的，甚至是一种先验的判断。由此，找寻和论证作为他者的自然与主体联系的方式成了德国浪漫主义自然观最为紧要和最为核心的问题："自然是可见的精神，精神是不可见的自然。在这里，精神是内在于人的，而自然是外在于我们的，由此，自然为什么外在于我们，我们又如何能够理解自然成为一个必须要解决的问题。"②

德国浪漫主义者最终认为唯有审美的方式才能够解决这一问题，即人与自然的联系只能存在于审美的过程之中，这种审美过程的最终呈现形式是诗、音乐、绘画等艺术形式。例如诺瓦利斯认为："友善的自然在他们手下死了，留下的只是没有生命的、抽搐的残骸。与此相反，诗人则赋予自然——像用酒精含量最高的酒那样——更多的灵性，于是，自然让人聆听到最富神性和最活泼的思想。"③谢林晚期在《论自然与造型艺术的关系》中也论断道："唯有通过艺术使自然中

---

① 杨祖陶：《德国古典哲学逻辑进程》，武汉大学出版社，1993 年，第 153 页。

② F.W.J.Schelling, *Ideas for a Philosophy of Nature*, Translated by E.Harris and Peter Heath, Cambridge: Cambridge University Press, 1982, p.4.

③ ［德］诺瓦利斯：《大革命与诗化小说——诺瓦利斯选集》（卷二），林克译，华夏出版社，2008 年，第 8 页。

精神显现可见。"①

德国浪漫主义选择审美这一路径连接人与自然具有必然性。德国古典美学无论是作为对绝对理性主义的补充，抑或是作为对绝对理性主义的反抗，在面对被英法启蒙思想构筑的自然观念时，德国古典美学都以反对机械主义和科学实验方式的姿态对待自然，要求对自然进行审美认知并在此过程中达到人与自然的统一。里格比将德国浪漫主义对自然的审美模式定义为"审美再宗教化"，他认为浪漫主义通过审美的方式将人的精神性与自然的神圣性联系在一起，对自然进行复魅。② 虽然里格比从宗教的角度考察德国浪漫主义自然观，但是他亦肯定了审美在德国浪漫主义的人与自然关系中的决定性作用。

德国浪漫主义在对自然的审美认知过程中，始终坚持审美的认识论特征，认为自然与人是一种感知性的关系，并着力探讨人对自然感知的可能性。例如歌德认为："一切在自然中新发现的物体，在我们自身中，为我们开启了一种全新的感知器官。"③ 诺瓦利斯在《塞斯的弟子们》中的"自然"一节里亦明确地将自然作为人的唯一的感官的对象："大概过了很久，很久，人才开始想到用一个具有共性的名字，称谓和面对人的感官的千差万别的对象。"④ 除此之外，德国浪漫主义还经常使用"冲动"这一概念阐释人与自然的关系，席勒将这一概念划分为感性冲动、形式冲动和游戏冲动，国内学者们认为感性冲动类似"人的本质力量的对象化"，形式冲动类似"自然的人化"，而游戏的冲动

① Herbert Read, *The True Voice of Feeling: Studies in English Romantic Poetry*, New York: Pantheon, 1953, p.347.

② Kate Rigby, *Topographies of the Sacred: the Poetics of Place in European Romanticism*, Charlottesville and London: University of Virginia Press, 2004, p.114.

③ J.W. von Goethe, *Scientific Studies*, Translated by Douglas Miller, New Jersey: Princeton University Press, 1988, p.6.

④ ［德］诺瓦利斯：《大革命与诗化小说——诺瓦利斯选集》（卷二），林克译，华夏出版社，2008 年，第 6 页。

是人的对象化和自然的人化的统一。① 总而言之，冲动是自然与人之间的关系显现。在此需要注意的是，谢林、席勒在浪漫主义时期将冲动定义为存在于人与自然间的相互作用的力，但是冲动最初所蕴含的特指敏感或易怒的含义并未消失，这一定义最初是由阿尔布莱克·冯·哈勒在 18 世纪中期所提出的。② 简言之，作为连接人与自然的冲动概念蕴含着情感性（易怒）和感知（敏感）的特征，其理论亦是在探讨人对自然审美感知的方式。

在自然与人的审美感知关联过程中，德国浪漫主义还十分重视人的身体对自然的感知。"自然通过我们的身体让我们发现与他未知而又隐秘的联系"③。赫尔德在论及文化与自然的关系时，亦强调人的身体外观和感知与外在自然间的相互影响，认为我们的身体所承受和展现的一切都与所居住的自然环境紧密关联，这种身体与自然的关联与相互反映就是文化。基于此，赫尔德提出了"水土适应"概念，这一概念的含义是指人的身体对自然元素（经度、纬度、地貌、温度、降雨量、风带、光线、空气质量和磁场）的适应过程，这一过程在赫尔德看来就是文化精神形成的方式。④ 德国后期浪漫主义者卡鲁斯亦提出人的精神并非仅由其内在冲动所决定，外部自然以及其对人的身体感官的刺激也对精神形成具有决定作用。⑤

需要注意的是，德国浪漫主义所宣扬的身体感知是完全基于德国古典美学

① 蒋孔阳、朱立元：《西方美学通史》（第四卷），上海文艺出版社，1999 年，第 397~398 页。

② Alexander Gode von Aesch, *Natural Science in German Romanticism*, New York: AMS Press, 1966, p.198.

③ Novalis, *Schriften*, Vol.3, Stuttgart: Wissenschaftliche Buchgesellschaft, 1968, p.97.

④ Johann Gottfried Herder, *Reflections on the Philosophy of he History and Mankind*, Translated by Frank E.Manuel, Chicago: University of Chicago Press, 1960, p.4-20.

⑤ Carl Gustav Carus, *Psyche: Zur Entwicklungsgeschichte der Seele*, Darmstadt: Wissenschaftliche Buchgesellschaft, 1975, p.432.

范式之中的，正如康德将肉体欲望的愉悦排除在审美之外那样，德国浪漫主义认为身体对自然的审美感知绝非物质性更非肉欲性的，其所建构的身体对自然的感知模式是身体与灵魂、精神与物质相结合的，并且更为关键的是这种结核、杂糅只能在身体与自然的审美关联中才是可能的。谢林将这种自然与人的结合称之为"生命"，在他看来，生命既非单纯地存在于肉体之内，更非独立地存在于精神之中，生命是物质与精神的融合，通过人与自然的审美关系获得和显现①。

四

德国浪漫主义从民族文化建构的诉求出发，以审美为路径将自然转化为与主体紧密联结的他者，确立了在人与自然的关系中对审美感知的探究这一德国古典美学的核心和基石。正是基于这个缘由，鲍桑葵从美学史的角度论断"所谓大自然就是一个美的领域"②。实质上鲍桑葵的论断不无道理，并且从西方美学史的角度来看，同样是以自然为研究对象的西方环境美学与德国浪漫主义自然观也具有内在的联结。

但是从环境美学的理论形态上看，一种观念认为环境美学的理论外延大于自然美学，包括德国浪漫主义在内的任何对自然的审美探究都属于环境美学的范畴："在环境美学的系谱中有很多不同的种类，比如自然美学、景观美学、城市景观美学和城市设计，也许还包括建筑美学，甚至艺术美学本身。"③ 另一种观念则认为西方当代环境美学不同于西方传统的自然美学："20 世纪之前的环境美学是自然美学的历史……用环境来取代自然这一概念不仅仅是术语形式

---

① Frederick C.Beiser, *German Idealism: The Struggle against Subjectivism*, Cambridge, Massachusetts, London: Harvard University Press, 2002, p.539.

② ［英］B. 鲍桑葵：《美学史》，彭盛译，当代世界出版社，2008 年，第 4 页。

③ ［加］艾伦·卡尔松：《环境美学》，彭长贵译，四川人民出版社，2006 年，第 9 页。

上的一个转换：它代表了我们对自然的理解的一个转型阶段。"①

无论是将自然美学置于环境美学范畴之中，还是完全采取与传统自然美学决裂的态度，都给我们制造了西方环境美学对德国浪漫主义自然观排斥的理论错觉。这种错觉主要来源于西方环境美学对传统自然美学两方面的抨击：一方面，环境美学反对以艺术的方式对待自然，认为传统自然美学以"如画性"的方式将自然作为艺术品对待，这与环境美学的自然观念大相径庭："作为艺术灵感的自然、自然的美学、如画性和崇高的概念以及环境美学都是不同的，尽管它们都被视为同一进化过程中的不同阶段。"② "而景观模式，过于关注其艺术和风景的特征，却将自然维度予以忽视。"③ 瑟帕玛详细列举了十四条环境美学中自然与艺术的不同之处，试图从理论上区分和否定传统美学对自然的艺术化。④ 另一方面，西方环境美学抨击传统自然美学的人类中心主义，其批判的矛头直接指向以德国古典美学为基础的自然观："使人类国度与自然国度和谐相处的伟大的康德哲学是建立在主观故意的基础上的。"⑤ 韦尔斯亦则直接论断浪漫主义自然观本质仍是人类中心主义。"这种有悖自然常理的诗化世界知识夸大了的独特体验，人类中心论并没有消除，只是变得更微妙而已。"⑥ 在环境美学看来，人类中心主义抹杀了自然，不可能达到对自然的审美："关于欣赏

① ［美］阿诺德·柏林特：《生活在景观中：走向一种环境美学》，陈盼译，湖南科学技术出版社，2006 年，第 22~23 页。

② ［美］阿诺德·柏林特：《生活在景观中：走向一种环境美学》，第 23 页。

③ ［加］艾伦·卡尔松：《自然与景观》，陈李波译，湖南科学技术出版社，2006 年，第 30 页。

④ ［芬］约·瑟帕玛：《环境之美》，武小西、张宜译，湖南科学技术出版社，2006 年，第 77~103 页。

⑤ ［美］阿诺德·柏林特：《生活在景观中：走向一种环境美学》，第 22 页。

⑥ ［德］沃尔夫冈·韦尔斯：《如何超越人类中心主义》，朱林译，《民族艺术研究》2004 年第 5 期。

什么，人类沙文主义美学的回答仅仅是'什么也没有'。"①

西方环境美学对传统自然美学的这两方面抨击也对我国环境美学产生了重要影响，曾繁仁认为德国美学中的"人化自然"模式不再适应生态美学的发展，其理论应完全从历史中退场。②"生态主义所能达到的思想境界是浪漫主义无法比拟的……生态主义依托的不是主体性哲学，是跨学科的主体间性哲学。"③

实质上在西方环境美学自身体系中，其对传统自然美学所做的抨击具有明显的不确定性和矛盾性。例如在对如画性理论的批判中，环境美学认为对自然不能采取艺术化的方式，但是，瑟帕玛在区分自然与艺术的同时又提出："切断艺术与自然的联结纽带是不恰当的，强调艺术与自然作为审美对象的区别亦是不恰当的。"④ 可以看出，环境美学完全没有也不可能割裂自然与艺术的关联。而环境美学对于人类中心主义的批评则更显得信心不足，因为"环境只能是人化的环境"⑤。"除客体（对象）外，主体亦是十分重要的——环境是对于某个人来说的环境。"⑥ 可以说，没有人的主体性根本无从谈论审美的问题，没有审美的发生则环境美学将毫无理论意义。

环境美学对传统自然美学的批判并不具有理论逻辑性，这种批判更多的是

① ［加］艾伦·卡尔松：《自然与景观》，陈李波译，湖南科学技术出版社，2006 年，第
31 页。

② 曾繁仁：《对德国古典美学与中国当代美学建设的反思——由"人化自然"的实践美
学到"天地境界"的生态美学》，《文艺理论研究》2012 年第 1 期。

③ 覃新菊：《浪漫主义与生态主义的合流》，《湖南省美学学会、文艺理论研究会 2010
年年会学术研讨会议论文集》，2010 年。

④ ［芬］约·瑟帕玛：《环境之美》，武小西、张宜译，湖南科学技术出版社，2006 年，
第 45 页。

⑤ 陈望衡：《环境美学》，武汉大学出版社，2007 年，第 13 页。

⑥ ［芬］约·瑟帕玛：《环境之美》，武小西、张宜译，湖南科学技术出版社，2006 年，
第 37 页。

表明其作为一种全新美学观念的理论姿态，通过对西方环境美学核心理论的挖掘，我们认为其与传统美学中的自然观尤其是与德国浪漫主义自然观具有内在的联系，这种联系具体体现为两者都从美学的感知性功能出发，建构人与自然的关系。

德国浪漫主义自然观以审美感知为理论核心，而西方环境美学其实质也以探讨人对自然的审美感知为理论原点："感性……是一个整合的感觉中枢……感性体验不仅是神经或心理现象，而且让身体意识作为环境复合体的一部分作当下、直接的参与。这正是环境美学中审美的发生地……人类环境、说到底，是一个感知系统，即由一系列体验构成的体验链。"① 无论是要求以自然科学认知与审美认知相结合的卡尔松，还是否定科学认知为前提的瑟帕玛，以及提出"参与美学"的柏林特，其所建构的环境美学都试图改造、阐释人对自然的感知体验模式，从而协调人和自然间的关系。

综上所述，西方环境美学与德国浪漫主义自然观具有理论的连续性，并且德国浪漫主义自然观对身体在自然感知中的重视对西方环境美学具有重要的理论启示。环境美学与德国浪漫主义自然观都坚持从美学自身属性出发，将人与自然的关系作为研究的中心，这种理论共识就是两者连续性的根基。正如刘成纪所分析的那样，西方环境美学的历史并没有因自然生态的加入而断裂，而是继续保持着连续和自律，这种连续和自律的基础就在于无论是何种新的美学理论形态，西方美学都不能背离其作为感性学的基本规定。②

（刊于《郑州大学学报》2014 年第 6 期）

---

① ［美］阿诺德·伯林特：《环境美学》，张敏、周雨译，湖南科学技术出版社，2006 年，第 16~20 页。

② 刘成纪：《生态美学的理论危机与再造路径》，《陕西师范大学学报》（哲学社会科学版）2011 年第 2 期。

狄德罗自然观的艺术映像与美学影响

⊙ ［斯洛文尼亚］ 梅伦·博塞维奇
⊙斯洛文尼亚共和国卢布尔雅那大学哲学系

一

法国启蒙运动代表人物、唯物主义哲学家、作家和艺术评论家狄德罗所构想的宇宙稍显怪异，如梦般充满变幻；他的哲学本体论，流动且不可捉摸。宇宙包括存在物、非存在性的（确切说是仅仅可能的）甚至自相矛盾的（确切说是不可能的）实体，它们之间的边界一直不能清晰界定。如同阿莫尔·切尼（Amor Cherni）在其权威著作《狄德罗：秩序和转化》中所揭示的：实体之间的分界线并不像存在物之间的分界线那么简单，它可单独被设想为真实的和仅仅是可能的（或虚构的），甚至设想为非真实的或虚幻的。对狄德罗来讲，这些边界，严格说来，或是不存在的，或是因相反双方的"软化"而不断被混淆的，即一面"使真实纯化"，另一面"使可能具体化"。①

如果我们考察一下存在性实体的领域，真实情况应该是，事情已经足够复杂——甚至在真实存在的实体之间，设置清晰的区分界线也不是一直可能的。在狄德罗这里，存在性实体自身之间的界线在某种程度上是模糊的——因为本

---

① Amor Cherni，*Diderot：L'Ordre et le devenir*，Genève：Librairie Droz，2002，pp.13-15.

体是流动的——这实际上经常很难说某物确切是什么，或者什么令某物如此。如其所言：“所有的东西都在彼此循环，因此一切事物……全体处于永恒流动中。一切动物都是或多或少的人，一切矿物都是或多或少的植物，一切植物都是或多或少的动物。在自然中，根本没有严格的分别……任何事物都是或多或少的某物，或多或少的土，或多或少的水，或多或少的气，或多或少的火，或多或少的这一界的事物或那一界的事物……那么，什么事物都没一个特殊事物的本质了。没有，当然没有，因为没有一个性质不是为任何事物所分享的……使我们归属于这一类事物而不归属于另一类事物的原因，乃是这种性质或多或少的量的比例。”①

狄德罗在《达朗贝的梦》这一经典段落里描绘的宇宙，或许与《庄子》中无定形的梦的世界十分相像：当无本质的事物在不确定性和非决定性中游移，彼此之间简直混同一起时，宇宙中没有什么能够清晰界定。必须承认，在这一段中，狄德罗的语言是有些诗化的，但观念本身已足够清楚。这一观念或许可以用“什么事物都没有一个特殊事物的本质”的论断加以简洁概括。如果没有事物真的具有一个特殊的、特定存在的本质，或者如果每一事物与所有其他事物分享它所有的特性，那么“一切事物”便真的是“或多或少的某个事物”。在流动本体论中，所有存在者分享所有特性，一切事物表面上构成一切事物。个体存在物之间的区分在根本上成为可能，唯独在于它们分享一定特性的程度上的较多或较少。

在以上所述中，狄德罗似乎暗示出两件事：第一，宇宙中没有特性比例完全相同的两种事物。尽管所有事物拥有所有特性，只有事物特性之间的特殊比例或主导特性的确定程度才能使它是其所是。第二，当我们试图让事物个性化时，除了辨别和让我们自身关联它主导性的或最突出的特性，并牺牲事物其他所有特性来提升它主导性的或最突出的特性，我们什么也做不了。如此一来，

---

① Diderot, *Le Rêve de d' Alembert*, Laurent Versini, OEuvres, 5 vols（1）, Paris：Robert Laffont, 1994, pp.636.

由于一种事物因它的其他特性同时也是其他任何事物，我们便放宽了它的真正本性，事实上，它只是在较低程度上分有这些特性。也许，在一切事物组成一切事物和每个事物是或多或少的某物或他物的宇宙中，宇宙或自然只有作为整体，才能实际上成为一个真实的个体。

二

狄德罗认为，生命世界具有相异性，其中哪怕最小的粒子都没有相像的。如同狄德罗在《关于物质和运动的哲学原理》中所写的："自然中存在无数不同种类的元素"，其中每一个都有"自己的多样性，……自身特殊的力，先天固有，不变，不朽，不可毁灭"，这些"力包含在物体内部"，作用在"物体之外"，由此便产生出"运动，更确切地说是宇宙中普遍的骚动"[1]。由于每个"秉有一种适合其本性性质的分子，本身就是一种活动力"，分子构成的物体"自身，就它固有特性的本质而言，无论认为它是分子接着分子，还是把它作为整体，都充满着活动和力"[2]。因此，笛卡尔主义者坚信物质或身体自身不能运动也不包含力，是错误的，应该说是物质自身即运动，分子本身就是"活动力"。通过力体现出一个分子作用于另一分子，反过来另一分子也作用于它[3]，以此类推。鉴于此，我们或许能理解为何在狄德罗的流动本体论中，没有事物能维系它之所是，甚至没有事物能在哪怕仅仅顷刻之间维系它之所是——一切

① Diderot, *Principes philosophiques sur la matière et le movement*, OEuvres, 5 vols (1), Paris: Robert Laffont, 1994, p.684.

② Diderot, *Principes philosophiques sur la matière et le movement*, OEuvres, 5 vols (1), Paris: Robert Laffont, 1994, p.682.

③ Diderot, *Principes philosophiques sur la matière et le movement*, OEuvres, 5 vols (1), Paris: Robert Laffont, 1994, p.682.

事物，从分子到分子构成的物体，都"处于永恒流动中"① 或"处在永恒变化状态"②，即每一刻都不同于它前一刻之所是。

狄德罗的流动本体论——"什么事物都没一个特殊事物的本质"和"任何事物都是或多或少的某物"——的一个好例证，是他的小说《拉摩的侄儿》的主人公拉摩。由于时刻不停地经历剧烈变化，他的身体甚至比构成身体的分子表现得更难以捉摸。

据狄德罗所言，不仅"在自然中没有两个原子严格相似"③，也"没有一个分子和另一个分子类似"，而且，"也没有一个分子有一刹那和自己类似"④。支配分子变化进程的，可以简单地称为"相异律"：关于分子我们被告知的是，每个分子都不同于所有其他分子，同时，每个单个分子——就它时刻不停地经历的变化而言——也不同于它自身。即每一单个分子所有时刻都是不同的，在每个时刻，它都不同于前一时刻它之所是。或者换句话说，没有分子相似于或看起来像其他任何分子，也没有分子相似于或看起来像它自身。然而，关于分子经历变化的强度或程度没有得到描述，也即关于分子与自身相异的程度没有得到描述——分子与自身相异的程度，和它们与其他分子的相异程度相比，是较低还是较高呢？顺便提及的是，根据莱布尼兹著名的难以辨别事物的同一律，自然中没有任何两个事物完全相似，所以狄德罗在《百科全书》中用

---

① Diderot, *Le Rêve de d' Alembert*, Laurent Versini. OEuvres, 5 vols(1), Paris: Robert Laffont, 1994, p.636.

② Diderot, *Pensées sur l' interprétation de la nature*, OEuvres, 5 vols(1), Paris: Robert Laffont, 1994, p.596.

③ Diderot, "*Modification*", OEuvres, 5 vols(1), Paris: Robert Laffont, 1994, p.479.

④ Diderot, *Le Rêve de d' Alembert*, Laurent Versini, OEuvres, 5 vols(1), Paris: Robert Laffont, 1994, p.631.

"相异律"① 来表述它。如果两个事物彼此完全相像，它们也是数字上一致，即某物和同一物。现实中两个事物彼此难以辨别，除非是"同一事物有两个名称"②。

另一方面，我们在拉摩那里遭遇的，并不是莱布尼兹主义的难以辨别的同一律，而是它的反面：一个或许可以称为"同一性的差异"的原则。关于拉摩，我们了解的，不仅是他不能维持一刻像他自己的时间，而且"没有比他自己更不像他自己的"或者"没有什么比他自己更与他不同"③。换言之，拉摩一直变化并由此致使他任何时刻都不像他自己——拉摩时刻不停的显著的根本性变化，致使没有什么比他自己更不像他。表面看来，所有其他事物像他，超过了他像前一刻他之所是。他展示的每一个后续表现或形式与前一个表现或形式的差异，超过了他与任何他物的差异。如果在所有事物中，拉摩自己最不像拉摩，或者如果所有其他事物比他自己更像拉摩，那么在这个事例中就必然意味着——不像在莱布尼兹那里——相像是非同一性的担保者。从所有其他事物像拉摩超过拉摩像他自己的事实可知，一个事物越看起来像拉摩或越使我们想起他，越不可能是事实中的拉摩。如果拉摩碰巧发现自己就在我们眼前，他本人提醒我们想起的却是其他事物而不是他自己，或者在所有事物中他提醒我们想起他自己的最少。然而论及分子的相似性几乎没有意义——没有分子像任何其他分子且没有分子像它本身——这不是拉摩的例证。在小说中，拉摩被塑造为"卓越的哑剧演员"④，一位"所有事物的模仿者"，并且他只用身体模仿所有事物。在和狄德罗的对话中，拉摩经常伴随着狄德罗或他自己说的话，做出

① Diderot,"Léibnitzianisme ou Philosophie de Léibnitz",*Encyclopédie, ou Dictionnaire raisonné des sciences, des arts et des métiers*,17 vols(9),Paris:Briasson,1751,p.375.

② J. E. Erdmann,"Recueil de lettres entre Leibniz et Clarke",Leibniz.*Opera Philosophica quae extant Latina Gallica Germanica omnia*,Berlin:G. Eichler,1840,p.756.

③ Diderot,*Le Neveu de Rameau*,OEuvres,5 vols(2),Paris:Robert Laffont,1994,p.624.

④ Diderot,*Le Neveu de Rameau*,OEuvres,5 vols(2),Paris:Robert Laffont,1994,p.691.

富有特色的手势、面部表情、身体动作等。当狄德罗提及谄媚者时，拉摩立即俯伏在地并开始用肚子爬动；① 当提及他的新妻子和她的美时，拉摩便仰起头开始模仿她走路的姿态，并摇动一把想象中的扇子。② 显然，他感到一种充满诱惑的、无法控制的冲动，把在交谈中出现的每一个连续性话题转变成一种扩展情态，即用他自己的身体形式使之具象化。与分子不同，拉摩与自身之间的如此根本的显著差异，致使他能与其他事物相像。他几乎能与任何事物相像——除了他自己。

拉摩哑剧的范围真的令人瞩目：从通过自然赋予他的能力在哑剧中作出恰当的动作，③ 来模仿个别人物的典型动作或标志性姿态，到在哑剧中独立承担整个歌剧部分，即同时演奏想象中的整个管弦乐队的优美的乐器，演唱各个声部和跳所有的芭蕾舞部分，并假定观看表演的观众同时在场："他自己（扮演）男舞者和女舞者、男歌唱者和女歌唱者，（演奏）整支管弦乐队和整个歌剧团，同时分演二十个不同角色，跑着，短暂停下，一副着魔似的神情，目光闪烁，口吐白沫。"④

拉摩的优异表演，如同利奥·斯皮泽（Leo Spitzer）所称谓的，是一种真正的"瓦格纳风格的整体艺术"⑤，当"失去理性"时，"陷于精神错乱"和在"一种近乎疯狂的激情中，简直使人怀疑他是否还能清醒过来，是否要让他立刻坐上马车，把他一直送到疯人院里去"。⑥ 一般而言，在拉摩陷入"疯狂"并展示出准确无误的疯狂信号的过程中，我们在他热情的和无意义的姿势中遇

---

① Diderot,*Le Neveu de Rameau*,OEuvres,5 vols(2),Paris:Robert Laffont,1994,p.692.

② Diderot,*Le Neveu de Rameau*,OEuvres,5 vols(2),Paris:Robert Laffont,1994,p.694.

③ Diderot,*Le Neveu de Rameau*,OEuvres,5 vols(2),Paris:Robert Laffont,1994,p.686.

④ Diderot,*Le Neveu de Rameau*,OEuvres,5 vols(2),Paris:Robert Laffont,1994,p.678.

⑤ Leo Spitzer,*Linguistics and Literary History:Essays in Stylistics*,New York:Russell & Russell,1962,p.160.

⑥ Diderot,Le Neveu de Rameau,OEuvres,5 vols(2),Paris:Robert Laffont,1994,p.677.

到的，似乎是理智的最后迹象在身体中的清除。事情在持续行动中被纯粹扩展：整个自主地产生自己的模式，呈现各种形态，假定所有类型的态度或"姿势"。如果我们能记住他所有的哑剧，包括上面提到的"整体艺术作品"，是从大约"晚上五点"① 到"五点半"②之间演出的，拉摩在此期间在哲学家面前疯狂地做着动作，那么，这应该被视为是最难以置信的半小时。

在哑剧中，身体不仅逃离拉摩本人的控制并展现自己的生命，如其所是，独立于心灵之外，它还避开了观众的心灵：如同让-伊夫·博由（Jean-Yves Pouilloux）观察的，狄德罗"失去了模仿的视角，他的技巧和手势，现在只能'看'或感受他模仿或唤起的实际情形"③。狄德罗跟不上模仿身体的变化，结果他被迫限制对自己精神变化的描述，即由拉摩身体之显著的难以形容的手势、姿态、扭动等，在他精神中引起的观念、意象和情感的描述。

简言之，如同狄德罗在注释《伦理学》第三部分第二个命题中想要展现的斯宾诺莎关于通过自身"身体能做什么"的推论，通过拉摩的哑剧，一个人获得的印象是关于"在自然仅被认为是物质的范围内，身体单独依据自然法则能做什么"的推论。④ 对这位唯物主义者的圣人而言，斯宾诺莎关于身体内在力量的问题毫无疑问是一个核心问题。因被身体多方面能力所吸引，斯宾诺莎推断认为："身体自身，仅仅依据自身本性的规律，便做出许多令心灵惊叹的事情。"⑤ 毫无疑问，在演出哑剧过程中，如果拉摩没有迷失自己的心灵，他的心

① Diderot, *Le Neveu de Rameau*, OEuvres, 5 vols(2), Paris: Robert Laffont, 1994, p.623.

② Diderot, *Le Neveu de Rameau*, OEuvres, 5 vols(2), Paris: Robert Laffont, 1994, p.695.

③ Michèle Duchet and Michel Launay, *Entretiens sur "Le Neveu de Rameau"*, Paris, A. G. Nizet, 1967, p.93.

④ Spinoza, Ethics, *The Collected Works of Spinoza*, trans. Edwin Curley, Princeton: Princeton University Press, 1988, p.495.

⑤ Spinoza, Ethics, *The Collected Works of Spinoza*, trans. Edwin Curley, Princeton: Princeton University Press, 1988, p.495.

灵也会对他身体能做的很多事情感到惊叹。然而，对于拉摩如此优秀的哑剧演员而言，这不会形成问题：如他所言，他能够呈现"用背部来赞美的姿势"①。由于失去了理智，他显然学会了通过身体自身作为一个纯粹的扩展点，来表达欣赏、惊奇、震惊等。

像拉摩一样的病态模仿的一个现代案例，或者说通过身体不自愿地、机械地映射即时环境中其他人的身体，在一定程度上他看起来像他们超过他看起来像他自己的人，就是利奥纳德·泽里格（Leonard Zelig）——来自伍迪·艾伦（Woody Allen）1983 年的伪纪录片《变色龙》中的虚构人物。或许称泽里格是一位"哑剧演员"或"所有事物的模仿者"并不准确。严格说来，他所做的不是仅仅模仿和他在一起的人的有特点的手势、动作、姿态，而是机械地展现他们所有的特征和品质。例如，一个中国人在场时，他展现亚洲人的特征、说汉语；与超重的人为伴时，他的身体会开始迅速膨胀；当他与黑人一起时，他的脸会变黑。他的身体完全呈现他人身体的性质，以至泽里格每一次变形，都能被认为不是假装或相似，而是新的真实事物。在电影中，泽里格完全转变成他碰巧发现的他周围的人的镜像，以致他自身的存在被认为是"非存在"，而他自身，作为人，是"无"——"被认为不存在的人"。他失去了自己的身份，看似只能通过他自己变成的系列人物来存在，让他的变形具有了十分深远的意义。就像拉摩的哑剧是在疯狂或"思想迷乱状态"中演出的，这也是泽里格被视为一个病态案例的条件：他非自愿的变形，据说源于一种"精神错乱"，他不得不去接受精神病医生的治疗。拉摩模仿包括有生命的和无生命的任何事物，而泽里格，一般而言，只变成其他人（但十分有趣的是，只变成男人，从来不变成女人）。

三

依据完全定性相似或者不可分辨性需要数据的多样性，狄德罗原则的一个

① Diderot, *Le Neveu de Rameau*, OEuvres, 5 vols(2), Paris: Robert Laffont, 1994, p.656.

例证——在特定时刻和一个人 X 十分相像的某人，如同 X 前一时刻看起来所像的，他决不会是 X，而一定是其他人——可以在《淑女伊芙》中找到。该电影由普林斯顿·斯特吉斯（Preston Sturges）编剧和执导，他或许是早期好莱坞导演中最伟大的哲学家。

在这部辉煌的喜剧中，查尔斯第二次看到同一个女人吉恩，这个女人和他第一次看到她时看起来完全一样，只是现在使用一个新的化名（伊芙）来假装不同的人。恰恰因为他眼前的这个女人（伊芙）与他过去认识的那个女人（吉恩）完全相像，以至查尔斯不相信这是同一个女人，而只能是不同的人。然而，一般来说，正是两个人之间的相似引起我们的关注，并令我们怀疑他们或许事实上是同一个人（并且他们越相像，越能吸引我们的关注，我们也越怀疑），相比之下，查尔斯不在乎两个女人之间的惊人相似，好像没有什么能激起他的兴趣："她们看起来太像了，简直就是同一个！"这里清楚地表明，查尔斯区分两个女人的依据恰恰是她们完全相像的事实，因此无法辨别。他开始怀疑那两个女人或许事实上就是同一个人，除非他眼前的女人"看起来与另一个女孩不完全相像"。

查尔斯用好的、形而上学的理由来把相似性视为数字差异而不是数字一致的担保者。当他第一次在海洋轮渡甲板上遇到吉恩时，她是一位利用扑克牌欺骗富有乘客的骗子。因此，当查尔斯第二次见到她，他坚信她不敢在他面前再一次展示自己，才在外表没有任何轻微改变的情况下试图假扮其他女人。因此，蒙蔽他的是那种无比的厚颜无耻，即他之前遇到且无疑清晰记得的一个人，正在他面前冒充其他人，而看起来却与之前的人简直是同一个。让查尔斯苦思冥想的是，如果她至少染了头发，便能相信她是她，但因为她看起来一模一样，她应该不是同一位女人。

然而，在这部喜剧片中，完美相似性需要数字差异的信念，清楚地植根于一个人与另一个人相遇的背景之中，马克斯兄弟的老电影《疯狂的动物》，可以说是非辨别性的非同一性形而上学的一次纯粹演练。长得"酷似"伊曼纽尔·拉韦利（Emmanuel Ravelli）的那个人——格劳乔（Groucho）说："喂，你看起来酷似我过去知道的一个名叫伊曼纽尔·拉韦利的家伙"——实际就是伊曼纽尔·拉韦利，然而格劳乔抗议说："但我仍然坚持是有相似之处。"这里，格劳乔在字面上责备伊曼纽尔·拉韦利，因为他像格劳乔"过去知道"的伊曼纽尔·拉韦利，好像他想说伊曼纽尔·拉韦利单纯看起来太像伊曼纽尔·拉韦利以至不能是伊曼纽尔·拉韦利：当他看来"酷似"伊曼纽尔·拉韦利时，他怎么可能就是他？换言之，因为伊曼纽尔·拉韦利酷似伊曼纽尔·拉韦利，所以格劳乔发现很难相信他是真正的伊曼纽尔·拉韦利——他是如此像伊曼纽尔·拉韦利，以至他不得不是其他人。

在格劳乔看来，完美的相似性或定性的不可分辨确实带来了数值的多样性，这被此后伊曼纽尔·拉韦利说"他想我看起来像"所证实。尽管这种巧辩起初看起来多少有些空谈，或者是被伊曼纽尔·拉韦利企图用来超过格劳乔关于相似性的妙语的蠢话，然而在非辨别性的非同一性的形而上学背景的基础上它带来了完美的感觉——尽管其中包含有明显的语法错误，或许也正是得益于这些语法错误。这是事实，在正确的语法使用中只有两个（或更多）事物可以说"相似"，但当伊曼纽尔·拉韦利自身使用这个表述时，显然是完全不合适的，那一刻他准确地意识到是由于他与自身的相似性，结果几乎被格劳乔认为是其他人，甚至在格劳乔眼里，他和伊曼纽尔·拉韦利因此不得不是两个——清楚的数值——人。

在这类关联里，人们或许会想起狄德罗的小说《宿命论者雅克》中的一段对话，确切地说，是旁白者的妻子和"由于在一个时间点因只有一个身体而仅有一件衬衫"的男人之间的对话，这个对话或许能够被作为马克斯兄弟无政府主义喜剧的先驱。当旁白者的妻子把某个人认作古塞——一位她之前显然认识的人——没有说她是如何或依据什么认出他的——她搭讪他说："是你吗，古塞先生？"后者，实际就是古塞，却抗议说："是，夫人，我不是其他人。"[1]

---

[1] Diderot, Jacques le Fataliste Diderot, *Le Neveu de Rameau*, OEuvres, 5 vols(2), Paris: Robert Laffont, 1994, p.758.

尽管这最初或许作为空洞的插科打诨，唯一的幽默也只是来自对一个表面上细小的日常问题所给出的最荒谬回答，但实际上却隐含着十分微妙的东西。

尽管古塞在对话者面前明确辩护或证明自己身份的回答，或许不是最普通的措辞方式，作为他是他自己而不是其他人的陈词是能够被理解的。让我们看看是什么引发了这种防御性回答。在古塞看来，对话者把他认作古塞——由于某种原因，我们没有被告知任何事情——显然意味着他或许真的是"其他人"而不是古塞。古塞在回答中为自己辩护，他不是"其他人"而是古塞。看来，根据每个事物不断变化和没有事物哪怕在顷刻之间像或看着像自身的原则，我们只有把古塞作为一个特例，这个对话才具有意义。因此，古塞成为唯一稳定的不变的存在，在超过单个瞬间的时间里他像或看起来像他自己——顺便提及的是，旁白者的妻子发现古塞唯一的变化是他这次"违背了他的习惯"，"穿着讲究"，尽管他在干净的外套下仍然穿着一件脏衬衣——并且，同时知道的是，他发现自己所在的宇宙中，一切事物都在时刻不停地发生根本性变化，以至没有事物看起来像它们自己，相似性因而成非同一性的保证。作为自我标志的存在——或许是狄德罗宇宙中唯一的一个——古塞因而成为了拉摩的直接对立面。因为他看起来像古塞，他就应该是其他人。因此，他唯一能采取的行动便是为自己辩护，尽管事实上他看着像古塞，他真的就是古塞，而在他的对话者看来，因为他与自己相像，他就应该是其他人。古塞的门徒格劳乔·马克斯，一个能理解古塞的人，解释认为，古塞用神秘回答——"是，夫人，我不是其他人"——想表达的是："我或许看着像古塞，但我不想让这愚弄你，我真的就是古塞。"

此后，当古塞用"只有一件衬衣"回答他为什么在干净外套下穿着一件脏衬衣的问题，并稍后进一步辩解，他只有一件衬衣是因为他"一次只有一个身体"时[①]，这或许应被视为空洞的无意义的喋喋不休，然而其中却包含着与上

① Diderot,*Jacques le Fataliste Diderot*,Le Neveu de Rameau,OEuvres,5 vols(2),Paris:Robert Laffont,1994,p.758.

述内容相同的逻辑。古塞认识到他的对话者把他误认为"其他人"，且他和古塞因此不得不是两个——数值清晰的——人之后，立即提出了他"一次只有一个身体"的事实。因此，提出"一次只有一个身体"的事实，古塞不是辩解"只一件衬衣"——通过"一次只有一个身体"来辩解只占有一件衬衣，显然是不可能的，占有一件衬衣乃是辩解穿着一件脏衬衣的方式——而是他的数值一致性或同一性，他好像想说："当我一次只有一个身体时，我和古塞怎么能是两个不同的人呢？"

当我们在这之后又一次遇到古塞时，他正在监狱里坐着，向迷惑的叙述者解释他在那儿是如何发现自己的。这个滑稽的场景，随之也可以被理解为格劳乔们数值一致性或同一性的辩解。荒谬的是，古塞被囚禁是他赢得诉讼的结果。他赢得了他对自己的控告。他为了澄清，第一次把自己传唤到法庭，接着雇了两名律师，终于，在一名律师的帮助下"精神饱满地控诉自己"和"很好地攻击自己"，而在另一名律师的帮助下"进行了糟糕的自我辩护"，① 这之后，他赢得了诉讼，以身陷囹圄而结束。如他所言，虽然他赢得了控告自己的诉讼，好像他是"其他人"，② 然而却是他自己陷入监狱之中。对古塞而言，更令人信服地、更明显地去证实他的确不是"其他人"是可能的吗？

四

不要惊奇，狄德罗关于自然无常和自然万物不断变化的信念——已被"永恒流动"控制的世界的特有分子结构所铭记，有很多著名的推论。这些推论中最著名的，或许是在《关于自然解释的沉思》中形成的关于哲学和自然历史的不可能性的论断："如果从一个现象到另一个现象之间没有关联，便根本不存

① Diderot, *Jacques le Fataliste Diderot*, Le Neveu de Rameau, OEuvres, 5 vols(2), Paris: Robert Laffont, 1994, p.774.

② Diderot, *Jacques le Fataliste Diderot*, Le Neveu de Rameau, OEuvres, 5 vols(2), Paris: Robert Laffont, 1994, p.773.

在哲学。即使所有现象都有内在联系，它们中的每个现象的状态或许仍不具有持久不变性。但如果每个生命存在处于永恒变化状态，并且如果自然仍在运转中，那么，尽管有链条把现象联系起来，还是不存在哲学。我们所有的自然科学如同我们说的话一样变动不居。我们当作自然的历史的，仅仅是顷刻间的远未完成的历史。"①

换言之，自然万物时刻不停的变化是如此迅速，如此根本，以至没有任何理论能够跟上变化，反映它们和抓住超过单一孤立时刻的任何事物，因此，每个特殊的时刻都要求新的理论反映，而下一时刻该理论已经不再适用事物新的状态。

相似地，狄德罗的没有事物哪怕是在顷刻之间能维持它之所是的自然观念，也对他的美学理论产生了重要的、深远的影响，进而言之，自然和自然美的审美欣赏与艺术中对"美的自然"的模仿是一样的。一方面，假如诗歌、音乐、绘画、舞蹈等美的艺术的目的在于"模仿自然"，② 另一方面，如果自然万物处于"永恒流动"之中，那么，艺术自身不是看起来——不亚于哲学和自然的历史——也是不可能的吗？正如狄德罗所说："如果一个人想象自然存在物处于迅速变化的过程中，用每幅绘画只代表一个瞬间，所有的模仿都将是多余的。"③ 狄德罗甚至发现了自己的自然万物根本易变性观点对艺术的直接意义。正如自然界所有其他存在物一样，狄德罗也遭遇了时刻不停的变化，这些变化显然是如此迅速和深刻，以至正在为他画肖像的艺术家无法在画布上捕捉他的肖像。因此，在《沙龙，1767》中，狄德罗批评了由路易斯-米歇尔·梵洛（Louis-Michel Van Loo）为他画的肖像，说画家没有按照他的真实所是来画他，虽然他从来都不是同一个，但也有别于不同瞬间的他。每个新的时刻，他

① Diderot, *Pensées sur l'interprétation de la nature*, OEuvres, 5 vols (1), Paris: Robert Laffont, 1994, pp.596-597.

② Diderot, *Pensées sur l'interprétation de la nature*, p.1182.

③ Diderot, *Pensées sur l'interprétation de la nature*, p.1182.

都有别于前一时刻的他。狄德罗写道："一天中，我根据自己扮演的角色，要作出百种不同的面相。"① 观念、思想、印象等在他的精神中十分迅速地明显地前后相继，并且在他的脸上十分显著地反映出来，导致"画家目不暇接，只能感到我时刻不停地在变化"。② 肖像画不等同于狄德罗的肖像，因为它决不会实际上看起来像他——因为狄德罗显然从来都看着不像自己的简单原因，肖像画看起来也决不会像狄德罗。正如自然中原子和分子从来没有超过一刻像自己，狄德罗也一样。

与把自然视为万物都在"永恒流动"中的"伟大整体"完全一致，狄德罗在1752年为庆祝《百科全书》发表的文章《美》——1772年以《论美》单独再版——中，给出的美的定义便是"动态的"而非僵化的。对狄德罗而言，自然存在物的美，不在于自然个体存在物不同组成部分的内在性质或这些存在物自身的内在性质，而在于自然个体存在物组成部分之间永远变化的"密切关系"或"关系"（确切地说，在于"秩序""安排""对称"）或这些存在自身之间的"密切关系"。③ 因此，从"实在美"的意义来说，考虑到个体和它自身，"每朵花都是美的"。相反，从"相对美"的意义来说，考虑到与其他自然存在的相对性，"一朵郁金香在其他郁金香中或美或丑，在其他花中或美或丑，在自然物中或美或丑"④。鉴于自然中这些"密切关系"——或者是自然个体存在物组成部分之间，或者是自然存在物之间——不断变化，鉴于世界中仅出现"短暂对称"和"瞬间秩序"，⑤ 美，可以理解为，"产生，增长，无穷变化，衰退和消失"。⑥ 此外，为了能够宣布一朵郁金香在郁金香中美或丑，

① Diderot, *Entretiens sur le Fils naturel*, OEuvres, 5 vols(4), Paris: Robert Laffont, 1994, p.532.

② Diderot, *Entretiens sur le Fils naturel*, OEuvres, 5 vols(4), Paris: Robert Laffont, 1994, p.532.

③ Diderot, *Salon de 1767*, OEuvres, 5 vols(4), Paris: Robert Laffont, 1994, p.99-100.

④ *Diderot*, *Salon de 1767*, OEuvres, 5 vols(4), Paris: Robert Laffont, 1994, p.101.

⑤ Diderot, *Traité du beau*, OEuvres, 5 vols(4), Paris: Robert Laffont, 1994, p.169.

⑥ Diderot, *Salon de 1767*, OEuvres, 5 vols(4), Paris: Robert Laffont, 1994, p.99.

在植物中美或丑，在自然作品中美或丑，"一个人要拥有大量自然知识"，① 同时，"美的自然的模仿原则"，狄德罗写道，"要求对任何一类自然物进行最深刻和最广泛的研究。"②

鉴于以上所述，难以捉摸、难以言喻的拉摩形象的意义，比普通思想展现出了更多的无比的深刻性和复杂性。在小说叙述中拉摩表演的无数哑剧，并不只是他善变个性的一个标志，如同利奥纳德·泽里格身体的变形一样。他们都不是仅仅用来证实在和狄德罗对话中形成的关于艺术、道德等或多或少抽象主题的纯粹插入文字。我倾向于认为，在拉摩的哑剧中蕴含有更精妙、微妙的东西，以及和狄德罗的艺术作为"美的自然"的模仿的观念有本质关联的东西。

作为一位"优秀的哑剧演员"，确切地说，作为"所有事物的一位模仿者"，拉摩是模仿的恰切的象征。但他真正卓越的展示，不在于他演奏虚拟的小提琴③或虚拟的大键琴，④ 他所有卓越的为人所知，也不在于他在单枪匹马的整部歌剧中别样的迷人的复杂的表演。尽管它们毫无疑问地令人钦佩，在所有这些事例中拉摩只是模仿其他模仿性的艺术家，即那些本身模仿"美的自然"的艺术家。确切地说，在模仿"美的自然"的过程中他真正超越了它。例如，正是拉摩和他的身体，在狄德罗的心灵中激发了如下系列意象："他是一位因悲痛而晕倒的妇女；一位被绝望所压倒的可怜虫；一座高耸的神庙；夕阳下静默的飞鸟；凄凉荒野中蜿蜒而过的低吟的河流，或者从高山急流而下的瀑布；一场风暴；一场雷雨，混杂着垂死者的哀号、风的呼啸和雷的霹雳；漆黑的夜；月影和静寂……"⑤

---

① Diderot, *Salon de* 1767, OEuvres, 5 vols(4), Paris: Robert Laffont, 1994, p.101.

② Diderot, *Salon de* 1767, OEuvres, 5 vols(4), Paris: Robert Laffont, 1994, p.101.

③ Diderot, *Le Neveu de Rameau*, OEuvres, 5 vols(2), Paris: Robert Laffont, 1994, p.638.

④ Diderot, *Le Neveu de Rameau*, OEuvres, 5 vols(2), Paris: Robert Laffont, 1994, p.639.

⑤ DiderotLe, *Neveu de Rameau*, OEuvres, 5 vols(2), Paris: Robert Laffont, 1994, p.678.

如同拉摩自己所认为的，他或许就是"微不足道的音乐家"。^① 他在生活中承担的多数事情或失败，或充其量只是平庸。尽管如此，作为"所有事物的模仿者"——包括显然无法模仿的"在永恒流动中"的自然——他确实"优秀"。我相信，其中真正的经验在于拉摩持续发狂的手势，面部的诡异表情和身体的扭曲。表现"仅仅一瞬间的"、雄健的、运动的、充满活力的正在运转的"美的自然"，不是在画布上或者石头中，或许只能在哑剧中实现。正如狄德罗在《达朗贝的梦》中的名言："一切都在变，一切都在过渡，只有整体是不变的。"^② 由上述可知，同时既高深莫测又显而易见的这些话，或许能用来表示自然中没有什么——没有单个原子，没有单个分子，并且没有单个的可见的自然存在物——与自身相像超过一个瞬间，然而作为"整体"的自然一直像它本身。^③ 自然，似乎能被拉摩进行最佳模仿，确切地说，他是自然自己自相矛盾的创造物，在他的无休止的哑剧中，与一切相像——除了他自己。^④

译者：席格，河南省社会科学院

（刊于《郑州大学学报》2015 年第 4 期）

---

① Diderot, *Le Neveu de Rameau*, OEuvres, 5 vols（2），Paris：Robert Laffont, 1994, p.684.

② Diderot, *Le Rêve de d' Alembert*, Laurent Versini, OEuvres, 5 vols（1），Paris：Robert Laffont, 1994, p.631.

③ 科乐斯·杜弗洛持提出了相同观点——"自然始终像自然"——在狄德罗《画论》中第一句"自然只产生得当的事物"（狄德罗《作品集》第 4 卷，第 467 页）的基础上。参见：Colas Duflo,"Forme artistique et forme naturelle chez Diderot", Annie Ibrahim, *Diderot et la question de la forme*, Paris：Presses Universitaires de France, 1999, p.78.

④ 本文在引文翻译中，部分参考和借用了《狄德罗哲学选集》《狄德罗美学论文选》中的相关译文。

日本艺术及其发展中的自然美学

⊙［日］仲间裕子
⊙日本立命馆大学社会科学系

"风流"是日本传统美学的精髓，它与四季和自然环境密切相关。"飾り"是装饰的同义词，但在艺术和艺术工艺中被更多地理解为"风流"精神的视觉化。这一概念强有力地促成了公元 10 世纪日本风格的产生，也促成了当时和歌和假名字母的创作，日本本土文化的特性开始绽放。这一潮流在 12 世纪，即平安时代的末期达到顶峰。①

一、装饰和风流精神

武笠朗指出，风流主要用于以下范畴：（1）自然特色和花园，或者花园设计的幽趣；（2）用于仪式、娱乐、节日、佛教及其相关活动的服装、马车或陈设的装饰；（3）用于仪式和娱乐等活动的产品，它们是由金、银、多种丝绸布料和天青石装饰而成的。

这种华丽装饰的精神进而转入到佛教雕塑、绘画卷轴和金漆作品中，即日本风格的创新流派。《荣华物语》是其中很重要的一部文献，不仅对于行为方式和习俗的历史是重要的，对艺术欣赏也如此。这部书共 40 卷，其中关键的 30 卷写

---

① ［日］武笠朗："Heiankoki Kyutei Kiken no Biishiki to Butsuzokan"，Byodoin to Jyocho，《日本美术集》卷六，东京：Kodansha，1994 年，第 181~187 页。

于 1033 年。该书据传是由一位叫赤染卫门的宫廷女子所撰写，她是当时的权贵、藤原道长之妻的侍女。该书描写的是生活历史、趣闻逸事、年度重要事件，也包括仪式和服装。

这部书提出了一个重要的美学视角，即佛教雕塑之美并不仅在于作品本身，同时也与雕塑的自然要素和所处的环境有关。如其中言："佛像在池塘中的倒影重现了佛的影像，这无限的高贵。""月光普照，佛像被佛堂的虔敬之光点亮。""水面反射着佛的圣洁影像，佛堂、藏经阁和钟楼也是如此。呈现给我们佛的世界。"①

这些景象描绘的是藤原道长 1022 年修建的法成寺。这座寺院已然不在，但其子藤原赖道 1052 年所建的平等院提示着我们完全相同的景象。平等院凤凰殿的阿弥陀佛像是雕塑家定朝的代表作，他确立了日本经典佛像雕塑的风格，反映出心灵平静的、柔和的面部特征和身体结构的平衡。虔敬之光和月光在这里也至关重要，不仅穹顶上有 8 面镜子，从穹顶向下还有多达 66 面镜子，以给予充足的光源来保证佛像在水面上形成倒影。寺后溪水所产生的水波广为人知，溪流撞击人工沙滩上的石头，形成类似佛教西方世界中宝相花图案的水波形态。正如这一例子中所展示的，水、光等自然要素是造就动人艺术设计的媒介。

在这一时期，自然要素在每类艺术和艺术工艺流派中都超越了物质存在本身，如大和绘（日本风格的绘画）、和服、泥金画工艺品等。12 世纪前叶由藤原公任辑录的《三十六人家集》被视为当时最具原创性的装饰设计。不同种类的彩染纸由手工切割装订，给予作品触感。自然主题，如折枝、鸟及水波等被安排得韵律十足，使其似乎蔓延至观者。与这些主题相平行，非对称布局的假名字母处于流动之中，从而使整个设计在视觉上更为生动。

这种装饰特性延续到江户时代，如处于离心运动中的《鹤下绘三十六歌仙和歌卷》。古田亮在分析装饰艺术时说道："作为艺术的装饰性并不仅是视觉刺激的

---

① ［日］松村博司：《荣华物语选编》卷四，东京：Kadokawa Shoten，1987 年，第 275～310 页。

问题。通过展开内在于人类和自然的 DNA 似的韵律或图案，装饰性增强了其价值。这也与这样一个事实相关，即一般说来，日本的装饰艺术植根于自然。"①

由上述例子可以看出，日本美学显然并不仅关于艺术作品本身，也相关于其环境要素及周遭氛围。主题依据光、影、风、水，也就是自然的运动，呈非均匀的韵律式设计。进而言之，这里可以强调的一点是，空间意识是由作品和观者的互动衍生出来的（例如，观者在观赏佛像时，感受到自身正处于与佛像相同的光影氛围中：作品和观者共有空间）。因此，身体性、连同感受性或感觉，在日本文化对艺术的理解中是不可分的。

相似的特性也体现在绘画卷轴中。当时的绘画卷轴分为两种流派，即"故事（物语）"和"叙述（说话）"。"故事"是段落式的（每个场景独立于其他场景，同时又是整体的一部分），主要体现在装饰、情感特色上，而"叙述"则是由具有动态连续性的情节组成的。《伴大纳言绘卷》是较为知名的一部"叙述"型绘画卷轴，该作品描述的是政治主题，其高潮是火烧应天门，这一场景写实性地表达了好奇地围观大火的民众不同的面部特征和神态。② "故事"流派更合乎这个时代的装饰文化，完成于 12 世纪前半叶的《源氏物语绘卷》基于 11 世纪清少纳言所撰写的著名传说，以极为精致的彩色背景描绘了贵族生活。

在这部绘卷中，房间是没有屋顶的，呈完全开放以利用整体性的鸟瞰视角展示人物及其环境的细节。在"东屋 1"这一场景中，我们可以看到，寝殿造样式（平安时代贵族寓所的代表性建筑风格）的房间并没有严格区分内外的边界。内外只是由竹帘区分开来，每一个隔扇和布屏上都绘有自然风景的浮世绘。在另一处场景"玉鬘 2"中，内廷中开放的樱花遮盖了玉葛家的众公主们，她们互相比赛来赢得樱花。与自然共处是日本传统生活的根本思想，为了这一目的，即使室

---

① ［日］古田亮："How Rimpa Gained International Recognition"，《琳派艺术展画册》. 东京：国立现代艺术馆，2004 年，第 229 页。

② "叙述"的表达性和连续性特点被普遍认为是当今动画和日本漫画的基础，这一点毫不奇怪。

内也会有自然元素的装饰。艺术找到了这一视角，也找到了如何明确表达"亲近自然"这一思想的方法。

二、余韵

与日本美学相关联的关键词有很多，如雅、哀婉、幽玄、无常、侘寂、别致等。久保田淳认为，除这些词语以外，余韵大量出现在艺术理论中，并渗透至日常生活中，对日本美学形成规定性。《方丈记》的作者鸭长明在其和歌理论《无名抄》中写道："幽玄体就是余韵，即无法用语言表达的，和无法看到的风景。"久保田润通过现代思想引入这一概念，如在小说中余韵一词的使用，夏目漱石在其《草枕》中将余韵视为露骨的对立面，及日本文化对模糊感的钟爱。①

余韵也可比对世阿弥在其著作《风姿花坛》中有关能剧的"秘すれば花"理论，即"真正关键的是明白这二者之间的区别，隐藏起来的真正的花和展示出来的不是花的花"。② 这一概念指出潜藏的艺术技巧可以意料之外的深刻印象打动观众。当然，对这一概念的解释还有很多，但下面这一说法似乎更为合适，即："展示出来的仅是一部分，这就为潜藏起来的那部分留下了无限的思考空间。"③

日本文化对于"余韵"的品味也体现在艺术技巧中，比如圆山应举的画作《骤雨江村图》中那迷蒙的氛围、快速隐没的风景，只有气候环境的力量能被身体性地感受到。还有《冰图屏风》中作为无之高潮刻在纯白屏风上的几条线。这一意象是有意为之的，屏风本身为的是在进行茶道时为宾客带来几许凉意。图像本身确实只是现实空间的一个部分，但其意象却直达屏风之外的观者，演化为清

① ［日］久保田润："Yūgen to sono Shuhen"，《日本思想座谈》卷5，东京：东京大学出版社，1986 年，第47 页。

② ［日］世阿弥：《风姿花坛》第七章，东京：Kadokawa Shoten，2014 年，第279~283 页。

③ ［日］金舜户："Hisurebahana，or the Hidden and the Revealed Flower"，《寂静的优美：东亚当代艺术》，东京：森美术馆，2005 年，第16 页。

凉的氛围。

云对于余韵的明确表达也有着重要作用，但更多的是其另一些显著功能。比如在土佐光吉的《源氏物语图屏风》或狩野永德的《洛中洛外图屏风》中，金色的云笼罩整个风景或场景。日高熏认为，这里金的云，一方面通过忽略其他不必要的客体来引导观赏者的视线，另一方面将不同的时空汇合在一起，同时推进装饰，也即风流的功能①。

正如这里所示，装饰和余韵更像是在一种互动关系中加深各自的特色。日本小说家谷崎润一郎在其散文《阴翳礼赞》中将这种关系和指示性视角理解为在黑暗中观看金漆工艺品。如其所言，古时工艺师在这些器具上涂以金并画上图案时，一定在头脑中想到这样黝黯的居室及处在微弱灯光中的效果。奢侈地用上金色，也是考虑到要在那"暗"中浮现的情景与灯光反射的程度。装饰成金色的漆器在那光亮的场所是不可能立即洞观其全貌的，必须在幽暗处观赏其各部分时时、点点地放射底光的情景，其豪华炫丽的模样，大半隐于"暗"之中，令人感到不能言语的余情韵味。②

三、氛围的美学

感受性对于日本诗歌尤其和歌至关重要。藤萍久夫认为，感受性所隐含的对于超越现象世界的探求是显著的。③。例如，东福寺的禅僧正彻所唱的诗歌：在黄昏的微光中无法看到山和海的风景，但在我心中可以看到它们的意象。藤萍认为，这首诗指出作为现象的自然风景只是冥想世界的入口，在风景淡出视野之后，正彻看到的是他心中经过美学纯化的风景。但是，我们也可以从另一种观点

① ［日］日高熏：《日本美术导论》，东京：Shogakukan，2009 年，第 22~25 页。

② ［日］谷崎润一郎：《阴翳礼赞》，托马斯·J. 哈伯译，伦敦：Edward G. Seidensticker，2001 年，第 23 页。

③ ［日］藤萍久夫：Nihon no Biron-Chuusei Karon no Tuikyusitaono，《日本思想座谈》卷 5，东京：东京大学出版社，1986 年，第 245 页。

出发分析：自然风景之所见并不仅是观赏者心灵的问题，也是我们的身体感受性所包含的连续时间。因此，吉尔诺特·伯默指出松尾芭蕉的俳句是氛围的现象学，并提供了以下俳句作为例证：寺庙的钟声逐渐隐去，但花的气味还在回响——夜色！① 吉尔诺特·伯默是这样阐释这一俳句的：前两行诗句开启了一个空间，这一空间既没有边界，也没有任何客体——声音和气味填满了它。随着钟声的隐没，花香开始扩散，直至充溢整个空间，环绕我们的身体，钟声淡去所带来的寂静占据主导，而花的气味则因此更为强烈地充满着整个空间。对氛围的感知是由这两种互补的趋势共同促成的。第三行诗句将夜的特点定义并澄清为前两行诗句所带给我们的氛围化事件②。从伯默的现象学视角来看，我们首先感受到地点的氛围，而我们对于个别事物的感知因与某种首要的直接性相背离，而成为次要的。

白根春夫将芭蕉的俳句总结为"气味的诗学"，他的研究关注的是关于芭蕉学说的一部随笔《去来抄》。其中，"气味关联"被视为一种连续过程③，它由"转移""回响"和"气味"组成。但是，白根春夫坚持认为"气味关联"的特殊性在于"转移"（相互映象）。他也因此将具有这一本质的诗歌与蒙太奇相比较，认为二者都是碎片的复合物，拼凑在一起引发"情感上的增效"。

芭蕉1694年后的诗，如《菊花香》《在古代的奈良》《佛像》等，白根春夫认为氛围共享是这类"气味关联"性诗歌形成的基本条件。他写道："在秋季鲜亮的叶子中盛开的菊花有着一种古典而精致的气味。遍布奈良古代都城的庄严优雅的佛像与菊花香味之间并没有转喻关系——佛像并不是被菊花环绕——但其寓意融合了：二者都有着古朴而优雅的氛围。结合在一起的这两个部分——菊花的

---

① T.P.Kasulis：《禅修，禅师》，夏威夷大学出版社，1981年，第141页。

② ［德］吉尔诺特·伯默："Atmosph：risches in der Naturerfahrung"，《氛围：新美学散论》，法兰克福：Suhrkamp Verlag，1995，pp.66-68.

③ Haruo Shirane，*Matsuo Bashō and The Poetics of Scent*，哈佛大学亚洲研究，1992年，第103页。

香味和古旧的佛像——在文学、词汇联想或戏剧性情境上并无关联，二者毋宁说是由非典型的内涵联系起来的。"①

自然主题的装饰文化，集中体现在桃山时代的泥金画中。长谷川等伯和狩野永德就是其中的领军人物，他们都对日本绘画的装饰风格贡献良多，并影响了以后的世代。长谷川等伯绘制于智积院屏风上的《枫图》是其中最为精致的，整幅画由金云覆盖，以淡化水平线。

在这幅画作中，画家和观者面对风景部分的视野是极度近景的。与背景的抽象性相对，枫树、红色的鸡冠、白色的萩和菊不仅色彩鲜明，而且有着写实的笔触，特别是干和枝的树皮。这里同样地，观赏者享有了空间，并成为了风景的一部分，就像他们正在枫树下欣赏秋季一样。

真实空间和虚构（绘画）空间的互换在应举为金刀比罗宫山水间所做的《瀑布》中展现得淋漓尽致。屏风上的瀑布向左（西）流入房间外的池塘中。而想象中的水之后又沿着山景直达东边屏风上的水景，然后从南流入房间，构成了环状的水流。观赏者可以同时听到真实池塘的声音和画中瀑布的声音。这样，绘画空间将自身转化为真实空间，而虚构和真实同时在视觉和听觉上成为整一的实体。

长谷川等伯的另一幅屏风画《松树》被视为现代早期水墨画的杰作。晨雾中的松树展示着"幽玄"的神秘氛围，这让我们想起正彻的说法："幽玄在于心灵，无法用语言说出。它是薄云遮月或枫山秋雾的优雅。幽玄是什么难以回答。"②

水墨画有着悠久的历史，它随着禅宗从中国传入日本。长谷川等伯大量研摩了南宋画僧牧谿藏于京都大德寺的水墨画。他用自成一格的快笔笔触所强调

---

① Haruo Shirane, *Matsuo Bashō and The Poetics of Scent*, 哈佛大学亚洲研究, 1992 年, 第 103 页。

② Haruo Shirane, *Matsuo Bashō and The Poetics of Scent*, 哈佛大学亚洲研究, 1992 年, 第 247 页。

的晨雾弥漫松间的氤氲感十分写实，使得"画作具有立时邀请观者进入布满屏风的寂静松林的力量"①。"幽玄是什么难以回答"，但它是我们在自然中感受到的氛围中的一种。

四、绮丽寂

与长谷川等伯同时代的千利休传播了由村田珠光建立的茶道的"侘茶"风格。侘的基本意思是隐逸的质朴自然之美，源于贫穷。珠光认为，"（茶道的侘）相当于把好马拴在茅草屋上"。因此，他的"侘茶"思想认为茶道的美学从根本上讲隐含着简朴与华丽这两个对立的概念。

另一位影响千利休的茶道史大师是武野绍鸥，他在将"侘茶"比为茅屋的一无所有与使用中国茶具的华丽茶道的结合时，引用了藤原定家的和歌："目力所及，非花非枫，秋日黄昏中，只海边一茅屋。"武野绍鸥的茶道思想关注于不完整的、无定性的及纯粹荒蛮的自然之美。

千利休的侘茶也被视为茶道中华丽装饰趣味的对立物，这种趣味被丰臣秀吉和其他武士所推崇。但是辻惟雄指出，千利休的侘茶基于其伪装趣味，因此，它包含了"反装饰的装饰"这一悖论。千利休的弟子古田织部重新在茶道中引入一种豪放风格的装饰，这一点可以说明千利休的茶道中隐藏的装饰特性。

在古田织部之后，同时身兼建筑师和园林设计者的小掘远州阐发了一种茶道和艺术的新概念：绮丽寂，它通过将装饰和侘茶的历史性对立结合在一起，在设计中带来了一种和谐。绮丽寂的代表作是系统反映远州整体趣味的桂离宫。

桂离宫是八条宫家的皇家庄园，建于17世纪前半叶。桂离宫中每一个草庵——由茅草屋组成的纯朴茶室——都以"风雅（数奇）"概念为基础，该词源于"喜好"，意指对于"风流"，即和歌或茶道的酷爱。桃山时代，"风

---

① ［日］山下玉枝、高岸辉：《日本美术》，东京：Bijyutu Shuppansha，2014年，第170页。

雅"普遍用于侘茶。由于绮丽寂的思想，茅庐装饰着繁复的图案，例如松琴亭拉门上的蓝白格子图案暗示了自然元素，提示我们山庄是为观赏池塘（蓝色）之上的月光（白色）而建造的。汉字"月"的图案出现在整个山庄中，如在拉门的把手上、横梁上，还有花园的灯笼上。

德国现代建筑师布鲁诺·淘特，1933 年第一次造访桂离宫后，将其介绍给了全世界。他将这座山庄评价为"永恒之美"。他还主张，西方建筑需要从日本建筑中学习"纯净、通透感、简单性和忠于自然"①。他创作了 27 页对开本的桂离宫画册，并在每一处风景速写上记下自己的印象。他在第 7 页松琴台的背景上画了展现在他眼前的池塘，并写道："你成功地保持了哲学式的静止。这里，人们再次听到瀑布的声音，自然景色也是令人愉悦的。蝉在鸣叫。一切都是好的。"② 他提到的瀑布是鼓瀑布，从松琴亭可以听到瀑布的声音。这样，布鲁诺·淘特通过不同的感觉欣赏了花园。

桂离宫所在处作为观月的绝佳场所为人熟知，而皇家庄园更给与了观月无限的乐趣。坐在室内的榻榻米上，微弱的月光透过纸拉门上的横梁洒进室内。推开拉门，由玄关前往池塘，站在观月台上，月一览无余。人们可以在不同的视角和氛围中赏月。布鲁诺·淘特在其印象笔记中记录了从内到外再到内这样一组视角："站在观月台上，展现在我们眼前的花园就像一场盛宴。但仅从休息室看，远处的茶室仅现一缕微光，当视线越过花园转向右时，我模糊地体会到一种精致感。"③

从上文提到的平安时代后期佛像的摆置中，也可以看到一种囊括建筑物、花园等的氛围化的整体性视角，这一视角不仅考虑佛像本身，也考虑到佛像所

① ［德］布鲁诺·淘特：《日本美的再发现》，秀夫篠田译，东京：Iwanami Shoten，2004年，第 9 页。

② ［意］维吉尼亚·庞塞罗尼：《皇家庄园桂离宫》，米兰：Electa，2005 年，第 337 页。

③ ［德］布鲁诺·淘特：《热爱日本文化：简论日本》，《曼弗雷德·斯佩代尔》（修订），柏林：Gebr. Mann Verlag，2003 年，第 98 页。

处空间的美感，特别是月光及其在水中的反射。带着对日本美学特点的洞见，布鲁诺·淘特用红字在其桂离宫画册的中间特别写道："艺术即感觉"，作为对这次游园经历的总结。

他同样也对中书院拉门上的绘画印象深刻："在桂离宫中度过的第一天，最令我惊讶的是狩野探幽及其弟安信和尚信的画作，这些画作并不仅是画作：建筑和屏风上放射出一种光辉，仿佛它们是有自己特殊呼吸和脉搏的独特造物。"联系狩野探幽在远州所建大德寺孤蓬庵中的水墨画（四季风景），布鲁诺·淘特继续写道："这类画作不是画室中的画作，也不是艺术家聚会讨论的画作，或者关于技巧和风格的画作。它的技巧和主体源于空间及其气氛。"①

如果我们再进一步观看孤蓬庵，庵里是远州举行茶道的著名茶室"忘筌"。茶室由半扇拉门掩着，开向花园，这样不仅能够欣赏半掩着的花园景致，使我们注意到其让观者仿佛置身船中的布局，还能欣赏自然光线的转变。房顶特别用白胡粉进行过抛光处理，使其可以反射来自花园的光线，让屋内处于一种波光粼粼的氛围中。

总之，从平安时代开始成形的日本美学有两种趋势：装饰的和非装饰的，即装饰和幽玄或侘寂。通过二者的互相影响，日本艺术以感受性和感觉为关注点，明确传达了源于周遭自然的氛围感。余韵可被理解为留存在我们心中的与氛围的共鸣。

日本美学这一概念的聚焦点并不是面对自然的人类主体，而是人与自然共在的乐趣。为了表达这种乐趣，艺术家铺陈出这样一种绘画空间，从特写和片段化的视角看，它具有一种身体性的生机，其目的是创造一种氛围美学。

译者：胡莹，北京师花大学

（刊于《郑州大学学报》2015 年第 4 期）

① ［德］布鲁诺·淘特：《日本艺术与欧洲视角》，《曼弗雷德·斯佩代尔》，柏林：Gebr, Mann Verlag, 2011 年，第 45 页。

伯林特对康德"审美无利害"理论批判辨析

⊙毛宣国

⊙中南大学文学院

一

当代西方环境美学的理论建构与对"审美无利害"理论的批判有着密切的关系。西方环境美学家普遍认为，"审美无利害"观念之所以确立并成为西方现代美学的主导原则，根源在于主客分离的二元论哲学，特别是康德"现象"和"物自体"的划分以及对主体性哲学精神的高扬，加速了主体与客体的迅速分离及对立，使美的分析由外在客体转向作为主体的人。"审美无利害"的最重要特征和表现形态是在审美主体与客体分离的基础上夸大审美主体的因素，并将审美与认识、审美与道德分离开来。在"无功利""静观""审美距离"等"审美无利害"理论的支配下，审美经验被视为一种主要是由艺术来激发的特殊的感知经验，从而从根本上割裂了审美与自然、环境、日常生活经验的关系。正是因为此，环境美学家认为，必须对"审美无利害"理论予以清算与批判，只有通过这种批判，才能从根本上改变西方现代美学日渐脱离生活而走向孤立与封闭的倾向，为美学的发展提供新的契机。

在这种批判中，美国美学家阿诺德·伯林特无疑是最典型的代表。与环境美学另一代表人物卡尔松论及"审美无利害"理论常常追溯到18世纪英国经验主义美学传统，并将其看成是自然鉴赏中所形成的一种审美观念不同，① 伯林特对"审美无利害"理论的批判主要针对的是在康德哲学美学思想引领下所建构起来的整个西方现代审美和艺术哲学。

伯林特对康德"审美无利害"理文艺学的批判，受到了尼采、杜威等人的哲学美学思想的深刻影响。伯林特认为尼采是最早对"审美无利害"理论提出批判与挑战的人。在《论道德的谱系》中，尼采指责康德没有从艺术家（创造者）的角度看待美学问题，仅仅从观察家的角度看待艺术和美的问题，将美看成是不含私利的享受，忽视审美体验的生动性与丰富性，从而割裂了美学与生活的联系。② 伯林特非常认同尼采的观点，认为"或许当尼采指责康德给予无利害观念以重要性是'完全缺乏鉴赏力'的时候，他并没有过分地夸大。尼采坚信这种观念的不足以及对审美欣赏所造成的不幸后果，并努力使我们超越这种已经建立起来的途径"。③ 不过，真正为伯林特提供思想武器的则是杜威的实用主义哲学与美学。杜威提出"活的生物"的概念，致力于将美学建立在人的有机体的自然需要、构造和行动的基础上，旨在恢复审美经验同生命的正常过程之间的连续性，"并且始终不能忘记艺术和美的根源，潜伏在'基本生命功能'和人与'鸟兽'共享的'生物学的常见现象'之中"。④ 正是从这种哲

---

① 我们可以以卡尔松的《环境美学》为例看他对"审美无利害"理论的反思与批判。卡尔松认为，正是18世纪的经验主义美学家如艾迪生、哈奇生等人，将自然而不是艺术作为审美经验的理想时发展了审美无利害性的观念。无利害性的观念不仅奠定了自然审美部崇高、优美等观念的基础，而且还对自然审美中"如画"式鉴赏模式的形成产生很大影响。康德的美学正是继承了经验主义美学的这些思想，将崇高的观念、无利害性观念以及自然而不是以艺术为核心的理论发展到顶峰，见卡尔松《环境美学》第一章第一节，四川人民出版社，2006年版。

② ［德］尼采：《论道德的谱系》，生活·读书·新知三联书店，1992年，第81~82页。

③ ［美］阿诺德·伯林特：《环境美学》，湖南科学技术出版社，2006年，第132页。

④ ［美］理查德·舒斯特曼：《实用主义美学》，商务印书馆，2002年，第20页。

学观念出发，杜威批判了康德的"现象"与"本体"、主体与客体相分离的哲学观，认为从"活的生物"即最原始的经验意义上，主体与对象是完全统一的，人与自身的生活环境是结合在一起的。也正是从这一哲学观念出发，杜威批判了康德将审美从实用或道德领域中分离出来的观点，要求恢复艺术与非艺术之间的连续性。比如，早在《经验与自然》中，杜威就认为审美经验是一种完满的或本然的让人感到愉悦的经验，无论是实用的还是审美的艺术都可以是艺术家及欣赏者的完满经验的来源。而在《艺术即经验》中，杜威更是把艺术从其他经验中区别出来的这种看法形容成为一个"具有讽刺意味的错乱"，①认为它"不仅忽略了与艺术生产有关的做与造的过程"，而且"导致彻底的艺术观念的贫乏"。②因为经验的审美性质是潜藏于每一个正常经验之中的，并不需要采取一种特殊的无利害的、放弃欲望与认知的态度来实现。"审美的敌人既不是实践，也不是理智。它们是单调、目的不明而导致的懈怠以及屈从于实践和理智行为中的惯例"。③而作为完整的"一个经验"，要达到"无利害"状态，在现实生活中也是不可能的。"由于生命就是活动，每当活动受阻时，就会出现欲望"，④所以将欲望与需要排斥在审美经验之外是荒谬的。正因为此，康德所主张的"审美无利害"理论是不能成立的。比如，"黑人雕塑家所作的偶像对他们的部落群体来说具有最高的实用价值，甚至比他们的长矛和衣服更加有用。但是，它们现在是美的艺术"，⑤而"一幅画令人满意，是因为景色比日常围绕着我们的绝大多数事物具有更完满的光与色，从而满足了我们的需要"⑥，而不是"审美无利害"作用的结果。

---

① ［美］史蒂文·布拉萨：《景观美学》，北京大学出版社，2008年，第53～54页。

② ［美］杜威：《艺术即经验》，商务印书馆，2005年，第282页

③ ［美］杜威：《艺术即经验》，第43页。

④ ［美］杜威：《艺术即经验》，第284页。

⑤ ［美］杜威：《艺术即经验》，第27页。

⑥ ［美］杜威：《艺术即经验》，第284页。

二

伯林特对康德"审美无利害"理论的批判，正是继承了杜威的理论遗产。在与中国学者的一篇对话中，伯林特明确声称自己是因为杜威的哲学而关心人类经验和生活环境。[①] 不过，杜威主要是从哲学的本体论来批判康德的"审美无利害"理论的，强调"审美无利害"所造成的身心对立、主客对立、审美与实用的对立，从根本上无视了审美经验的丰富性与复杂性。而伯林特则将这种批判具体运用于环境美学实践中，致力于熔铸一种不同于传统艺术审美的环境审美经验。

与杜威主张"恢复审美经验同生命的正常过程之间的连续性"思想一致，伯林特也将"连续性"作为其环境美学研究的理论基础。他认为，在西方两千多年的历史中，不是"连续性"而是"分离的"形而上学成为西方哲学发展的主流，"西方哲学试图通过揭露世界的构成和结构而不是其联系和连续性来理解世界"，[②] 而这种"分离的形而上学"在以笛卡尔和康德思想为基础的现代哲学那里达到顶峰。所以他明确提出"连续性正日益成为我思考的基础"，[③] 并认为"连续性形而上学""不是对西方哲学主要路线的扩展，而是从完全不同的方面来理解人类世界，是一种更多地认识到联系而不是差别，连续而不是分离，以及人类存在作为自然世界的认知者和行动者所具备的嵌入性的方法"。[④] 从这种"连续性"的哲学观念出发，他对"环境"概念做出了新的解释，认为"环境就是人们生活着的自然过程"，[⑤] "环境并不仅仅是我们的外部

---

① 刘悦笛：《从"审美介入"到"介入美学"——环境美学家阿诺德·伯林特访谈录》，《文艺争鸣》2010 年第 11 期。

② ［美］阿诺德·伯林特：《生活在景观中》，湖南科学技术出版社，2006 年，第 4 页。

③ ［美］阿诺德·伯林特：《生活在景观中》，第 4 页。

④ ［美］阿诺德·伯林特：《生活在景观中》，第 5 页。

⑤ ［美］阿诺德·伯林特：《环境美学》，第 11 页。

环境。我们日益认识到人类生活与环境条件相连，我们与我们所居住的环境之间并没有明显的分界线"。① "环境是个内涵很大的词，因为它包含了我们制造的特别的物品和它们的物理环境以及所有与人类居住者不可分割的事物。内在和外在、意识和物质世界、人类与自然过程并不是对立的事物，而是同一个事物的不同方面。人类与环境是统一体"。② 总之，在伯林特的眼中，人与环境是同时存在、不可分割的，这极大地区别于传统的"分离的形而上学"的"环境"观念，后者则是将环境与人分割开来，忽视了环境对于人的生命和生存的意义。

下面这段话可以说很典型地体现了伯林特对环境审美经验的理解："美学所说的环境不仅是横亘眼前的一片悦目景色，或者从望远镜中看到的事物，抑或被参观平台圈起来的那块地方而已。它无处不在，是一切与我相关的存在者。不光眼前，还包括身后、脚下、头顶的景色。更进一步，美学的环境不仅由视觉形象组成，它还能被脚感觉到，存在于身体的肌肉动觉，树枝拖曳外套的触觉，皮肤被风和阳光抚摸的感觉，以及从四面八方传来、吸引注意力的听觉等等。但同时，环境也不是知觉意识的泛化，它具有鲜明的属性。比如从脚底感受到的土地质感、松针的清香、潮湿河岸散发出的肥沃气息、踩着土地传来的舒适感、走过小路时的肌肉感受和伐木场、田地的空阔感等等。不，还不止此，我们能体会到当自己的身体与环境深深地融为一体时，那种虽然短暂却活生生的感觉。这正是审美的参与，而环境体验恰好能鲜明、突出地证明它。"③ 这段话表明，伯林特对环境审美体验的认识与传统审美理论所主张的艺术与自然的审美体验存在着很大的不同：它不再是超然的、可以设定某种审美距离的"静观"式欣赏，而是与环境不可分割的、无处不在的、与审美主体无法分割的一种体验，这种体验就是人与环境、主体与客体交融在一起的体验。

---

① ［美］阿诺德·伯林特：《生活在景观中》，第8页。

② ［美］阿诺德·伯林特：《生活在景观中》，第9页。

③ ［美］阿诺德·伯林特：《环境美学》，第27~28页。

它不是诉诸某一种单一感官的，没有西方传统美学那种视觉听觉感官的优先性，而是"调动了所有感知器官，不光要看、听、嗅和触，而且用手、脚感受它们、在呼吸中品尝它们"，① 是全身心投入。这种体验也不像传统的审美理论所主张的"如画"式欣赏那样，将自然环境的欣赏主要看成是一种对对象形式的观照，不仅仅是欣赏"横亘眼前的一片悦目景色"，而是要理解它赋予人们的全部生命情感与生活意义。用伯林特的话说就是："它融合了最独特的地域和最深刻的意蕴，而且它提供了源源不断的机会让我们扩大感知力、发现世界的同时也发现人类自身。"②

正是在上述思想指导下，伯林特重新审视和系统批判了康德的"审美无利害"理论。在他看来："不是笛卡尔而是康德最正确地通过认识人类理解在世界的有序化和统一化过程中所扮演的构成性角色为现代哲学奠定了基础。"③ "正是在康德的论著中，审美无利害的概念得到确立，并在审美理论中占据了一个独特而不可或缺的位置，同时美学本身融入了他的哲学，形成了一个包罗万象的体系。"④ 康德的"审美无利害性"理论，通过区分审美与认知、道德等实际事物领域的不同，使审美和艺术获得了自律的地位，但同时也导致了它同人类经验领域的割裂，忽视了身体对于审美活动的重要性，从而使审美非物质化，使美学日渐脱离日常生活而走向孤立与封闭，失去了对丰富多彩的审美世界的阐释能力。所以，只有通过对康德美学的"审美无利害"理论的批判，才能将美学推向前进。

具体说来，伯林特对康德"审美无利害"理论的批判，主要体现在对

---

① ［美］阿诺德·伯林特《环境美学》，第 29 页。

② ［美］阿诺德·伯林特《环境美学》，第 29 页。

③ ［美］阿诺德·伯林特《生活在景观中》，湖南科学技术出版社，2006 年，第 5 页。

④ ［美］阿诺德·伯林特《艺术与介入》，商务印书馆，2013 年，第 23 页。

"静观""距离""普遍性""无功利性"等概念和范畴的清算上。①

"静观"本是叔本华、斯托尔尼兹等"审美态度"理论家特别重视的一个概念。斯托尔尼兹认为"静观"审美的理论源于叔本华，是叔本华最先"把鉴赏判断看作是一种'纯粹无意志的静观'，并以此来开创他的美学"。②"静观"的审美特点，按斯托尔尼兹的表述是："以一种无利害关系的和同情的注意力去对任何一种对象所作的静观。这种静观仅仅由于对象本身的缘故而不涉及其他。"③伯林特则认为"静观"美学在西方美学史上有着悠久的传统，比如，亚里士多德本源于认知经验的审美模式，阿奎那"确信我们通过与逻辑公理和证明同样的直觉上的直接性和确定性把握艺术中的美"，④都包含着一种"静观"的审美态度与方式。不过，他认为"静观"审美模式的根本形成则归结于康德。因为是康德区分了审美愉悦与感官的快适、善的愉悦的不同，将审美鉴赏看成只是对象的纯形式的观照，从根本上排斥了欲念和利害的关系，从而奠定了西方近现代"静观"审美模式的思想基础。这种静观模式，在伯林特看来，亦来自西方长期以来占统治地位的唯智主义的哲学传统，它的最大特点就是将感性与理性分割开来，对理性和以视听为中心的感官系统无限信任而从根本上排斥了身体的参与作用。而从环境审美的实践出发，"如在园林中漫步，

---

① 阿诺德·伯林特在《艺术与介入》中文版序中说，他在其近著《重构美学——漫谈美学和艺术》中，更系统地重新论述了抛弃审美无利害的理由。由于笔者没有阅读这本书，对伯林特观点的分析与介绍主要还是依据他的《艺术与介入》《环境美学》《生活在景观中》等著作。同时参照了杨文臣的博士论文《当代西方环境美学研究》的观点，这篇博士论文亦注意到和较多地引用了《重构美学——漫谈美学和艺术》一书对康德"审美无利害"理论批判的观点。

② ［美］斯托尔尼兹：《"审美无利害"的起源》，《美学译文》第 3 卷，中国社会科学出版社，1984 年，第 17 页。

③ 转引自朱狄：《当代西方美学》，人民出版社，1984 年，第 271 页。

④ ［美］阿诺德·伯林特《艺术与介入》，商务印书馆，2013 年，第 25 页。

通过山上的小路爬到山顶，在湍流的小溪中泛舟或是在风景优美的山林驾车"等，"这种体验使得我们很难接受通常意义上的以无利害性的静观为特征的欣赏"。[①]

"距离"则是与"静观"不可分离的原则。距离并非是指物理距离，而是一种"心理距离"，与审美客体拉开距离意味着切断主体与客体之间的利害关联，以避免实际事物影响审美。在伯林特看来，审美无利害最重要的特征就在于在审美主体与审美客体之间造成距离。比如，康德对崇高美分析的核心就在于主体与所欣赏的对象之间要保持"距离"，从危险和狂暴的实际事物的威胁中跳出来，意识到自己是处于"安全地带"，从而以一种超功利的"静观"态度对崇高的对象予以欣赏。谈到这一点，伯林特并没有忽视康德美学的积极意义。他认为，康德的崇高观"抓住了对自然的审美体验的一个方面——即自然力量如此巨大以至超出了我们把握和控制它的能力，并让我们产生了一种无比巨大的敬畏感"。[②] 但同时他也批评了康德在审美主体与客体之间造成距离的做法。他说："当现实的危险发生时，对生存和安全的考虑无疑会超过审美，但是我们的亲身经历增加了对这些情形的感知的强度。一座教堂尖塔或摩天大厦的眺望台，海滨人行道的那边风浪正撞击着海岸，暴风雨中的山顶都让我们在恐惧中增强了审美感知的程度。"[③] 这段话的意思是：当现实的危险发生时，我们不能像康德所主张的那样，与现实保持距离，做个冷漠超然的旁观者，而是应该积极地卷入到事件和危险中，这样会大大加强我们对自然中崇高的事物欣赏和感知的强度。他把这种美学态度称之为一种新美学，即"参与美学"（又称"融合美学"）的态度，认为在这种美学态度中，"人们将全部融合到自然世界中，而不像从前那样仅仅在远处静观一件美的事物或场景"，[④] 它是审美主

① ［美］阿诺德·伯林特《生活在景观中》，第28页。

② ［美］阿诺德·伯林特《环境美学》，第151页。

③ ［美］阿诺德·伯林特《环境美学》，第154页。

④ ［美］阿诺德·伯林特《环境美学》第12页。

体的全身心的投入，是以自己全部知觉感官的参与来感受环境和日常生活的美，而不是把鉴赏者与审美对象的关系凝固化。

在伯林特看来，康德美学还有一个重要特点，那就是强调审美经验和判断的普遍可传达性，这种普遍可传达性基于人的共同心理结构，即"人同此心、心同此理"的"共同感"。康德所主张的"审美无利害"理论就是要排除个人利害的干扰而回归人的本性，以保证审美判断的纯粹性和普遍性。这种"普遍性"理论有一个根本性的错误，那就是它忽视审美判断要受到历史、文化的深刻影响，而将它看成是某种抽象永恒的审美标准和原理的体现。在伯林特看来："美感决不仅是生理的感觉，但也并非某种抽象的永恒。它通常关联着多种情形，受各类情境、条件影响，经过这些媒介而塑造体验。同时，因为我们生活在文化的环境中，审美感知和判断不可避免地成为文化的美感。"① 他将自己所主张的以参与式审美经验为内核的美学又称作是一种"文化美学"，认为这种美学不仅包含对与人共享的环境媒介的知觉特征的研究，而且还包含社会体制的影响、信仰系统以及形塑人类的社会动物性的生活并赋予其以意味和意义的联系和活动的模式，这里的关键问题是"如何保持理性意识对当下感受力的忠诚，而不去人为地编辑它们以适应传统的认识"。② 他亦把环境美学称作是一种"描述美学"，其目的是"以具体的例证来解释描述美学如何加深对环境和审美体验的理解，以及它们之间的一体性"，③ 而非保证审美经验和判断的纯正性与普遍性。

伯林特还将"无功利性"作为康德美学理论的核心予以批判。伯林特认为，康德所主张的"审美无利害"是要从根本上排斥事物的功利性和工具价值，从而将审美看成是不涉及概念和利害的纯粹无功利的活动，这是根本不可能的。他反复强调，功利性和工具性审美比起"审美无利害"理论有着更为古

---

① ［美］阿诺德·伯林特《环境美学》，第21页。

② ［美］阿诺德·伯林特《环境美学》，第23页。

③ ［美］阿诺德·伯林特《环境美学》，第29页。

老和强大的传统，反映了在不同社会中起作用的艺术史的绝大部分，比如从古希腊的"模仿"观念和亚里士多德的"净化"理论以及席勒、尼采、杜威、梅洛-庞蒂和德里达那里都有深刻的体现。[①] 他还提出"审美场"的概念，认为"对象、感知者、创造者和表演者所代表的四个要素是起作用的核心力量，它们受到社会制度、历史传统、文化形式和实践、材料和技术的科技进步等背景条件的影响"，[②] 而"无功利性"的主张无视这一点，将审美和艺术孤立起来，使审美经验与人类其他生活经验相脱离，这显然也是不可能的。

三

伯林特对康德"审美无利害"理论的批判，包含着一定的合理性。由于"审美无利害"理论过于强调审美经验与认识、道德、日常生活经验的区别，将艺术审美与日常生活审美、自然审美、环境审美分离开来，严重影响和桎梏了美学的发展，所以对此进行反思与批判是一种历史的必然。这种批判，如有的学者评价的那样，它"往往会涉及一般美学理论的变革"。[③] 这种变革主要体现在对环境、日常生活审美经验的重视。同时这种批判，还从文化的角度考察了感官和环境审美经验的复杂性，打破了传统美学对视听感觉之外的审美感觉的偏见，熔铸出一种不同于传统美学的审美经验，即以环境为基础的审美经验，并大大突出了身体在审美活动中的意义和价值。

但同时必须看到的是，以伯林特为代表的西方环境美学家和中国当代一些学者对康德"审美无利害"理论的批判，并没有很好地把握康德"审美无利害"理论的内涵。它过多地看到了康德"审美无利害"理论强调审美经验与认识、道德经验的区别与差异，消解审美与日常生活距离的消极一面，而忽视了其所主张的"审美无利害"理论意在确立美和艺术的规则，使审美活动具有

---

① ［美］阿诺德·伯林特：《艺术与介入》，第 69 页。

② ［美］阿诺德·伯林特：《艺术与介入》，第 69~70 页。

③ 彭锋：《回归——当代美学的 11 个问题》，北京大学出版社，2009 年，第 234 页。

独立和自主性的积极一面。另外，环境美学对康德"审美无利害"理论的批判主要从心理学、审美经验的立场出发而忽视了这一命题所包含的深刻的人学内涵。所以，这种批判常常不加区别地将康德的"审美无利害"理论与西方形式主义、消极静观的"审美无利害"理论等同起来，而忽视康德意在借助于审美来抵制欲望、功利性因素的侵袭，从而使人具有自己的内心需求和独立人格，有更高的精神需求的一面。同时也夸大了作为一种艺术自律和消极静观的"审美无利害"理论在西方现代美学中的地位与作用。因此，无法正确认识康德美学理论对于自然与环境审美的积极影响与作用。

康德是在什么意义上提出"审美无利害"原则的？他是把它作为一种关于某种形态的"美"的原则提出，还是作为艺术和审美的普遍原则提出？这是需要首先明辨的。美国美学家卡罗尔谈到哈奇生、康德、贝尔等人的"审美无利害"原则时曾提出这样的观点："贝尔区别于哈奇生和康德使用无利害的一种方式是，后者似乎将无利害视为对所讨论的感觉是否是审美的，即是否是美的感受的检验，然而，对于贝尔来说，无利害正是与艺术品互动所追求的结果。"① 他还申明："我的主要主张是借助无利害的愉悦等事物提出的理论是在美的理论方面作出的一个合理的或似乎合理的尝试，而将其基本成分扩展到艺术理论的尝试则是非常值得怀疑的。"② 卡罗尔这里说得很明白，康德等人是在"美"的理论建构方面提出"审美无利害"原则，而贝尔则将这一原则运用到艺术理论，前者具有某种合理性，后者则是非常值得怀疑的。在笔者看来，更准确地说，康德的"审美无利害"原则运用于"美"的分析，主要针对的对象是自由美（纯粹美）而非附庸美（依存美），他并没有将"审美无利害"作为一个普遍原则运用到审美与艺术领域中。而伯林特对康德的"审美无利害"理论的批判，则始终以艺术为主要对象，认为康德"通过将美的经验与感官愉悦或日常情感相分离"，"有效地将它从人类事物的中心撤离出来并削弱了其身

---

① ［美］诺埃尔·卡罗尔：《超越美学》，商务印书馆，2006年，第51页。

② ［美］诺埃尔·卡罗尔：《超越美学》，第627页。

体活动的基础，使之非物质化，通过使趣味成为无利害的，他为使艺术脱离人类活动世界的交往，使它超越实际事物的支配，并将之置身于自身的领域提供了理论动力"。① 又认为，18 世纪产生的无利害的美学观 "把绘画、舞蹈、文学和戏剧等艺术形式作为欣赏的范例和类型，在这些艺术形式的欣赏中，观众与欣赏对象保持着物理和心理的距离"，"此看法把向艺术的敞开看作是分离和静观的，否定了对艺术品的积极参与，因而曲解了审美欣赏"。② 这一看法显然不符合康德美学实际。康德 "审美无利害" 原则不仅是针对 "自由美"，而且也主要是针对自然审美而非艺术审美的。关于这一点，中国的一些学者已明确意识到。比如，朱狄谈到康德的 "审美无利害" 原则时就指出："如果说 '审美无利害关系' 的概念对自然物的鉴赏来说是十分重要的话，这种重要性在对艺术作品的鉴赏中却大大地降低了。"③ 康德在 "美的分析论" 中所举的自由美的例子，如花朵的美、鸟类和海洋贝类的美，都属于自然美的范围。④ "崇高的分析论" 所论的 "崇高"，基本上也属于自然审美的范围。康德将 "崇高"定义为 "通过自己对感官利害的抵抗而直接令人喜欢的东西"，⑤ 认为人们只有处于安全之中才能很好地欣赏崇高的事物，都说明他的崇高理论与 "审美无利害" 有着密切的关系。但是，康德并不否认自然美与道德的联系，而是认为人们对于自然美的兴趣，不像面对人工和艺术世界的美那样，往往出于一种直接的功利目的（如社交的兴趣），与直接的道德和功利活动有着密切关系，而是出于一种 "智性的兴趣"，也可以说是对自然美具有一种直接兴趣。这种智性的兴趣可以说是与 "利害" 无关的，但并不是与道德情感无缘的。他说：

---

① ［美］阿诺德·伯林特：《艺术与介入》，第 24 页。

② ［美］阿诺德·伯林特：《环境美学》，第 127 页。

③ 朱狄：《当代西方艺术哲学》，人民出版社，1994 年，第 32 页。

④ 另外，康德所举的关于自由美的例子如自由的素描、无意义的花边图案、无主题的幻想曲、没有歌词的曲调等，则属于 "形式美" 的范围。

⑤ ［德］康德：《判断力批判》，邓晓芒译，人民出版社，2002 年，第 107 页。

"对自然的美怀有一种直接的兴趣任何时候都是一个善良灵魂的特征，而如果这种兴趣是习惯性的，当它乐意与对自然的静观结合时，它就至少表明了一种有利于道德情感的内心情调。"① 这也就是说，在康德看来，对自然的审美经验和道德感是结合在一起的。

康德谈到"自由美"时强调美无关欲望和概念，与对象的实存无关，只涉及对象的形式与表象，所以美必定首先是无利害的。而谈到附庸美（依存美）时则强调美不能脱离概念、利害和目的等方面的内容。前者试图将"美"从知识和道德的领域中独立出来，后者却将美与道德联系起来，将美看成是"道德的象征"。这看似矛盾，但仔细分析则不然。因为康德谈"美"和"艺术"，有一个基本理念，那就是美与人、美与人的自由密切相关。从人是有目的的、人与世界纯真自由的关系出发，康德将无利害看成是区别美和善、美与感官欲望的重要标志，将概念、欲望、目的等内容排斥掉，专注于对象的形式，以建立起一种纯正的审美兴趣从而将审美与功利性的活动区别开来，这是他之所以重视"自由美"（纯粹美），在"美的分析"部分重点讨论"自由美"的原因。另一方面，由于康德将审美定位于与人的自由密不可分的关系上，所以他不可能排斥道德等因素在审美活动中的重要性，所以，康德又通过"美的理想"的分析，消解了无利害的纯粹审美，暗示了美的道德维度，将美看成是"道德的象征"。他说："一个美的理想的正确性表现在：它不允许任何感官刺激混杂进它对客体的愉悦之中，但却可以对这客体抱有巨大的兴趣；而这就证明，按照这样一个尺度所作的评判决不可能是纯粹审美的，而按照一个美的理想所作的评判不是什么单纯的鉴赏判断。"② 而西方近现代主张无功利、专注于形式审美的"审美无利害"论者，大多只注意到康德"审美无利害"理论非功利、重形式、对道德与实用目的排除的一面，而忽视了他在"美的理想"分析中对道德、功利肯定的一面。这显然是不符合康德美学实际的。关于这一

---

① ［德］康德：《判断力批判》，第 141 页。

② ［德］康德：《判断力批判》，第 72 页。

点，朱光潜先生有很好的分析论述："在一般美学史中，康德常被指责为形式主义的宣扬者，而近代资产阶级无论在艺术实践还是在美学理论方面，都日益走向形式主义的极端，有些人把这个现象也追随到康德的影响，这种估价在很大程度上起于误解或曲解。他们注意到美的形式部分而未注意到全书的后一部分，'美的形式'部分也注意到康德所否定的东西（如美不涉及欲念、利害、目的、概念等），而没有充分理解康德所肯定的东西（例如美的理性基础和普遍有效性），只注意到纯粹美与依存美的严格区分，没有充分认识到康德从来没有把纯粹美看作理想美，恰恰相反，他说理想美只能是依存美。"①

伯林特对康德"审美无利害"理论的批判，还包含着这样的内容，那就是认为它是纯粹智性的，是以视觉为中心，忽视肉体和生理感官作用的，这一批判也不符合康德美学的实际。不可否认，康德明确区分了审美（鉴赏）判断与以生理欲望为基础的感官快适的不同：感官快适是"带有以病理学上的东西（通过刺激）为条件的愉悦"，是"对某个人来说就是使他快乐的东西"，而美（鉴赏判断）则是静观的，"它对于一个对象的存有是不关心的，而只是把对象的性状和愉快及不愉快的情感相对照"。② 快感对于无理性的动物也是适用的，美只适用于人类，它"既没有感官的利害也没有理性的利害来对赞许加以强迫"，③ 也不以概念为目的，所以美是唯一自由的愉快。不过，谈到这一点时，我们绝不能认为，康德否定了感官系统的多样性和生理愉悦（身体因素）在审美活动中的参与。相反，康德很重视肉体与生理的因素，他说"快乐（它的原因尽管也可能在理念之中）似乎永远在于某种促进人类全部生活的情感，因而也在于肉体的舒适即健康的情感"，④ 又说"诸感觉的一切交替着的自由

① 朱光潜：《西方美学史》，人民文学出版社，1964 年，第 409 页。

② ［德］康德：《判断力批判》，第 44 页。

③ ［德］康德：《判断力批判》，第 45 页。

④ ［德］康德：《判断力批判》，第 177 页。

游戏都使人快乐，因为它促进着对健康的情感"，① 即把肉体的舒适看成是一种健康的情感，并不否认它在审美活动中的作用。他还具体考察了音乐和笑料这两种带有审美理念和知性表象的自由游戏，认为在这两种游戏中，"是那在肉体中被促进的生命活动，即推动内脏和横膈膜的那种激情，一句话，对健康的情感，构成了我们可以用心灵来掌握肉体，并把心灵用作肉体的医生，而感到快乐"，或者说"从肉体感觉走向审美理念，然后又从审美理念那里，但却以结合起来的力量而返回到肉体"。② 简言之，在康德看来，音乐和笑料这两种艺术活动是心灵与肉体统一的结果，审美愉悦的精神活动中包含有肉体感觉和生理欲望的成分。这种对肉体感觉的重视，显然是不同于视觉中心的感官论的。

这里，实际上还包含着这样一个问题，伯林特等西方环境美学家批判康德的"审美无利害"理论，强调身体和感觉对于审美活动的意义，是为了将环境审美与西方传统的"审美无利害"的艺术审美模式从根本上区别开来。不可否认，这种区分有着积极的意义。因为相对于传统的艺术审美，环境审美更重视身体的作用，更强调多种感官的协调与参与作用。如伯林特谈到环境审美时说："环境体验作为包含一切的感觉体系，包括类似于空间、质量、体积、时间、运动、色彩、光线、气味、声音、触感、运动感、模式、秩序和意义的这些要素。环境体验不一定完全是视觉的，它是综合的，包括了所有的感觉形式，它让参与者产生强烈的感知。"③ 这种观点对于破除西方美学史长期存在的视觉、听觉优先的审美感官理论是有积极意义的，同时，也有助于破除西方美学史长期存在的身心二元论而肯定身体对于审美活动的重要性。但是问题在于，在审美活动中，这种参与式、包含一切的感觉体系的审美经验就一定优于其他的审美经验吗？主张参与式审美就一定排斥"距离"的存在，或者说"静观"中就没有身体的作用吗？主张参与式的审美，就能够无视传统的"静

---

① ［德］康德：《判断力批判》，第 177 页。

② ［德］康德：《判断力批判》，第 179 页。

③ ［美］阿诺德·伯林特：《环境美学》，第 25 页。

观"审美和"无利害"审美在审美活动中的作用吗?

其实,西方环境美学家面临这些问题时常常也是充满矛盾的。比如,伯林特自己就没有否定静观审美对于环境经验的意义。他曾把环境经验模式概括为三种形式:静观的、积极的、参与的,认为"静观"模式始于古典哲学对艺术的态度,并为现代美学体系所吸收,"它是将环境作为周围环绕物的观念的中心,并引入了一种解释我们对于空间的理解的视觉模式",[①] 比如,"城市设计充满了静观性的、从视觉上接近空间的例子","城市的街景也表达了一种视觉设计的经验,在这里,宽阔的、完整无缺的视野可以如此鲜明地在我们的意识中留下印象,以至于它成为我们对独特的城市所能产生的最强有力的一种认同。纽约的林荫大道和巴黎的香榭丽舍大道景观是视觉上引人注目的城市空间的鲜明例证"。[②] 既然如此,如果把环境审美仅仅理解为"参与式"而将它与传统的"静观"审美对立起来,岂不是一种矛盾?正是看到了这一点,卡尔松批评伯林特"参与式"的审美模式"将艺术欣赏与环境欣赏之间的原有屏障再次树立起来。按照这些模式对艺术进行欣赏时,无非是将感知地投入与无利害性地静观这两种方式置于互相抗争的境地而已",[③] 并没有为环境审美提供新的内容,从而也抹杀了人们为获取审美距离而付出的巨大努力。

还有一点非常重要,康德的"审美无利害"理论,排斥欲望、概念、功利目的一类东西在审美活动中的作用,目的是要确立审美经验的独立自主性,伯林特用其"参与式"审美模式反对康德"审美无利害"理论,必然面临一个审美经验与非审美经验如何区别的问题。伯林特信奉杜威的"连续性"理论,并以此为基础来抹杀二者之间的区别,但是杜威虽然承认审美经验与日常生活经验之间没有本质的区别,却认为之间有强度的差异,审美经验相比日常生活经验,是一种更具有整一性、更强烈、更集中的经验,这种经验的性质是"情

① [美] 阿诺德·伯林特:《艺术与介入》,第 111 页。

② [美] 阿诺德·伯林特:《艺术与介入》,第 113~114 页。

③ [加] 艾伦·卡尔松:《自然与景观》,湖南科学技术出版社,2006 年,第 8 页。

感的"而非认识与实践的，似乎又回到了康德强调审美自律性的老路。与康德不同的是，杜威从来没有将审美与道德、功利对立起来，而是认为："审美经验的特征，不是没有欲望和思想，而是它们彻底地结合到视觉经验之中，从而与那些特别'理智的'与'实际的'经验区分开来。"① 既然如此，伯林特以"参与式"的方式来批判康德的"审美无利害"理论，就显得有些无的放矢。因为，不管是参与式审美，还是分离式"静观"审美，欣赏者都可以以一种功利或者非功利的态度来欣赏对象。全身心的投入和对欣赏对象的完全沉迷，并不意味着不能从这种沉迷超脱出来从而对对象进行无利害的欣赏。大概是意识到这一点，卡尔松批评"参与"模式"试图消除我们自身与自然之间的距离"，"可能失去使最终经验成为审美经验的要素"，② 因而提出"将自然作为自然的原本样子来鉴赏"的自然环境鉴赏模式，强调以一种科学认知主义的态度看待环境鉴赏，比如他说："自然欣赏尽管是开敞的、参与式和创造性的，但如要使得对其的审美欣赏更加严肃而非琐碎的话，这种欣赏必须被知识与理解所指引。"③ 不过，卡尔松的这条路也是走不通的。无论是伯林特还是卡尔松，他们对传统美学的批判，包括康德的"审美无利害"理论的批判都无视了一个重要事实，那就是审美活动有着自身的特点。固然，片面强调审美的非功利性，将审美活动与人类的其他活动方式对立起来，是一种谬误，但一味强调审美活动与其他活动的关联性与连续性，无视审美活动自身的特点，即审美主要关乎情感而非认识，审美是主客体交融的情感意象活动而非其他，也会使美学这门学科失去合法性和自身存在的价值。

还有一点，对于理解康德的"审美无利害"理论非常重要，那就是康德虽然主张美的鉴赏只关注对象的形式而与实存的对象内容无关，但并不意味着康德的"无利害"审美就是消极静观的、形式主义的。这是因为，康德将美的鉴

---

① ［美］杜威：《艺术即经验》，商务印书馆，2005 年，第 282 页。

② ［加］艾伦·卡尔松：《环境美学》，四川人民出版社，2006 年，第 20 页。

③ ［加］艾伦·卡尔松：《自然与景观》，第 18 页。

赏看成是对对象形式的观照，主要是要区别美（自由美）与善、感官快适的不同，并非将审美活动等同于形式的审美，也并非将审美活动等同于一种消极的静观活动。实际上，康德虽然使用了"静观"一词，审美活动在他的眼中却始终是一种主动的、有各种心理因素积极参与的活动。在"美的分析"中，他强调了想象力与知性的自由谐和；在"崇高的分析"中，他又强调了理性观念的作用，强调了审美主体在欣赏崇高事物过程中所付出的巨大精神努力。而且康德的"美的分析"主要针对的对象是自然界偏于优美的事物，所以将以"无利害"理论为基础的形式观照放在特别重要的位置，而在"崇高的分析"中却不是这样，他不仅肯定自然界的崇高，而且由自然审美向艺术审美过渡，更重视文化和道德方面的因素。

那么，康德论自由美时，强调美的鉴赏只关注对象的形式，将美的鉴赏与欲望、善一类功利活动区别开来，对自然审美的意义何在？我认为主要有两点：第一，它突出了形式审美在自然审美中的意义。自然审美与社会美、艺术美一个极大的不同就是它是以自然的感性形式特征如色彩、形状、质地等而引人关注的，自然美概念的兴起与如画性的自然形式美的景观欣赏有着密切的关系，就这一点来说，康德的"审美无利害"理论谈自然美的欣赏强调形式的观照是有意义的。卡尔松认为环境美学的历史与康德关于"审美无利害"概念的阐释密切相关，他说："'无利害'概念与18世纪以来人们对自然的痴迷相结合，从而涌现出景观体验的丰富途径。凭借着无利害性的提携，不仅那些耕作过的田园乡村可视为一种优美，而且那些最为原始的自然环境也可视作一种崇高来进行欣赏。进而在这两个极端（优美与崇高）之间，无利害性为欣赏景观中一个更为强劲的欣赏模式——如画性的涌现提供空间。"① 从这段话可以见出，虽然环境美学家批判"如画"式的风景审美所产生的"景观模式"只注意自然的形式而忽略了自然环境本身的丰富性，但是对以自然形式观照为核心的"如画性"的欣赏模式在环境美学发展历史中的意义却是肯定的，从而也认

---

① ［加］艾伦·卡尔松：《自然与景观》，湖南科学技术出版社，2006年，第2页。

识到康德的"审美无利害"理论对于自然和环境美欣赏的意义。第二，对自然的感性形式特征的尊重，要求排除自然审美活动中功利因素的干扰，并不一定与对自然本身的尊重和伦理关怀相矛盾。环境美学家埃米莉·布雷迪认为康德的"审美无利害"理论，把焦点投射到"距离"和对象的形式，并不一定关联着形式主义，也不排斥概念和知识可以作为背景参与到审美中，它只是通过对审美主体情感愉悦的强调，区分了审美与认知一类的概念活动，同时，又通过肯定审美愉悦不涉及利害，只是对象形式所引起的愉悦，而排除了任何功利性目的，从而使审美判断围绕客体本身展开。为此，布雷迪要求重新恢复无功利性概念的重要地位，以避开自然鉴赏中的主观性和人类中心主义，体现出对自然本身的尊重和伦理关怀。① 这一观点，在笔者看来是有道理的。以无功利的态度看待自然，关注对象的形式，并不意味着与尊重自然本身的环境伦理态度相矛盾，相反，由于它包含了排除知识和概念方面的主观成见，回到客体自然中欣赏以把握自然的思想，反而有可能体现对自然本身的尊重和伦理关怀。比如我们坐在大海边，欣赏大海的宽广浩瀚、潮起潮落、涛声澎湃以及蔚蓝的海水与蓝天白云交相辉映的景象，沉浸在大海带给我们的无尽的美妙感受中，这种欣赏是以对象的形式体验为中心的，也没有什么功利性的目的，但并不意味着不尊重自然、不爱护自然，并不意味着将美学态度凌驾于环境伦理之上，相反，它体现了人与自然的和谐统一，珍藏着人们对自然深深尊重的情感。"审美无利害"理论强调美的鉴赏要关注对象的形式并不是一个错误，它的错误只在于将这种形式的关注作为审美活动中的唯一兴趣，从根本上取消了道德、概念和知识在审美活动中的参与。而这种错误对于西方形式主义的"审美无利害"理论是普遍存在的，而对于康德所主张的"审美无利害"理论则要具体分析，不能简单地将它与形式主义理论等同起来而予以批判与否定。

（刊于《郑州大学学报》2015 年第 6 期）

---

① 杨文：《当代西方环境美学研究》，山东大学 2010 年博士论文。

第四编　环境美学的现实面向

一、环境美学与城市审美

论城市景观审美的历史感

⊙陈李波

⊙武汉大学哲学学院

　　城市景观作为人类文明的积淀，依据自身的规模、持续时间、影响以及与市民生活的亲密程度将人类文明实体化与符号化，从而将人类历史予以典型地呈现。正是在城市景观所营造的历史语境下，一座城市的魅力得以充分彰显。一座城市，如能荟萃众多的城市历史景观，那么该座城市就会具有无穷之魅力。在历史语境中得以张扬的城市魅力典型地体现在历史文化名城之中。也许在现代政治、经济、科技等方面，雅典、罗马、威尼斯、西安等历史文化名城无法与纽约、芝加哥、东京等大都会相比，但这些城市在历史语境中所生发的城市魅力却远非纽约、芝加哥、东京能与之比拟的。以国务院1986年公布的第二批历史文化名城丽江为例。丽江老城区在市区中部，有着连片的古建筑和街道，纵横的溪流与小河穿流其间，集中显示了丽江古城的原风貌，是丽江作为全国历史文化名城的主要标志。走进丽江彩石铺成的古老街道，漫游城中明清时期的纳西族民居，便见河渠流水潺潺，河畔垂柳拂水，市肆民居或门前架桥，或屋后有溪，街头巷尾无数涓涓细流，穿墙绕户蜿蜒而去。这座古代南迁羌人的后裔纳西民族所建造和居住的城市，经历千百年的悠长岁月，宛若陈酿的美酒，在当代散发出撼人心脾的独特魅力。历史不再只是停留在空洞的城市景观的外在形式上，而是溯源"丽江人"的景观建筑史，从古代的洞穴居、树巢居、井干式的木楞房直到现代的"三坊一照壁""四合五天井""走马转阁楼"的居住方式，随着纳西族的生活一起继续传承下去，宛若仍在丽江一带流传的图画象形文字"东巴文"一般。

因此，历史文化名城这份人类文化遗产对于现代以及后现代语境下愈来愈丧失文明之历史根基的人类而言，是弥足珍贵的。人们渴求在这些历史古迹中、在整座历史文化名城中重新找寻人类自身曾经奋斗过的痕迹，借此对当代人们所面临的迷茫与误区重寻某种启迪。人类文明古迹如此重要，以至于联合国教科文组织在1964年颁布的《威尼斯宪章》中就明确指出：我们的保护对象"不仅包括单个建筑物，而且包括能够从中找出一种独特的文明、一种有意义的发展或一个历史事件的城市和乡村环境"。

不仅如此，在作为人类文明的积淀的同时，城市景观最为重要的是作为一种符号传承人类自身的历史，人不是生活在城市景观的实体之中，而是生活在承载历史文化的符号王国之中。在城市中所发生的历史事件与时代精神被城市景观实体化进而符号化，并依托市民自身的时空维度在回忆（现在之于过去）、体验（此时此刻）、期待（现在之于未来）中持续存在，在这种语境之下，作为符号化的城市景观便具有构建出人类历史进程中人的过去、现在与未来之间的一种关系网，并营造一种人类文明发展之动势，如同汤因比所言："文明是一种运动，而不是一种状态，是航行而不是停泊。"① 也正是通过城市景观对人类文明积淀的实体化和符号化，通过其所构建出来的关系网络，我们在回忆过去与期待未来之中，对我们现今所生活的城市具有更为深度的认识——一个没有历史的城市，它的现在也是没有任何深度的。正如德国哲学家、历史学家雅斯贝斯所说："历史意识永远解不开已结束的现在之谜，而是将使它加深。现在之深度只有与过去和未来，与记忆和我正在实践的那种思想相联合，才能变得明显起来。在这种联合中，我通过历史形式和穿戴历史外衣的信仰而对永久

---

① ［英］汤因比：《文明经受考验》，沈辉等译，浙江人民出版社，1988年，第47页。

的现存确信不疑。"① 就此点而论，城市景观具有胶合人类历史过去、现在与将来这三个时间维度之效力，正因如此，凯文林奇对城市景观所呈现的魅力赞誉道："（人类的）审美情感和符号体系通常在城市环境中的公共广场、历史标志物以及城市纪念碑上予以表现出来，这些审美情感和符号体系使得我们将城市的过去与城市的现在用胶合剂联结起来。"城市景观将城市的过去和现在以及未来联结的同时，也将人类自身的历史传承下去。由此可见，城市景观中所蕴含着历史原真性如此可贵，它不仅寓示着人类自身真实的历史，也寓示着人类历史进程中过去、现在与未来这三个时间维度之间真实的关系。伪造或毁诋我们城市景观的历史不仅意味着虚假与可笑，更意味着对人类自身发展历史的背叛，而人类在这种背叛中，将最终迷失我们前行的坐标。

正是在这样一种历史的语境下，在这样一种人类文明的厚重积淀中，城市景观与历史达成了完美的契合，城市被历史蒙上一层沉甸甸的苍古感，而历史则被城市景观的实体鲜活起来——城市景观不仅在历史语境下突显其自身独特的魅力，同时也构筑起人类自身发展诸阶段的和谐，整座城市也将因城市景观所承载的历史与所构建的关系而含义深邃、魅力隽永——这便是城市景观审美中的历史感。

具体而言，城市景观审美的历史感主要体现在审美品格、时间韵味以及主观感受这三个层面，即城市景观的典与雅、古与今以及观与思。

一、典与雅

就城市景观审美的历史感中审美品格这一层面而言，城市景观的历史感便是典与雅。② 典主要侧重于城市景观中的时间意味，而雅则侧重于城市景观中的文化底蕴。

---

① ［德］卡尔·雅斯贝斯：《历史的起源与目标》，魏楚雄等译，华夏出版社，1989 年，第 312 页。

② 陈望衡：《历史文化名城的美学思考》，《城市发展研究》1997 年第 4 期。

首先，典意味着历史悠久，人类文明延续至今。大凡历史悠久的城市景观都给人一种历史的厚重感。人在这种历史悠久的城市景观之前，初始的感觉就是人自身生命的短暂与自身力量的渺小，然后又会激荡起无限的自豪感，因为这些城市景观是我们人类自己在历史的岁月中所兴建的，它承载的是人类自己的奋斗史和所取得的成就，相比于漫长的历史长河，我们作为单个的个体的确非常渺小，但是作为一个文化群体、一个国家乃至一个民族，我们的力量又是如此强大。漫长的岁月变迁和空间更迭无法掩埋我们人类在这个星球上所踏过的足迹，无法泯灭我们人类在历史长河中所经历的辉煌与梦想。

其次，典意味着我们可以凭借城市景观一直延续至今的悠久历史而回忆过去，并审视人类现今的境遇："为了理解我们自己，我们希望从整体上理解历史。对我们来说，历史是记忆。我们不仅懂得记忆，而且还根据它生活。"① 凭借我们的城市景观，我们对城市的过去回忆得愈远，我们对城市现在的境遇也了解得愈深，历史的厚重也增强着现在的厚重。我们之所以保存这些城市中遗留下来的历史景观，为的就是给将来的人们提供一种回忆过去的方式，因为谁也不能保证现在的历史景观在将来会是什么模样，但我们所应做的就是用手段将这些世界文化的遗产"定格"，以便对城市的这种回忆能够与将来的现实相吻合。

以希腊雅典卫城中的神庙建筑为例。马克思将其赞誉为："能够给我们以艺术享受，而且就某方面说还是一种规范和高不可及的范本。"② 这一人类艺术的经典范本即便在 1687 年被威尼斯人的炸弹所毁坏，但其残剩的部分仍然成为雅典这座城市的标志性景观。因为一座历史悠久的城市景观不再只是停留在外在形式或功能之外，而是作为一个符号象征着人类在历史中的光辉岁月与耻辱印记，人们借此对城市悠久的历史与辉煌的文化由内心激荡起敬佩之情。而中国的应县佛宫寺释迦塔，作为中国国内现存的唯一一座最古与最完整之木

---

① ［德］卡尔·雅斯贝斯：《历史的起源与目标》，第 265 页。

② 《马克思恩格斯选集》第 2 卷，人民出版社，1972 年，第 114 页。

塔，在历经地震与炮火之后还依然能够屹立在大地之上，也使我们在惊叹该建筑历史悠久的同时，不禁佩服我们的先辈在建筑营造技术上的精湛与自信，为自己能够作为巍巍华夏民族的一分子而激动不已。

而雅则意味着文化悠远、品格高雅。在历史景观中所凝结着的是人类智慧的结晶，是我们最引以是豪的文化遗产，城市景观的文雅特性主要体现在我们所保护和保存的古代遗迹，因为它们见证着城市的历史，并启迪我们人类对古代文化的由衷敬仰和自豪之情。

在历史语境中，之所以在城市景观中具有这种文化纯正与品格高雅的特质，关键就在于其没有掺杂任何伪造、仿造与冒充的成分，没有矫揉造作的痕迹，凭借自身纯净的形式与内涵将人类文明中最为精致与美妙的层面呈现出来——宛若一瓶陈酿的美酒在开启之后所散发出来的阵阵醇香。古罗马的大角斗场可谓是代表城市景观"雅"的典型案例：从功能、规模、技术和技术风格而言，大角斗场无疑是古罗马的典范之作，古罗马的文明相当一部分都凝结在这座辉煌的建筑之中。古罗马人曾经这样赞誉大角斗场的永恒寓意："只要角斗场在，罗马就在。"而中国最能代表文化纯正与品格高雅的便是古代木结构建筑——特有的大屋顶铺陈华丽的斗拱。这些具有中国特色的形制无疑代表着中华民族自身独特的文明传承，作为中国千百年来古代建筑所选择的结构体系，无数工匠在其上发挥和表现了他们的才华与睿智，也创造了许多辉煌的建筑奇迹，从而使得中国古代建筑在世界景观史上占据着独特的地位。而木结构建筑也被赞誉为中华文明中文化纯正和品格高雅的典范之作——城市景观的雅所孕育出来的美远非当代某些速成、拼凑、造作的城市景观可以媲及。

二、古与今

就城市景观审美的历史感中时间韵味这一层面而言，城市景观的历史感便是古与今，即城市中历史景观的"古"与当代景观的"今"之间形成的张力之美。

城市作为一个巨型容器，不仅为城市设立自身合理发展的限界，也为在此之中所发生的事件设立着展示的舞台：不同时代的景观能够在城市这容器内并置，并为"古"与"今"两者的对话架设起舞台。在这种对话中，我们能够感知到历史景观所诠释着的历史印记与当代景观所呈现着的现时生活之间营造的张力。有必要指出的是，历史景观的"古"与当代景观的"今"之间这种并置产生的张力，不同于两者或多者因为矛盾与冲突而彼此间相互消灭或同一，抑或是正反合。张力是双方在保持自身鲜明个性的前提下，在共存共栖的氛围中，双方自身力量无碍涌现而产生出的独有的力度感，正是这种力度感营造出城市景观独特的美学情境。在历史景观和当代景观中，这种张力的始作俑者便是两者之间时间的差异（距离）："然而时间经验就不同了……因为在时间经过中，还包含着我们只能比喻地称为体积的东西……它也被自己特有的形式所充满……充满着时间的现象是张力——肉体的、情感的或者理智的张力。时间对于我们的存在，正是由于我们产生了张力或消除了张力。"①

在历史景观和当代景观中，这种"只能比喻地称为体积的东西"酣畅淋漓地转化为景观的实际体积而实存，"虚渺"的时间经验被顺畅地转化为"现时"的空间张力。凭借于此，置于此时此刻的人们更可以感受到这种因"古"与"今"所营造的"寂然凝虑，思接千载；悄焉动容，视通万里"的情境之美。在历史景观与当代景观并置的城市环境中，最为典型的就是那些将传统民居、街坊里弄与具有时代气息、商业气息的建筑群并置所营造的氛围之中。前者指向时间的过去，蕴含着沉重的人类文明积淀；而后者则面对时间的现时，力求瞬息万变的时代脉搏。尽管乍看上去两者指向时间的两个时刻，但是它们在此时此刻凭借张力所营造的力度感和谐地对话着，并通过人们现今的观照而将这两个时刻所寓意的"古"与"今"串联起来，宛若那过去的时间还无碍地流淌在我们当代生活的血液之中，而这现在的时间也仿佛具备一种穿透的效力直接撞击着人类过去曾经奋斗着的时光。进而，人类自身的历史在"古"与

① ［美］苏珊·朗格：《情感与形式》，刘大基等译，中国社会科学出版社，1986 年，第 31 页。

"今"所营造的张力中，生发出一种生命的动势，如同苏珊·朗格所说的："生命始终是各种张力同时发生的密集结构。"① 这便是一个社会群体、一个国家乃至一个民族在这片土地上曾经奋斗，且将继续奋斗的辉煌史。这便是我们为何既欣羡历史留给我们宝贵的传统建筑与民居的意境，又赞叹现时赋予我们城市中那代表高科技成就的摩天大楼的时代感的缘由——历史永远是延续着的，行进着的。没有历史景观的城市只能被看作一座毫无底韵的新建之城，人们只为现在的生活而奔波；而没有现代景观的城市也只能是一座"死气沉沉，毫无生机"的历史片断而已，仅仅停留在我们的记忆与臆想之中。没有古今的并置，没有这种类似于生命力的张力，两者将永远停留在时间的两极而不能聚拢在一起，并最终远离人们的生活而孤寂残存。

三、观与思

就城市景观审美的历史感中个体主观感受这一层面而言，城市景观的历史感便是观与思，即对城市景观的观照与想象。

"观"主要是观照城市景观的外在形式，观照景观上呈现的形式美——对立与统一、主从与重点、均衡与稳定、对比与微差、韵律与节奏、比例与尺度。尤其是那些古代的城市景观，由于受条件制约以及城市景观自身的特性，其所体现的艺术风格都是经过千锤百炼才逐渐完善与成熟的，使得在这些城市景观中所体现出来的形式美原则更为地道，也更为经看。如古希腊建筑，就是经过几个世纪的漫长岁月，在形制和形式大致相同的建筑物上，反复推敲与琢磨才最终达到精细入微的艺术境界。希腊建筑艺术的演进都集中在柱子、额枋与檐部这些构件的形式、比例和相互组合等细部处理上。公元前6世纪，这些处理已经相当成熟，并有相对稳定的营造方式。其中，最为成熟、形式美表现得最为突出的便是两种柱式，即古典时期的爱奥尼式以及多立克式。这两种柱式各有自身鲜明的特色：爱奥尼式主要表现清秀柔丽的性格，典型地呈现出女

---

① ［美］苏珊·朗格：《情感与形式》，第131页。

580

体的比例，柱子比例修长，开间较为宽阔，柱头采用精巧柔和的涡卷台基，外廊下垂，檐部以及台基采用柔和的线条和浅浮雕形式；而多立克式则主要表现刚劲雄健的性格，典型地呈现出男体的比例，柱子比例粗壮，开间较为狭窄，柱头采用简单而刚挺的倒圆锥台，外廊上举，檐部以及台基采用刚劲的线条以及高浮雕甚至是圆雕的形式。这样一种兼具独特性、一贯性以及稳定性[①]的成熟艺术风格的标志远非当代景观所能媲及，这便是我们在对这些景观形式进行观照的时候总能够获得最为深沉的艺术审美感受的原因。

另外，对于形式美中被奉为金科玉律的"多样统一"，在历史景观中表现得就更为地道。古埃及的吉萨金字塔群与狮身人面像、明清北京的紫禁城建筑群、古罗马的券柱式、土耳其伊斯坦布尔的圣索菲亚大教堂与四角的邦克楼、法国古典主义典型构图的卢浮宫东立面与印度的泰姬陵都妥善地应用多样统一这样一个形式美的基本原则。然而这种形式美原则的运用不是单凭模仿或是简单的拼凑就能成就的，而是经过深思熟虑、历经岁月的考验后才最终成为艺术形式美的范本。

而"思"则一方面对城市景观形式背后所蕴含的精神和所发生的事迹进行想象，即力图重现城市景观的过去；另一方面对我们所生活着的城市景观之未来进行想象。但无论是城市景观的过去，还是城市景观的未来，都是以城市景观的历史为根基的。对于城市景观的过去场景的重现，C. 亚历山大在其经典著作《建筑的永恒之道》中这样论述道："建筑与城市要紧的不只是其外表形状，物理几何形状，而是发生在那里的事件。"[②] 每一个重要的历史景观背后都凝结着一些历史事件与时代的精神："当我们观赏绘画时，当我们倾听音乐或阅读书籍时，我们总是每次想知道作者是谁。同样的，当我们参观古老的城市时——古典的、中世纪的或其他的——我们会说：'这是属于这一世纪或那一

① 陈志华：《外国建筑史（19 世纪末叶之前）》，中国建筑工业出版社，2004 年，第 42 页。

② ［美］C. 亚历山大：《建筑的永恒之道》，赵冰译，知识产权出版社，2002 年，第 52 页。

世纪的城市。'换句话说：在前者，我们觉察到作品背后的某种思想；在后者，我们感觉到时代的精神。"①

对于城市未来面貌的憧憬，也是基于城市景观的过去与现在的："然而，未来并不是容易研究的。只有对于实体，或换言之对已经发生的事物，才能进行研究。事实上在任何时代，我们都是由关于未来的意识支撑的。"②

历史景观为我们想象那个时代所发生的历史事件与该时代所孕育的精神，以及城市未来面貌提供了优越的平台。城市景观是一部石头写成的史书。时空维度通过历史景观的具象形体而凝固，同时又通过景观自身所承载的人类文明的积淀而在时间维度上扩展。当凝结几百年乃至几千年的时空维度在赏析者当下的想象时，历史事件以及时代精神便开始在有形的景观上重现、复活与生长，并成为一个个鲜活的意象，而不再是空洞的历史教条和呆板固化的建筑形式：建造这些历史景观建筑的基础是什么？为了修建这些公共建筑、宗教建筑，我们的先人曾经做出了多大的努力，又受到多大的挫折？他们是如何满腔热情地为了赋予城市光辉的形象而用这些城市景观去装饰城市？如果我们没有或者不能对这些历史景观背后发生的事件和该时代所孕育的时代精神进行想象的话，这些城市景观本身就不会有震撼我们的历史价值了。希腊雅典卫城中那环城祭祀庆典时市民欢乐与喜悦似乎还萦绕在我们心际，古罗马大角斗场中进行的残酷厮杀与观众的叫嚣仿佛仍历历在目，哥特式教堂那预兆彼岸天堂的飞券、尖顶、玫瑰窗向我们无言地诉说那个时代市民与封建领主和教会之间的斗争，而巴黎庄严雄伟的凯旋门则既记录着拿破仑胜利回师后扬扬得意、不可一世的自豪神态，也见证着帝国垮台后所遭受到的耻辱。

这些城市景观背后的历史事件与时代精神，都是凭借我们的想象与重构而

---

① ［美］伊利尔·沙里宁：《城市：它的发展、衰败与未来》，顾启源译，中国建筑工业出版社，1986年，第302页。

② ［德］卡尔·雅斯贝斯：《历史的起源与目标》，第161页。

生动鲜活，遥远的岁月仿佛离我们不再遥不可及，而是发生在我们周遭，融汇到我们的血液之中，进而与我们当代生活亲密无间。

（刊于《郑州大学学报》2006 年第 4 期）

生态文明时代城市发展的哲学思考

⊙陈望衡

⊙武汉大学城市设计学院

一种新的文明——生态文明已经在地球上露出曙光。生态文明是在工业文明中培育并在对工业文明的批判中产生的。这种培育与批判既复杂又深刻，不仅严重影响并重铸现今人类的生产生活方式，还严重影响并重铸着人类的精神和灵魂。城市是当今人类主要的生产环境和生活环境，居住在地球上的人类多数。两种文明的碰撞在这里体现得最为突出与严重。人类从来没有像今天这样对城市怀着极为复杂的情绪，一方面向往着城市，依恋着城市，享受着城市；另一方面却又在诅咒着城市，逃避着城市，甚至提出要毁灭城市。城市到底出了什么样的问题，让人们将各种复杂的感情倾注于城市？所有这一切就其本质来说，均是两种文明冲突的体现。

一、城市批判

毋庸讳言，工业文明较之农业文明是一种更为进步的文明，工业文明创建于城市，也集中于城市，从某种意义上讲，工业文明就是城市文明。

工业文明中城市的重要贡献主要有三：第一，创造了巨大的财富。人类的财富现在都集中于城市，人类的财富也主要由城市所创造，相比较而言，农村所创造的财富在工业社会所占比重较轻。第二，大幅度提升了科学技术的水平。城市相对而言集中了地球上最优秀的人群，这些最优秀的人士在城市除了从事商业和政治活动，还从事着科学技术和教育工作，因此，几乎一切科学技术都在城市进行创造。欧美不少地方，一所或几所大学，一个或一群科研机构，便形成了一座城市。第三，加速了全球化的进程。全球化开始于商业贸易，而商业贸易是以城市为基点的，是城市与城市之间的交流、沟通。城市分属于不同的国家，而商业是全球的，为了追逐各自的利益，国家大门不能不打开。可以说，没有工业文明便不可能有全球化，而没有工业文明的城市，也不可能实现全球化。

有利必然有弊，工业文明城市虽然给人类带来巨大的利益，同时也带来巨大的弊病。

第一，人口过于集中化。随着城市化的进程，70%甚至80%以上的人口会进入城市。根据世界银行数据，2020年，中国的城市化率将会达到60%。各行各业的人员纷纷往城市流动，城市人口大量集中。在中国，北京、上海、重庆、武汉、广州均是超过1000万人口的大城市。城市中人口的如此集中所带来的弊病是显而易见的，首当其冲的是生活。城市最遭人诟病的便是出行难，其实，住更困难。不只是住的房子很小，还有个人所拥有的自然空间很小。人群的高密度诱发各种生理的、心理的疾病，激发各种各样的社会矛盾，催生各种各样无法想象的偶然性，从而让人对城市既充满希望又充满恐惧。

第二，城市过于文明化。它所带来的突出问题主要有两方面：一方面是环境破坏，如空气质量变差（中国近一半地区近年出现的雾霾）、热岛效应（城市变热）、内涝、垃圾难以做到无害化处理等，凡此种种，让城市变得不宜于人们居住了。另一方面是资源的巨大浪费和破坏。所有的文明都是用自然资源换来的，过于文明化，不只让人异化，还造成地球资源枯竭。众所周知，资源枯竭对于地球上的生命是极大的威胁。

第三，生活方式过于趋同化。工业文明追求高效率、高产量，生产必然是批量性的，与之相关，产品必然是标准化的。标准化的产品必然导致标准化的生活。人们在享受标准化生活所带来的各种便捷的同时，抱怨这种生活方式简单，缺乏惊喜，缺乏美感，缺乏创造。

第四，生活方式过于理性化。工业文明究其实质是技术文明，技术源于科学，科学源于理性。工业文明，人文理性往往屈服于科技理性。人文本是人生存之目的，科技本是人生存之工具。二者的关系应该是目的主宰工具，然而在工业文明时代，工具理性僭越目的理性，成为社会的主宰。工业文明时代，城市是科技理性的大本营。长期生活在这样的环境中，人不可避免地都成为了工具。与之相应，城市中的生活方式也就不能不高度理性化了。理性不是坏事，但理性化所导致的机械化、工具化，同样是可怕的。

城市的过于文明化，生活方式的趋同化、理性化都会导致人性的异化与肢体的退化。

常说人一半为天使一半为魔鬼，天使意为文明，魔鬼意为野蛮。野蛮指人的动物性。人本就来自动物，基本的生存属性与动物也没有区别。人与动物的区别，一在精神上，人比动物聪明；二在肢体上，人肢体的某些部分特别是手比动物的灵巧。然而，由于工业文明，人基本上从繁重的劳动中解放出来了，虽然人的大脑的某些方面功能特别是与信息处理相关的功能更为发达，但与体力劳动相关的某些功能则没能得到充分运用。一个突出的现象是，灵巧的手指已经不需要去做繁难精细的工作了，日常生活中，简单地击打键盘，滑动手机，就够了。长此以往，手指必定会退化。

工业文明的主题是向自然开战。开战的武器是科学与技术。正如罗马尼亚哲学家塞尔日·莫斯科维奇所说："科学的口头禅是'支配''征服'，让自然像战败国一样屈从或干脆消灭。"但结果是"在同自然的'斗争'中，人类虽然赢得了几次战役，但却永远也赢不了这场战争"。[①] 作为对自然开战的指挥部，城市最为充分地享受征服自然的战胜品，同时也最大地领受自然对人类的灾难性的报复。于是乎，一座本该给人带来幸福的城市，成为了一块社会的溃疡、人身上的癌细胞。这种社会的溃疡、人身上的癌细胞，很难治疗与对付。

---

① ［罗马尼亚］塞尔日·莫斯科维奇：《还自然之魅：对生态运动的思考》，生活·读书·新知三联书店，2005 年，第 10 页。

现在我们在呼唤第三种文明，就是生态文明。同时也在呼唤第三种城市，即生态文明的城市。

二、城市解构

生态文明时代的城市是通过对工业文明城市的解构而实现的，工业文明城市的解构主要体现在以下三个方面：

第一，城市由大变小。工业文明时代的城市，朝着大的方向发展。之所以需要大，是因为需要整合更多的资源，最终目的是对自然进行更大规模的掠夺，以获取更多的财富。美国、英国等先进的资本主义国家都曾走过城市由小变大的过程。中国作为后起的工业文明大国，其城市化的进程中城市由小变大更是非常突出。像上海、武汉、重庆这样的老城市，其城区面积和人口较之三十年前均翻了数倍。为了将城市做得更大，除将原来的城市扩大之外，还在建城市圈，即将周边的城市联成一个整体。生态文明时代的城市，不是朝着大的方向发展，而是朝着小的方向发展，不是增肥而是瘦身。信息化的今天，城市其实不需要做得很大，而是要做得很强。更重要的是，生态文明时代，人们的价值导向发生重大变化，不是财富越多越好，而是生活质量越高越好。财富固然是影响生活质量的指标之一，但不是唯一的，更不是决定性的。如果从生活质量的维度来看城市，大城市未必优于小城市。

第二，城市由集中变分散。工业文明的城市关系，基本上是向中心集中。全国有一个或几个中心城市，其他城市按行政级别各自成为相应级别的中心。于是，全国就有大大小小的诸多中心。生态文明时代，城市也存在级别，但级别不足以使它成为中心，城市之间打破中心的各种联系更为重要，于是，全国的城市群构成一种复杂而又自由的网状关系。如果说工业文明时代的城市谓之为"众星拱月"，那么生态文明时代的城市应该是"满天星斗"。

第三，城乡互动。按照生态文明理论，人类已经存在的几大文明中，农业是生态与文明结合得较好的生产方式和生活方式。农业的基本性质是人工种植作物和豢养动物。农作物和豢养动物是有自己本性的，不会主动地按照人的需要生长，是人在尊重自然规律的前提下为作物与豢养动物创造某种客观环境，让作物与豢养动物既按照自己的本性生长，同时又切合人的需要。农业生产虽是人工的劳作，却又是自然的过程，是人的意志与自然意志的统一，这种统一具有生态与文明共生的意义。生态文明建设在某种意义上可视为是对农业文明的回归。但这种回归不是倒退，更不是复旧，而是螺旋式的上升，是否定之否定的发展与超越。

就人类的生活环境来说，农村环境比较符合人性，农村拥有较多的大自然，特别是原生态的大自然，可以满足人亲和大自然的本性。农业劳动具有脑力与体力相结合的特点，同样也比较符合人性。当然，农业生产繁重的体力劳动、落后的生活方式又是违背人性的，但这些在工业文明帮助下完全可以得到改进。

在工业文明城市由大变小、由集中到分散的解构过程中，一个重要现象是城中人纷纷去郊区或乡村居住，工作环境与生活环境分离。既然人可以由城入乡，设置在城中的机构又为什么不可以迁往乡下呢？于是，城市中的部分企业、学校也迁往乡下。城市疏朗了，瘦身了，健康了。迁往乡下的人们，还有各种企事业单位也相应地获得诸多益处，特别是获得了乡下优美的自然环境。乡下优美的自然环境不仅可以疗治某些城市疾病，还可以增加创造的灵感，提高工作的效率，更重要的是，能让人获得在城里难以获得的某种审美享受，有利于人的全面发展与人性的全面复归。

在城市部分功能向乡村迁徙的同时，乡村的部分功能也向城市迁徙。最为突出的是城市农业的兴起。城市农业主要是为城市服务的，为提高城市人的生活质量与生活品位服务，为提高城市环境的生态质量及美学质量服务。从某种意义上说，农业进城是克服城市人性异化、改造城市结构的重要手段。美国学者多罗泰·伊姆伯特在他的文章《公民们，向农场出发》一文中说："农业活动，无论种植的是庄稼还是树木，都能够修复城市，从而为其可持续发展创造可能——它可以将闲置或废弃的地块转化成具有公共投资价值的地块。"① 都市农业自有城市以来就存在着，农业文明时代的城市不消说，就是工业文明时代的农村也不可能将农业彻底排除在外，正如多罗泰·伊姆伯特所说："1940 年，卢森堡花园朝向法国参议员的花坛就被改造为菜地；最近白宫草坪种植芝麻其实并非新鲜事，很久以前它还被用于放羊。"②

工业城市的产业主体是工业与商业。农业即使有一点，也只是用来点缀的，它是工业文明生活方式的一种补充与调剂。然而，在生态文明时代，农业的进城则具有极其重要的社会意义，从根本上促使工业城市的解体。首先是城市中的产业结构，它就不只是工业与商业为主体，而是工业、商业与农业联合为主体。城市的生态将发生重大变化，人与自然的关系将变得和谐。城市发展框架以及景观风貌相应也会发生重大变化。

农业进城是当代城市发展的新尝试，巴黎、纽约均有这方面的项目。主要做法一是改造废弃的工厂、城区做农场，二是让微型农业进入市民家庭。值得强调的是，生态文明时代进入城市的农业主要功能是维护或创造最好的城市生态，它不仅不能造成城市污染，还要能清除城市污染。

中国现在正在进行城乡一体化的改革，这个改革的方向是对的，但如何做，尚有待进一步探讨。本文提出一种模式——城乡互动。城乡互动有两面：一面是让生态农业进城。生态农业重点不在农业而在生态。既然目的不在产业，而在生态，所以生态农业的进城主要是为城市掺沙子，掺生态沙子，而不是将城市变成大农场。城乡互动的另一面是城市文明下乡，把城市部分人口和部分功能带到乡下去，从而既在产业上也在生活方式上改变乡村相对落后的状况。这种文明下乡有一个前提，就是不仅不能破坏乡村的生态状况，而且在某种意义上还有助于乡村生态状况的改进。如果用掺沙子为喻，城市文明下乡，也是掺沙子，掺的是文明的沙子。这文明不仅是工业文明的优良成分，也有生

---

① ［美］多罗泰·伊姆伯特：《生态都市主义》，江苏科学技术出版社，2014 年，第 262 页。

② ［美］多罗泰·伊姆伯特：《生态都市主义》，第 263 页。

态文明的成分。城市文明下乡，从本质上来说不是将乡村变成城市，乡村主体产业仍然是农业，与此相关，乡村环境仍然是不同于城市的环境。相对城市，乡村拥有更多的自然，更多的田野。乡村住房不一定要由街道来组织，住宅不像城市那样集中，错落有致。乡村生活仍然是一种不同于城市的生活，它以农事来统率，忙闲不均，节奏有快有慢，总之，更为自由，更为个性化，更为自然化。城市生活是交响乐，农村生活是散文诗。

从人类文明史发展来看，工业文明的兴起与乡村衰落取同一步调，农民们纷纷进城是工业文明突出的社会现象，生态文明兴起，城市中的人们又纷纷走出城市，回到乡村。这一否定之否定的现象耐人寻味，它折射出文明进程中前一文明与后一文明之间的辩证关系。

三、生态进城

生态城市的建设在中国最主要的办法是生态技术进城。生态技术分两类：除污技术与增绿技术。前一种技术含义是清楚的，后一种技术说的"增绿"不能只是理解为绿化，凡通过技术的手段，恢复或提升城市生态的做法均属于此类。"海绵城市""绿色城市""花园城市""低碳经济""城市微循环"等均为生态技术进城。这种做法，仰仗的是科学技术，试图以文明的力量实现生态，因而实质仍然是文明霸权的体现。

我这里提出的另一种思路是"原生态进城"。我说的原生态进城，主要是为城市保护与培植荒野。原生态进城的"进"并不是从城外向城内移入，而是在城中开掘、生发。具体做法一是尽力保护城市现有荒野，二是适度恢复城市荒野。

要做到这点，首先在观念上要充分认识到荒野的价值与地位。著名的生态伦理学家罗尔斯顿说："荒野在历史上和现在都是我们的'根'之所在。"[①] 他

---

① ［美］霍尔姆斯·罗尔斯顿：《哲学走向荒野》（上册），吉林人民出版社，2005年，第221页。

说的"根"，不只是指生命之本，还指生态之本。保住了荒野，就是保住了我们的根，保住了生态文明建设的可能与希望。

中国的城市显然是过度了，几乎所有的城市全部翻新一遍，而且城区面积都呈倍数地扩大。在所谓"寸土寸金"的观念影响下，只要有一块空地，更不要说是美丽的湖泊或是山林，总是千方百计地要将它开发出来。最可怕的是房地产开发，城市中的荒地几乎全被用作房地产用地，鳞次栉比的高楼拔地而起，犹如森林一般。有些城市为了开发房地产，将山岭让出来还嫌不够，还要去填湖、填湿地。武汉号称百湖之市，上个世纪50年代，有湖130余面，如今不到30面。大部分的湖被填掉盖房了。最近武汉连降大雨，水没有地方可排，城市内涝了。内涝最厉害的地方，是当年的湖泊遗址。人们说这是大自然讨账来了。

其次是所谓的旅游开发或者说景观开发。城中的荒野包括山林、湿地、河湖甚至流经城市的荒洲，总是要千方百计地将它开发成公园，美其名曰是美化城市，实际上是为了旅游，而旅游就是为了赚钱。

经过如此折腾，在中国，城区几乎没有荒野了。目前迫切要做的，一是要对城市的空地做一个生态性的调查，按生态保护的程度，分出等级，要尽量将这些尚未开发的土地保护起来。生态最好的地区不仅不再做开发，还要严格限制人员的进入，杜绝任何人工的不良干预，让它成为真正的荒地。就是已经进入开发的土地，也要根据情况，尽量减少生态破坏。城市中的湖泊、河流除必要的整治外，最好让其荒着。二是要返城于荒野。要有目的地拆除城市部分建筑，不要再盖房，也不要都建设成公园，最好让其荒着。

20世纪后期，我曾经著文，提出"将山水纳入城市"。[①] 我说，工业文明将山水移出城市，生态文明要将山水纳入城市。当时我说的将山水纳入城市，更多的还是人造山水：造湖、凿水、种树、栽花等。现在看来，不够妥当。一个明显的道理：人造的自然不一定是生态的，只有强调保护与恢复荒野，才能

---

① 陈望衡：《将山水纳入城市》，《风景名胜》1995年第1期。

保证它是生态的。

现在有一种理论很时髦，就是"景观都市主义"。景观都市主义打着景观的牌子，将城市中所有的山水包括荒野景观化、艺术化。这看似是重视环境美化，殊不知景观化有可能破坏生态。现今人们形成的审美观来自农业文明和工业文明，人们以原有的审美观来处置生态现象，只怕会将某些生态现象当作丑给"处理"了。基于此，生态文明城市的景观建设，不能以固有美丑观为标准，而要更多地考虑到生态，以生态的维护为第一标准。

园林是人类打造的理想的生活环境，园林较之其他生活环境的突出优点是拥有较多的自然山水和动植物。虽然如此，进入园林的自然都是文明化了的，因此，从本质上看，园林是人类文明改造自然的产物。生态文明时代也需要园林，但园林的性质有了一些改变。生态在园林中的地位突出了，不是文明，而是生态成为园林的灵魂。我提出"生态园林主义"在"园林"前加上"生态"的修饰词，意在防止在园林建设过程中园艺对生态的破坏。

一个非常现实的问题是在城市绿化中人们总是力图为城市植上美丽的树、美丽的花，殊不知，那些人们通常视为美丽的树、美丽的花不一定适应于城市的地理与气候，而那些适应于当地地理与气候的树木花草，按传统的审美观却又未必最漂亮。到底要选哪样树木花草呢？当地的动植物无疑是首选。

美国园林家玛莎·舒瓦兹说："人类与生态系统以及动植物栖息地共享的都市景观塑造了我们作为个体的身份，并成为城市的意象。它可以堕落、丑陋，也可以在它的多样和美丽中发光。它能够决定地球本身的健康，确立一个城市的宜居性，支撑城市的经济，保证市民的健康与幸福。"[1] 他这里说到要容许生态现象中的"堕落、丑陋"存在，说这些生态现象"堕落、丑陋"，基于的是工业文明或农业文明的审美观。如果按生态文明审美观，它未必是"堕落、丑陋"的。

---

① ［罗马尼亚］塞尔日·莫斯科维奇：《还自然之魅：对生态运动的思考》，生活·读书·新知三联书店，2005年，第525页。

基于此，构建新的审美观——生态文明审美观十分重要。在新的审美观尚未构建的情况下，要有一颗宽容的心来对待生态现象，它也许不那么赏心，不那么悦目，但它是生态的，有利于人生存的，那就应该让它存在，逐步地适应它。我将这种宽容称之为"生态宽容"。生态宽容是生态审美的前提。

荒野与文明存在着对立，似是不和谐，但其实这也是一种和谐。和谐有两种，一种是交感和谐，即关系物融合为一体，你中有我、我中有你；另一种为守界和谐，即关系物保持着个体的独立性，不交感，不融合，但存在张力，相互作用。守界和谐重在守界，只有守界，才能真正地保护荒野。

两种生态进城——生态技术进城和原生态进城都很重要，但相比而言，后者更重要。前者只是治标，后者才是治本。生态技术从本质上看仍然是工业文明，生态技术进城实质是工业文明的内部调整，不能从根本上治愈工业文明所造成的城市之癌。而原生态进城，则是从根本上提升城市的生命活力、生态活力，以生态自身之力消灭城市之癌。

四、生态乐居

农业文明时代已经有了城市，由于与农业文明相应的社会制度多为封建主义，城市通常为封建主的居住地，这样的城市可以称之为"王城"。这种城市，以防御为主，突出的标志是有城墙。与工业文明相应的社会制度为资本主义，资本主义重视资本的运作，以工商业为社会的经济基础。与之相应，工业文明的城市，其主要功能不在政治上，而在经济上。这样的城市应称之为"商城"。

生态文明时代，城市的功能发生了变化，它不再主要是体现行政级别的"王城"，也不再主要是工商业集中的"商城"，而主要是适合于人生活的"生态文明城"，简称"生态城"。

农业文明时代人的主题是生存，对于环境的要求为"宜居"。工业文明时代人的主题为发展，对于环境的要求为"利居"。生态文明时代人的主题是人的全面发展，是生活质量的高品位，是幸福。与之相应，对于环境的要求是"乐居"。

环境美学的主题是生活，生活的最高品格是乐居。乐居是一个普适性很强的概念，不同的时代均有"乐居"，因此，乐居可以看作是环境美的重要功能。[①] 但对于农业文明、工业文明来说，乐居只是众多生活方式之一，不具时代的代表性。生态文明时代虽然也有各种不同的居，但代表时代的生活方式是乐居。为了突出生态文明时代乐居的本质，我们可以称之为"生态乐居"。

一般的乐居，决定于三点：一是人与自然的和谐；二是人与人之间的和谐；三是个人身心之间的和谐。这种和谐中虽然含有生态的因素，但没有得到强调，甚至没有得到发现。

生态乐居不仅需要具备一般乐居的三个条件，还需要强调并突出生态和谐。生态和谐以生态的平衡为基础，生态平衡是客观的、自然的，当它提升到生态和谐的高度时，这种生态平衡就透现出人文的意义，它是宜人的，也是利人的，同时也是乐人的。正是因为它是乐人的，它于人就不仅是功利的，而且是超功利的。不仅是理性的，而且是感性的，是理性与感性相统一的。一种新的美——生态文明之美焕发出灿烂的光辉。

生态乐居以生态公正为前提，以生态平衡为杠杆。衡量人的生活质量高不高，首要标准不是人自身活得好不好，而是人与其他生物的关系处理得好不好。换句话说，人的生活质量首先决定于生态质量，生态乐居突出地表现为人与自然关系的全面和谐。

实现生态乐居的主体是人。生态是客观的，不以人的意志为转移，不会也不可能偏私于人，生态活动具有适人与不适人的两重性。人为了更好地生存，首先要尊重生态规律，其次要充分发挥人的主观能动性，寻取人的利益与生态利益的最大公约数。在这个过程中，一方面，人的生活向着生态平衡方向发展；另一方面，生态运动向着宜于人生存的方向生成。其最终成果，于人是乐居，于生态是平衡。而就两者关系来说，是生态与文明的共生。

当代人类超过百分五十居住于城市，更重要的是城市对于文明进程拥有巨

---

① 陈望衡：《环境美学》，武汉大学出版社，2007 年，第 112 页。

大的领导力。在考虑城市发展时，我们不能不将生态文明建设放在首要地位。作为继工业文明之后新的人类文明，也许现在它还没有真正到来，但它已是海平面上可以遥望桅杆的巨轮，伴着澎湃的涛声，那激昂的汽笛已经响彻云霄。在这样的时刻，关于生态文明时代城市发展的哲学思考，虽然没有裹风夹雷的力量，但希望它能够给人们以未雨绸缪的启示。

（刊于《郑州大学学报》2016 年第 6 期）

将城市建设成温馨的家

——中国城市现代化道路的反思之一

⊙陈望衡

⊙武汉大学哲学学院

一、确立"家园感"的理念

在现代化的进程中，中国正在走着西方先进国家早已走过的城市化道路，而种种在西方城市化进程中曾经遇到过的问题，还加上新时代所出现的新的问题，出现在中国城市建设者面前。

人们从四面八方来到城市，当然最初的动机不是为了找一个家，而是为了某种目的，其中主要的不外乎三者：经济、政治、文化教育。因为城市一般来说，是这三者最为集中的场所。当然，也有少数人在初步实现自己的理想后，离开城市，但更多的人，却是在城市居住下来，也许就是在这个时候，人们更多地希望城市不仅是高功能的怪物，而且是人们的家。然而，当人们按照家的模式来看城市的时候，却发现，这城市却是不那么适合居住，不那么像一个家。

人类的家，从历史来说，是从自然环境走向农村环境再走向城市环境，这是人类走向文明的过程，不断进步的过程，但也因此造成人的自然本性得不到充分肯定，而出现了人性的异化。不过，必须肯定的是，人类要整体性地返回农村环境、自然环境是不可能的，因为，人类非常需要依仗城市在政治、经济、文化、科技等方面的强大优势。人类需要自然，也需要文明。我们只能将城市环境加以改造，增加自然因素，使之更切合人性，更具家园感。

于是，一个新的城市理念产生了：城市不仅是人类文明的集粹之地，也应是人类美好的家，幸福的家。

如何建设好一个城市，首要的一条，也是基本的一条，就是确定"家"的理念。

何谓家园？家园的基本概念是居住。人类居住的质量有三个层次，宜居是最低层次，利居是第二层次，而最高层次则是乐居。宜居是基础，立足于生存；利居，侧重于创业，立足于发展；乐居则侧重于生活，是前二者的综合与提高。

乐居，是对城市居住功能的审美要求，也是最高要求。乐居，当然，必须是宜居的，其标准是：一方面，生态质量好，卫生条件好，于健康有利；另一方面，生活设施及各种供应齐全，物价合理，公共安全好，生活可以放心。乐居的城市，倒不一定是利居的城市，也就是说，它不一定是干事业（政治的、经济的、文化的、教育的等）的最佳场所，但它一定是生活的最佳场所，这最佳，概括起来，就是美，它一定是一座美丽的富有魅力的城市。

美是对城市最高的评价标准。城市的美一方面满足人对文明的需求，具有深厚的文化积淀，另一方面满足人对自然的需求，应该有山有水，风景优美。

美，虽也作用于人的理性，但更作用于人的情感，也就是说，它虽然也是人在理性上接受的，更是人情感上认同的。这情感上的认同，最为重要。

家是具有血缘关系的人的有机聚合。城市中的市民当然不具有这种血缘性，但将城市说成是家，主要是取两个含义：一是依恋感；二是归属感。归属感主要是精神性的，不一定要实际上归属于此，而是说这座城市的某种传统、某种理念已成为曾经在这座城市居住过的人的精神支柱。正是因为这种传统、这种理念内化为这人的精神支柱，此人哪怕是现今远离这座城市，他仍然会思念着这座城市，将它视为精神上的归属。这种情感我们称之为"家园感"，而家园感，它的放大就是对祖国的情感。

优秀的家园感城市，应是现代文明、自然山水、历史人文三方面的统一。

自然让人愉悦，文化让人迷醉，情感让人留连。城市景观、活力、文化均能吸引人，而能将人留下来的只有情感。真正乐居的城市一定是让人情感上认同的。情感上认同，意味着这座城市温馨可人。温馨可人比美丽动人更重要。只有乐居，这座城市才称得上真正具有家园感。

从家园感的立场来建设一座城市，许多重要问题就会迎刃而解。

二、落实"人性化"概念

建立人性化的城市，这一概念早就提出来了，但如何解释这一概念，还有待深入。人类的全体活动都打上人的痕迹，但这并不等于人性化。人性，指的是健康的人性——有利人的生存发展的属人的内在的禀性。人的活动，有些是符合这种禀性的，有些是违背这种禀性的。违背健康人性的行为，我们称之为反人性的行为或人性的异化。这反人性或人性异化的行动，在城市建设中也到处可见。

具体来说，"人性化城市"主要体现在正确处理三种关系上：

首先，人的个人私密性与社交和融性的关系，这涉及人性中的个人独立性与社会群聚性的关系。城市是人类集中的地方，由于种种原因，聚集在这里的人们有着某种关系，这种关系主要有两种：一种是功利上的关系，即基于某种功利性的需要，人们必须来到一些公共场所，从事与功利相关的活动，这些场所主要有政府机关、超市商场、银行、医院、工厂等。另一种是非功利性关系，人们来到这里，不是为了功利，而是为了休闲，为了精神上的享受，这主要有剧院、电影院、歌舞厅、博物馆、艺术馆、教堂、寺院、公园等。此外，还有一些场所兼顾以上两种关系。按心理上的感受，前一种为理性的，后一种为情性的。功利的、理性的，属于事务性的；非功利的、情性的，属于审美性的。这两种公共空间都是实现人性的社会性的重要场所。这两类场所，需要有一个恰当的比例。中国城市建设普遍存在的问题，是后一类的公共场所太少，而在西方先进国家的城市，后一类场所占的比例较高。西方的城市，一般均有十来个博物馆、艺术馆，而中国的城市，博物馆极少。以上所说的公共场所，在规划上均以有助于实现社会的和融性为目的，必要的秩序感不能造成对人的威压感。

人性化的"人"，过去的理解，大体上是指大写的人——人类，即从抽象意义上理解人，其实，人是具体的存在，是实实在在的人，这实实在在的人，是个人。人性的个人性主要表现为个人的自我意识，自我意识表现为意识到个体的存在，要求保持个人在身体上、精神上的独立性。众所周知，法律上的隐私权，就是基于对人的个人性的尊重。

人性的个人性，在城市各种工作设施及生活设施的建设上，应该得到充分的体现，这是衡量城市文明程度的一个重要标志，而这恰好是目前城市建设最为忽视的方面。这样的例子是不胜枚举的。如城市的公共厕所不能充分保证对个人私密的尊重，又如住宅小区楼房之间的空间距离过近，加之窗户设计不够合理，总是让住户感到被偷窥的恐惧。

其次，人的文明性与自然性的关系。人性中有向往文明的方面，所谓文明就是人所创立的一切。人所创立的文明建立在不断认识自然与改造自然的基础上，任何新的文明成果都是人对自然的深入认识与创造性改造的表现。我们需要科技的进步，需要工作方式、生活方式的更新。人类文明的新成就总是在城市建设上鲜明地反映出来，我们当然欢迎这种新成就，我们要建设的正是体现文明新成就的城市。基于对人性中文明性的尊重，我们对体现新文明的北京新建筑——鸟巢、水立方、国家歌剧院等，由衷地欢迎，它们为城市增添了亮色。这是一方面。另一方面，人来自自然，人原本就生活在自然中，因此，人性中有自然性，亲和自然是人性的本能。长期看不到山林，看不到河流、湖泊，人不仅身体会生病，精神上也会感到恐慌。建设山水园林城市之所以受到全世界的普遍重视，其原因就在这里。

从人性的角度来看，山水园林城市应是人类理想的生活环境。山水园林城市最突出的特点是拥有丰富而且优秀的自然山水景观，这种自然山水景观最能满足人性亲和自然的本性。拥有丰富而且优秀的自然山水景观，还需要让这种山水自然景观与城市的各种设施包括工程设施和人文设施巧妙地整合，构建成一个有机的和谐的整体，让它类似于园林。园林，有最为优秀的自然景观，同时也有优越的生活设施。它用一定的方式圈起来，与现实生活隔离。于是，园林，就成为理想的生活环境。

园林在城市中的发展，经历过由城市中的园林到园林城市的发展过程。城市中的园林，即在城市中建造园林；园林城市则是将整个城市建设成园林。前者主要体现在工业社会以前；后者则产生于工业社会之中，特别是工业社会后期。在城市中建园林，着眼于少数人的利益；而将城市打造成园林，则着眼于全体市民的利益。

山水园林城市建设有两个问题值得特别注意：第一，要尽量保持原来的地形地貌，尊重原生态。中国的城市大体上为三种情况：一为依山，建在山上者称为山城；二是临水，这水，或为河，或为湖，或为海；三是据原，即将城市建在平原上。前两类城市，建设山水园林城市有着得天独厚的条件，重要的是，要尊重原有的地形地貌。过多地修饰，伤其原生态，那就得不偿失了。日本京都，市郊有岚山，原生态保护得相当好，河滩上大片大片的芦苇，显现出荒野的气息，但其园林却打造得极为精致。更让人赞叹的是穿过市区的鸭川河，它并没有将河岸砌成整齐的堤坝，河床也未修整得平平坦坦，枯水季节，便露出它的本来面目。第二，所有的城市，均要在城区培植各种不同规格的小片树林。传统的观念是，商业区寸土寸金，因而这样的区域总是密密麻麻地排满了商店，根本没有树木插足之处，这种观念要彻底改变，这样的地区更是要腾出一定面积的地面来培植森林。平原城市，没有山，也没有湖，没有河，如果建成森林城市，当然也是山水园林城市。

最后，人的现代感与历史感的关系。人总是生活在现代，因而人总是现代的人，他自然会关注现代物质文明与精神文明，关注这个地球上现在所发生的一切，特别是关注直接影响到他生存与发展的那个或大或小的环境。人性，总是表现出现代性来，现代感是现代人性的突出特点。表现在城市环境上，就是他会喜欢展现现代物质文明与精神文明的市政设施，会强烈地生发出要发展、要前进、要开拓的精神意识。

但是，人又是有历史感的，人与动物的重要区别之一，就是动物只有现实感，没有历史感。动物只是关注当下发生的一切，人却不仅关注当下发生的一切，还要回顾历史上所发生的一切，并将它与当下发生的一切联系起来。

城市建筑具有多种功能，当其现实的使用功能消失之后，它的别一种功能则得到彰显。比如，上海外滩许多建筑原来是银行，现在有些不是银行了，但由于它是长达百余年的历史，加上独特的建筑风格，其承载历史的功能、审美的功能凸现出来了。从文化学意义上看，所有的城市设施，都是文化的符号，它承载文化，也传承文化。人不只是生活在城市各种具有实用功能的设施之中，也生活在承载历史的各种符号王国之中。

城市是一个巨型容器，将各种不同类型的城市景观聚拢在一个有限的地域之内。当凝结着几百年乃至几千年历史的城市景观激发出观赏者的想象时，历史事件以及时代精神便开始复活，不仅联系到现在，而且通向城市的未来。

凝聚着历史的城市景观，实际上充当着历史通道的作用：从古到今，又从今到未来。同时它也充当着审美到思维到实践的重要平台：从观赏到思索，从思索到创造。

在所有的城市中，历史文化名城是最具魅力的。因为它保存的历史遗迹最多，品格最高，因此，精心地保护城市中的历史景观最为重要，这些景观首先是文物，是物化的历史，具有不可再生性。虽然它的文物级别有高有低，但其价值都是不可换算成金钱的，也就是说，它们均是无价之宝。保护它们是第一位，其次才是合理地利用包括用它作为旅游资源。历史文化名城的旅游只能是限度旅游，也就是说，它必须控制人数，必须考虑到各种有可能造成文物损坏的因素，必须将各种有害文物的因素降到最低。

我们说城市是我们的家，那是说，它是我们安身立命之处，这安身就是宜居、利居，而这立命，就是合乎人性。这个家，不只是"身"之家，也是"命"之家。如果说，在一座城市，个人性和群体性、自然性与社会性、现代性与历史性等均得到妥帖的安排，能和谐地共处，那它当然就是我们的家了。

三、强化"审美主导"理念

在相当长的一个时期内，人们重视的是城市的功能。城市是政治中心、经济中心、文化中心、教育中心。人们奔向城市，是冲着这些中心去的。其目的不外是实现自己政治的或经济的或文化的或教育的某种美好的愿望。也许只是在 20 世纪中期，才有少数的学者关注到城市的审美功能，开始从美学的角度研究城市。美国著名的美学家阿诺德·伯林特教授 20 世纪中期出版的《环境美学》设两章专谈城市美学问题，其一为"建立城市生态的审美范式"，其二为"培植一种城市美学"。阿诺德·伯林特教授在谈这两个问题时用的词是"建立""培植"，说明即使是 20 世纪中期，"城市美学"也仍然在襁褓之中。

不知从什么时候起，人们对城市的评价尺度悄然发生了变化，不只看重城市的实用功能，也看重城市的审美功能。从某个地方归来，游览了几座城市，首先会说，这城市美还是不美，有魅力还是没有魅力。有些小城市，说实在话，其政治、经济等实用功能谈不上有多重要，只是因为它美，便在世界上享有盛名。在中国，最有代表性的是云南的丽江、湖南的凤凰古城。这样的城市，欧洲有很多。

当今城市的评价尺度，的确是比较地看重审美了，但是，除了像魏玛、丽江、凤凰这样的城市，我并不主张建设一座纯为审美的城市，正如我也不主张建设一座纯实用功能的城市一样。我一直认为，城市的实用功能与它的审美功能是可以统一的。政治中心、工商都会这样功能性很强的城市，其实也可以建设成非常美丽的城市。

这里，我试提出"城市规划审美主导"的命题，它主要包括三个方面的内容：

第一，正确处理好城市建设中功利原则与审美原则的关系。功利原则与审美原则的关系，通常的处理是将功利原则放在首位，以审美服从功利。中国有些城市的领导提出，城市建设功能第一，审美第二。这观点我不赞同，它的直接害处，就是为功能主义者开了自由放肆之门。既然功能第一，这第二就要为第一让步，实际上也没有第二了。分第一、第二是不妥当的，正确的提法，应是功能与审美的统一，功能即审美。城市的一切建筑、设施都要力求变成一道景观，概而言之，即工程景观化。当然，在某些情况下，审美是可以为功能做出某些让步的，但在另一些情况下，功能也要为审美做出让步。美国华盛顿有一条景观道，不是那么直的，为什么不裁弯取直？因为这弯道两旁的景观非常好。裁弯取直，景观就被破坏了。

第二，要加强城市的艺术氛围。艺术是美的，城市的艺术氛围有助于提高城市的审美品格，舒缓城市紧张的节奏，欧洲城市一般都有浓郁的艺术氛围。造成艺术氛围的手段很多，如街头雕塑、街头演出、壁画、精美的广告、剧院、电影院等。芬兰首都赫尔辛基，一到下午五时许，露天音乐会就开始了，城市空中乐曲飘荡，配上五颜六色的霓虹灯，整个城市沐浴在梦幻之中。相对来说，中国的城市，就少了这种艺术氛围，少了这种浪漫。

第三，注重提炼城市意境。意境是艺术美学中的范畴，它是艺术美本体，我将它用之于城市，就意味着城市也要像一首诗、一幅画、一首歌曲。意境的载体是城市形象，它是意境的硬件，一座城市，显露在外可以让人感觉的全部，就构成它的形象。城市形象，是城市的外观。这外观应该是美丽的、动人的、有特色的、让人经久难忘的。但城市意境最为重要的不是它的外在形象，而是它的内在意蕴，它的文化，它的历史，它的精神。在这方面，历史文化名城显然是占优势的。像希腊的雅典、意大利的罗马、法国的巴黎、中国的西安、日本的奈良，它们的意境就耐人品味了。须强调的是，深厚的文化底蕴、悠久的历史传统，是需要靠尚存的历史遗迹来显示的，只是书面材料证明深厚与悠久，而没有实物遗存，这座城市仍然是缺乏魅力的。中国有许多历史文化名城，只可惜基本上是凭文字材料，而没有多少实物遗存，那怕是曾经是秦、汉、唐三个朝代古都的西安，实物遗存也是不多的，来到西安，很难体会汉、唐的雄风。现在的城市改造，将许多有价值的旧建筑拆除，殊不知，这一拆，城市外观上是漂亮了，但历史底蕴就没了。现在许多城市热衷于仿古建筑，以为仿古就可以顶替真古，殊不知这两者根本不是一回事儿，仿古做得再好，因不承载历史，顶多只是一件艺术品。而真古物虽然不起眼，虽然残缺，但因为承载历史，就不平凡，就耐人品读，而在品读中，因感受其历史底蕴而焕发出光辉。罗马城保留着许多废墟，其中就有著名的斗兽场，仅就外观来说，它当然没有现代建筑漂亮，但它的魅力远不是任何华美的建筑可比的。从某种意义上说，它的美也正在于它是废墟，如果有好事者将这些废墟整修成完美的建筑，那就完全破坏了它的真实性，其魅力也就荡然无存！

城市意境，不是一朝一夕之事，从一座城市建城就开始了，而且只要这座城还有市民存在，它就在继续，所以，城市意境是发展的，它是流动的范畴。另外，城市意境，不是市长、城市规划师少数人打造的，而是许多人参与打造的，其中主体是市民，因而城市意境是集体的创造，是社会文明的结晶。

从某种意义上说，城市意境的打造是非自觉的行为，很难说有某一个人旨意在指导着，但是，城市意境的打造又是自觉的行为。其原因一是城市的发展是有脉络可循、有规律可察的，而且也形成了一定的文化精神、历史传统，这些又为历代城市建设者所继承、所发展。二是任何一个时期，城市的建设均有它的规划，有它的理念。这规划是否优秀、这理念是否先进在相当程度上影响到城市意境的打造。

美学作为城市建设的主导，并不影响城市功能性发展目标对城市建设的指导，它只是要求将功能性的发展目标提升到审美的高度，从而全面实现城市的功能，让我们的城市不仅是功能性很强的巨型机器（如它仍然可以是某一地区的政治中心、经济中心、文化教育中心），而且还是我们可爱的家，美好的家。

中国的城市化以惊人的速度发展，许多旧城，短短几年就焕然一新，许多乡村集镇转变成新城。城市化的进程过快，城市建设者基本上没有来得及形成理念，大城市盲目地照搬纽约、东京的模式，小城市则盲目地照搬大城市的模式。这样建下来的城市，几乎全是一个模式。没有特色，没有个性，凭视觉，我们无法判别这是到了哪一座城市。

中国城市化进程中在城市规划上的严重失误直到现在还没有得到理论上的清理。现在，最为急需的有关城市理念的反思，即我们到底要建什么样的城市，否则，我们这一代人留下的遗憾是需要后代加倍偿还的。

唐宋山水人文精神实质的象征，并进一步成为中国山水美学发展的重要内容。

正是在这样的人文自然山水环境的基础上，襄樊市一跃成为中国十大魅力城市之一，被称作是"中华腹地的山水名城"，它"借得一江春水，赢得十里春光，外揽山水之秀，内得人文之胜"。这一评价概括了襄樊作为人文山水城市的独特环境美学形象，也是追求现代人文山水城市景观设计的基本原则所在。

那么，襄樊市在现代城市环境景观设计中究竟具有哪些特点体现出传统山水审美境界与现代人文城市的结合？

首先，把景观娱情作用与养性功能有机结合。如襄阳城南护城河边的南湖广场，就是依托山水元素而建造的城市人文景观。开阔的护城河、完好的襄阳古城与近在眼前的著名羊祜山，直接陪衬在广场周围。它既有充分满足市民游乐娱情的功能，也有令人怀思襄阳文化古远意味的审美空间。它不仅回避了现代城市景观设计中某些过度静穆深刻的景观园林特点，而且回避了一味追求游乐娱情的庸俗趣味。

其次，追求传统文化与现代文化、自然景观与人文景观的和谐共生，防止相互割裂，以景观形象上的文化分裂特征进一步激化身处紧张社会生活中的人们的精神张力。襄樊市有历史文化悠久的两大城区，即襄城（襄阳城构成它的核心）与樊城。其中的襄城堪称文化底蕴深厚的城区，樊城堪称现代商业气息浓烈的城区，二者通过清丽的汉江与优雅的临江建筑环境形成自然过渡，使得整个城区环境的传统感与现代感有机结合，实现了自然山水基础上现代城市景观环境的美学融通。在此自然过渡的接合部位，人们既能感受深厚的传统文化气息，也能领略强烈的现代都市风情，得到了光顾襄樊的中外学者与旅客的广泛称赞。

最后，依据自然山水条件实现城市环境的自然审美化与生态审美化，创造服务于现代人宜居乐居的生态城市环境。襄樊有由汉江围绕而成的鱼梁洲，孟浩然的"水落鱼梁浅，天寒梦泽深"成为千古佳句，也使得鱼梁洲拥有了重要的山水自然条件与深厚的人文内蕴。如今，著名的鱼梁洲已经被建设成为集居住、旅游观光、休闲娱乐、平民消费于一体的现代城市生态岛，构成了襄樊市重要的人居环境景观，是现代人文山水城市景观设计的重要实践成果。即使在襄樊市区内的众多居住小区，也努力塑造着吻合人文山水城市形象的宜人景观，努力实现自然环境与人文环境的生态融合，谋求城市日常起居环境、城市公共环境、城市山水环境达到相互依托、相互衬托。

（刊于《郑州大学学报》2009 年第 3 期）

城市文化与艺术创造

⊙［美］理查德·舒斯特曼
⊙美国佛罗里达州大西洋大学

一

自然世界的乡村风景及（陆地及海洋的）野生环境毋庸置疑为艺术创造提供了极其重要的素材。如果没有自然界，没有它的能量、韵律、色彩、形态、材质、声音、和谐、喧闹及因果联系，艺术将无法兴盛。这一主题在亚洲的美学传统中得到了深刻的体现：无数的画作与诗歌都环绕自然场景以及人类内心中对这些场景的感受。即便在戏剧与舞蹈的国度，日本古典戏剧大师世阿弥也断言"自然世界是给予万物生命的命脉"，因而包含并激发艺术创造。

这一对自然的深深的赏析也体现在一些西方美学思想中。康德是一个极其重要的例子，但美国实用主义哲学的传统也非常相关。拉尔夫·瓦尔多·爱默生（在运动正式开始前的实用主义先锋）将艺术界定为"经由人类提炼的自然"。爱默生赞赏自然给予艺术与语言的美丽的形式与象征，并预见了约翰·杜威的实用主义的论断，即艺术的能量、韵律，甚至形式都来自我们的自然环境，例如高耸的哥特式建筑就取材于森林的高耸的树木。杜威将艺术描述为"自然的顶峰"并认为自然主义就自然最广最深的意义而言是"伟大艺术作品的必需"。然而，尽管此类的对自然重要性的认知，但至少在西方文化中，有一个被普遍认同的观点，即艺术最伟大的成就存在于城市之中。城市不仅包含

607

最丰富的用以创造艺术的文化资源，而且还具备展现以及保存艺术的设施。在城市中，不仅有建筑艺术的巨作，还有最好的博物馆、艺术馆、剧院、音乐会以及艺术家的群集。

在本文中，我对城市为艺术创造所提供的丰富资源进行了思考，并探讨了它们是如何与城市生活的本质结构相关联。这些资源包括物质文化也包括符号层面的社会的、政治的、历史的与审美的文化资源。虽然在文中我以"纽约"这一城市为例，我们应该认识到城市是多样的。它们甚至有着根本不同的起源。某些城市从原本分离的小城镇和村庄的集合中发展而来，有的则从最初就是规划的联合城市。为了让我对城市的艺术创造性的论断不那么抽象，我将以纽约这个在我移居到安静并处于热带的南佛罗里达前居住了多年的城市为例。

我文章的题目"城市文化与艺术创造"暗示着我想要表达的另一观点。由于我没有时间对其展开论述，我将简短提及一下：城市不仅仅是艺术作品创造的丰富资料来源，它自身也是一件艺术作品，一个能从审美角度来理解、赏析以及评价的作品。我希望这一观点在我对城市如何彰显对伟大艺术作品创作而言极其重要的特性的讨论过程中至少得到部分的理解。

二

尽管城市今天被界定为生活和工作的场所，城市在起源时是文化与仪式的中心，是一个逝者被埋葬而生者周期性地集会通过典礼以及艺术来表达他们对死者敬意的地方。在哲学出现在西方文明之时，城市的文化与艺术的角色也被树立了。雅典就是一个杰出的例子。柏拉图描述了苏格拉底的思维在一次城外之旅中被扰乱，于是苏格拉底抱怨道："乡村的场所与树木无法让我再有所获，然城市中的人们仍可以教化我。"苏格拉底与柏拉图坚持认为哲学的目标是美好的生活，他们认识到城市是最能实现这一目标的地方。而亚里士多德认为是人们对美好生活的兴趣促使了城市的出现，并且以为美好生活服务这一目标（在哲学词汇中美好生活并不意味着奢华的生活）作为衡量城市及其特性（大小、安全、生活标准、文化供给）的标准。

将城市视为一个优雅文化及先进场所的观念在西方哲学中普遍存在。托马斯·摩尔的乌托邦是一个城市，并且从康德到卡西尔的德国哲学的传统也强调国际都市性的重要性。我们应该注意到国际性（cosmo-politan）这一词源自polis——希腊语中的城市一词，而都市性（urbanity）这一词源自拉丁语中的城市——urbanus。大城市（作为国际贸易与文化的中心）为来自不同国家的生活方式各异的人们提供了一个场所，在其中他们能克服他们的地方习俗以及成见，并为新的优雅的文化创建而做出贡献。

当然，与这一将城市理想化的主流思想相悖的观点也是存在的。罗素认为城市滋生腐败、贫穷、虚荣以及看重华丽外表而轻视精神实质的取向。相反，罗素对小城市（他以 18 世纪的日内瓦为例）能促进真实且持久的精神感受的亲密与透明加以赞赏。由于人们没有被分散注意的陌生人群所影响，他们可以在感情上专注于自身。尼采在《苏鲁支语录》中也批评了城市对商业主义以及小商人意识的文化与精神谄媚。

罗素与尼采的批判包含着古希伯来预言家的思想残留，这些预言家公开指责鼓励傲慢与过度贪欲而转移人们对美德与信仰追求的大城市的道德与文化上的腐化。界定城市的不仅仅是大小，还包括了文化志向。这一点在《圣经》记录的历史上第一座城市可以得到体现："来罢！我们要建造一座城和一座塔，塔顶通天，为要传扬我们的名！"那些建造了巴别塔的人喊道（《创世纪》第十一章）。但是，随着故事的发展，上帝介入了，并且通过给予建塔人不同语言而中断了塔的建筑（如果这一传说是真的话，这终是一种上帝的恩赐，因为其造就了世界文学的富裕）。至这个古老的（可能是虚构的）圣经事件之后，城市的历史便烙上了巨大的野心以及通过纪念碑的建造而寻求名声与名誉的印记。我们在台北就可以见证这一事实，城市的视觉和文化形象在很大程度上就是由 101 大楼这一目前世界上最高的楼所决定的。

三

城市的特殊资源怎样促进了艺术创造？这个问题的回答应该从阐述这些特

殊资源开始。城市不仅仅是一个居住的场所，从远古开始就是一个权利和抱负的中心。在其地理边界之外，城市的一个方面是其影响和名声，作为政治权利、贸易和文化中心的重要性。从古至今，城市与君主制度相关并反映了君权的集中，以及君权所来自的神圣的权利。如果上帝创造了世界，君主创造了城市，供奉神的最高的庙宇矗立在其中。与君权相关的是君主的野心，宣称比其他城市、君主和神的优势和荣耀。展示权利和光荣的动力赋予一座城市革新的精神，通过艺术创造表达出对较高地位的抱负。

在较早时候，这一点在建筑杰作中表现得最为明显，如宫殿、庙宇、城堡、大教堂和城墙。城墙不仅仅是一种具有保护性的边界，而且是城市权利和光荣的文化象征。文化的优越性也作为君权和城市力量的一个方面，这导致在艺术领域尽力寻求和产生最好的艺术家和艺术品。城市作为君主集权的一个例子，有能力展现和加强这种权利，通过吸引人们的敬畏、惊奇和兴趣，部分通过拥有杰出的艺术品。世界上大部分城市的生活条件并不优越，但由于艺术成果的辉煌，仍然对城市居民和旅游者具有吸引力，这些艺术方面的成就体现在博物馆、音乐厅、剧院、美术馆和杰出的建筑中。

权利的集中既反映又产生了财富的集中，财富是艺术创造的源泉。在城市中财富对艺术的资助采取了多种形式，富有的机构和资助人可以对昂贵的艺术项目提供经济援助。这里有很多先进的技术知识、艺术才能和艺术家，这些艺术家要么是受丰富的文化机会吸引来到城市，要么本身就是这些文化机会和出色的训练中心造就的。而且，城市拥有最丰富的艺术成就，可以促使艺术家产生灵感，这不仅表现在富有者和有势力的人的私人艺术收藏，而且还体现在公共艺术（寺庙、教堂、城市广场和公园、公共浴室等）以及使城市成为艺术的建筑。我们不应该忘记艺术创造所需要的大量的闲暇时间。通过剩余财富的积累和劳动的分工，城市使艺术家和手艺人能集中精力进行艺术创作而无须为基本的生活需要而焦虑，这些生活需要可以由城市中其他的职业来提供。

最后，城市能够提供社会和文化的多样性。城市不仅是一个人口集中地，而且拥有社会和文化的复杂性。与偏远郊区和农业村庄不同，城市包含了各行各业的人：不同的生意、职业和阶层。城市的新来者来自不同地区、不同国家和民族。通过不同的人和他们观点的相互交流和彼此对话，城市成为不同观点、态度、习俗和文化交汇的理想场所。这种密切的交流极大地促进了艺术理念和形式的创造，文化传统也相互学习和融合。

在 20 世纪早期，巴黎之所以能巩固其绘画之都的地位是它吸引了来自世界各地不同国家和民族的艺术家。早期立体主义风格深受原始的非西方的资源的影响，这是艺术家从巴黎博物馆所学得的。例如，毕加索突破性的作品《亚威农的姑娘》显然受非洲艺术形式的深刻影响，这是最初毕加索（一个西班牙人）从参观巴黎特洛加德罗宫的人类学博物馆获得的。让我们回到纽约，来讲述 20 世纪的城市生活怎样培育了一个包含多种艺术（诗歌、小说、音乐、戏剧、绘画）的艺术运动，以及这个艺术运动在艺术领域开创了全新的艺术语言。我说的这个运动就是哈莱姆文艺复兴。这个运动中重要的艺术家有文学家朗斯顿·休斯、佐拉·尼尔·赫斯顿、克劳德·麦凯和康蒂·卡伦，传奇的音乐家比莉·哈乐黛、杜克·埃林顿，视觉艺术家查尔斯·阿尔斯顿、雅各布·劳伦斯和亚伦·道格拉斯，著名演员保罗·罗伯逊，以及著名的文化理论家杜波依斯和艾兰·洛克。

洛克被认为是这场运动的领导者，不仅因为他编辑的《新黑人》发起了哈莱姆文艺复兴运动，而且还因为他持之以恒地投入对各种形式的美国黑人艺术进行批评和历史研究。尽管哈莱姆文艺复兴乍看起来与社会、文化和种族文化身份一致，这是因为我们忽略了纽约曼哈顿哈莱姆黑人社区的多样性。洛克在《新黑人》的前言中阐释得很清楚，哈莱姆文艺复兴怎样从纽约城哈莱姆区的位置以及它所具有的社会—文化资源的多样性中获得灵感和创造力。城市的多样性不仅促成了新艺术的产生，而且使美国黑人脱离了旧的南方种植园的乡村黑人形象。如洛克所描述的，"从乡村到城市"的运动同时也是"从落后的美国到现代美国"。他宣称"哈莱姆就是一个例子"，哈莱姆社区混合了各种形形色色的来自不同背景和生活方式的黑人。

哈莱姆社区不仅是世界上最大的黑人社区，而且是历史上最多样黑人生活方式的集中区。它吸引了非洲人、西印度人和美国黑人，汇聚了南北部的黑人，城里人和乡下人，农民、学生、商人、各种职业者、艺术家、诗人、音乐家、冒险家、传教士、犯罪者、开拓者和社会流浪者。每一群体都有不同的动机和不同的目的，但它们最重要的经历就是找到彼此。

洛克认为，尽管在哈莱姆社区多样黑人文化的汇集最初是出于偏见的种族隔离的产物，但结果是培育了令人自豪的黑人创造性的新精神，这种精神通过各种相异因素在一个共同区域的相互作用和联系而形成。他意到，哈莱姆的一种报纸是如此具有世界性以至于新闻用英语、法语和西班牙语写成，原因是在哈莱姆有大量讲法语和西班牙语的黑人社区。而且，由于哈莱姆的黑人生活在曼哈顿，文化水准最高的白人也生活在那里，加之博物馆拥有美国最精美的来自世界各地的艺术品，哈莱姆的新黑人可以从中汲取艺术营养用于自身的艺术创造。洛克因而认为，黑人在艺术和社会认可方面获得的成功需要居民的相互融合，除非充分共享美国的文化和制度以及世界各地的资源，否则这种进展是不可能的。

洛克的计划在《新黑人》中体现了这种开放的精神。它包括一些白人作者如著名的艺术收藏家和艺术批评家阿尔伯特·巴恩斯和德国出生后移居美国的画家弗里茨·赖斯。而且，洛克认为提高黑人社会地位的最高方式之一是黑人的艺术成就和文化贡献得到黑人和白人更多的欣赏。洛克的书和他提出的哈莱姆文艺复兴思想旨在推进这个目标。洛克之后的半个世纪里，黑人与纽约城的全面融合过程产生了说唱音乐的艺术形式：它的音乐节奏基于美国黑人熟悉的流行音乐，但它的演唱方式和风格（还有一些音乐技巧）受到加勒比地区散居黑人音乐和文化的影响，他们在纽约城里已经随处可见。

抛开纽约城这个特例，让我们回到城市对艺术创造的特殊资源的一般性讨论。城市的特征之一是新奇。即便城市建造了保护性的城墙，城市的目的也不是排外而是吸引力。城市的新奇性对年轻人尤具吸引力，这些年轻人常常离开他们小城镇的家而在大城市里寻求冒险和成功。开放的氛围和年轻人的冒险精神显然是新的艺术理念和创造的推动力。

城市生活的另一特征我相信也会促进艺术创造。它与城市的多样性、抱负和庞大的人口相关。这个特征相关于城市生活最闻名的意象之一——大众。这个意象在一些著名的关于城市体验的理论讨论中扮演着重要角色，例如，埃德加·爱伦·坡、查尔斯·波德莱尔、齐奥尔格·西美尔和瓦尔特·本雅明。与村庄不同，在村庄里，一个人可能认识其中大部分居民，同样，自身的身份也被大家所熟知。在城市街道和地铁中相遇的城市大众构成了生活环境中的陌生人。与庞大他者的对照可能会使自己对自身作为个体的存在更加敏锐，我与其他人不同，但这种个性可能会遭遇被城市大众的平庸和一致所淹没和同化的危险。当这种增强的大众他者的体验激发起一种更具反思、更强的自我感，它同样激发了通过独特成就所产生的一种更强的对自信和社会认可的需要。城里人想要通过被更多的陌生人的认可，进而确定和加强个人的意义和价值，达到目的的一个好方法就是通过艺术创造以及其所带来的社会认可。

四

我提出一个更富雄心的想法进行总结：如果城市对艺术创造提供了一些重要的资源，城市本身或许可以被看作是一种大型的、动态的和多媒介的艺术品——包括戏剧、建筑、教堂传来的钟声、交通、形形色色的人物、随之而来的各种噪声、广告的视觉冲击、商店橱窗的陈列以及充斥城市街道的各种时尚潮流。城市本身体现了艺术品的关键特征。这些特征包括体验的强度、变化中的一致、复杂性、广大、单个建筑的完整性和形式感、动态的平衡、原本的意义、有指向的展开（并非仅仅是循环运动）、各种因素交汇形成的富有成果的张力、既注重普遍意义和理念同时又强调个性的特征和具体化。通过这些特征，一个艺术品常被看作是世界的微缩形式，城市也如此。

关于城市怎样具有这些艺术特征，在这篇论文中我不想就此具体展开，尽管其中的一些特征在这里已经讨论过。如先前提过的，由于不同的历史和环境条件，城市是非常多样化的，不同的城市以不同方式和不同程度展现这些特征。我用一个进一步的建议来结束这篇文章。通过探究城市和艺术品的类比，我们可以从艺术创造和欣赏中获得的一些经验为城市规划提出一些建议，如和谐、平衡、比例、形式甚至限制。以此来结束这篇论文是一个好主意。

译者：张敏、陈盼

（刊于《郑州大学学报》2009 年第 3 期）

城市环保主义中美学的作用

⊙［美］齐藤百合子

⊙美国罗德岛设计学院

城市环保主义的前提是相信改善环境面临的各种挑战的解决办法是市民的奉献。为此，安德鲁·莱特（Andrew Light）说道："必须说服较大的社区设投票箱，或者开法律课，或者通过其他的宗教信仰激情，或者讨论，以改变个人或者公众，为改善环境而作贡献。"但是，比接受必须的改变更重要的是全体公民积极参与环境设计与管理，要求行使自己作为主人翁的公民权。这是因为，在莱特看来，"如果所有的环保法律都由上层授权，那么当地的市民就没有理由对环保感兴趣，这几乎不会激励市民尊重法律，上层只有以严惩来威胁，而这又是很难强制执行的"。所以，城市环保主义的关键在于怎样鼓励、授权给全体公民，使他们成为主动决定自己环境的行动者，而不是被动地接受上层强加的法律，或者别的什么设计师或规划师偶然创造的规则。

我认为美学在这方面有重要作用。尽管美学意识已经嵌入我们的日常经验中，并且已经预设在城市环保主义的讨论中，但是它与我们一般的用语言表达的意识，不管是通俗说法还是学术讨论都有所不同。本文中，我想探讨的是，在塑造积极的环保公民过程中，审美体验所起的作用及能够起的作用。

一、美学 VS 环保主义

在大众文化中，"美学"一般被看作是一些琐碎的、表面的或者无关紧要的东西，比如表面的美化和装饰。所以，我们发现"美学"往往与美容联系在一起，比如"美容整形外科""牙科美容"，或者"除皱美容"。在学术研讨中，尤其是精通近两个世纪西方美学传统的专业美学家和哲学家主要把美学看成艺术哲学。主流的西方学院派美学尽管并没有否认非艺术引起的美学争议，但是仍然集中于艺术。尽管又出现了环境美学这个新的领域，但是讨论往往集中于荒野、自然和景观，而不是集中于人类环境或者人工制品。

这些理解美学的方式都忽视了我们的审美趣味、嗜好和判断对我们的生活和世界产生的深远影响，尽管这些影响很少被承认或者用语言表达——这些影响不同于艺术作品对我们的影响，也更直接。略举几例，比如，很多年轻女性为了仿效西方现在不切实际的、不健康的理想审美身材，付出了痛心的高昂代价。或者，雨林受到破坏，一部分是受到我们对珍贵木材的审美兴趣的刺激，如桃花心木。最后尽管城市环保主义的视角可能很模糊，但是不可否认对荒野的欣赏主要是受到了它的审美吸引力的刺激，至少在美国这极大地促进了环保主义运动。

当我们思考环保中的美学作用时，我们意识到在大众文化中它往往与环保议程相对。比如，我们一般关注风景优美的自然风景，美丽、漂亮、令人敬畏的或者引人注目的生物或者自然物，但是这往往会破坏对生态系统和濒临灭绝的物种的保护。我们往往不关注风景不优美的景观的命运，比如沼泽，也不关注无趣的或者丑陋的、令人厌恶的生物，比如昆虫。尽管它们的死亡比老忠实泉遭到破坏、鲸或者海豚的死亡所产生的环境后果要严重得多。

另外，关于人工制品，有一种流行的看法，认为有利环保的物体缺乏审美吸引力。比如，一个评论消费者美学的作家声称"对环境有益的"就没有审美吸引力。他举了一些幽默的例子：朴素的褐色可降解衣服，原色的"生态T恤"，用回收的棉花做成的夹杂着对环境敏感颜色的纸箱板，甜菜汁制成的唇膏或者褐色燕麦粉制成的面膜粉，无害、无甲醛的毛纺宽松睡衣，粗糙的主根，奇形怪状的块茎，因为"它们有丑陋的外衣，掩饰了内在的雄伟"，"所以我们不会对它们一见钟情"。

撇开这些极端的例子，还有一些具体例子，诠释了环保价值和大众的审美反应之间的假定冲突。比如，设想一下，风角项目提议在马萨诸塞州科德角海岸的楠塔基特岛海湾的中部建立一个风力发电厂。这个提议的主要反对意见，几乎都来自这个项目引起的审美问题：成群的风力发电塔，即使是在远离海岸的地方，也一览无余。反对者声称这破坏了海湾完好无损的风景。鉴于这些反对者大多自诩为环保主义者，充分意识到项目的环境价值，我们就更能理解审美思考的重要性。

相似的情形也在加利福尼亚的洛斯加托斯上演。这个城市正严厉取缔建筑物顶部的太阳能电板，因为它们对"精英汇聚的硅谷构成威胁，有可能将它变成一个丑陋的场所"。尽管太阳能电板完全有利于环保，更不用说它所创的税收利润，但是政府官员仍然把追求"建筑的卓越"看作他们的根本法规。他们的态度反映了威廉·麦克多诺（Wiliam Mc Donough）和迈克尔·布劳恩加特（Michael Braungart）的观点，他们认为这是对最初阶段的绿色建筑物的一般反应，"孤立地应用环保解决方案，用旧的模式使用新技术或者为人们在夏天过热的房子安装巨大的太阳能集热器，往往导致建筑物丑陋难看、引人注目"。

在生态设计的发展阶段，如果审美关注退居其次，更注重设计对生态的影响，这是可以理解的。比如，麦克哈格（Mc Harg）很早就提倡设计"顺应自然"，宣称"生态学是景观建筑和区域规划的唯一的、不可缺少的基础"。他发现设计师的专业研究中，"只有15%的人看到了设计中建筑和环保话题的密切联系，而70%的人基本上完全没有看到"。这是不足为奇的。由此，他得出结论，"直到现在，在美学领域中，才开始讨论环保话题和设计的关系"。以上引用的两个现代例子表明，环保价值有时会损害审美价值。

二、利奥波德、纳绍尔和奥尔

我们怎么对待审美和环保之间的这种分离，有时甚至是互不相容的关系呢？一种可能的反应是默认或者只是接受设计品的环保价值，往最好的方面看，它们独立于自己的审美价值，往最坏的方面看，它们与自己的审美价值互不相容。所以，环保价值宣扬了绿色物品和绿色建筑物，而忽视或者不管它们的外表。这就类似我们促销菠菜、糠、鱼肝油和植物蛋白饼时说"这对身体有好处"而不顾它们的味道。与我们努力让孩子吃这些"健康"食品不同，我相信，仅凭环保利益来提倡生态设计，从理论上讲是可能的。在康德哲学模式的道德考量中，我们可以只迎合自己的理性，支持环保物品和建筑物，而不考虑它们的审美吸引力。我们不需要爱它们，或者被它们吸引。我们只需要承认它们对环境有益。尽管我不否认这种理论上的可能性，但是我相信从心理上和实用上来讲，都很难推销。所以，我想探讨三个思想家的思想，他们认为某种情感依恋和审美吸引会极大地促进，或者确实伴随着环境意识、环境敏感性及作为结果的行为。

首先，我提到的是阿尔多·利奥波德（Aldo Leopold）的土地伦理。尽管他主要关注土地的保护，但是我相信他关于土地伦理中的美学重要性的观点可以延伸到人类环境和事物中。利奥波德尤其关注保护自然中沉闷的、乏味的、毫无特色的、单调的部分，比如，堪萨斯州平原、爱荷华州和威斯康星州南部的大草原、沼泽地的各种生物，以及我们所谓的"野草"。而那些景色优美的壮丽景观，比如"有瀑布、悬崖和湖水的高山"，它们立刻就能吸引我们的注意和情感，使我们轻易地就爱上它们。但是，利奥波德声称："只有对那些我们可以看见、感觉、理解和热爱的事物，才有伦理可言。""如果没有对土地的热爱、尊重和赞美，没有对土地价值的高度尊重，难以想象土地伦理的存在。"为了宣扬对这些风景不优美的土地的热爱和情感，他的策略是从生态学的角度培养一种有见识的审美敏感性，以便我们逐渐形成一种适宜的"感知"和"优雅的品味"。这样，"就像人的审美一样，我们就可以从它们'朴素的'外表渗透到'隐藏的内部'"。利奥波德认为，只有对那些我们热爱的事物才有伦理可言，我不确定自己是否同意这种激烈的观点，但是我同意他的较温和的观点，即培养对事物的审美欣赏对于培养对事物的伦理感、责任感和保护感大有裨益。

琼·纳邵尔（Joan Nasauer）也表述了这种关于景观建筑的较温和的观点。

她在提倡有利生态的景观设计的同时，也呼吁我们设计的审美反应的重要性。她指出，如果我们发现一个景观引人注意，而且具有审美吸引力，我们往往会珍爱、保持、喜欢、保护它，使它变成"文化上的可持续"。

吸引人类赞赏目光的景观比那些不引人赞叹的景观更可能生存。依赖于人类关注的生存可以称为"文化的可持续性"。有利于环保也能引起人们的愉悦和赞许的景观更可能受到人类长期的合理保护。也许，人们重新开发、铺路、开采或者改善不引人注意的景观的可能性较小。总之，景观的健康需要人们享受它们，保护它们。

最后，我要提到的是大卫·奥尔（David Or）。他在最近的著作《设计的性质》（The Nature of Design）中，也强调了在建立一个可持续发展的世界的过程中，美学的作用至关重要。他声称："我们的行动，更经常、更一贯、更深刻地受到各种形式的美感体验的触动，而不是受到知识上的论证、抽象的责任甚至恐惧的触动。"但是，他认为"这种美感应该是更高级的美感，不会在别处或者日后引起丑陋"。有人可能对这种苛刻的美感定义提出异议，奥尔的看法意味着我们如果不能彻底调查一个事物的历史，没法预料它的后果，就不能对其做出审美判断。但是，他认为美感体验会影响我们的态度和行为，这一点我确实赞同。

从这三位思想家的观点中，我得出以下结论：如果我们的审美注意可以与那些利于环保的建筑物、场所和物体结合起来，那么宣扬环保主义就有效得多。我们的审美反应对促进或者破坏环保事业产生重大影响。为了赢得美学力量的支持以满足环保主义者的议程，而不是将它们分离，或者宣扬环保主义独立于审美关注，或者与审美关注无关，这是很有实际意义的。在某种意义上，为了满足环保主义者的议程，我提倡一种审美工程学。在历史上，美学被用于很多不同的文化，因为种种原因：社会、政治、道德、宗教和经济。例子举不胜举，从欧洲启蒙运动时期，用建筑大厦表达君主权力的最高权威，到日本19世纪的幕府时代，用茶道美学为保守的社会和政治议程辩护。我们也可以指向声名狼藉的纳粹宣传使用的电影和今天的广告宣传中的各种策略，当然，美学策略服务的很多领域有道德和政治上的嫌疑。但是，在宣扬审美工程学服务于环保主义者的议程时，我不仅假定从道德上，它是可以接受的，也假定它是必不可少的。

三、美学和环保主义的联盟

那么，联合审美价值和环境价值的可能途径是什么？也就是说，我们怎样才能培养一种绿色美学，以便我们可以理解、感觉、体验和欣赏环境价值？

有一种可能的途径就是保持传统的审美标准，比如景观中的如画性，创造尽可能满足环保而不牺牲环境价值的绿色设计，但是不能操之过急。当然，这样的努力更易于产生能引起审美愉悦但对环境有问题的设计，但是它错过了培养审美价值和积极的环境意义结合的机会。

同时，我们不能只从物体的环保价值的概念上得出绿色美学的结论，比如节约的能量大小和消除的毒素数量。如果我们没有感觉、体验到绿色设计的环保好处，美学对于环保就没有任何意义。当然，我们应该进一步了解所使用产品和我们居住环境的环境、道德、社会和政治意义。但是，就像利奥波德的土地伦理结合了一种土地美学，如果我们直接通过我们的感官感受体验到绿色设计的好处，会不会更有效呢？

传统建筑物采用密封的窗户、人工照明、人工制热或者制冷，这些完全割裂了建筑物与户外环境、天气情况或者时间流逝的自然节奏的联系。对于绿色建筑物，人们谈论得较多的往往是与传统建筑物相比，人们居住在其中，或者使用它们，会感觉更好。具体来说，绿色建筑物通过户外或户内植物的净化，提供了新鲜的空气，有着舒适的温度和湿度，有时由个人来控制，并且和户外交互作用，比如沐浴阳光，感受微风，体验岁月的流逝，有时还可以聆听水的淙淙声，更别提触摸流水或者感受蒙在脸上的湿冷的雾气，等等。

传统西方美学一直排斥这些本能的、以身体为导向的感觉，关注只涉及"高级感觉"的艺术，即图像和声音。但是，在我们的以视觉为导向的文化中，我们的日常审美经验也是多种感觉的，比如，想象一下我们吃饭或者走路是怎样吸引我们所有感觉的。所以，发展绿色美学的一个策略就是培养我们所有的感觉，使它们敏锐，从而使身体舒适、愉悦，全身蔓延着一种幸福感，这些都变成我们对绿色环境体验的感觉部分。维克多·帕帕尼克（Victor Papanek）是一个致力于绿色设计的设计师，他提议"我们应该再次回到我们的感觉"。同时，麦克唐纳和布劳恩加特认为，生态效益建筑的目标应该是："为了改善工作中的人们的生活，创造一个表现文化愉悦和自然愉悦的建筑物——阳光、灯光、空气、自然甚至食物"。

研究表明，可持续发展的环境确实从心理、身体上增强了使用者及居民的健康，导致较少的旷工和医疗护理，增加生产率、振奋精神、增强幸福感。从这些资料来看，我们可以认识到绿色环境的价值，直接地以各种方式体验环境，我们的身心都受到特定场所的积极影响，这样要有效得多。我认为这种体验就是审美体验，尽管并不是典型的、集中于艺术的主流美学意义上的审美体验。就像利奥波德、纳绍尔和奥尔指出的，我还认为，对于那些可以照顾我们、有利健康、引起愉悦的环境，我们往往会逐渐形成一种更尊敬的态度，促使我们保护它们。我相信这样一种态度对于培养城市环保主义是必不可少的。

除了这些纯粹的身体感觉，我们也可以体验和欣赏设计品的感觉形式所表达、体现的某些环境价值。设计品和人类环境绝不是沉默的。如果我们懂得如何倾听的话，它们也总是在诉说。比如，通过它们的外观和设计特征的组合，所有的文化景观都诉说着它们的历史、居民、社区、商业和政治理想。J. B. 杰克逊（J. B. Jackson）声称："确实不存在沉闷的景观、农场或者城镇。没有什么是没有特点的，如果在最初创造的时候，没有存在的吸引力，就不会有人类的居住……我们面前总是敞开一本丰富、美丽的书。我们要做的只是学会阅读。"阅读这些建筑场所和建筑物所述说的故事是一种审美活动，在某种程度上，就是阅读它们的感官形式包含的故事。

但是，如果确实是每一个环境都讲述了一个故事，那么在培养环保主义时，应该讲述哪一种故事呢，这是至关重要的。错误的故事会加剧我们对环境的冷漠和忽视态度。下面是大卫·奥尔举的例子，他认为建筑是一种教育工具，这个例子是关于一座典型的饼干模子似的校园建筑，其实就是一个混凝土盒子：

它位于俄亥俄州的东北部，以前是一片广阔的草木丛生的沼泽地，没有什么反映它的方位……它有多么寒冷、炎热、明亮，对世界有什么真正的价值，对于居民来说，完全是一个谜。建造它的材料来自哪里无从得知……稍作修改，它就可以被改造成一个工厂或者监狱，一些学生往往相信这就是它的用途。

总之，它"没有讲述故事"。但是，没有讲述故事的建筑物实际上包含了丰富的故事，比如"知道位于哪个方位并不重要""能量是廉价的，丰富的，可以浪费，不需要考虑明天""校园里的这座建筑物和别的建筑物之间没有明显联系……气候变化……总之，我们学会的就是盲目"，也就是说"无条理是正常的"。而这种教训正是我们在提倡环保主义时想劝阻的。

然而，我们必须意识到景观或者人类环境所包含的故事可能不同，有时还会有冲突，对它的保护、重建或者发展产生一些争论。比如，麦克唐纳和布劳恩加特指出，那些方匣子似的、孤零零的现代混凝土建筑，受到奥尔和关注环境的其他设计师的批评，它们最初是想表达对一般的民主政治和"人类的兄弟情谊"的渴望。众所周知，在工业革命的高峰期，浓烟滚滚的烟囱一般被看作进步、繁荣的标志，尽管有些关于"黑色撒旦工厂"的负面后果的警告。只要想想在早期的故事中，并没有承认负面的环境意义，早期的故事和今天的故事之间的矛盾很轻易就解决了。相反，在今天，那些相互冲突的故事就不是那么容易解决。我认为并不总是只有一种正确的或者合适的讲述。但是，就像我后面提出的，一般而言，一个特定环境的故事，里面的居民和成员比游客或者外来者影响更大，因为居民和成员受到环境的影响最多。所以，应该授权给他们保护环境，最终对环境负责。

所以，让我们考虑一下绿色设计中能够体现并且必须体现的故事种类和价值种类的几种可能性。生态设计的一个最终原则就是反对单一文化，尊重多样化，不管是生物学还是文化学。这不仅意味着建筑物必须利用当地丰富的材料，才能把运费和生物入侵的可能性降到最低，还意味着本土化的设计，必须以当地独特的、历史悠久的自然环境和文化为基础。结果就是建筑物看起来仿佛"属于"这个场所，而不是格格不入似乎"脱离了场所"与背景不协调。另外，就像麦克唐纳和布劳恩加特指出的，"不尊重（多样化的）人类设计方案贬低了生活中的生态和文化，大大减少了我们的享受和愉悦"。设计、规划所表达的"适宜""归属"或者"场所的敏感性"和绿色物品、建筑所用的材料可能就是审美欣赏的源泉。

另一种可能性就是表达文化和自然的真正结合，我们对大自然赋予的感恩，以及我们与其他非人类的生物和平共处。绿色建筑和户外（阳光明媚或者微风习习）最大限度地结合就是一个例子。另一个例子就是本土植物景观，它不仅创造了一片绿洲，城市生活的休憩之所，也为各种各样的非人类生物提供了栖息地或者迁徙之所。类似地，绿色墙壁和屋顶系统及社区花园都体现了自然与城市环境结合的可能性。这些效果是显著的，自然而然地实现了各种功能，比如凉快的大楼生长的食物并且为各种各样的生物提供了栖息地。这些不同于那些办公楼附近的、典型的、强制性的绿色场地（往往由经过化学处理的草坪组成），似乎只是为了装饰，作为我们思虑劳累后打动我们的点缀。如果我们只是搜集这个地区的鸟儿和蝴蝶的数量增长，与这种情形相比，注视自然，体验自然，在自然中工作，在自然中生活，促进了我们更敏锐地欣赏与其他生物共享的环境。

同样的，对大自然运行的直接体验也有助于绿色系统的审美体验，即使这些过程往往被看作是讨厌的、倒胃口的，比如污水处理和倾倒垃圾。因为这些过程一般发生在"远处"，远离我们的视野，我们被剥夺了直接体验其意义的机会。但是，把这些设备融入城市环境中，既是可能的，也是有教育意义的。这样，我们就可以观察、了解垃圾收集和处理的"无形"过程。米尔勒·拉德曼·乌克勒（Mierle Laderman-Ukele）在《流动的城市》（*Flow City*）和其他的著作中，比如《触摸卫生》（*Touch Sanitation*）和《社会的镜子》（*The Social Miror*）中，诠释了这种借助艺术手段的可能性。在社区中间放一个堆肥桶也是一种途径，可以感知自然的分解过程。

类似的，《生态设计》的合著者西姆·范·迪·瑞恩（Sim Vander Ryn）和斯图亚特·考恩（Stuart Cowan）对雨水的典型体验作出了以下分析：

比如，传统的雨水排水系统，雨水很快就消失在地下管道里，沿途带走各种各样的毒素。水被隐藏了，系统本身的影响也被隐藏了——下游河段或者湿地的污染物，改变了水文地理，也降低了地下水的再补给。

相反，看看一个已经建成的或者重建的湿地，比如得克萨斯州奥斯汀市的霍恩斯比本德的污水处理设施，或者湿地的室内模拟，比如约翰·托德（John Tod）发明的"活机器"（living machine）。在这些情况下，自然对水的净化就成为"可见的"，"让我们重新了解更广泛的生命群落"，也告诉我们"我们的活动所产生的生态后果"。就像瑞恩和考恩分析的："这些设计的令人愉快之处在于人们喜欢看着它在雨中运转、冲腾，注视着水流。这些都暗示了一种新的环境审美观，很清楚地告诉人们文化、自然和设计之间的潜在的象征性关系。"

在类似霍恩斯比本德这样的场所还有一种快乐，就是直接地体验各种各样的鸟、蝴蝶和其他生物，它们都茁壮成长是因为"废水"的成分促进了营养丰富的食物链。在一些小册子上经常可以看到"得克萨斯州是全国闻名的最好的观鸟地之一——栖息了370多种鸟和其他丰富的生物"，当场邂逅它们又别有一番情趣。另外，我们对这些鸟和蝴蝶的审美欣赏不只是着眼于它们的外表，外表是随时随地可以体验的。我们的欣赏"更复杂"，比如说，我们通过它们的外表来理解所谓的"废水"是怎样被充分利用，以延续它们的生命和栖息。

然而，我们应该注意一个警告。就是我们的审美欣赏是有限度的，尤其是当涉及以身体为指向的感觉时。这些所谓的高级感觉（视觉和听觉）一般更容易受到概念的影响。乍一看，或者乍一听，令人不悦或者厌恶的东西通过发现它的其他一些情况，往往可以变成审美欣赏的客体。这些感觉能力是非常有耐力，容易调整的。相反，所谓的低级感觉（嗅觉、味觉和触觉）很难克服，由这些感觉产生的对客体的体验，第一印象相对不受影响或者难以改变，极有可能是因为这些感觉与我们的身体反应联系更紧密。尤其是在关注环境时，对环境的印象中，我们的嗅觉往往扮演了重要角色。同时，我们对令人不悦的气味的忍受极限决定了它的可接受性，更别提它的可感性。所以，我们的生活环境中可容纳的自然过程和功能的范围有限。不管我们多么欣赏污水处理系统的价值，这种概念上的理解仍然不能克服我们对与之相连的气味的极度厌恶。绿色美学的倡导者认为这是一个必须考虑的人类因素。

尽管有局限，我仍然相信我们从绿色设计中获得的审美欣赏最终会包含全面的、对环保主义至关重要的道德价值，如尊重、敏感、爱护、留心、细心和谦卑。在进行绿色设计时，我们必须使设计遵循自然环境、文化环境和社会环境的规则，做出相应的调整，使它们"适宜"，而不只是随意地强加一段艺术陈述或者自我表达，不考虑具体的环境条件、文化期望和相关的健康。温德尔·贝瑞（Wendel Bery）和维斯·杰克逊（Wes Jackson）都坚持认为在着手这个领域前，必须提出以下三个问题：这里是什么地方？自然允许我们在这里做什么？在这里，自然会给我们什么帮助？我们可以用"特定的场所"代替"自然"，使这些问题适合人类环境。

比如，看看奥本大学的乡村工作室。在这里，我们欣赏的不只是废品材料的巧妙运用，比如轮胎、汽车挡风玻璃和牌照，也不只是使用这些材料创造出来的有趣的视觉效果和结构效果。我们的整体审美与所表达的性质有关，比如足智多谋、激情、巧妙、勤俭和自豪——这些性质都表现在那些乍一看似乎有些难看、粗糙的物体中。就像一个评论家说的："工作室的美感是现代的，但是它的建筑物具有防护屋顶、宽敞的阳台、棚屋似的样子以及离奇的即兴创作，看起来就像在家一样。"这些设计表现出对社区需要的敏感、性能、适宜及对材料的尊重。在这里，我们没有被著名设计师前沿设计的光辉迷惑，但是，我们仍然获得了建立在敏感性、尊重和激情的基础上的审美欣赏。

同样，看看那些为城市环境中的动物建立安全通道的项目，比如桥梁和隧道，现在在各种群落中都受到欢迎。这些建筑物背后的意图与环境艺术家林恩·赫尔（Lyn Hul）的雕塑作品所表达的意图类似，比如《猛禽的栖息地》（*Raptor Rost*），它提供了栖息的场所或者保留了雨水的岩石，为了沙漠中的鸟儿而制作。这些物品没有一件拥有传统的雕塑或者建筑物所期待的审美价值，比如立体空间、体积、负空间和阴影效果的有趣组合。但是，它们这些简单而精心的设计，不仅有益于动物和鸟，也促进对非人类动物——我们的环境伙伴和邻居的同情和爱护。总之，设计只要遵循环境的敏感性，尊重材料的本色特征，有利于受到影响的生物（不管是人类还是非人类，动物还是植物）的健康，都会打动我们。

四、绿色美学的可能性

我简要概括的这种绿色美学是极端的、激进的、格格不入的吗？如果美学只是指西方学术界专注的与传统艺术相关的经验，那么我想答案是肯定的。传统的艺术对象仅仅通过高级感觉来欣赏，它们所表达的道德价值和特征，尽管有时非常强大，但是往往并不像绿色设计那样直接影响我们。然而，如果我们解除美学的艺术束缚，允许它进入我们的日常生活，我们就会意识到这种审美欣赏模式和审美判断对于我们并不陌生。我已经提到日常生活中的多种感觉的、身体上的审美体验。我们应该注意到，在日常讨论中，我们往往把道德评价与审美判断联系在一起。比如，我们对邻居凌乱的、杂草丛生的草坪的负面审美判断几乎总是伴随着对邻居性格的负面道德评价。相反，另一个热心公益、细心的邻居，会保持草坪和房屋的整洁和整齐，装饰一些雅致的花朵，仿佛在欢迎路人。或者，当我们享受设计品的益处时，不管是使用高科技机械装置的安逸、实用物品的舒适，还是公共建筑物的空间布局的清晰，我们往往超越好的设计品本身，欣赏它们所体现的对使用者的体贴、爱护和尊重。就像一个作家声称："好的设计照顾人，关注人，为人着想。"如果我们不能让设计品工作，我们对它的负面判断就不仅受到它糟糕设计的指引，也觉得它表达了对使用者的粗心、冷漠和忽视。

尽管我已经建议绿色设计可以结合一些日常美学特征，但是我也承认我们的主要兴趣还是受到传统美学标准的支配。比如，尽管利奥波德的著作已经出版大半个世纪，我们对景观的审美品味仍然没有脱离风景如画的理想，如我们的国家公园的迷人景色和一年四季常绿的、光滑柔软的、没有杂草的草坪。按照传统的审美标准，一个没有展示任何被人们接受或者承认的审美价值的绿色物品或者建筑物是很难被欣赏的，即使我们理解它的环保价值和体现的美感。所以，比如用一个野花园取代一片绿坪，可能无法为人们所接受，因为对大多数人而言，它只是显得"凌乱""无序""蓬乱"和"紊乱"。这就是纳绍尔的"文化上的延续"背后的顾虑。为了使野花园具有正面的审美意义，或者至少不是负面的，成为"文化上的延续"，她提议我们借助熟悉的传统景观用语来表达野花园需要爱护。比如，整齐的边缘或者整修会表明里面有些独特的、有价值的东西，而不只是一片杂草丛生、被人忽视的草场。我认为改变我们的审美敏感性，实现城市环保主义需要一系列的改变，而不是突如其来的革命。

美学和环保主义的结合还需要考虑到成员或者居民的审美兴趣优先于外来者或者游客的审美兴趣。游客没有居住在环境中，所以他们的欣赏可能更"客观"和"超然"，在某种程度上，对纯粹的感觉性质更敏感，而居民可能将这些性质视为理所当然，甚至"视而不见"。但是，居民的欣赏（轻视）根源于他们与环境的亲密的相互作用，并且投入了对生命的价值观——它确实深刻地反映了他们的日常生活。

威廉·詹姆斯（Wiliam James）讲述了他在卡罗莱纳州北部看到的一个景观的趣事。他对一个"山谷"的第一印象，刚刚被清理过，留下一些烧焦的树桩和不规则的种植谷物，"十分肮脏""映入眼帘的只是一幅丑陋的画面"，"有点腐烂，没有一点儿人工的优雅"。然而，他后来意识到创造这个景观的居民为之自豪，认为它"使人想起道德上的回忆"和"对责任、奋斗和成功的赞美"。詹姆斯说"旁观者的判断必然会错过事物的根源，没有价值"，以此指责自己外来者的观点。我认为这过于极端。但是，他的分析有利于阐明居民对居住环境的审美理解和欣赏的重要性。

还有一点相似的必须阐明，比如市区的小区花园。它们看起来可能没有精心维护的景观花园那么引人注目，但是却象征了居民和看管者的自豪、辛勤劳动，小区的团结和亲密的邻里关系。对于外来者和游客，尤其如果他们不了解这种小区花园对居民的意义，不了解为了培养和保护它们所付出的努力，它们可能看起来非常粗糙，无法吸引审美注意。工作在这种环境中的居民更看重的是主人翁的身份（不仅是法律意义上，更重要的是心理意义和社会意义上），因为他们投入、参与和相互作用。这些因素可以转变为正面的审美价值，尽管不一定符合传统的审美价值。为了城市环保主义有成效，居民和使用者应该齐心协力致力于环境，爱护它、关注它或者改变它以适应自己特定的需要、愿望和审美理想，从而使之成为自己的环境，我认为这是至关重要的。

从我个人在日本的成长经历来看，我知道对与他人共享的环境抱有一种责任感，会培养一种城市关注的态度。日本完整的中小学教育分担了打扫学校建筑物和周围环境的责任。在我的记忆中，我们学校的大楼从来没有管理员，学生做所有的清洁。年幼一点的学生只负责自己的教室，尽管任务本身是非常繁杂的：扫地、拖地、擦桌子和黑板，把桌椅摆整齐，每天都要完成这些任务。此外，我们甚至还得定期擦玻璃，尽管不是每天。年长一点的学生还要额外负责打扫公共场所，比如门口、体育馆、走廊甚至休息室。保持设备的干净、整洁，并且小心爱护，不仅是卫生和其他实际理由的需要，也受到审美目的的激发，学生的共同参与影响了我们对公共环境的态度。我们的学校建筑就是我们的环境，保护它，让它满足我们的审美，使它符合我们的道德期望，是我们的责任和权利。现在，美国学校存在的问题就是故意破坏公共环境、涂鸦和随意丢弃，但是当时，我所在的日本学校并没有这些问题。对日本学校教育的回忆也告诉我只有当小学生也参与环境保护，才会激励大家都来爱护环境。这里，我想强调的是，在某种意义上，美学思考对于培养这种环境保护态度提供了一种强大的动力。

译者：姚丹，山东工艺美术学院

（刊于《郑州大学学报》2009 年第 3 期）

城市雕塑与城市环境

⊙张　敏
⊙郑州大学文学院

从环境美学的角度来切入城市，一座美丽的城市不仅需要为居民创造出拥有良好自然美的景观，还要给市民创造出满足精神需要的健康的社会环境和惬意的心理环境，创造出丰富多彩的环境艺术景观，给人以美的享受。城市雕塑并不是孤立存在的艺术品，也并非一般意义上的环境的装饰和点缀，而是一种将视觉艺术、空间艺术、环境艺术等融为一体的综合艺术形式，是城市景观的重要组成部分。

一

在中国，城市雕塑的概念最早是由刘开渠先生提出来的，在当代，也有许多学者谈到城市雕塑的时候采用公共艺术的提法。显然，公共艺术外延更广一些，不仅限于城市雕塑。但城市雕塑无疑属于公共艺术，并且是公共艺术中非常重要的一个组成部分，在提升城市环境品质方面发挥重要作用。正如刘开渠先生所讲："一个城市建设的成就，当然首先取决于它的经济建设，但是一个城市的精神风貌、文化状况不仅反映经济建设的成就，同时能够给予经济建设巨大影响。城市雕塑是城市文化的重要组成部分，也是文化水平的象征，它对城市面貌的美化可以起到画龙点睛的作用，具有其他文化艺术形式难以取代的独特的功能。"

现代城市人面临着严重的生理、心理和精神多方面的失衡，城市作为一种远离自然的人工环境，正在对人们的生理、心理产生多方面的负面影响，各种心理疾病大量涌现，这些都迫使人类必须用一种生态观来建构生活。城市雕塑不仅指雕塑的本体概念，作为置身于城市空间的艺术，它还必须满足当代公共艺术在创造城市文化生态方面的要求，为大众建构一个美好的城市生态空间，使人的精神生态与自然生态同样和谐，引导人去追求一种美的人生境界，获得一种诗意的都市栖居，真正实现城市雕塑艺术对人的终极关怀。

我国的城市雕塑在二十多年的时间内发展迅猛，但在发展过程中，城市雕塑的水平良莠不齐，大量低劣的作品充斥在城市空间中，人们形象地称之为"视觉污染"。问题集中表现在两个方面：首先，缺乏精品意识。城市雕塑刚刚起步的时候，产生作品的数量虽少，但多是邀请一些大家来创作，创作周期较长，出现了不少优秀的作品。如今经常见到城市规划做完了，匆忙间布置城市雕塑的任务，留给创作的时间不充裕，而且很多雕塑任务被粗劣的雕塑工厂抢走或者由水平不高的创作人员承担。在一些地方，出现了批量生产城市雕塑的工厂和商店，并大作广告，虽然经济收益颇丰，但忽视了艺术的独特性和创造性，也与具体的环境不协调。其次，缺乏对城市雕塑创作自身规律的理解。城市雕塑不同于架上雕塑，有些城市雕塑是从架上雕塑脱胎而来，完全按比例进行放大。有时由于架上雕塑的尺度小，问题不明显，而不加修改照样放大后，问题就产生了，如雕塑的比例不和谐、结构不合理等。架上雕塑尺度较小，主要用于私人收藏或陈列于专门的场所中，给艺术家自由发挥的空间较大，可以进行各种先锋艺术试验，也可以仅仅传达艺术家本人的情感体验。城市雕塑的尺度通常比较大，面向公众，并置于公共空间之中，城市雕塑的创作不可避免地要考虑公众的态度和审美接受能力，考虑本地的地域文化特征、人文历史、民间传说及自然环境，同时受到领导和投资方审美趣味和资金的影响。

二

从美学角度来看，自康德以来形成的传统的美学观倡导"无利害""非功利""静观""距离"的美学原则已经遭到了当代艺术发展的挑战。城市雕塑的发展不受任何传统美学观的束缚，形成了在公共艺术基础上的新的美学观，用阿诺德·伯林特的语言来表达，城市雕塑所倡导的是一种"结合"，与城市的历史、文脉、环境相结合，与城市民众的生活相结合。

因此，它必须把握好以下四条美学原则：

首先，以洗练的造型，把握城市的精神。城市雕塑从艺术的角度触摸城市的历史和文化，成为体现地域特色和文化品位的一个重要的载体。凡被认为世界上杰出的城市雕塑，都很好地体现了该城市的文化和精神，并随着时间的推移，逐渐上升为一座城市乃至国家的标志，如罗马的母狼塑像、哥本哈根的美人鱼、华沙的持盾女神和纽约的自由女神像……这种地位是经过历史的考验和广大群众的认可渐渐形成的。

具体来说，应把握以下两点：一是应具有鲜明的文化体系特征。文化体系是城市雕塑创造的文化背景。以郑州为例，郑州位于黄河下游的中原地区，这一地区是中华民族孕育和成长的摇篮，是华夏民族萌芽和发展的重要区域，同时也是历史上文化积存最丰厚的地区之一，史称"中州"。郑州的城市雕塑应以中原文化为文化根基，以崭新的文化艺术面貌将中华传统文化中的精华和线索展现在人们面前，在中国传统文化的背景上寻求现代文化艺术理念和表现的新方法。从目前已经建成的城市雕塑看，设计者也有意凸显中原文化的风采。如三角公园以青铜器为主的群雕，显示郑州曾作为商代都城位列八大古都之一；河南博物院广场上的雕塑，以群雕的形式表现少林弟子习武，显示了对少林"禅武"精神的推崇；黄河风景游览区的"黄河母亲"雕塑，形象地展现了黄河母亲一样哺育了千千万万中华儿女。文化体系赋予城市雕塑创作以丰富的思想源泉。二是应向地域历史延伸。雕塑家可以充分利用城市的丰厚历史文化资源，牢牢抓住一座城市中具有历史价值的内容，用艺术品生动地表达出来，一则可以继承城市历史文脉，体现本土文化特色；二则也能赋予历史以新的内容，体现新时代精神。城市的历史古迹、史实和传说都是城市雕塑存在和发展的重要源泉，城市雕塑用独特的艺术形式承载了一座城市久远的古城记忆，成为城市历史演变的见证人，不仅具有高度的艺术价值，还有高度的历史价值，让后来人或游客也能体会一座城市的沧海桑田。如比利时布鲁塞尔撒尿小男孩铜像，据说源于13世纪的一场战争。敌军企图炸毁市政厅，派人埋下炸弹，在即将引爆时小威廉急中生智撒了一泡尿，淋湿了引火线，从而挽救了布鲁塞尔和百姓的生命。后人为纪念他，特地雕塑了这座铜像。刘易斯·芒福德举出了鹿特丹的青铜纪念碑《被毁灭的鹿特丹市》，他认为它象征着城市内心所蕴含的痛苦和迎接挑战的意志，因而是鹿特丹市最好的象征之一。罗马城的标志性城雕是一匹母狼，并非由于塑造技术的高超才让它闻名，它出名的首要原因是这个雕塑记载了一个古老的传说，它讲述了罗马城的来历。美国的自由女神像不仅是纽约的标志，进而成为美国的象征，它成为自由的象征、摆脱旧世界的专制与压迫的象征，表达了人民对自由的热爱与向往，道出了人民美好的理想与愿望，当然它的艺术表现形式也是高雅和优美的。

其次，城市雕塑必须与城市空间相协调。城市雕塑是城市空间中的艺术，两者是否协调是衡量城市雕塑作品的重要尺度。如果创作者缺乏对城市空间关系和空间转换的理解，其作品就很难成功。雕塑的造型除考虑作品的形式和主题之外，还包含了诸多空间要素，需要创作者对环境进行深入的考察，对空间有明确的认识。对此，亨利·摩尔在谈自己关于雕塑创作和空间形态关系的体会时认为：要在整体空间的完整下想象并运用形式；雕塑家要凭借想象的"从其四周"的空间状态思考这个复杂的形式；最终把自己看成引力的中心，由其质量和重量构成，从而获得确定的体积，成为空间里的现实形状[1]。可见，不了解雕塑的空间意识和空间因素，把雕塑简单化理解为美化环境，也许会给我们制造更多的城市垃圾。

一座精美城市雕塑艺术品，放置位置的变化，会带来明显不一样的效果和不一样的审美体验。米开朗基罗的雕像《大卫》有两座复制品，一座放在西民奥里广场上佛基奥宫前原来安放原作的位置，另一座放在以作者名字命名的露

---

① 马钦忠：《雕塑·空间·公共艺术》，学林出版社，2004年，第126页。

台式河畔广场中央，它带给人的审美体验不一样。《大卫》雕像的精彩之处在作品的正面，因为有宫殿的深色墙壁做背景很有光彩，而位于广场中央便被认为"似乎并非杰作"。创作者在对一处场所设计雕塑时，不能凭空想象，亨利·摩尔曾说，雕塑家必须到现场了解环境，往往一棵树就可能影响到尺度上的变化，光有图纸是绝对感觉不到的。如果原有环境因素不足，也可予以补充。德国美学家黑格尔在看到他的一位雕塑家朋友的作品在工作室内和在室外环境的两种艺术效果时说："雕像毕竟还是和它的环境有重要的关系。一座雕像或雕像群，特别是一块浮雕，在创作时不能不考虑到它所要摆置的地点。艺术家不应该先把雕刻作品完全雕好，然后再考虑把它摆在什么地方，而是在构思时要联系到一定的外在世界和它的空间形式以及地方部位。在这一点上雕刻仍应经常联系到建筑的空间。"① 这就是城市雕塑的作者应该具备的环境意识。

城市雕塑应与周边的环境保持内涵的一致性。杭州西湖边上的城市雕塑《美人凤》曾经作为杭州的城市标志，但雕塑建成后引发的争议声不断，一个主要的原因是《美人凤》虽取自神话，但作为杭州一个主要景观，《美人凤》缺乏足够的和西湖相连的内在心理契机。加之尺寸较大，形式上张牙舞爪，与西湖的优美宁静不和谐。反观武汉东湖周边的雕塑，不论是行吟阁的屈原像，还是楚天台被楚人视为真善美化身的凤凰铜雕，以及和楚文化相关的各种名哲、名君、名相、名人，通过雕塑把楚地和楚文化联系起来，而且联系得非常自然，同时雕塑的形式与东湖的自然景观也不冲突。

城市环境有各种不同的功能区，如住宅区、商业区、文化娱乐区，抑或是学校、医院、图书馆、展览馆、博物馆等，在这些不同的环境设置城市雕塑，都应找到与环境空间的内在联系。譬如，在历史博物馆周边设置的雕塑，应能触发人的思绪，并将其引向悠远的过去。在自然博物馆周边设置的雕塑，雕塑的造型能引发人进行科学研究的浓厚兴趣。在商业区内设置的雕塑，主题不应该很沉重，而应该是轻松的主题，让人有种愉悦的心情，如许多城市步行街中

---

① ［德］黑格尔：《美学》第三卷（上），商务印书馆，1995年，第110~111页。

放置的雕塑，北京王府井、郑州德化街、武汉汉口商业区等，往往反映了当地的民俗，采用具象的形式，在步行街的环境中，适合行人近距离地欣赏和参与。在行政机构前设置的城市雕塑，应能激发公务人员服务民众、勤勉创新的精神，如深圳市政府前竖立的《拓荒牛》，就很好地传达了这种精神。在高楼林立的、富有现代风格的街区，可放置一些从形式手法到材料都具现代风格的雕塑，如考尔德的《火烈鸟》，它的造型打破了周边建筑物运用大量垂直线和水平线造成的疏离感和冰冷感，用独特的形式给周围的环境带来了生机，缓解了周边建筑形式的非人性化。

构筑城市雕塑和城市空间的和谐，包含两个层面，一是指城市雕塑与城市大空间的协调，侧重的是城市的精神意蕴。二是指城市雕塑与城市单元空间的协调。城市雕塑置于城市空间中，两者形成了多种关系。一个优秀的城市雕塑恰当地置于广场之中，会表现为一种侵占力，成为统摄周围环境的一种无形的力量。有的城市雕塑适于放置在广场一侧，起到导向作用。有的雕塑适合在狭长空间的两侧放置，起到引申作用。不同的雕塑和空间组合成了不同的关系，有利于加深空间的层次，使城市空间更加多样化，更加人性化，更富有特征。具体空间的雕塑风格虽然丰富多样，但都应与城市环境空间总的风格相协调，让人们在进入某一功能的区域时，感觉到进入一个视觉上和谐，心理上产生共振的空间环境。

再次，艺术表达的创新性。城市雕塑应不断寻求艺术手法的创新和表现语言的创新。就传统的文化主题的表达方面，在当今的环境艺术作品创作中，即使是一个最古老传统的文化主题，也不能仍然以完全传统的手法表现，艺术表现的创新性会赋予传统的文化主题以现代文化艺术属性和划时代意义。对于当代文化主题的表现，不能一味模仿西方的表达方式，而缺乏民族和地域特色，应该在现代文化主题的环境艺术作品的创作中，坚持对中国传统艺术表现方法的探寻、继承和创新发展，也使现代文化主题的艺术作品具有中国文化特征。例如，在对奥运主题的表现方面，有许多不错的范例，清华大学美术学院创作的《天人合一》雕塑，采用不锈钢材质，穹顶象征天，其中饰有56个民族的代表性图纹。

艺术表现形式应与时代精神合拍。丹纳在《艺术哲学》中说："精神方面也有它的气候，它的变化决定了这种或那种艺术的出现。我们研究自然界的气候，以便了解某种植物的出现……同样，我们应当研究精神的气候，以便了解某种艺术的出现……精神文明的产物同动植物界的产物一样，只能用各自的环境来解释。"① 时代精神的变化也会体现在艺术表现上，与传统相比有两个方面。其一就是对以往崇高的和严肃的美学观念提出质疑，以及表达对寻常物的关注。如奥登伯格的《洗衣夹》《羽毛球》等大型室外雕塑，创作者表达的是对日常事物的重新认识和发现，而非创作者自己的独特性。使用材料也突破了传统的青铜和大理石，采用日常生活中各种类型的随处可见的材料，致力于挖掘任何一种材料的丰富表现力。其二是对形式美关注的弱化和传达雕塑家本人对社会强烈的关注和积极干预的倾向。现代雕塑和当代其他艺术样式的发展趋向一样，观念性愈发凸显，以独特的形式表达自己对社会问题和生存问题的思考。如对底层人们孤独、寂寞等精神状况的触及，对当代生态问题的思考等，通过雕塑的表达形式使我们反思自己的价值观。

复次，注重公众的感知和体验。一方面，城市雕塑所面对的感知者和欣赏者是城市的市民，城市雕塑作为一种公共艺术，不可避免地介入到市民的生活中去，人们无法逃避城市雕塑的存在。另一方面，市民的心理和态度也影响着城市雕塑的创作和评价。城市雕塑不是一个孤立的存在物，而是与人形成一个连续的整体。城市雕塑不仅是一种物质的存在，是一种硬环境，同时还是一种视觉的存在和一种心理的环境，在和市民的互动中，丰富了市民的生活，给人们创造了更好的生活环境。

城市雕塑应注重与公众的互动和公众的参与。城市雕塑呼唤的新的美学原则要使公众从静观沉思的欣赏转变为欣赏者活跃的、身体的、多感官融入的审美参与。城市雕塑与公众的连续性要求艺术具有新的动态特征，使公共艺术从

① ［法］丹纳：《艺术哲学》，安徽文艺出版社，1994年，第48~49页。

静态转变为一种富于生命力的、积极的角色。城市雕塑可以创造一个场所，促使人们参与其中，并且由于公众的参与作品才得以完成，通过互动促使人们扩大社会交往。当代雕塑家在其雕塑作品中对新媒介、新材料应用的尝试使作品不再是静止的和孤立的，有时候在作品中利用自然现象产生的反应，如冷热、水蒸气、声音、液体和天气等，使作品与观众形成互动。

城市雕塑应当满足当代人的审美需求、情感需求和心理需求。每个时代不同，人们的审美感知方式就不同。城市雕塑作为一种独特的艺术形式，应该是时代精神的凝结。在当代，城市已经不是纯实用、纯居住的功能性城市，人们更追求的是差异、互动、多样、装饰、感性和娱乐。罗伯特·文丘里倡导轻松、丰富、多装饰、强调满足人的心理需求，提倡人性化的环境和服务，倡导人追求舒适和享受。

当代艺术也以"反美学"的姿态正走向观念、走向行为、走向环境，也就是走向了"审美日常生活化"。人们对美的事物已经麻木，而艺术为了保持这种与生活的张力，必须走到传统的审美的反面，审丑甚至审恶的不快感和震惊来维持对欣赏者的冲击。美学为了保持这种张力，对审美者造成感官刺激，势必走向自己的反面，即由美走向震惊。当代城市雕塑艺术只是与传统艺术古典艺术规则的决裂，使之无法在传统艺术的体系内被有效定义和诠释。当扩大了的艺术作为最人性化的生活状态塑造大众、服务大众、实现大众，这就实现了最完全的美学功能。

城市雕塑作为公共艺术，与公众间的顺畅沟通是自身努力的方向。它毫无保留地将自己坦陈于公共环境之中，真正彻底地实现了与民众的亲近，使人人得以从容自若毫无窘态地亲历审美愉悦，享用文化财富。这种与观赏者直面交流的艺术形式，迥异于传统艺术局限于特定的展览场所。它直接进入人的视野和生活，满足人类本性深处的渴望——对美的向往。文化底蕴深厚、充满美感的城市雕塑普及生存于边缘层面的平民，是对他们不尽完善的生活状态的一种补偿，是对他们失衡心理的一种抚慰。艺术家的精神理念和审美意识在与公众群体审美意识的交流之中得以升华，相伴而来的是整个社会审美水准的提高。

任何类型的社会运转都会因审美资源的全社会共享而获益匪浅。

三

我国未来的城市雕塑应从以下几方面进行实践：第一，加强对城市雕塑的审查机制。由于缺乏一种对于公共视觉艺术的审查机制，造成城市雕塑的水平良莠不齐，应当成立专门的机构来审查城市雕塑。对于艺术质量不高、制作不精良的城市雕塑，要严格把关，绝不能让低劣的作品充斥我们的城市空间，不合格的作品要坚决淘汰，使城市雕塑真正为城市景观增光添彩，为提高公众的审美品位和艺术修养发挥自己的作用。

第二，加强城市雕塑的整体规划及城市整体规划的配套和衔接。城市雕塑与一般艺术品不同的一个突出点是，它与建筑、公共环境的关系非常密切，这就注定它与城市建设规划紧密相关。城市雕塑的整体规划在城市规划中不应是事后的点缀，而应高瞻远瞩，在最初的城市规划蓝图中就考虑城市公共艺术的整体规划，并作为城市整体规划的一个重要组成部分，这样就使城市雕塑与城市环境有机结合，相得益彰。注重城市雕塑的整体规划意味着不仅考虑单个作品的完善，还要考虑单个作品之间的关系和作品之间的层次性，凸显城市景观的整体和谐。

第三，加强创作。城市雕塑要由专业人员进行设计创作，立足于出精品，真正落实建设部、文化部和中国美协的规定：从事城市雕塑的人一定要是雕塑专家，并必须经审查领取城市雕塑资格证书。

第四，发展一种环境的批评。阿诺德·伯林特认为："批评对审美过程的主要贡献在于发展和增强欣赏。批评家传达见解和感知，启发并鼓励他人作出更多积极的回应。"① 批评家引导他人获得更敏锐的鉴赏力，扩大人们的意识领域，通过增强欣赏的体验进而提高审美的价值。如面对城市雕塑的视觉污染问题，纽约有许多艺术评论家对于纽约街头所谓的"现代艺术"作品的嘲讽；如

---

① ［美］阿诺德·伯林特：《环境美学》，湖南科学技术出版社，2006年，第122～123页。

637

罗伯特·休斯就曾经称第六大道第 50 街的时代生活大厦前的一尊雕塑为"人行道上的粪堆"。艺术史学者阿纳森在《西方艺术史》中谈到美国的城市雕塑污染时说:"在美国的大地上,不是长满了诗歌,而是长满了杂草。"城市也是市民的家,城市雕塑面对的是城市的居民,是普通的大众,它处于公共空间之中,必然要接受公众的评判,反映公众的喜好,受到公众意见的制约。

城市雕塑是一门正在蓬勃兴起的艺术,它作为城市景观建设的一部分,正受到越来越多的重视。城市雕塑以巨大的尺度、耐人寻味的造型、绚丽的色彩、丰富的材质,展示了自己独特的风貌和功能。它与各种类型的城市环境和谐共处,共同生长,在发展和完善的过程中,协力创造了优雅的城市景观和涵负深远的城市文化。城市雕塑的出现给我们的城市增添了高雅的格调,诗化了我们赖以生活和工作的城市环境,是现代城市环境中不可缺少的艺术样式。城市雕塑不仅能体现一个城市的人文精神,还在与市民面对面的交流中,对公众道德情操的培养、文化素质的提升、精神文明的建设起着潜移默化的促进作用。

(刊于《郑州大学学报》2009 年第 3 期)

确立"美学主导"原则

——中国城市现代化道路的反思之二

◎陈望衡

◎武汉大学哲学学院

　　中国现代化的突出表现之一在城市化。在 960 万平方公里土地上，到处在盖房，在修路。老城面貌不断翻新，新城也在不断涌现，过去的乡镇在朝着城市的模式发展。可以说，在当今世界，城市化的速度、规模，没有哪一个国家可以与之比肩的。中国的城市化当然是好事，反映中国在进步，但是，中国城市化进程中，也存在诸多问题。笔者曾经著文《确立"家园"的概念——中国城市现代化道路反思之一》，从正面提出，中国的城市建设要确立"家园"的概念，将建立宜居、利居、乐居的城市作为最高的指导思想。这里，笔者再提出"美学主导"的原则。"家园"概念是总原则，"美学主导"是"家园"概念这一总原则之下的分原则之一。

一、功能与审美的统一

　　城市建设目前最大的问题之一，是功能压倒一切。功能在这里主要指功利，而且是物质功利。关于城市建设有一个很普遍的说法"寸土寸金"。一切朝钱看，所以市中心区必然是商业区，而商业区必然是屋子紧挨着，一丁点儿空地也没有。人们均朝着能带来发财机遇的地方涌，交通必然紧张，原来的路不够了，就在路上架路。

　　功能压倒一切，还不只在功利压倒一切。城市的所有建筑，均着眼于如何发挥自身最大的效益，至于是否破坏城市景观，那就顾不得了。因此，几乎所有的城市，均有不少有碍观瞻的新的建筑物，每天在污损着你的视觉，而且躲也躲不开。而造成这一切的则是我们长期以来所奉行的一个原则：城市建设功能第一，审美第二。

城市建设真是功能第一，审美第二吗？否！

首先，我们要问，所谓的"功能"第一的"功能"，是什么功能？说来说去，不外乎是一些具体的功能，而且主要是经济的功能，或者政治的功能（显示政府的权威或某领导的业绩），但他们忘了城市有一个最基本的功能，这个最基本的功能就是"家"。

城市是我们的家，它不能只是谋利的机器。为了家，我们有时是需要牺牲一些功利的。比如，你的住宅，总是需要与马路隔一些距离的，你的屋前总是要多留些空地，或者种上树木花草。你大概不会为了功利，赞成在你的屋门前摆一个杂货摊，或者摆上一个垃圾箱吧。

我们对自己小家的营造，总是会将温馨放在第一位，总是会很自然地考虑到视野、景观、氛围、情调，考虑到审美，为什么对城市这个"大家"就不这样考虑呢？

功能和审美均是人性的需要，只是有时是功能第一，而有时则是审美第一，一切要看人当时的需要。欧美许多大学的校园，进校一般有一座很大的园林，要走上很长的路才能到达教学区。教学区内一座座建筑有的排得还比较密，可见土地并不宽裕。然而，为什么不将学校的园林腾出来盖房子呢？很显然，在学校看来，这校内园林其价值（不是物质价值，也不能用金钱计算）远不在教学楼之下，甚至更重要。

城市建设只有一个总的目的，就是营造一个最适合市民生活和事业发展的然而又非常温馨的家，换句话说，就是营造一个最切合人性的场所。人性是丰富的，仅只是活着，人与动物无异；仅为最多地获得物质财富，人也与动物无异。人不是物质功利的动物，人之可贵，就在于它能超越物质功利，而追求一种精神功利。精神功利又是一个无限广阔的天地，其中有些与物质功利联系密切，有些联系较远。前者有政治与道德，后者有宗教与审美。因此，对于精神功利也还存在一个不断超越问题。从现实来说，人不是纯粹的，然而在精神的追求上，人总是追求着纯粹。在人的精神追求中，审美和宗教都处于极为重要的地位，它们都追求着精神的纯粹，包括心灵的愉悦与感官的快适。然而宗教出世，审美入世。不是每一个人都愿达到或能达到宗教境界的，然而审美却是每一个人都极愿接受并也能接受的。审美之于人就好像空气与水，不可或缺。空气污浊了，人的身体会生病，而审美遭到污损了，人的精神也会生病。

城市作为人的家，其建设怎么能不兼顾到人的审美追求呢？但在实际上，最容易遭到忽视的，不是功能，而是审美。道理很简单，功能着眼于人的物质性功利，而审美则是人的精神性功利；前者更多地联系着人的动物性，后者更多地联系着人的超动物性；前者更多地关涉着人的活着，后者更多地关涉着人活着的质量。

作为城市建设者，当然不能忘了城市一切设施须着眼于功能，但是也不能忘了这一切设施也要力求审美。这两者要力求实现统一，如果两者发生矛盾而又不能实现统一，则需酌情处理。或审美为功能让步，或功能为审美让步。当然，最好的处理，是功能与审美的统一。

在城市建设上不存在功能第一、审美第二这一法则。虽然这一法则也将审美列为了第二，但实际上，是为功能剥夺审美制造理由。在城市建设中，许多丑陋的建筑得以在城市中存在，打的就是功能第一的旗号。

这种丑陋的东西其功能是不是真的好，也不见得。因为从美的法则必然地合规律性并合目的性来说，凡美的，必然是真的，也是善的。所谓功能第一、审美第二，只不过是为低劣的城市建设者炮制丑陋建筑物制造一个借口罢了。

功能与审美的关系是美学中的重要问题之一。从历史发展来看，它存在三个阶段：原始人类是将功能看成审美的。物之所以美，就在于它有用。人类最早的审美观念来自实用，实用即美。后来，审美与功能有适当（是适当，不是绝对，更不是彻底）的分离，审美偏向形式（但并不彻底脱离内容），而功能更看重内容。也就在这个时候，人们开始寻求功能与审美在更高层次上的统一了。与原始人类功能即审美不同，这种统一，不是统一在利（功能）上，而是统一在美上，即最美的也是最有利的。换句话来说，审美即功能。功能与审美这种否定之否定的螺旋式的上升，反映了人类的进步。当今科学技术的水平更为我们提供了实现审美即功能的保证。如果我们还做不到，只能说我们观念落后，智慧欠缺，或者说思想懒惰。我们的城市建设者是不是需要在观念上更新一下呢？

二、工程与景观的统一

人类的生产物有许多种，其中有工程类与艺术类。工程类是具有明确实用价值的，主要是满足人们物质生活的需要。艺术类则没有明确的实用价值，主要是满足人们精神生活上的需要。这精神上的需要，又主要是审美的需要。这种区别不是绝对的，工程与艺术在很多情况下是可以互兼或互含的，也就是说，工程可以具有艺术性，而艺术在某种情况下也可以成为工程，兼具实用性。如果做得好，则工程与艺术的区别就消失了。工程即艺术，艺术即工程。

城市中最主要的工程是建筑。长期以来，关于建筑的本质的认识是存在分歧的，有人说建筑是工程，也有人说建筑是艺术。其实，这两说是可以统一的。建筑既是工程，又是艺术。不过，建筑首先是工程，其后才是艺术。工程是建筑的本质，建筑作为工程，其功能主要是提供一个满足人们需要的物质性的空间。人们对于空间需要是许多的，有居住意义的空间，也有宗教意义的空间，不同需求就有不同的功能性的要求，这是毋庸置疑的。但是，人们盖房子，从来就不只满足于实现这些功能，总还自觉地追求美，力求将建筑物建得尽可能的美。

建筑所追求的美，不只是体现在建筑的外观上，也体现在建筑的功能上。建筑的功能主要在空间布局。优秀的建筑，其空间布局不仅具有卓越的功能性，而且也具有卓越的审美性。

走进欧洲那些著名的大教堂，你不仅感到其内部装饰很美，而且会感到这阔大的空间也很美。基督教不仅用这空间，让牧师向信徒宣讲基督教的教义，而且让信徒产生一种特别的审美体验——崇高。这种肃穆而又带有点神秘恐惧的崇高感，既是宗教感，又是美感。

美感产生于形象的感受，我们一般将艺术的形象称为"意象"，而将环境的形象称"景观"。艺术美，美在意象，意象是艺术美的本体；环境美美在景观，景观是环境美的本体。景观作为环境美的本体，其地位等同于艺术的意象①。

环境作为人生活其中或与人相关的实体，其最基本的属性一是人生活所必需的物质条件，二是人生活所必需的精神条件。环境美筑基于环境的物质条件，却实现于环境的精神领域。环境美离不开人的欣赏，当人以审美的眼光看待环境时，环境就成了景观。景观品位有高有低，景观品位的高低，直接决定着环境美的质量。在城市环境的建设中，功能与审美的统一，其重要表现是将工程创造成景观。

法国的工程师贝尔纳·拉絮斯建了一条高速公路，这条高速公路需要穿过一个废弃的采石场，如果由一般的工程师来做，这条高速公路先天不足，必然会是一条乏味的公路，然而，贝尔纳·拉絮斯别出心裁，将它建设成一条景观公路，被称为"伴随着自由爵士韵律的景观历程"②。拉絮斯是一位不凡的建筑师，他懂得工程也懂得审美，他有精湛的美学、生理学、心理学修养，并将这些修养用于工程。具体来说，他以快速运动时人的景观感知为设计出发点，将视觉的景观感知像音乐一样组合起来。他充分运用自然、社会、人文的要素，让公路审美意义充分地向车上快速前进的人展开。米歇尔·柯南说这样一种"敞开作品"的立场，"源自对超现实主义运动的浓厚兴趣与尊重"③。拉絮

---

① 陈望衡：《环境美学》，武汉大学出版社，2007年，第135~148页。

② ［美］米歇尔·柯南：《穿越岩石景观——贝尔纳·拉絮斯的景观言说方式》，湖南教育出版社，2006年，第19页。

③ ［美］米歇尔·柯南：《穿越岩石景观——贝尔纳·拉絮斯的景观言说方式》，第25页。

斯的成功具有普遍的意义，高速公路既然可以建成景观公路，那么，城市中的各项工程又为什么不可以建设成景观工程呢？

城市是一架巨型机器，它是由诸多部件构成的，在总体功能明确后，各个具体部件，各自担负着某一具体的任务，为了这具体的任务，它需要建设好自己。因此，城市规划是需要落实到每一项具体工程的。每一项具体工程功能不一，其审美性质也不同。建设者需要从各自不同的任务出发，将其建设好。一是兼顾具体功能与审美的统一，二是实现与整个城市环境的统一。

城市工程的审美营造是一件艰难的工作，由于工程的本质是功能，功能在相当大的程度上决定着、制约着审美，因而，工程形象的营造在某种意义上是"戴着镣铐跳舞"，它不仅需要工程师具有更高的专业修养，而且需要具有相当精湛的美学修养和其他的修养。

能不能自觉地将工程既当作工程，又当作景观，在很大程度上决定着工程的美学质量。自觉性在这里是重要的，因为通常不太会将这一点提到自觉的高度。中国许多城市的建筑平庸，跟建筑师缺乏这种自觉性大有关系，因此，观念是最重要的，观念的更新是第一位的。

三、秩序与自由的统一

城市建设中，秩序与自由的统一，在中国似乎还没有被提到议事日程，而建设的现实却暴露出许多值得重视的问题。

一般来说，秩序主要表现为规律性、一般性、可识别性，它给予人一种整饬感、节奏感、和谐感。城市好像一首诗、一幅画、一段乐曲，它是有章法的。城市虽然是空间结构，它的展现体现为时间流程，人们总是通过在城市中行走来感知城市空间的，因而从本质上来看，城市的章法应该近似一段乐曲。有开头有结尾，中间有华彩乐章。波澜起伏，摇曳多姿。

大体上来说，城市的火车站、汽车站、机场，相当于乐曲的开头，人们就是从这里开始感受这座城市的。众所周知，乐曲的开头很重要，它不仅为乐曲开了一个头，而且为乐曲定了一个调。中国现在不少城市新建了火车站、汽车站、机场，一般来说，单就车站、机场本身来看，大抵上都称得上富丽堂皇，但似乎很少注重到它在整个城市的审美中所起到的审美开端和定调的作用。

中国的城市领导者过于看重摩天大楼，认为只有摩天大楼才有震撼力，才是地域的标志形象。著名城市规划师、新加坡前建屋局局长刘太格最近接受南方周末记者的采访时说："问题是，城市最重要的要求是震撼性形象还是功能和环境？我认为，这些震撼性的东西，能够在功能合理、方便舒适、环境优美的基础上取得当然最好，但不要为震撼而震撼，牺牲城市的基本规划条件。"①刘太格先生的意见是对的。从城市建设的秩序感来说，笔者认为，摩天大楼的布局还是须得有些讲究才行，不是什么地方都可以建摩天大楼的。摩天大楼诚然雄伟、华丽、气派，但它需要配合。一般来说，孤立的摩天大楼总是严重地破坏城市的秩序感，因此，摩天大楼适宜相对集中。东京的摩天大楼主要在新宿，新加坡的主要在新加坡河口，芝加哥的主要在闹市区，纽约的主要在曼哈顿。中国城市的摩天大楼似乎不太讲究布局，上海几乎是遍地开花。试想想，到处是摩天大楼，这城市的天际线还有什么美呢？仿佛行走在原始密林，触目皆是顶天的大树，人的心态除了恐惧还会有什么呢？摩天大楼的美的彰显，是需要一定的观景点的。在考虑建摩天大楼群时，需要先找好哪里是它的观景点。

中国不少城市热衷于建高架路，原因可以理解，是为了缓解交通，但高架路的危害性极大，它不仅从总体上破坏了城市的章法，破坏了城市景观，而且还增加了城市的空气和噪声污染。虽然交通有些缓解，但在高架路下行走的危险性增大了。美国、日本的城市过去也建过一些高架路，现陆续在拆除。笔者认为，从中国城市的交通现状来看，高架路不是绝对地不能建，但须慎重，尽量少建或不建。

中国的城市过去均是据地理形势而建，或依山，或临水，应该说是有章法

---

① 鞠勤：《莫学西方谈"民意"——"新加坡规划之父"刘太格把脉中国城市规划困局》，《南方周末》2010 年 1 月 28 日。

的，但在城市改造中，这种章法多被打乱了，为修路，山多被切断，为盖房，湖多被填平。这种伤筋动骨的做法，按中国旧的风水学的说法，是断了龙脉，此乃城市规划之大忌。因此如能修复的应尽量修复，哪怕付出一些代价。因为对于一个城市来说，尊重其地理格局，确实太重要了。

中国城市建设不仅缺失秩序意识，也缺失自由意识。所谓"自由意识"，主要指创新意识，这主要体现在建筑上。中国城市建筑千篇一律，没有个性，早已为人所诟病。美国华盛顿市有好些纯由两三层的小别墅组成的街道，仔细观察，竟然没有发现两座别墅完全一样，但总体上很和谐。中国的建筑，太喜欢克隆，一张图纸到处用，最可怕的是住宅小区内的房子全出自一张图纸。既然无个性可言，哪还谈得上活泼、自由？

自由与秩序在某种意义上具有对立性，但它们是可以做到统一的。其决定因素是规划师的综合修养，包括美学修养。目前的城市规划师多是工科出身，人文缺失是非常明显的。也许，城市规划不能只靠某一个人或某一类人来做，它需要一些来自各方面知识背景的人的共同努力。

四、功利主导与美学主导

城市不是集贸市场，集贸市场多是临时性的，人们按约定来到这里交换商品，完成了这一工作，就四散而去。集贸市场所有的建筑讲究的是功能，不需过多地讲究审美，能用、方便就行。然而城市不同，城市是某一区域中的经济、文化、教育、政治中心，功能是多样的，绝不只是做交易。城市中的人多为永久性的居民。城市不只是他们工作的场所，还是他们的家。对于家的要求，不仅是宜居、利居，还有乐居。

按什么原则去建设城市？应按宜居、利居、乐居这"三居"的要求去建设城市。宜居重在生存，利居重在发展，乐居重在生活质量。

从建设宜居城市的目的出发，需将生态作为城市建设的主导；从建设利居城市的目的出发，需将功利作为城市建设的主导；而从建设乐居城市的目的出发，则需将美学作为城市建设的主导。

生态是城市建设的基础，这是我们首先要重视的。过去，我们在这方面是忽视的，城市建设中所带来的生态破坏，严重损害人的居住，危及人的生存。但是，城市建设唯生态主义是不行的，唯生态主义，就只有抛弃文明，回到原始蛮荒的时代去。一则不可能，二则不必要。我们只需在生态与文明之间找到一个合适的平衡点，使两者能够实现和谐就行了。

生态主义只是城市建设中的重要原则之一，作为城市建设的主导原则是不合适的。那么，能不能用功能主义来主导城市建设呢？不错，城市集中着许多重要的资源，是人们经商、从政、就学、创业的好地方，它的高功能性使得它在本质上就是利居之所。但正如我们在上面所说的，城市的基本功能是我们的家。按家来要求，生存第一位，生态环境不能不作为基础层面来考虑。按家来要求，发展很重要。人们从四面八方来到城市，企求的是经济、政治、文化、教育等方面的发展。一句话，寻求最大的功利，故功利不能不考虑。但是，人毕竟不是纯功利的动物，它不能只是为某一种功利而活着。它需要生活，而且需要高品质的生活。这高品质的生活，涵盖着诸多方面，当然，首先涵盖优良的生态状况，其次，也涵盖优质的创业条件，但绝不只这些，它还涵盖优雅的艺术氛围、优越的生活设施、种种让人陶醉的审美活动及审美对象。相比于功利，也许这种高品质的生活，才是城市的魅力所在。宜居讲生存，利居讲发展，乐居讲生活质量，讲生活质量则必然重审美。

现在，理论上有一个误区，以为审美就是讲形式，注重外观的漂亮。其实，审美是人生的最高追求。真、善、美三者，美是最高的，最高的美涵盖真，也涵盖善。它与纯粹的真、纯粹的善之所以不同，主要在于它融入众多因素，注重形象，全面地切合人性。审美说到底，就是注重生活的质量。生活的质量当然离不开生态，一条污染严重的河水，能说它美吗？当然不能。同样，生活质量也离不开功利。对于饥肠辘辘的人来说，还有什么美食？生活质量以生态和功利为基础，但它不只于此，生活质量还有更高的追求，属于精神方面的、情感方面的。首先，美学主导以建设高品位生活为目的，强调的是生态与文明、物质与精神、功能与审美诸多方面的和谐。总体和谐性，是美学主导首先要重视的。其次，它在重视城市生态建设和各种功利事业建设的同时，特别注重城市对市民的审美亲和性。城市的审美亲和性虽然跟城市景观有一定关系，但不以景观为决定性的前提。许多景观平凡的城市，并不失审美的亲和性。反过来，有些城市景观并不差，但市民不爱自己生活的这座城市，这说明这座城市的审美亲和性很差。城市的审美亲和性涉及诸多方面的问题，有些属于城市建设，有些属于城市管理，需要城市的领导者与市民共同努力去解决。

城市，是我们的家，让我们将它精心地建设好，管理好，经营好，让它真正成为一个安宁的家，兴旺的家，温馨的家。

（刊于《郑州大学学报》2010 年第 2 期）

现代城市园林的审美取向

⊙李　纯

⊙武汉大学哲学学院

从 20 世纪初开始，我国许多城市提出了建设山水园林城市的口号，这似乎是一个具有中国特色的城市建设思路。城市是现代人类主要的生活场所，随着我国城市化进程的加快，原有的城市急剧扩张，新的城市不断涌现，随之而来的城市问题也日益尖锐。城市的经济效益、信息优势及城市基础设施的便捷高效等确实不是乡村集镇所能比拟的，但城市化带来的诸如交通、治安、环境污染等问题也始终困扰着城市的主人们。除了这些物理环境上的弊端，制约城市发展的更主要的是环境心理或情感因素。欧美发达国家依靠强大的经济实力和技术手段，在改善城市物理环境方面已经取得极大的成效，但人们依然愿意居住在郊外，从 20 世纪 70 年代后出现的所谓城市"空心化"问题至今也没有根本解决。现代技术手段无法满足人类与生俱来的对大自然的向往和依赖。在这个大背景下，建设"山水园林城市"这一设想被提了出来，并得到广泛响应。

很自然地，谈到山水园林多数人就会联想到江南私家园林或是北京的皇家园林，联想到中国传统的造园理论，联想到江南水乡。但现代城市所面临的问题是古人所无法想象的，中国传统的园林景观营造手法也不是针对大都市而设立的。在现代都市中出现一片小桥流水式的江南园林会让人觉得很不自然。于是有一种观点认为，中国传统山水文化、传统造园理论等是农业文明时代的产物，与现代城市生活格格不入，早已过时，而欧洲大陆的传统造园手法强调理性，运用几何构图，更适合于现代都市。于是，又产生了西方手法和中国传统手法的争论。实际上，早年的广场、草坪热就是对欧洲的模仿，并没有博得市民的好感。单纯从形式上模仿传统造园手法（无论西方的还是东方的），必然导致现代城市园林建设项目为人诟病。那么，到底山水园林城市应该如何建设？到底应该用中国传统手法还是西方手法？事实上，盲目运用传统造园的具体手法或是全面否定它，同样是出于对传统文化的片面或表面化的理解。

现代中国城市园林建设中运用的手法无外乎三种：一是对中国传统园林的片段模仿，二是对欧洲传统园林的片段模仿，三是对欧美现代城市环境设计的片段模仿。这种急功近利的"拿来主义"当然很难被大众认同。所以，我们有必要静下心来，从基础做起，对城市园林的起源、本质和基本理论些梳理工作。

首先要强调的是，我们应该不存门户之见，无论在哪种文化背景下，造园的大目标总是相似的，甚至许多基本手法也是相似的。谈到中国传统山水文化和造园理论，人们马上会联想到"天人合一""道法自然"等中国传统文化的基本命题。但恰恰是对这些基本命题理解上的偏差导致了一系列的困惑。首先，"天人合一"并不是人类单方面向自然妥协，而是自然和人类的相互妥协，人类要适应自然，也要改造自然。如果单纯强调适应自然，人类和野生动物就没有了区别，所以中国人也讲"人定胜天"。其次，"天人合一"并不是中国传统文化的专利，所有的文明都相信这一点，只是表达方式不同，否则，欧洲人就不会相信人类之上还有造物主。即使在道法自然这个层面上，人类各个文明没有，也不可能有根本的分歧。在建立文明社会的初期，人类的师法对象只有大自然，别无选择。仅读万卷书不够，还要行万里路，这不仅是中国文人也是希腊文人的信条。欧洲人也热爱自然，不然他们为什么要造园？所以，在追求人与自然的和谐关系上，甚至许多基本的园林空间处理手法上，中国和欧洲人并没有根本的区别。

如何师法自然？怎样才是"天人合一"？在处理这个问题的方式上不仅中

国人和欧洲人有区别，中国传统的儒、道两家也有不同方式。多数现代人认为中国人喜欢自然，所以园林是自由式的，欧洲人强调人为，所以园林是几何式的。事实上我们并不能从是否运用几何图形来区别中国和欧洲的传统文化，尽管从表面上看似乎是这样。运用几何图形是人类从自然界学到的最基本的形象处理手段，并不是欧洲传统文化的专利。世界上最早的按规划实施的方格网状城市出现在中国，如北魏洛阳城、唐长安城等。相反的，同一时期的欧洲城市倒是杂乱无章的"自然"形态。我们不能因为欧洲园林的几何形态，就得出欧洲传统文化否定自然的结论，同样，我们更不能因为中国传统城市的几何形态就得出中国人不热爱自然的结论，这似乎违背了更基本的常识。欧洲人并没有否定自然，英国园林就是自然式的；中国人也不排斥几何图形，仔细观察就会发现，在中国的城市、建筑、园林中并不缺少几何形符号。如此看来，中国和欧洲的传统造园理论，其出发点是一致的，都是追求人与自然的和谐关系，其思想源泉也是相似的，无外乎"道法自然"。中国与欧洲传统造园理论在很多方面是"英雄所见略同"，特别是中国造园理论，本来就是一个开放体系，从来不介意引入外来元素，比如圆明园中就引入了喷泉。但这绝不是说中国传统园林和欧洲园林没有区别，事实上区别非常明显。

这些区别源于三个方面，我们可以用法国园林和中国园林个比较。

一是双方师法的"自然"不同。比如，中国地形地貌复杂多变，到处有峻岭奇石，欧洲的自然山川风光则较为单一。因而中国古典园林中讲究用石，还要"瘦""透""皱""漏"。既可特置孤赏，亦可与水体、植物配合组景，以得某种意境，欧洲人对此则莫名其妙。法国古典园林的理水，其主要表现为以跌瀑、喷泉为主的动态美。法国古典园林中的水剧场、水风琴、水晶栅栏、链式瀑布等，各式喷泉构思巧妙。但中国传统园林中根本没有喷泉，也是因为中原地区自然环境中没有这个东西。

二是中国与欧洲古典园林功用不尽相同。中国古代城市公共空间不发达，园林多为皇家或私家所有，供少数人赏玩。而欧洲造园手法多源自城市广场、神庙、教堂前的公共活动场所，供大众观赏，两者具有不同的观赏要求。比如法国古典园林的组景，基本上是平面图案式的。它运用轴线控制的手法，将园林作为一个整体来进行构图，一切都要服从比例与秩序。园景一般沿轴线铺展，主次、起止、过渡、衔接都做精心的处理。由于其巨大的规模与尺度，创造出一系列气势辉煌、广袤深远的园景，故又有"伟大风格"之称，适于全景式远观，效果震撼。而中国古典园林特别是私家园林的组景方式，多为分区设景。园中有园，景中有景，步移景异。组景讲究起景、入胜、造极、余韵的序列。注重层次、抑扬、因借、虚实的安排。单是基本的组景手法，就达十余种之多，如借景、对景、漏景、障景、限景、夹景、分景、接景、返景、点景等，不一而足，其内涵丰富，适于深入体验。这一差异是造成很多人认为欧洲园林更适合现代城市的原因，至少在尺度上它与现代都市更加合适。

三是两者的地位不同。中国传统园林是人们心目中理想的生活环境，包含了居住、交流、游览等多重功能，是一个独立完整的空间系统。而法国园林更多地表现为建筑环境与自然环境之间的过渡空间，是建筑物的附属品，通常不能独立存在。因而在中国园林中，是用建筑去适应园林环境，建筑尺度风格随园林的尺度风格变化。法国园林则不得不适应建筑的尺度和风格，因而选择轴线对称和几何形态也就显得理所当然。

从上述分析来看，中国和西方传统造园理论是在不同的地域、时代和文化背景下产生的，其中各自有值得今天借鉴的手法，但又有各自的局限，都不足以解决今天我们所面临的城市环境问题。当传统造园理论发展到15—16世纪后，都达到"特化"阶段，其手法具有非常强的针对性。欧洲的园林多半尺度宏大，但只是用作建筑与自然空间之间的过渡，是用大尺度解决"小问题"。中国园林试图在有限的空间内再现自然的多样性和秩序性，试图表达的是整个自然，其思路是用小尺度解决"大问题"。但今天的城市尺度巨大，同时可以被看作是一个独立的空间体系，欧洲传统造园理论拥有处理大空间的手法，但缺乏解决一个完整的空间体系所面临问题的手段。中国传统造园理论（现在为人熟知的主要是明清江南私园的相关理论和手法）适合处理一个完整独立的空间体系，但其具体手法尺度太小，在现代都市的庞大尺度面前显得力不从心。

显然，无论欧洲的还是中国的，传统造园的具体手法都无法满足建设现代山水园林城市的要求。我们近年城市园林建设所做的尝试，多是对中国传统具体手法或是欧洲传统具体手法的尝试，甚至直接抄袭西方现代城市园林环境，结果好像怎么做都不对，原因就在于此。无论对中国还是西方国家，解决现代城市与自然环境的关系，大家所面临的问题有类似之处，都面临着传统手法与现代城市的矛盾。建设山水园林城市是百年大计甚至是千秋大业，急功近利是不行的，有些事情还得从头做起。我们必须找到建设现代山水园林城市的新方法，在基本理论和具体手法上都要做一定的更新，对传统理论、手法还需要有继承、有发展。传统的东西无论中外的，合适的都可以汲取，但系统的理论还需在中国传统文化的基础上重新构建。在这方面，中国传统造园理论仍有许多可借鉴之处。

首先，中国传统造园理论达到了自由与秩序的统一。虽然师法自然是各民族从野蛮到文明的必由之路，但中国有五千年文明史，对自然的理解更深刻更全面。展现在人类面前的自然包含了自由和秩序两个方面的内涵。自然允许多样性，但自然也是有秩序的、统一的。这也是人类从自然学习到的关键内容，无论在中国还是在欧洲传统文化中，多样性统一都是一切艺术的根本法则。但同样是师法自然，由于侧重点的不同也可以导致不同艺术风格的产生。中国传统文化的核心是儒、道两家学说，儒家强调秩序而道家强调自由。而儒道合流意味着中国的先贤们试图将两者统一起来。这种统一不仅体现在中国各种传统艺术门类中，也体现在社会生活的方方面面，其中在环境景观建设手法上体现得尤为直观。在城市环境建设方面，中国传统城市规划、宫殿、官衙、住宅建筑等，表面上看更侧重体现秩序的一面，但其中也强调空间形态的丰富变化，也强调与自然环境的交流与过渡。中国传统园林表面上看起来是自由的，但其中也有轴线、几何形的运用，其空间也有强烈的秩序感，所以能给人自由而不凌乱的感觉。中国传统文化有着很强的包容性，只要合适，任何手法都可以考虑。在中国传统造园活动中，任何手法只有该不该用而没有能不能用的问题。通常人们认为，中国传统园林景观设计中，绝不用几何形的水面，事实并非如此。当需要体现宏伟、庄严、神圣的主题时，中国人也会用几何形水面。比如湖北钟祥明显陵的后明塘就采用了一个正圆形的池塘，宋画《金明争标图》中，金明池也是一个几何形的。

其次，中国传统造园理论达到了"大"与"小"的统一。两千多年前，庄子就曾提出："计四海之在天地之间也，不似礨空之在大泽乎？计中国之在海内，不似稊米之在大仓乎？"这个"至大至小"论认为宇宙是从极小到极大的多层次结构。中国古代造园理论受此影响，历经两千多年发展，其手段既可处理小至百余平方米的半亩园，也可处理大至数十平方公里的秦汉苑囿。既能兴造依附于宅院一隅的私家园林，也可以建造统率整个城市空间的皇家上林苑。其至微处精美如珠玉，至大处恢宏似宇宙。我们的眼光不能只放在明清江南私家园林上。中国有两千多年的造园史，也产生了许多处理大空间、几何图形的手法，不能一谈到中国园林就只想到小桥流水，我们也有过平沙落雁、大漠孤烟。

再次，中国传统造园理论具有广泛适应性。中国自然环境丰富多彩，有世界上最为复杂的地域特征和气候条件。中国古代园林产生于西北，发展在中原，成熟于江南，对不同地域环境均能妥善处置，对不同微观环境亦有相应处理手段。计成在《园冶》中将园林用地归纳为"山林地、城市地、村庄地、郊野地、傍宅地、江湖地"六类，几乎涵盖了当时人们生活中所有用地类型，并针对不同用地类型提出了不同的造园设想。中国古代园林类型之丰富，适应范围之广，甚至超过今天许多人的想象。不仅有皇家苑囿、私家园林及各式院落天井，在唐代，长安城甚至因地制宜地在城市西南角建造了城市公园——芙蓉园。

由上述分析我们可以认为，中国传统造园理论具有处理不同类型复杂空间的能力，具有处理不同尺度空间的能力，同时还具有广泛的地域、地形和类型适应性。因此，我们可以借鉴中国传统园林的基本思路和部分手法，建立现代城市园林营造理论体系。

（刊于《郑州大学学报》2010 年第 2 期）

城市意境与城市环境建设

⊙雷礼锡

⊙襄樊学院美术学院

一

中国拥有上千年的山水艺术与审美文化传统，形成了独特的诗意的环境审美模式与美学传统。在城市现代化进程中，城市环境规划与审美创造如何吸收传统美学资源，已经成为近年来中国城市环境建设的重要理论与实践课题。1992 年，钱学森在给顾孟潮的一封信中明确提出可以用"山水城市"观念来解决中国现代城市建设中普遍存在的环境困境。[①] 这一提议从传统人文精神层面确认了一个基本的城市环境主张，即可以将中国传统山水审美文化与现代城市环境建设有机结合起来。1992 年 8 月中国开始实施《城市绿化条例》，强调"城市绿化规划应当根据当地的特点，利用原有的地形、地貌、水体、植被和历史文化遗址等自然、人文条件，以方便群众为原则，合理设置公共绿地、居住区绿地、防护绿地、生产绿地和风景林地等"。这从城市环境建设管理与美化实践上确立了"园林城市"理念，有可能与传统山水园林美学精神形成内在的、历史的呼应。

---

① 顾孟潮：《钱学森与山水城市和建筑科学》，《科学中国人》2001 年第 2 期。

那么，中国城市环境建设的美学精神究竟是什么？城市环境美学精神如何沟通传统山水审美文化特色与现代城市发展需求？2007 年，陈望衡教授出版《环境美学》一书，以中国传统境界美学为思想基础，结合西方环境美学发展的重要成果，借鉴中外城市环境建设的实际案例，明确提出城市环境美学的基本方向是构建城市意境。他认为，城市意境是城市环境美学的最高追求。[1] 它"以山水为体，以文化为魂"，[2] 充分体现山水园林城市环境的生态性、自然性、生活性、艺术性，[3] 彰显山水园林城市的环境美学意蕴。这显然为城市环境建设提供了重要的指南，有助于将城市绿化工程、亮化工程提升到环境审美创造的高度，保障城市建设与传统审美文化的紧密结合。

城市意境具有城市环境美学的本体论意义，是城市物质环境与城市历史文化相结合而形成的美学概念。城市意境不能缺少自然山水景观。而且，城市的自然山水景观不是单纯的自然景象，而是承载具体文化内涵的自然山水景象。一座山有其特定的文化史，一条河也有其特殊的文化史。依据城市自然山水而形成的城市山水文化，突出体现在历史上的各种文学艺术作品中。这些文学艺术作品与相关的历史文献记载结合到一起，便构成了城市自然山水的文化史、艺术史。这意味着城市中的山水并不是单纯的自然对象，而是鲜活的文化形态，是一座城市具备诗意生存环境的重要组成部分，是一座城市拥有城市意境的重要标志。

城市意境离不开人类对城市自然山水环境的审美体认与价值选择。众所周知，城市环境包括自然山水环境，这几乎是世界城市发展史的普遍现象。如伊斯兰宗教城市、古希腊的城邦、文艺复兴时期的商业城市、欧洲工业革命时期的工业城市，它们大多依山傍水，以便为城市的日常生活、交通运输、军事防御等提供基本的保障。但是，受城市功能、民族文化等诸多因素的影响，并非

---

① 陈望衡：《环境美学》，武汉大学出版社，2007 年，第 384 页。

② 陈望衡：《环境美学》，第 409 页。

③ 陈望衡：《环境美学》，第 400 页。

所有民族或国家的城市文化与形态都体现出山水审美精神。如阿拉伯城市的历史文化基础是宗教及为宗教服务的军事力量。在阿拉伯先知穆罕默德去世以后，哈里发国家走上了武力征服、扩张的道路，"于是兵营城市便逐渐兴建起来。一座座新兴城市既是营地，也是伊斯兰教的宗教和文化中心"。① 欧洲 19世纪以前的文学艺术传统极端忽视自然山水，到启蒙运动时期，著名哲学家康德曾在《判断力批判》中明确肯定自然山水的审美价值，但稍后的黑格尔又毫不客气地指出自然美低于艺术美，自然界不值得美学进行研究。20 世纪末期，欧洲哲学与美学领域突破"艺术中心论"的话语传统，广泛关注并研究环境美，自然山水成了重要话题。著名环境美学家约·瑟帕玛的论文《如何言说自然》，② 可以看作是当代欧洲重视山水审美价值的一种立场与方法的代表。

与国外城市历史进程相比，中国城市发展显然更能展现山水审美精神。中国自古看重阴阳风水观念，城市选址与布局离不开阴阳观和风水观的指导，如汉代设置的长安城、襄阳城，就位居水之南山之北，是聚气积阳的风水宝地，形成了独特的城市山水环境模式。2002 年襄樊市就因为襄阳城山水环境特色而被评选为第六批国家园林城市。其获奖证词评价它"是一座真正的城，古老的城墙仍然完好！凭山之峻，据江之险，没有帝王之都的沉重，但借得一江春水，赢得十里风光，外揽山水之秀，内得人文之胜"，它"聚集山水精华"，是"中华腹地的山水名城"。襄阳城的山水环境模式堪称传统山水审美文化的重要代表，对现代山水园林城市环境建设具有典范作用。城市意境是以中国传统美学为基础而提出的现代城市环境设计概念，而不是传统美学术语的简单沿袭。作为中国古典美学基本范畴的意境，它建立在艺术意象的创造和品味基础上，代表文学艺术的最高审美追求。传统的审美意境注重精神层面的审美满足，重视主体内在的审美感受、体验及其外在呈现（艺术表现）。而城市意境

---

① 彭树智：《阿拉伯国家史》，高等教育出版社，2002 年，第 58 页。

② ［芬］约·瑟帕玛：《如何言说自然》，陈望衡：《美与当代生活方式》，武汉大学出版社，2005 年，第 107~114 页。

注重"功利原则"与"审美原则"的结合，而且"功利原则是摆在第一位的，在功利原则的基础上将审美原则考虑进去"。① 城市意境显然是一个鲜活的现代性概念，要求城市能够充分利用传统山水美学资源，在城市景观环境建设中努力"重建人与环境的和谐关系"，② 充分考虑城市的历史文化底蕴、城市环境节点及其逻辑关系、城市的基本功能与结构，塑造具有独特审美意味的城市空间环境意象体系，增强城市环境魅力，锻造诗意之城。

二

城市环境建设能否实现城市意境创造诗意之城，其核心问题在于能否实现"以山水为体，以文化为魂"的城市环境美学精神，达到城市之"境"与城市之"意"的结合，即优美的自然山水环境与独特的地域山水文化的有机结合。

首先，优美的自然山水风光是诗意之城的物质环境基础。中国传统文学艺术与美学一直看重自然山水风光，并且推崇自然山水的优美品质。盛唐田园山水诗人们所关注的田园山水景色绝大多数都是指优美的山水风光，充满无限诗意。如唐代诗人孟浩然的《过故人庄》一诗就描写了襄阳城东边的鹿门山田园风光，诗情洋溢。王维的著名山水诗篇《汉江临眺》，实质上是从襄阳城地理与精神视角出发获得的汉江山水体验，同样也是诗情满怀，优雅与豪情兼具。即使是人工园林环境，美学家们也推崇优美品质。陈望衡在《环境美学》中谈到园林美问题时，就将"清雅""韵味"看作园林美的首要特征，而清雅、韵味就体现了环境的优美特征。在中国传统审美文化中，自然山水及其优美品质是诗意之城环境构成的首要内容，是城市自然山水环境诗意美的现实基础。

那么，优美的城市自然山水在环境形式上究竟有哪些具体特质，并因此而传递诗意之美？其一，城市自然山水要在总体上体现出灵秀特质。早在晋宋之际，中国山水画的开创人之一宗炳就对江汉流域自然山水风光的环境特征给予

---

① 陈望衡：《环境美学》，第381页。

② 雷礼锡：《传统山水美学与现代城市景观设计》，《郑州大学学报》2009年，第3期。

了高度概括和称赞。宗炳在《画山水序》中说："嵩华之秀，玄牝之灵，皆可得之于一图矣。"① 这里的"嵩华""玄牝"泛指自然山水，其秀、其灵则是自然山水的环境美特点。其中"秀"体现自然山水的外在形式美，"灵"体现自然山水的内在意蕴美，可以通向天地之"道"。而灵秀山水的典型代表在哪里？宗炳说："余眷恋庐衡，契阔荆巫，不知老之将至。"② 可见宗炳眼里的灵秀山水首推江汉流域的自然山水，而江汉流域地区的城市自然更容易成为城市意境的典型代表。其二，城市自然山水中的山与水要均衡分布，彼此交错而不紊乱。诗意山水是自然之山与水的融合，既不能山多而水少，也不能水多而山少。尤其不能有山而无水，或者有水而无山。因为山无水则失灵性，水无山则失秀逸，也就失去了山水诗意的物质基础。其三，城市自然山水之间的植被构成能够充分体现青山绿水的风貌。植被丰富才能青山长在，水质清澈才能绿水长流。其四，城市自然山水之间的空间视野开阔，有丰富、深远的空间审美舞台。诗意山水并不在乎山高水深，尤其要避免遮天蔽日式的崇山峻岭。

要理解城市山水的灵秀特征，必须充分考虑城市规模问题。这意味着城市规模不能太大，城市山水体量不能过大。按亚里士多德的看法，自然物的美取决于它的体积和顺序（排列关系），太小了不美，太大了也不美。③ 康德继承并发挥了这一见解，认为宏大的东西给人以崇高感，产生震惊或崇拜，但谈不上优美。④

其次，地域化的山水审美传统是诗意之城的文化环境条件。城市意境十分看重城市的文化之魂。那么，城市的文化之魂是什么？它与城市的自然山水环境有什么关系？这是理解诗意之城环境构成特点的关键问题。

---

① 宗炳：《画山水序》，潘运告《中国历代画论选》（上），湖南美术出版社，2007 年，第 12 页。

② 宗炳：《画山水序》，潘运告《中国历代画论选》（上），第 13 页。

③ ［古希腊］亚里士多德：《诗学》，陈中梅译，商务印书馆，2003 年，第 74 页。

④ ［德］康德：《判断力批判》，邓晓芒译，人民出版社，2005 年，第 91 页。

一般来说，城市就是文化的产物，每个城市都有其文化构成或文化内涵。既然如此，有城市，有山水，不就有了城市意境？但是，环境美学视野内的城市意境显然不是城市山水与城市文化的简单相加，而是强调城市文化与城市山水环境的有机融合。真正的诗意之城是立足于城市山水环境形成自身特有的山水文化体系，既不是把北方的城市文化简单地安放到南方的城市山水环境中，也不是把西方城市文化简单地安放到中国的城市背景中，而是紧紧围绕城市山水环境描画山水，歌咏性情，形成与城市自然山水环境和谐一体的地域山水文化传统。因此，理解城市意境，离不开城市的自然山水环境，离不开歌咏城市的山水文化传统。城市意境表明城市环境中的自然山水与文化山水的结合为一，是诠释中国传统山水城市美学精神的重要对象。

诗意之城的环境构成十分重视城市文化与城市山水景观的环境融合，这本身也是中国传统文化精神的内在要求。中国古代城市建设与发展一直蕴含有强烈的山水意识。这种城市山水意识并不是单纯的山水审美需要，而是通过山水审美需要指向中国人精神深处的家园意识、归宿意识。作为中国传统文化的主流，儒家思想追求家国一体，导致家屋、官府、皇宫的功能与环境构成惊人相似。官府是放大的家屋，皇宫是放大的官府，城市则是放大的官府、皇宫，是官民一体、家国一体的环境体系。城市所蕴含的"家园感""归宿感"，在精神层面保障城市内各个环境区域之间的功能配合、精神呼应。这种精神与功能的配合依靠什么来实现？当然离不开阴阳风水观念在城市规划与设计中的实际应用。阴阳风水观实际上是有关自然与山水的哲学形态，它在山水城市的空间布局上往往有着深刻而具体的表现。如汉代的襄阳城、长安城都非常讲究背山面水，以便聚气积阳。如果背山面水的具体方位是南面背山，北面向水，则构成极阴之地，这时候就可以通过北面的城门多于或大于南面背山的城门来实现阴阳平衡，让城市格局体现上达阴阳、下通人伦的天人和谐境界。深厚的家园意识与鲜明的阴阳风水观彼此结合，促使古代城市山水环境成了人的生存与发展的精神依托，成了山水文化传统底蕴深厚的具体表象。

三

以城市意境为基础追求现代城市环境的诗意创造，需要考虑以下基本原则。

第一，凸显个性特色鲜明的诗意山水环境。尽管自然山水环境的诗性特征离不开人的诗意审美和体验，但是，能够调动人的诗意审美情绪的自然山水，总有其自然特色，如山水景观的原生性、生活性、园林性。这就要求城市自然环境的规划与建设应努力遵循原生性、生活性、园林性准则。

原生性是诗意山水的重要维度之一。原生性意味着城市山水环境要保持原生态的自然本色。诗意之城的山水景观具有自然天成的特点，不是人工造物，绝不能简单地依赖假山假水来装饰城市的山水意味。当然，诗意之城的自然山水也不是穷山恶水式的自然环境。穷山恶水并不能满足诗意的城市环境的自然性维度，因为城市山水环境的自然性，除了考虑山水自身的自然特性外，还要考虑人类生存的基本特。人类社会与自然界共同具有的自然性及其彼此结合，才是诗意之城应有的自然山水环境品质。它表明城市自然山水的形态、内容与人的自然生存乃至社会生存保持协调，形成可持续发展的自然基础。

当然，城市毕竟是人类社会历史发展与进步的产物，人类对城市周围的自然山水环境不可能完全无所作为，总会进行改造、加工，使之美化，符合城市环境的审美需要，因此园林性便成了塑造诗意城市山水环境的基本美学标准。园林性体现了城市对山水环境的独特人文创造，是根据人的日常生活需要对自然山水进行艺术化处理，反映城市与山水、人与自然之间的和谐关系，是自然山水的原生性品质的升华。必须注意，这里所说的园林性并不单纯地指城区环境绿化所达到的花园式状态，而是自然山水与整个城区人工环境的和谐，如城区环境的美化及其同外围山水环境的协调、城区与周边地区之间过渡区域的环境美化及其整体融合、城市外围山水环境美化及其对城区环境的烘托效果，都是必须充分考虑的具体内容。园林性不是针对城市局部环境的人工处理，而是指整个城市环境的艺术化，意味着城市的自然山水环境与城市格局之间的有机融合，以便彰显人与自然彼此和谐生存的人文精神品质。城市的园林化既是一个城市艺术化的行为，也是一个城市自然化的行为，它不是简单地加工或拼凑自然山水景观，用以点缀城市环境。对诗意城市的个性化创造来说，城市环境的园林化当然不是单纯旅游观赏性质的山水景观设计行为，而是人与城市和谐生存的环境设计行为。这意味着，人在城市就是人在山水，人在山水就是人在城市。如果城市自然山水景观与城市总体环境不能有机融合，存在疏离性、分立性，那就说明城市缺乏个性化的城市意境，不是优美的诗意之城。

生活性是中国传统诗意山水美学的重要维度之一，也是塑造现代诗意城市环境的重要品质。隋唐以前，中国人对自然山水的审美与艺术表现大多带有强烈的宗教、神祇、象征意味，偏离日常生活趣味。如晋代画家顾恺之的杰作《洛神赋图》虽有优秀的山水景象，却是宗教神秘性质的图像表达方式。唐代著名画家李思训的青绿山水画在题材与构图上大多描画"云霞缥缈，窅然岩岭之幽，峰峦重复，有荒远闲暇之趣，加以宫殿台阁的富贵趣"，① 虽有名山大川气象，却无日常生活气息。唐宋以后，自然山水的生活品质才受到广泛重视。宋代著名画家郭熙甚至明确主张，山水画应该描画"可游可居"的山水，而不是"可行可望"的山水，因为君子之所以喜爱山水者，缘于山水是君子起居生活最佳处所，而中国山川"可游可居之处十无三四"，山水画当然应该"取可居可游之品"。② 这从理论上摒弃了荒山野水的题材，突出了山水的生活品质，也提升了人们对城市山水环境的生活品格的审美认知与需求。王维所说"襄阳好风日，留醉与山翁"，传递的就是生活化的城市山水审美方式。孟浩然《秋登万山寄张五》云："北山白云里，隐者自怡悦。相望始登高，心随雁飞灭。愁因薄暮起，兴是清秋发。时见归村人，平沙渡头歇。天边树若荠，江畔洲如月。何当载酒来，共醉重阳节。"描述的也是一幅日常生活性质的城市山水景

---

① 陈传席：《中国山水画史》（修订本），天津人民美术出版社，2001年，第35页。

② 郭熙：《林泉高致》，潘运告《中国历代画论选》（上），湖南美术出版社，2007年，第224~225页。

象。它提醒我们，创造现代城市意境应该充分考虑人的日常生活审美需要。城市自然山水的生活品质首先与山水的自然面貌特征有关，要求山不在高，水不在深，能够充分适应城市居民的日常生活起居和休闲娱乐需要。为了创造诗意城市环境的生活品质，就需要保持城市山水景观与人之间的亲近关系，让山水环境真正成为人的日常生活环境的自然构成。城市周边的山水环境处理要努力设计和建设成市民日常起居生活的载体、休闲观光的对象，而不需要用刻意的旅游方式去面对。人们专程远道去黄山、庐山旅游、观赏，这属于山水旅游鉴赏行为，是人为的环境审美活动，不属于日常生活性质的山水审美行为。

第二，创造城市文化生活方式的诗情画意。诗意的城市是蕴含文化个性的城市，而不是其他城市或其他文化形态的延续或模仿。唐代诗人王维既描写过西北地区的山水城市，也描写过汉江流域的山水城市。在他的笔下，自然山水总是充满浓重的诗情与深厚的禅意。但他对西北山水城市与汉江山水城市的诗意描写各不相同，西北城市山水更显深沉、内敛的特征，汉江城市山水更显雄阔、豪迈的气势。要彰显地域特色鲜明的城市文化，就需要围绕城市自身的传统山水文化加以发扬光大，尤其不能缺少诗意的文化维度，因为诗对诗意城市环境的创造至关重要。海德格尔曾经为人类祈愿能够诗意地安居，并强调："只有当诗发生和到场，安居才发生。"① 没有诗和诗情，就没有诗意的城市文化生活，诗意之城的创造就难以实现。

为创造城市文化生活的诗意，首先需要努力创造诗意的城市文化生活场景。特别是建筑环境要充分应用城市自然山水条件，谨防人工建筑与自然环境形式与精神的冲突。如高大的建筑物遮掩灵山秀水，这是遮蔽城市诗意的重要因素之一。提倡依托自然山水环境来建造开放性的城市人文景观、休闲文化场所，既满足市民日常游乐，也容易激发人们的山水审美情绪。

为创造城市文化生活的诗意，还需要充分应用地域化的传统建筑符号、图像符号来彰显城市公共环境的诗情画意。那些个性化、地域化的建筑景观与视

---

① ［德］海德格尔：《人，诗意地安居》，郜元宝译，上海远东出版社，2004年，第95页。

觉图像最容易调动人们欣赏城市环境，形成有关城市环境与文化个性的审美体验与认知。在城市环境的个性化建设进程中，可以充分利用城市自身的传统建筑形式与图形符号来完成公共建筑的总体设计与室内外环境装饰。还可以应用视觉造型艺术手段（如公共建筑壁画、环境雕塑）将那些重要的城市历史事件、历史传说与故事、文化名人再现出来，用于直观地表现和传播城市文化的特色内容。

为创造城市文化生活的诗意，也需要定期不定期举办各种文化艺术活动，如文学节、艺术节、山水文化节。从美学角度对城市环境特色与意蕴进行专门研究，既是现代环境美学研究与发展的重要领域，也有助于推进诗意的城市文化生活方式，提升城市审美文化的品位。

第三，选择地域特色鲜明的城市环境模式。诗意是充满个性化体验与智慧的文化产物。城市环境模式的个性化、地域化是城市意境的现实基础。因而，诗意之城的创造需要选择一种个性化、地域化的城市环境模式，特别是具体区分田园山水城市、田园城市、山水城市、园林城市，防止笼统地使用山水城市或园林城市。

面对 19 世纪末臃肿而混乱的伦敦，霍华德曾经提出了"田园城市"的构想，试图用乡村田园地带重组城市环境模式，建立田园城市基础上的城市群(社会城市)①。霍华德的田园城市首先是一个社会学与政治学概念，而不是城市环境美学概念。他试图依据一种社会生活理想来重新设计和改造现有的城市生活模式，以摆脱城市发展的困境。山水城市是基于山水文化传统的继承与发扬而倡导的城市设计与建设概念，试图在现代城市建设中保持并延续山水文化传统。园林城市是正在广泛推行的概念，强调以绿化、美化方式改善城市自身的环境面貌，在城市环境建设与管理上具有较强的操作性，但在如何突出城市环境的个性特色方面存在许多不足，遭到了诸多批评与怀疑。田园山水城市则指城市的自然山水环境与城市的农业环境紧密地融合在一起，表明城市的经济

---

① ［英］埃比尼泽·霍华德：《明日的田园城市》，金经元译，商务印书馆，2000 年。

结构与历史文化本色都不应该将田园性剥离出去。山与水，城市与乡村，形成自然的交接与过渡，是田园山水城市的现实物质基础，是塑造个性化的诗意城市的根本前提。因此，在推进中国现代城市环境建设的进程中，需要高度重视城市环境的个性化创造，不能把"园林城市""山水城市"之类的一般标准简单地套用到各个城市，以至城市在环境"美化"建设进程中丧失了自身的精神个性与地域特色。

（刊于《郑州大学学报》2010 年第 2 期）

两个城市，两种乌托邦

⊙［芬］约·瑟帕玛
⊙芬兰约恩苏大学、国际环境美学学会

乌托邦是个子虚乌有的地方。建造乌托邦的尝试一直都有，但因乌托邦的本义就是子虚乌有之地，乌托邦是不可能建造出来的。很多人都尝试过，就像很多人都试图制造永动机一样。我想描述一下我游览过的两个城市，这两个城本打算建成乌托邦的。我还要谈谈这两座城为何不是乌托邦，至少不完全是乌托邦。

我上学以后就一直梦想着去游览巴西利亚，那是奥斯卡·尼迈尔设计的巴西首都。我不清楚那些形象是如何到我大脑里的，可能是看了一部百科全书的插图吧。那是在 20 世纪 60 年代初，巴西利亚尚未建成。2004 年 7 月，因参加在里约热内卢举行的第十六届世界美学大会，我游览巴西首都的夙愿有可能实现，那里是巴西腹地，在一千公里之外。我与阿诺德·伯林特教授同行，他也有同样的愿望。

第二个目的地佩内杜是我偶尔听到的。我们的巴西导游听说我是从芬兰来的，就告诉我有一个芬兰移民聚居地佩内杜，位于里约热内卢和圣保罗之间。这个地方我以前从来没有听说过。我妻子是研究民俗的，听了我的描述之后很感兴趣，于是我们就在逗留巴西的最后两天去了那里，在那里待了一个晚上和一个上午。

一、外在美与内在美

尼迈尔生于 1907 年，已年逾百岁，但仍然在其建筑工作室里做事。他最大的心愿是建造一个给人以美感的乌托邦，一座由完美的建筑组成、以完美的建筑为象征的城市。当然，这座城也和一种社会理念和社会目标有关联：他是个有政治追求的人（一个忠诚的共产党员——译者注），并由于这一原因而一度沦为难民。创建佩内杜的是芬兰人托伊沃·乌斯卡利奥，他的乌托邦标准正好相反：不考虑建筑学、美学方面的要求，也没有这方面的目标（尽管他是个受过培训的园艺师）。但他把目光投向社会，和一位美在精神、美在道德的美人有同样的理想。

巴西利亚的设计是完美的，只要是他尼迈尔设计的都是完美的。实际上巴西利亚是三个人设计的，除了他还有与他志趣相投的城市规划师卢西奥·科斯塔及园林建筑师罗伯托·布勒·马克斯。卢西奥绘制了巴西利亚的整体规划图，罗伯托设计了巴西利亚特有的水环境。这座城市并没有受他们的控制，而是处于社会问题丛生的卫星城包围之中，尽管这些卫星城离得很远。就巴西利亚来说，这座城市和 20 世纪 50 年代芬兰的园林城市塔皮奥拉一样，看上去也受到挤压的威胁。城市必不可少的空间缩小了，一览众山小的视线被挡住了（不过正在拔地而起的建筑有一部分是原来规划好的）。第二个威胁来自建筑方面，风格的偏离和多样性几乎不可避免地造成了标准的降低。

在审美方面，尼迈尔被赋予绝对权威来建造首都，那是政府权力的象征。即便是说一不二，他仍然要为政治权力效劳。乌斯卡利奥不向任何人索要特权，而是挺身担当起社区的创建者和当仁不让的领袖——他在梦中听到了南方发出的召唤。1929 年，乌斯卡利奥上任时发表了一篇妙有词致的宣言，麾下聚集了近二百人，这些人准备离开寒冷的芬兰，到神话般的温暖的南方建立一个理想社会，吃素食，过亲近自然的生活。随后的十年，又有一百多人前往。

佩内杜的乌托邦特征不是体现在建筑形式上，而是体现在社会结构上，体现在指导他们的理想上，也就是它的内部结构、社会结构。就像所有的乌托邦社会一样，佩内杜的目标是建成一个有自己的法律、有自己的理想、与外界保持距离的社会。前来入伙的人要按照规矩行事，即"戒酒、戒烟、戒咖啡"，至少希望做到这些。这些规定之中，在热带的烈日下赤身裸体看来是令人难以接受的，所以第一个被取消。让一个种植咖啡的人戒咖啡，则要一直抵抗住诱惑。管制严格的佩内杜社区在争议与金融困境中解体了，原因归结为自然条件和市场形势。一部分移民留居在社区附近，一部分回到了芬兰，一部分移居他乡。

乌托邦消亡了，但佩内杜没有消亡。留下来的居民以旅游为业，开出一片新天地。现在的佩内杜是一座风光宜人的山庄和度假胜地，位于里约热内卢和圣保罗这两个大都市之间，其建筑风格是不同样式的独特组合：瑞士的深褐色小别墅，看上去让人觉得俗气的旅馆和饭店，满街都是手绘的广告牌。总体上看，那里有浓郁的芬兰情调和强烈的怀旧感染力。佩内杜是个简朴实用的旅游山庄，有其独特的吸引力，与闻名于世的简约美妙的芬兰式设计相去甚远。

从小就离开芬兰的人之中，只有少数还健在。第二代、第三代芬兰人作为少数民族，正无声无息地融入主流社会。我去之前刚举行过庆祝社区成立 75 周年的活动，参加的人既有移民及其后裔，也有原来的居民。芬兰特色是怀乡的记忆，又表达了一种独特性。促使移民建立社区很快又使其解体的思想意识消失了。也可以说这一思想意识改变了形态，因为无论在何地，亲近自然的健康生活方式、安全感、共同承担责任、相互照顾等，都是积极的价值观。

20 世纪 60 年代开始建造的巴西利亚的历史虽然并不久远，但并不仅仅如此。尼迈尔设计的建筑正在得到补充，一路上我们看到新建筑在巴西利亚拔地而起（在里约热内卢的卫星城尼泰罗伊，我们参观了刚竣工的当代艺术博物馆）。1987 年，联合国教科文组织将市中心列入世界文化遗址来加以保护，成为包括我在内的人们前来欣赏的对象。我没有感到失望，我看到了最美的建筑，这些建筑集美术、园林艺术于一体，成为一件完整的艺术品。

巴西利亚的经历证明，一些负面的说法站不住脚。它不是太大，距离不是太远，不是死气沉沉。它甚至看上去还很实用。它赋予的权力形象理想化了

（同时它也谄媚权力）。议会大厦是最高的建筑，因为它象征着人民享有最高的权力。总统官邸离得更远，就像芬兰总统官邸曼蒂尼埃米一样，但完全不像堡垒，而是富有生气，并且清晰可见。外交部的大门开在侧面，拦住它的仅有一座丛林状的内花园和一条隐蔽的水沟。大教堂在地下，但透过一个雕有漂浮天使的天花板可以看到天空。一座座精致的纪念碑高耸入云，其中最显眼的是总统儒塞利奥·库比契克的纪念碑，是他决定建造这座城的。而传统的权力象征——巨大的石头建筑、威武的骑士塑像则不见踪影。即便是权力，看上去也显得时髦、精致、友好，令人愉快。

当然，这座城市的外观依然如故，无论城里谁在掌权。城市的建筑物和城市规划所用的语言，与当时掌权者所用的语言可以有所不同。总统官邸依然在，尽管官邸的主人换了，国家的政治领袖换了。城市的外观形成了一副不变的面具，掩盖着后面真实的面貌。在这个国家的其他地方，我看到了这种裂痕：里约热内卢山坡上的贫民窟，游客得到警告不得独自进去。我脑海里开始浮现出弗雷兹·兰在《大都会》里所描绘的双层城市，浮现出 H. G. 威尔斯的小说《时间机器》，在这些城市里有上层阶级和下层阶级，各自住在自己的地盘，互不往来。

我希望巴西利亚的建筑和政治力量能说同一种优美的语言，让高质量的建筑从道义上向政治力量发出挑战。认为乌托邦必定会失败是过于悲观的想法，尽管历史的经验会让人这样想。佩内杜以一种有点逗笑的方式，让人想起它在历史上那段离奇的转折，即芬兰人的拥入。这个社区没有成为乌托邦，但不失为历史上的一次尝试，一次以共同利益为基础、为具有道德敏感性的人建立一个社会的尝试，我相信它是留下了印记的。这两个乌托邦之中，巴西利亚的壳体更坚硬，充分显示了最纯粹的审美价值观和美支配人类思想的力量。凡是离开那里的人都会有所变化，因为对完美的追求已经深留在他的心田。

二、走中间道路的乌托邦？

巴西利亚的荣誉和命运就是变成一个遗址，一个受到保护的世界文化遗址。极致的设计给人带来维护的责任，留有空白的设计则相信后来人的技术。保护外观能制约生活。在论著中描述过巴西利亚的奥古斯托·西泽·B. 阿雷亚尔看到了良好的愿望带来的问题："第'三个千年的首都有'变成'六十年代僵化的首都'的危险。"

佩内杜的建筑并没有规划，所以城市景观是自然形成的。重要的是社会结构，这从外面是看不到的，但在乌托邦实验期间却受到严格控制。现在，佩内杜是个规模不太大、有吸引力、适于居住的村庄。它在审美方面对游客的吸引力带有嘲弄的意味，看上去滑稽可笑。严格控制的社会乌托邦消失了，但好像没有一个人向往它，甚至没有一个人还记得它。

适于居住的城市有一个特点，即有的地方规划，有的地方不规划，把两者适当地结合起来。这样的一座城市既有精心设计的部分（楼房、街区甚至小区），但同时也为其居民提供空间，为后来的设计师提供空间。如果没有活动的余地，人们就会自己去寻找。旨在保护环境的激进行动之中，有一种流行的形式是"游击园艺"，一种接管空闲但禁用之地的方式，尤其是在年轻人之中，这些地方包括荒地、路边、尚未开工建设的地方，甚至用他们自己的苗圃来改造公园等。人都想留下自己的印记。如果不给他们留下空间，他们就会擅自行动，有时候就以环境艺术的名义采取艺术行动。

20 世纪 20 年代，赫里特·里特韦尔为一名委托人设计了一所房子，现在可以看作是荷兰乌得勒支的一座博物馆。大约与此同时，路德维希·维特根斯坦在维也纳为他姐姐设计了一座房子。阿尔瓦尔·阿尔托设计 1939 年完工的梅里别墅是委托人家庭的梦想——现在它也基本上成为博物馆了。这些都是自我调节的微型世界，是完美但又极为敏感的审美整体。居民并不觉得自己失去了自由，因为其房子就是他们想要的，但这个连最小的细节都设计好的房子把他们的思想也禁锢住了。无论是过去还是现在，巴西利亚都是在城市规模上的这样一个实例。

一座井井有条的城市，或是一座井井有条的房子，只要有哪怕是最小的偏差，就会受到不断衰败的威胁。这是不可改变的，所以它就有出现裂痕的危险。甚至一叠纸，或是扔到椅子上的一件夹克衫，就能破坏施罗德之家的结构。

一座更有灵活性的建筑，如果其关键之处的周围都是一般的、合乎标准的地方，甚至只是荒地，这座建筑也是富有活力的，在给个人爱好留出空间的同时也是允许变化的。这一原则既适用于外部建筑，也同样适用于社会生活。承重的建筑物和网络，城市和社会都是需要的，但并不是一切都要计划周全。明智的选择是相信一种动态平衡——对于一座城市和一个社会来说，那是一个在井然有序和杂乱无章之间走中间道路的乌托邦吗？

译者：王宪生，国际环境美学学会

（刊于《郑州大学学报》2010年第2期）

城市如何让生活更美好？

——环境美学的视角

⊙陈望衡

⊙武汉大学哲学学院

上海世博会已经成功落幕，但它仍然给我们留下了一些值得深思的问题，比如，对照各国城市化的道路，我国当前的城市化建设有哪些成功的经验或教训？针对我国城市建设中存在的问题，如何运用现有的理论来加以解决？对此，环境美学可以为我们提供一个视角。

一、中国城市建设的突出问题

中国城市化有两个突出特点，一是工商业城市优先发展，经济成为城市发展的杠杆。

工业社会的生产方式主要是运用机器进行大批量的生产，为了创造最高的经济效益，一般将工厂适当地集中在一个地区。这样，便于行业之间的竞争，也便于行业之间的合作。工厂相对集中的工业园模式是工业社会的产物。中国改革开放三十年，许多城市建有工业园区，沿用的正是工业社会的模式。只不过，过去的工业园的产生是自然的，今日的工业园的产生是自觉的。

商业是制造业与消费者的桥梁。为了降低运输成本，也为了便于与制造业直接联系，诸多的销售业就建在工业园附近。

工业社会追求效率，讲究成本核算，力求以最小的付出赚取最大的效益，因而，它希望为它服务的政府部门及其他服务性行业与它们相隔不是太远，而政府部门为了指导、调控工商业运作，也不愿建立在距工业区、商业区较远的地方。

这样，工业社会必然制造出一个名之曰"工商业城市"的怪物。工商业城市，顾名思义就是以工业和商业为动力，这样的城市不能不凸显经济的地位，而当经济成为城市的杠杆时，人性的全面实现与满足就不可能得到重视，生活在这样的城市，人们普遍感到生活的压力和紧张，其人性均不同程度地受到异化。

二是中心城市成为社会的操纵者。中国是一个各级政府分级集权的国家，各级政府所在地均成为行政辖区的中心城市，并成为辖区诸多功能的集中地。其中最重要的是政治中心、经济中心和文化中心、教育中心。由此，政治为主导、经济为杠杆、文化为服务成为中国城市化的基本模式。几乎任何一个城市都是行政、经济和文教三位一体。这三位中，政治为主导，是城市发展的领导者；经济为杠杆，是城市发展最主要的动力；而文化是为城市发展服务的。在中国，城市的发展最常见的口号是"文化搭台，经济唱戏"。而经济，又在相当程度上与当地政府的政策有很大的关系，是政府在实际上控制着、影响着经济。因此，决定城市发展方向的根本还是政治。

由于以上两个因素的存在，中国城市建设最为明显的问题是：

（一）城市规模过于庞大。在中国，人口超过千万的城市绝不只是上海、北京。世界上，特大城市集中在中国。城市人口多，必然占地面积大。除城区外，中国的城市还带了附近的农村，这样就更大了。

（二）城市功能过于集中。中国的城市集中着社会上一切优秀的资源，城市不仅是经济中心，还是政治中心、文化中心、教育中心、交通枢纽。

（三）城市环境日趋恶化。这里说的环境主要是自然环境，主要体现为城市中的原生态的自然遭到灭顶之灾。为了修路和盖房，城市中原有的山或是被劈开，或是被打洞，或是被削平，或是被叠上高房。至于山上的树木，基本上被砍伐殆尽。水源则是要么被严重污染，要么被填堵造地。

（四）城市个性日趋消泯。中国的城市老城应是有一定个性的。工业社会追求高利润，使用机器生产，必然追求标准化，这也影响到建筑和城市规划。产生于19世纪的国际主义的建筑风格是与工业社会相一致的。这种建筑风格强调功能，形式简洁，追求几何造型，基本上没有什么个性可言。城市规划重视纵横排列，多呈棋盘格，街道整整齐齐，同样也没有个性可言。西方国家一些城市的街道，干脆用数字来命名。中国的现代化在相当程度上是在补工业社会化这一课，因而很自然地按照工业社会的模式来建造城市，城市规划基本上套用几何模式。刚刚富起来的中国人贪大求新，追求现代，这样几乎所有的城市就被弄成一个风格了，城市个性基本上泯灭了。

（五）城市生活质量下降。城市本来是可以让生活更美好的，但由于中国现在的城市普遍存在环境污染、交通紧张等严重问题，因此不仅没有让生活更美好，而且使生活质量在某些方面下降了。生活在城市中的人们普遍感到精神上的压力，心理健康受到损害。西方社会20世纪严重存在的人性异化现象在当今的中国城市普遍地存在着。

可见，城市问题远不只是城市本身的问题，更不只是城市规划和城市管理的问题。中国城市模式是中国社会模式的集中体现。中国城市化向何处去，在相当程度上决定着中国社会向何处去。

二、突出"生活"主题

人活着，基本上是两大使命——生活和工作。生活在某种意义上可以涵盖工作，但是在一定情况下，也可以将"生活"挑出来，与"工作"相对应。生活主要是消费性的，而工作主要是创造性的。用通俗的话来说，前者是花钱，后者是挣钱。当然，工作也不只是为挣钱，准确地说，它是事业，事业就含有为社会、为文明作贡献的意义。

在当今社会，人们均向往城市，因为城市应该在生活和工作两个方面均优于农村。用上海世博会的口号来说，就是"城市让生活更美好"。但实际上，在城市，生活与工作并不是天然就能得到均衡发展的。在现代中国，城市在事业上无疑优于农村，而且城市的行政级别越高，工作的机会越多，发展的前景越大。但生活是不是也这样呢？当然不是。北京、上海、天津尽管是行政级别很高的城市，但不是宜居的城市。相反，在中国，某些行政级别不高的乡镇倒是更适合于人居。

与人活着的两大使命相适应，城市的功能也应分成两大块——生活功能和工作功能。无疑，城市仍然要重视工作功能，为各色人等的发展创造优越的条件，让他们能在城市实现各自的梦想。事实上，对这个方面的功能，城市的管理者一直没有放松过。体现城市工作功能最重要的标尺 GDP，一直为主政者所高度重视。这倒不是因为它直接给主政者带来了多少经济利益，而是因为我们国家现阶段对城市主管者的政绩考核其主要标尺就在这里。

城市的生活功能是不是也得到一样的重视呢？显然不是。在当前城市生活质量与工作质量严重不均衡的情况下，强调城市生活质量不仅是适时的，而且是必要的。从某种意义上看，城市建设的主题也应是生活。因为工作的目的是为了提高生活质量。即使是工作，也必须有一定的生活质量作支撑。没有一定的生活质量，也就谈不上提高工作质量。人的一生，处在工作岗位上的时间其实不多，顶多只占一生的三分之一。

多年来，我们关于城市环境建设的口号是"宜居"。它重在环境的生态质量与社会治安，强调的是生命的健康和生命的保存。这当然是必要的，但只是人对环境的最基本的要求。目前，根据国家现有的财力和人们日益提高的对生活的要求，应该提出"乐居"的口号来。我认为，这是环境建设的最高追求。

"乐居"体现在四个方面：

第一，"低碳"。低碳的基础是生态，但是低碳作为一种生活方式，它的意义超越了生态。如果说生态只是人面对着人与自然日益紧张的矛盾不得不采取的一种生存策略，那么低碳则是将珍爱环境与珍惜自然统一起来，将尊重生态与尊重人相统一起来，是一种新的人生哲学。自觉地将低碳作为生活方式的人必然懂得如何处理人与物的关系及人与人的关系。

第二，"文化"。人是文化的动物，当人在讲文化时，意味着已经从动物的"苟活"中超越了出来。虽然文化具有最大的普适性，但是它的本质是精神的。

因此，只有把精神上的追求当作最高追求时，它才是文化的。一个地区的人民在注重精神追求时，这个地区人民的生活质量定然是高的。有精神追求的人们必然会懂得珍惜历史，珍惜文物，珍惜艺术。

第三，"和谐"。和谐包含的内容很丰富。就人与环境的关系来说，它指人与自然的友好相处及人与人的友好相处。和谐的社会必然是法制的社会，但绝不仅是法制社会。只有当一个社会不仅是法制的社会，还是一个德馨的社会、审美的社会，它才是和谐的社会。对于一个和谐的社会，"法""德""美"三者缺一不可。

第四，"幸福感"。幸福是人对生活的最高追求，幸福以一定的物质生活质量为保障，但并不是物质越丰富越幸福。幸福重在幸福感，它既以整个社会物质文明与精神文明成果作支撑，又以个人对人生意义的正确认识为支撑。我们活着，都在做一份工作，我们对于工作既是敬业的，也是乐业的。只有将敬业与乐业统一起来、将责任与快乐统一起来的时候，工作才是幸福的工作。我们活着既是为自己，也是为他人。只有将为自己与为他人统一起来的人生，才是美好的人生。

三、突破"围城"的模式

考古学家将城市的出现看作是文明的开始，而城市的标志则是有一道围墙。据考古发现，距今 4000 年至 3700 年前的良渚文化晚期有城墙。将一座城用墙围起来，这一传统一直维持到近代。在西方，大概是工业革命后，城墙就陆续被拆掉了。而中国则是在中华人民共和国成立后，各城的城墙才开始被拆毁。有完整城墙的城市现在极少见了，能够保留一段或几段的城市也不多。出于旅游的需要，有些城市又在恢复部分城墙。

城墙的功能主要是防御，在冷兵器时代，它是有效的防守设施。现在，它除了文物的价值和旅游的价值，别无其他价值。因而没有哪一座城市，为了现代化去修建城墙的。但是，另一种类似城墙的设施却在许多城市实施，那就是所谓的"环线"。环线是公路，不是城墙，它没有防守功能，只有交通功能，在功能上，它与城墙是完全不同的，但在"环"这一点上，它与城墙有某种程度上的相似之处。

环，意味着有一个中心区，它是城市的"大脑"。环线的存在一是便于人们进入这个中心区，二是区分城市地段的级别。

在中国，差不多每一个中等以上城市都有几条外环线。环线的存在，意味着城市是一个"围城"。"围城"不一定是工业社会的产物，却与集权政治有着千丝万缕的联系。它俨然是王城的扩大或翻版。

这种城市格局的弊病主要体现在交通上，因为城市重要的公共资源配置是从中心向外逐渐减少的。生活在城市中心的人们享受到的城市公共资源比较多，也比较好，这样，人们就尽量地向中心区拥，以致在某种程度上离中心城区远近成了评断人们生活地位的一根标尺。这是中国城市化独有的一种现象，西方国家的有钱人倒是更乐意住在城外。尽管"围城"模式弊病丛生，中国的城市化目前仍然在按照这种模式进行着，似乎除了这种模式别无选择。那么，能不能换一种思路呢？这里，我们可以分若干个层面来思考：

（一）解构城市概念。城市这一概念是与乡村相对立的。在现代社会，城乡差别在缩小，并趋向消失。先进的国家，已经没有了乡村与城市的区别。既然城乡的差别不存在，或将不存在，有什么必要坚持城市这一概念呢？

（二）解构全能城市。全能城市不仅是所管辖区域的政治中心，而且还是所管辖区域的经济中心、文化中心、教育中心。这样的城市由于集许多中心于一体，谋求不同利益的人们均向其拥去，自然造成城市巨大的生活压力，严重影响人们的生活质量。实际上，城市的功能不宜太集中。美国的首都华盛顿只是全国的政治中心，虽然城区不大，人口不多，生活质量却是绝对的一流。美国的亚拉巴马州首府蒙哥马利是一个历史文化名城，极清幽，也极美丽。如果就经济来说，它远不如这个州另一个城市伯明翰繁荣，但这一点也没有影响到它的魅力。各个城市，各美其美，互不攀比，因为各有特色，各有功能。

（三）解构街道意识。讲到城市，首先联想到的是街道。人们常去的店铺、机构均排在街道两边。这样既便于人们寻找，也便于一次办很多事。比如看了

677

电影，然后购物，最后再上邮政局。

但街道最大的缺点是造成交通紧张——塞车。古时没有汽车，街道是让人步行的，现在主要用来走车，自然不适应。中国城市的塞车之严重也许为世界之冠。

因此美国城市建设中的"分区"概念就显出其优势来——它将城市规划成一个个专业性较强的小区——做某类事，就到某个小区去。比如，娱乐区，只提供娱乐。在这里不能购物，购物要到别的区去。这样是不是一次办不了很多事了呢？也未必。因为城市的交通十分方便。由于人们不必挤在一条街上，塞车的现象自然就没有了。

（四）解构中心城区概念。中心的意义是多重的，有空间上的，也有功能上的。市中心通常综合二者，而以功能为主。所谓中心区，不同的时代其含义是不同的。中世纪，在欧洲一般是教会所在地。王权兴起的时候，一般是王宫所在地。工业社会，又将银行区、大商店所在地做成中心区。其实，正确的做法是淡化中心区，而强调多功能区。一个城市，有商业区，也有文化区、教育区、行政区、名胜区。这些区中，不一定有一个中心。它们都是重要的，在建设上不再重此轻彼，而能各具特色，这个城市就显得疏朗有致且张弛有度了。

（五）建构多元的城市规划理念。城市规划其实是可以有多种模式的，不宜恪守一种模式。过去的众星拱月模式虽然尚不能说全部抛弃，但至少不能成为唯一的模式，要根据不同的城市做出不同的城市规划来。

（六）建构社区群落的概念。我们现在讲的社区只是人们生活的一个小区，小区设立的居民委员会其功能重在服务。而社区群落实际上是一个个小城镇。这些小城镇不管是否承担重要社会功能，它们在生活设施上都是高度完善的。其中必须有一定的绿化带，有风景区，便于人们与自然相接触。各个社区之间交通应极为方便，那种环绕着中心城区的环线成了网状结构道路。"围城"没有了，有的是一片星罗棋布的小城镇。这种由小城镇构成的城市群在西方一些先进国家早就出现了，它越来越成为世界模仿的对象。也应该是中国城市化的未来。

四、突出"美学主导"的原则

城市建设是一个综合工程，这一点没有分歧，但是城市建设用什么去做指导，则是有不同看法的，这其中，政治主导说、经济主导说是最有影响的。而在笔者看来，城市建设宜以美学为主导。

第一，只有以美学为主导，才能从根本上解决城市建设的理念问题。美学属于哲学，处于人生观与世界观的层次。在环境建设中，作为美学分支的环境美学将环境美的本质定位于家园感，将环境看成是我们的家。只要确定了这一点，城市建设中的许多问题就都不难解决。

第二，只有以美学为主导，才能让城市的"生活"主题得到真正的实现。我们在上面谈到城市建设要突出"生活"主题。生活主题中，我们强调的是生活的质量。显然，这种主题的实现需要一定经济基础，也需要一定的政治条件。但是，这些条件只是实现乐居的必要条件，却不是充分条件，更不是唯一条件。而就美学来说，除开那种唯形式主义的美学，真正哲学意义的美学是将真、善、美看成一体的。真、善、美三者，美建立在真与善的基础之上，且涵盖真和善。因此，美学主导不仅不排除政治的良性干预和经济的良性支撑，而且还将两者的作用进行优质整合，以发挥更大的作用。

第三，只有以美学为主导，才能真正解决城市建设中保护生态与发展人文的矛盾，实现生态与人文的统一。严格来说，人文是对抗生态的。具体到城市，所有的市政工程都是人文，按其本质，它不可能不破坏生态，然而能不能让人文不仅不破坏生态，而且还构建生态，应该说是可能的。美国艺术家帕特丽夏·约翰松在这方面做了很好的尝试。"在旧金山，她的作品是一个下水道和一个可以使公众接近海水、为濒危物种提供栖息地的海滨大道。她的作品，吸引人们进入亚马逊雨林探幽览胜，净化了一条被污染的非洲河流。"① 她在韩

① ［加］卡菲·凯丽：《艺术与生存——帕特丽夏·约翰松的环境工程》，湖南科学技术出版社，2008年，第2页。

679

国首尔做了一个垃圾处理场，她将这个本来用于环保的工程做成了一个景观工程，命名为"千禧公园"。约翰松的经验归纳到一点，就是工程艺术化、艺术工程化。这里，实际上是两个革命：一是工程革命。工业社会的工程，以高功能、高效率为唯一追求，在审美上是很差的。约翰松将艺术引入工程，让工程不仅在科学上称得上精确，在功能和效率上称得上优秀，而且在景观上也称得上美，这确实是一场工程的革命。同样，艺术向来讲究的是美，它是非功利的，而约翰松却大声呼吁艺术的功能化。我们需要美化的生活，不仅是精神生活，而且还有物质生活，而物质生活的美化又不能不将艺术功能化。约翰松说："艺术家有着充沛的精力和开阔的视野，但在逼仄狭小并受着严密保护的艺术世界里，这些精力和视野却白白浪费掉了。现在我们不再需要尸位素餐的艺术。我们需要那种与人们密切相关的艺术，需要使艺术与社会及自然界发生功能性联系的机制。"①

约翰松坚信"艺术可以拯救地球"，② 她说的艺术就是那种能实现生态与人文相统一的艺术，他将这种艺术说成是"生存的艺术"。③ 所谓"生存的艺术"，就是以自然为模式的艺术，也就是生态的艺术。约翰松说："生物的生存之道正是环境艺术的蓝图。"④ 作为艺术，也是人文。这种行为效法自然，因而它又是生态的。

第四，只有以美学为主导，才能从根本上解决城市的个性魅力问题。审美的奥秘很大程度上在于审美对象的个性魅力，艺术作为审美的典型形式，自始至终将艺术典型的独创性问题、艺术家的个性问题、风格问题看作艺术美创造的关键。要将城市建成美的乐园，就一定要自觉地以美学为指导，按着艺术的基本原则来建设城市，将城市建设成一个精美的艺术品。如果能这样，城市也

① ［加］卡菲·凯丽：《艺术与生存——帕特丽夏·约翰松的环境工程》，第95页。

② ［加］卡菲·凯丽：《艺术与生存——帕特丽夏·约翰松的环境工程》，第2页。

③ ［加］卡菲·凯丽：《艺术与生存——帕特丽夏·约翰松的环境工程》，第86页。

④ ［加］卡菲·凯丽：《艺术与生存——帕特丽夏·约翰松的环境工程》，第100页。

就必然会像优秀的艺术作品一样焕发出个性魅力。

（刊于《郑州大学学报》2012 年第 1 期）

城市噪音的美学批判

⊙赵红梅

⊙湖北大学政治与公共管理学院

城市化是 21 世纪的必然走向。城市是我们的家，是都市人身体得以舒展、精神得以憩息的地方，是身体与精神的安居之所。它应该是宁静的、安详的，是充满诗意的乐居之地。但是如果从城市美学的角度审视现代都市，我们发现，城市不仅存在着"eyesore"（刺眼的东西），而且也存在着"earsore"（刺耳的东西）。城市噪音的存在，使作为身体与精神栖息地的城市环境在一定程度上遭到了破坏。特别是临近主干道的居民，他们的精、气、神不仅没有凝聚与加强，而且还在一定程度上被耗散与削弱。城市噪音作为"城市病"的一种，败坏着城市人的生活品质与幸福指数。如果说造型艺术是在说服我们，那么声音则直接使我们的心情欣然或抑郁、舒适或不安。为了凝聚人的精、气、神，使城市人成为生气灌注的和谐整体，本文从美学角度对城市噪音进行审视批判，并提出一定的化解办法。

一、城市噪音的美学批判

（一）反和谐。美学是关于美的欣赏与创造，即使现在的各种美学审丑，其最终目的也是为了达到美与人的身心和谐，即通过"丑的恶心"达至"美的追求"。与音乐相比，噪音具有反美学的性质。面对刺耳的噪音，人们甚至不能心平气和地与之对话，当然也就无所谓美学审视了。所以，至今很少有人从美学的角度对噪音进行评判。其实，噪音无处不在，它作为一种存在，究其本质就是音的不和谐，是和谐之声的颠覆，是音的动荡与不安、无序与杂乱。研究表明，悦耳之音在声级、频谱和节奏上都保持着平衡，而"频率混杂、主音和信号音不能被很好地区别的声景观则为低保真度，低保真度的声音在声级、频谱或者节奏三者中至少有一个或多个失去了平衡。这种不平衡往往会引起人的烦恼"[1]。物质性的噪音易使人的身体不适，并导致人心烦意乱（当然精神方面的噪音也会导致人身体与精神上的不和谐状态，但本文的切入点是物质性的噪音）。外在的噪与内在的"躁"相通。城市噪音不管是由何种原因引起的，它导致的结果就是不和谐。这种不和谐不仅是一种外在的物质之音的不和谐，而且也会引起主体内在的不和谐。毕竟外在世界与人这一小宇宙是统一于大宇宙这一整体的。事实证明，城市住房噪音影响人的睡眠、听力，敲打人的心脏，从而影响人的情绪。如果说音乐是音的和谐状态，宁静的音乐易使人沉静下来，能使人的灵魂得以净化与升腾，那么噪音则恰恰相反。噪音是声音的无节奏与杂乱状态，它易使人狂躁不安、失眠头痛甚至引发更为严重的身心疾病。音乐的原始要素是和谐的声音，它的本质是节奏。它具有一种凝聚力，具有一种神圣性，使人凝神；而噪音是一种耗散力，具有一种魔性，使人分神。前者使人身心和谐、引人飞升，后者使人身心分裂、坠于阴暗。

城市噪音不仅可能对个体造成身心伤害，而且也会使和谐社会的建设产生阻力。因为和谐社会的建设需要的是身心和谐的建设者，身心不和谐的人自身的环境建设都存在困难，也就没有精力来完成和谐社会环境的建设。因此，和谐的人需居住于和谐的环境中，我们可以通过声环境的优化为人身心和谐提供物质基础。

（二）反人性。人是有五官感觉的。五官感觉无高低贵贱之分。只不过传统美学家认为视听是更为纯粹的审美感官。当然，实践与理论之间又存在着一定的距离，特别是在城市建筑与规划中，人们又将审美感官节略为单纯的视

---

① 吴颖娇、张邦俊：《环境声学的新领域——声景观研究》，《科技通报》2004年第6期。

觉。谈到中小城市规划建设问题时，不少地方政府往往把大量的精力放到马路的拓宽、街道植被的种植、建筑的整齐美观等方面。如有的地方官员要求把临街房刷成统一的红色，有的官员则规定临街建筑的统一高度。大多数城市将其规划目标定为"绿化、美化"。这些规划目标不能说完全没有价值，但是其规划偏重"象"的设计，表现出一种视觉美的追捧和反生态、反人性的方向。建设形态决定人的生活方式，建什么样的城市，城市人就怎么样生活。城市建设重"形"，城市人也就重"形"。

其实，仅仅关注视觉的城市美化运动在国外早已遭到质疑。如今，生态立市、整体生态系统的和谐已成为国外城市规划的精神主旨。在他们看来，"城市是影响整个地球的人类文明的基石"。① 城市规划如一盘棋。不仅要关注"物"的排列组合，而且要关注"气"的流注贯通。"物"有"形"，"气"无"形"。"无中生有"，没有"无"，"有"难以独存。要盘活城市规划这盘棋，既要重"有"，也要重"无"。

也就是说，一个有生机、有特色、舒适而宜人的城市不能仅仅关注可观可触的"形"，也要关注可以用心体悟到的"无形"的存在。相对于视觉环境的众多实像来说，听觉环境就虚空多了。因为在听觉中感知到的东西不像线条、轮廓那样坐实，它不能像视觉环境中的那些实像一样来表现客观世界中的具体事物。

因此，城市建筑美的欣赏与营造不仅应尊重视觉，也应尊重听觉。不仅要关注视觉环境，也要关注听觉环境。不仅应注意创造具有视觉美的景观，也应创造出具有听觉美的景观。如此才能满足人全面的审美需要。因为"声音不仅是声学测定和频谱分析来导出的单纯物理量，而且是带有鲜明的个人感情色彩诸如喜恶、记忆、健康、心理等的社会文化存在"。② 如果城市的规划仅仅关注

---

① ［美］理查德·瑞吉斯特：《生态城市——建设与自然平衡的人居环境》，王如松、胡聃译，社会科学文献出版社，2009 年，第 1 页。

② 葛坚等：《城市景观中的声景观解析与设计》，《浙江大学学报》2004 年第 8 期。

视觉的舒适而忽略了声音上的宜人，这样的规划是不健全的、重形的，它必然陷入对色彩、大小、粗细的倚重而忽略了旋律、律动、节奏等更具内敛性的美。偏重人的视觉而轻视人的听觉，无形中凸显了眼睛的价值，而贬低了耳朵存在的意义。眼睛和耳朵之于人不仅是重要的审美感官，而且也是一个健全的人必备的身体器官。"有色彩的听觉"这一观念精要地说出了听觉与视觉的关系。"当人们在听德彪西的《大海》时，眼前就会出现大海，而在听《幽灵船》时，就会闻到大海的气息。"① 音乐可以描绘出给眼睛留下深刻印象的东西，并通过人的精神将耳朵与眼睛协调起来。过于倚重视觉环境的美化而遗漏声环境的优化，无形中将完整的人进行了"环境分割"，即通过"养眼损耳"的方式将人和谐的感官进行扬抑，甚至打压使之变形。

因此，声环境的优化不仅是必要的，而且也是必须的。关注声环境是在环境问题上尊重人的具体体现。尊重人首先就要尊重人的肉身，尊重人的五官感觉。只有尊重人的身心环境才是宜人的环境；只有能使人释放压力、身心俱安的环境才是尊重人的环境。当然，这种环境的营造也必然是建立在尊重万物的基础之上。

二、城市住房噪音的控制与化解

随着城市化步伐的加快，病态城市出现了。严重的城市污染损害着人们的视觉、听觉、嗅觉、触觉，并造成人们的不安与心理恐惧。美国人文地理学家段义孚曾在《无边的恐惧》一书中考究了城市恐惧的诸多因素，其中城市噪音名列其中。学者陆扬认为，大自然中的噪音对人还没有构成问题，人们甚至可以从中感受到一片宁静（如"鸟鸣山更幽"）。唯独城市噪音，人们不仅无法习惯，而且会紧张焦虑。据学者统计，"噪声污染与大气污染、水体污染和固体废弃物污染已成为当今社会的四大环境问题，直接影响到人们的正常生活和

---

① ［法］克洛德·列维-施特劳斯：《看·听·读》，顾嘉琛译，生活·读书·新知三联书店，1996 年，第 84 页。

身心健康"。^① 如今，前三类污染已引起环境治理者的注意，但是人们对噪音污染特别是城市噪音污染的防治重视是极为不够的。

城市噪音污染包括交通噪音、生活噪音等。"由于城市机动车拥有量迅速增加，城市道路建设速度跟不上机动车增长速度，主要交通干线的机动车流量已近饱和或超饱和状态。路面拥堵、机动车乱鸣笛现象的存在，使道路交通噪声仍是困扰城市声环境质量的重要因素。"^② 要打造宜人的城市环境，我们不能不关注噪音污染问题。因为控制与化解城市噪音与和谐社会环境的营造是休戚相关的，关注城市噪音是从主体知觉体验的角度关注居民与城市的共生关系。正如王柯平所指出的，一个城市"如果宜居程度高，审美愉悦感受强，就会构成一种主动性共存关系，继而会孕育亲和感和家园感，有益于提高幸福指数（譬如'旧国旧都，望而舒畅'）；如果宜居程度低，审美愉悦感受弱，就会形成一种被动型共存关系，由此会导致疏离感和异在感，自然会降低幸福指数（譬如'梁园虽好，此地不可久留'）"^③。可见，城市噪音的控制与化解与城市居民的幸福感、家园感密切相关，城市噪音的控制与化解是打造宜居、乐居城市的重要环节。

噪音控制专家认为，控制噪音不外乎从三个方面入手：一是从声源出发，利用技术降低声源的噪声发射功率；二是从声音的传播途径入手，使噪音与居住环境保持一定的距离，改变声源的辐射方向，利用吸声材料和吸声结构，将传播中的噪音由声能转变为热能等；三是从接受者出发，如佩戴护耳器、减少在噪声环境中的暴露时间等。

城市噪音也是环境美学家、社会生态学家关注的对象，他们主要是通过以

---

① 唐青山、陈卫华：《噪声对人体的影响》，《中国环境卫生》2001 年第 4 期。

② 许晶、肖金、廖岳华：《湖南省城市声环境质量状况与变化分析》，《四川环境》2010年第 5 期。

③ 王柯平：《特色为美的城建美学原则片议》，在"生态文明的美学思考"全国学术研讨会暨中华美学学会 2011 年年会上的讲话。

下方法对城市噪音进行化解的。

其一，城市居民可以通过"心脑不接法"，与城市噪音保持一定的心理距离，变物理的"隔"为心理的"隔"。看过王国维《人间词话》的学者，一般来说似乎更喜欢被评为具有"不隔"之感的诗。但是，在城市噪音的防治上，"隔"似乎更受青睐。通过心理上的"隔"，城市居民与噪音主动地保持一定的距离，从而在噪音的处理上占据一定的主动权。城市居民之所以被噪音扰得难以安眠，是因为他们的听觉神经被噪音牵动了。每天深夜，当噪音响起时，他们的听觉神经就会被刺激、被唤醒，久而久之，他们的听觉对噪音日益敏感。正是这种敏感培养着他们对噪音的条件反射。如此一来，必然恶性循环。如何才能突破噪音带来的这种恼人怪圈？方法之一就是保持一种心理上的"隔"——耳朵上的不倾听，心理上的"不参与"，与噪音保持"两行"状态，使噪音如山风过耳，不留痕迹。

其二，城市居民可以通过小宇宙和谐状态的保持与修炼，来对抗城市噪音的惊扰与渗透。无欲的婴儿是和谐的，寡欲的老者是豁达的，这两种人在面对噪音时承受力更强。唯独中年人压力最大。压力越大的人，越容易感受噪音，因为压力影响了人的心脑系统和免疫系统。不过，通过自我协调状态的训练与调整，人们能够大大缓解压力，从而更好地面对噪音。大卫·塞尔旺—施莱伯认为："与其无休止地尝试营造理想的外部环境，我们还不如从控制内在开始驾驭我们的生理机能。通过降低生理混乱，尽量提高协调性，我们自然会立即感觉好起来。我们会改善人际关系，加强注意力，改善我们的表现，并调整我们的底线。渐渐地，我们一直追求的理想环境就会自动出现。……只要我们驾驭自己的内在状态，就不太容易被外部世界发生的事情所支配。相反，我们会更好地掌握自己的世界。"确实如此，和谐的主体是化解噪音的关键。如果说，不和谐的主体置身于噪音的世界，外在的不和谐声音就会与内在的不和谐发生共鸣，外在的噪音就会因共鸣箱效应被放大。相反，和谐的主体置身于噪音的世界，噪音就会因为难以突破和谐主体的壁垒而绕行，噪音造成的伤害也就少得多。

依此来看，化解噪音，和谐主体的塑造要先行。和谐的主体不仅依赖于身体环境的优化与生理机能的协调（如气血运行的畅通、神经功能的协调等），而且也依赖于精神环境的优化。精神环境优化的途径之一即通过审美人的塑造，使主体从精神上实现对噪音的超越。席勒认为："只有审美的趣味能够给社会带来和谐，因为它把和谐建立在个人心中。"同样，一个审美状态的个人是内心和谐的自足主体，他能够直面噪音，并不受干扰。

其三，培养沟通意识与宽容精神，化解因生活方式的不同引起的城市噪音。城市不同于农村，房边即大道，隔壁即另一天地，城市住房虽是单门，但城市住房属于共享空间，因此需要更多的沟通与宽容。城市住房噪音本来是一种物理现象，但是由于沟通意识与宽容精神的欠缺，容易导致人与人之间的对立与仇视。其实，环境是大家的，宜人的环境需要每个人的努力与奉献。只要我们每个人心中有他人，大家一起来关注城市噪音，就能消除它带来的伤害。

城市噪音的化解不仅仅是物理噪音的防堵与控制，更不是制造一个无声的世界。事实上，消除一切声音的世界与震耳欲聋的世界一样可怕，因为它是死之"象"。没有生命、没有生机、没有活力的世界是寂寂无声的世界，如此无声的"冷酷仙境"同样令人恐惧。只有当我们通过与环境建立起主动性的共存关系，从被动的噪音治理转变为积极主动的令人身心俱安的声环境的创造与适应，我们才能在城市中安居安神。只有当城市成为健康的城市，城市才可能成为健康的人。同样，只有城市居民成为健康的人，城市才可能成为健康的城市。

（刊于《郑州大学学报》2012 年第 1 期）

花园·城市·自然

——环境美学理论的实践性运用

⊙［美］柯蒂斯·卡特

⊙马凯大学哲学系

一

城市美学及其所涉及的问题源于 1972 年在马凯大学召开的一次研讨会。这次研讨会邀请了费城城市规划师埃德蒙·N. 培根（Edmund Bacon）、曼哈顿罗斯福岛工程设计师之一约翰·约翰森（John M. Johansen），瑞典美学家泰迪·布鲁尼乌斯（Teddy Brunius）及建筑史学家、城市规划官员、街头艺术家和市民代表参加。研讨会的目的是让人们更好地理解城市美学，并启发城市规划官员们在制定城市规划政策时对美学因素的考虑。

培根的观点与他作为费城拆迁改造工程首席设计师的身份密不可分。他的经历向我们展示了在城市改造过程中宽阔的眼界、卓越的领导才能和丰富的行政资源所具有的重要作用。①

约翰森敏锐地看到了美学在城市设计中的重要性，他将先锋艺术与建筑设

----

① ［美］埃德蒙·N. 培根：《城市设计》，黄富厢、朱琪译，中国建筑工业出版社，2003 年。

计结合起来。① 他的这种理念在罗斯福岛重建工程中得到了体现。罗斯福岛位于纽约曼哈顿与皇后区之间的东河的中心，该岛原来的名字是维尔菲尔岛（Welfare Island），而更早之前它的名字则叫做布莱克威尔岛（Blackwell Island），是当时监狱、医院及疯人院的所在地。从 1969 年起，该岛被纽约州城市发展公司租赁，然后聘请约翰森和其他顶尖的美国建筑师（包括菲利普·约翰逊、路易斯·康及约瑟普·路易斯·赛特等）对该岛建筑进行设计，其主要目的是通过建造必要的城市设施，为城市的低、中、高收入人群提供一个居住场所，并为他们创造一个和谐的居住环境。从此该区域就成了一种全新的城市设计模式的代表，它不仅将不同的种族与文化结合在一起，还将土地的经济利用价值、高效的运输系统和其他必要的设施与城市生活的审美愉悦性联接了起来。

这次研讨会所提出的城市美学的主要观点就是将城市设计与美学价值结合起来，并以费城和罗斯福岛工程为例，展示了在城市发展设计中美学所起到的基础性作用。会后，我实施了一项名为"城市美学"的专题研究，让学生结合其从美学教科书中学到的理论和这次研讨会的主旨，走进密尔沃基市的各个区域，通过自己的采访、镜头来记录和考察这座城市。这个项目的目的是探寻城市环境的主要组成元素，并以此促进城市美学的发展。通过对行政人员、艺术家、建筑师、规划师和普通市民的访问，以及对影音和文档材料的整理，我们收集并总结了大量的资料，这些资料最大限度地综合了在城市美学研究中来自各个方面的观点。

为了对城市美学作更深入的研究，我在 1975 年来到希腊。这里矗立着许多古代城市遗迹，其中最为著名的是埃皮达鲁斯和德尔菲的古代剧场遗迹，以及延续了古希腊文化的雅典帕台农神庙遗迹。除此之外，还有奥林匹亚、科林斯及克里特和科孚岛上的那些古城市的遗迹。可以说，古代希腊城市中的这些

---

① John M.Johansen, *The Avant-garde in Architecture Today*, Arts in Society, 1995, Vol.3, pp.168 -178.

遗迹见证了这些古代城市所具有的美学价值。

随后，我到了日本去探寻其现代城市模式发展的进程，并且将日本作为东方城市美学发展的一个分支代表。我对日本的考察包括了第一手的观察资料，以及一路上与建筑家、美学家及城市设计师们的访谈交流。通过对东京、京都、长崎、广岛、日光、镰仓、奈良等城市及日本海岸偏远山区的考察，我有机会广泛地接触和感受到了日本城市中所蕴含的美学元素。通过对希腊和日本这些在历史中衰落又复兴的城市的考察，我发现在这些城市中，无论是其过去的还是现存的建筑，它们都共同建构了其文化的审美属性。

1976年5月31日至7月11日，在温哥华召开了联合国人居会议。这次会议广泛地综合了美学、经济学、政治学和自然科学关于人类生活质量的观点，涵盖了从美国印第安原住民到非洲、亚洲、欧洲及南美洲、北美洲等多元文化的视角。温哥华人居大会及其后的联合国人居论坛的目的是使政策制定者和各个地区的人们更好地理解城市环境，并为其发展中遇到的问题提供解决方案。

紧接着联合国人居大会，在美国科学促进学会和国家人文社科基金的共同赞助下，来自建筑、哲学、历史、经济、化学、心理学、社会学、数学、城市规划学和环境学等不同领域的十三名学者于1976年夏天在华盛顿展开了一项"美国价值与人居"的联合研究。在这项研究中，我作为美学和哲学领域的代表出席并主持了其中一个研究小组的工作。这个研究小组的任务是制定一套研究计划，设计制定未来人类环境将会出现的研究主题。当时，人类学家，也是研究组成员的玛格丽特·米德就指出，这些被制定出的主题所具有的普遍性和预见性是显而易见的，并且对这些将会出现的环境主题的制定并非意味着我们对环境问题的解决是徒劳的，而是表明我们对环境问题的理解是"螺旋上升的知识"过程中的一个环节，每一个这样的环节都将有助于加深我们对人类环境的理解。在美国价值与人居项目中，这些跨学科的研究主题包括居住地的形象，人口统计学对居住地形成的影响，个体、社会机构和居住地之间的关系，人权与人类居住地，以及不同价值观对人类居住形成的影响。

二

在当今关于环境美学的主流论者中，艾伦·卡尔松（Allen Carlson）令人信服地使人认为在环境美学这一领域中美学与科学是互补的。卡尔松坚持以自然和环境科学中对当前环境质量问题的探讨为基础，并认为以科学和美学互补的方式对自然的审美鉴赏是我们对自然理解的最好方式。[①]

与卡尔松的观点相反，诺埃尔·卡罗尔（Noel Carroll）则认为对自然的鉴赏"常常包括为自然所感动或者在情感上被自然唤醒。我们可能通过使自己接受它的刺激，并通过对其外观的关注而置身于特定的情感状态中，从而欣赏自然"。[②] 对于卡罗尔来说，对自然的审美经验并不基于由科学范畴所提供的认知知识。马尔科姆·巴德（Malcolm Budd）也持与卡罗尔相同的观点，他指出科学理论中关于自然的诸如秩序、规律和和谐这些价值概念，并不能转化在对环境的审美鉴赏中。[③]

阿诺德·柏林特（Arnold Berleant）通过对现象学的运用和基于非西方理论的视角，以参与美学的观念作为其环境美学的基础。柏林特的参与美学理论认为人存在的连续性与我们对自然的理解进程具有一致性，并且该理论还包括了社会学、政治学和我们日常生活的经验。[④]

这些关于自然美学的观点也得到了马尔科姆·巴德、格伦·帕森斯

---

① ［加］艾伦·卡尔松：《环境美学——自然、艺术与建筑的鉴赏》，杨平译，四川人民出版社，2006 年。

② ［美］诺埃尔·卡罗尔：《超越美学》，李媛媛译，商务印书馆，2006 年，第 592~593 页。

③ Allen Carlson and Shelia Lintott, *Nature, Aesthetics, and Environmentalism, From Beauty to Duty*, New York: Columbia University Press, 2008, pp.291-298.

④ ［美］阿诺德·柏林特：《生活在景观中——走向一种环境美学》，陈盼译，湖南科学技术出版社，2006 年，第 83~86 页。

（Glenn Parsons）、艾米利·布雷迪（Emily Brady）及其他研究者的关注和批评。① 在这些关于环境美学的探讨中，其主要的争论是自然的审美价值是内在的还是功能性的。基于我们先前的那些项目所获得的经验，以及对环境美学理论的综合，我认为在自然美学中，应该摒弃在内在价值和功能价值之间进行选择的研究路径。② 正如凯文·林奇（Kevin Lynch）在《城市意象》中所论述的："实用与审美的功能性是不可分割的。当感觉与认知被运用、延伸到实际的目的中时，审美经验才更为丰富和有意义。"③

其实，自然与城市中的环境，其审美价值既可以内在地丰富我们的生活经验，又可以从实际目的出发为生态问题提供解决方案。由此，自然和城市的审美生活经验跨越了内在价值和功能性价值的鸿沟。它所带来的愉悦既基于我们对优美风景或建筑艺术的审美鉴赏，也同时基于这些风景和建筑的生态环境价值及有利于城市整体环境构造这样的实际目的。

三

花园如何作为自然和城市环境间相关联的符号？为了弄清楚这个问题，我们需要对花园、自然和城市这三个概念进行分析。

---

① Glen Parsons, *Aesthetics and Nature*, London and New York: Continuum, 2008.

② Emily Brady, *Aesthetics of the Natural Environment*, Edinburgh: Edinburgh University Press, 2003.

③ Kevin Lynch, *A Theory of Go od City Form*, Cambridge & London: MIT Press, 1981, pp.104. 国内对此书的译著《城市形态》并未有此句翻译，但与之有相关的译文 "所有功能都立即向我们的感官开放，以帮助我们理解这个世界。因此，我们获得了实际能力并变得成熟起来。""感觉是重要的功能性的考虑，因为判断事物的能力、按时行动的能力、寻找出路和辨识标记的能力，都是我们所必需的。同时，它也是人们生活在令人愉悦的地方而获得情感上的满足的一个基本条件，因此人们以感觉敏锐为乐。"[美] 凯文·林奇：《城市形态》，林庆怡、陈朝晖、邓华译，华夏出版社，2001 年，第 102 页。

首先，每一个城市中各种各样的花园都构成其城市环境的重要组成部分。花园在这里的含义是为植物、花卉和其他自然物建立一个"展示、培育"的公共空间。花园是由土壤、树木、草、花及石头这些自然物质构造的。虽然斯蒂芬妮·罗斯（Stephanie Ross）和其他学者对花园进行了更加宽泛的定义，但在本文中我仅将植物和其他自然元素作为定义花园的主要因素①。当然在花园中，与这些自然元素并列的通常还包括一些既有娱乐性也有象征性的建造物，就像城市那样。花园是一个被建造起来的环境，它基于建造设计的规律和原则，以审美鉴赏为目的将各种自然元素置于一定的秩序之中。花园也是一个小的环境系统，它为欣赏者提供感官上的审美愉悦。同时花园作为城市的一部分，也具有丰富我们生活经验的功能性用途，比如，花园是城市空间构造设计的重要元素，它使城市环境对其居民和游览者更具吸引性。花园与公园并不相同，虽然花园中包含了某些公园的元素，但是花园比公园具有更多样性的用途，比如在其中可以建造纪念碑、操场和游泳池等设施，使人消遣娱乐。

　　其次，自然也是一个比较宽泛的概念。比如，流行的观念说自然是一种独特的视觉风景，是由山脉、森林湖泊等自然元素构成的。在这一观念中，自然的定义主要是由其视觉特征决定的，因此人们认为自然的美学价值类似于我们对一幅画所进行审美鉴赏那样体现出来。这种关于自然的观点因没有分清对自然和艺术的审美鉴赏而受到批判，并且这种观点也没有看到自然在审美鉴赏中和在人的生存中所具有的生态学意义。因此在自然科学和环境科学的影响下，当前的自然美学理论从更广泛的意义来界定对自然的审美鉴赏，并且在"自然进化"和介入了人类活动的"自然景观"中，对自然的理解也变得更加复杂。

　　城市是自然的一个特定空间。城市建构了一个代表人类价值和兴趣的环境，它的规模由人口的密度所决定，并具有经济、政治和文化发展的功能。城市的可视性为人们的审美鉴赏提供了大量的图像，我们通过在城市空间中的积极参与获得了审美经验，并且在某种程度上，这种积极的参与也打破了在视觉

_____

① Stephanie Ross, *What Gardens Mean*, Chicago: University of Chicago Press, 1998.

上对城市审美的限制，城市中的建筑、商业、政府、制造工业、交通和文化生活都为审美参与提供了可能性。随着城市环境的不断变化和发展，正如阿诺德·柏林特所论述的那样，我们对城市的关注和其对人的影响贯穿了整个历史并将继续延续下去①。

基于上述理解，我在本文中将花园作为一种文化建造物进行检视，它是自然美学与城市美学间的一座桥梁。对花园历史进程的观察可以看到在全球范围内花园与城市是同时出现和共同发展的。比如在埃及、美索不达米亚、克里特、墨西哥、中国、日本、非洲及西欧和美洲，花园已经存在数个世纪之久，并且花园是现代城市不可或缺的组成部分。从历史上看有这样几种重要的花园类型：与皇家宫殿相连接的花园、寺庙或修道院中的附属花园、专为凝神哲思而建的禅宗花园、纽约中央公园那样的公共花园及开罗的现代城市花园——这种花园不仅为贫穷者提供社会救济，而且还具有促进社交活动和提高人的生命健康的功能。此外，还有为审美和科学研究保存和提供稀有物种的植物园——截至目前，在全球 150 个国家中有超过 1800 个这样的植物园。

为了观察花园是如何作为审美鉴赏的对象，我将西方 16 世纪至 19 世纪的花园与那些代表不同哲学思想和文化价值的中国花园，以及与此相关的不同的景观设计进行比较研究。在这些中西方的花园中都有天然的树木、花卉、草坪、喷泉、池塘和山石，有一些还有雕塑、亭阁、桥梁和与这些建筑物相匹配的工程系统。花园中所有这些元素都是根据其相对应的风景而被精心安排的。

欧洲的花园，如法国巴黎凡尔赛宫中的花园，其设计风格是以中心线为标准，对花园进行对称分布性的设计。也许是基于从毕达哥拉斯到笛卡尔理性哲学传统的原因，欧洲花园都以几何学的对称性为基础设计安排花园中的各种元素。这种类型的花园强调和谐和平衡的审美价值，甚至连植物所具有的原始的自然生命力也经过人为的裁剪以此来符合花园的整体设计。

---

① Arnold Berleant, *Aesthetics Beyond the Arts*, England & Burlington: Ashgate Publishing Co. Press, 2012, pp.125-148.

在中国北京、上海及徐州、南京和扬州这些城市中，花园已成为城市重要的组成部分。中国的花园类型经历了三千多年的演变发展，与以规则的几何型花园设计相反，传统的中国园林设计更倾向于非规则的、自然的设计样式，因此在这些园林中，设计师们的意图被尽可能多地隐藏了起来。尽管在不同的园林中有着许多相同的自然和人造的元素，但是每一种元素都在其所处的环境之中具有不同的形式和意义。像假山和水这样的自然元素，在中国园林中是为了使人更加亲近地体验大自然中的山林与溪流。并且在中国园林中，植物也具有丰富的象征意义，例如竹子象征正直与坚毅，松树象征长寿与挺拔，而荷花则象征纯洁与清廉。

也许深受中国传统士大夫的影响，园林设计中对自然的强调与道教、佛教中的禅学思想紧密相连。道教与佛教都将自然作为逃离尘世的居所和一种慰藉精神的形式。[①]

因受到中国园林的影响，日本的传统园林始于 10 至 12 世纪。其中稀疏的树木、鲜艳的花朵、落叶植物和池塘中间小岛上小山状的土丘都是日本园林的标志性元素，一两座或多座小桥将池塘中的小岛与岸边连接。并且需要注意的是，始于 14 世纪和 15 世纪京都的园林，其建造的目的是使人在其中进行禅思。例如位于京都西园寺中的禅宗园林，就使用了大量的稀疏错落的、简洁抽象的石头象征大自然中的山。

至此我们所提到的城市花园，都是被作为一种审美对象而对待的，即通过我们身心参与到环境之中而获得的一种审美对象。然而，这些花园还有另外一些重要的用途，如它们可以提高城市的文化实力，吸引游客和提高居民的生活质量甚至经济的发展。并且从另一个层面上看，花园还起到了对市民的教育作用，它为人们提供了植物、动物等关于大自然的知识。

现代城市花园还具有提高城市居民生活质量这样一些功能。例如艾资哈尔

---

① 关于中国园林的介绍参见《自然的深思：中国园林与日本园林》，[美]伊丽莎白·巴洛·罗杰斯著，载《世界景观设计Ⅱ》，韩炳越等译，中国林业出版社，2005 年。

公园花园，是由参与了开罗阿尔艾哈迈尔旧区改造项目的阿加汗项目基金投资修建的①，其目的是为埃及的这片改造区的穷人提供医疗和教育的帮助。另一个将社会公共职能纳入花园之中的是科亚花园公园项目。这个项目致力于在全球第三世界国家中建立公共花园，为穷人和无家可归的人们提供社会救助。这两个花园项目都使用了花园这一理念来为人们提供社交活动和改善人们的生活质量。这两个项目说明了作为审美对象的花园，其审美性不仅是一种内在的价值，也具有外在的、实际的功能性。在这些例子中，我们看到审美活动是在促进人类生活幸福的过程中实现的。

通过对不同文化和不同城市环境中花园的简单考察，可以看到花园对于城市环境来说是必不可少的。将自然的元素和人为建造的元素结合起来，构成城市生活的一部分。甚至是那些城市中仅仅表达个体情感和体现个体创造性的私人花园，也不可避免地让人们驻足欣赏，由此这些私人花园亦丰富了人们的城市生活。

四

在《艺术语言》中，古德曼将艺术的符号性功能比作语言②。他丰富的艺术符号理论可以被用来阐释花园如何作为自然与城市间的一种符号，而对其论证的基础理论就是例证。例证是三种主要的象征形式中的一种，它被用来解释艺术如何具有符号的功能性。例证与再现或表现不同，它是指符号与被指示物之间的关系。在本文中，例证就是指花园与城市、自然之间的关联性。在这里

---

① 在一些情况下，"花园"和"公园"两个词义间的区别变得十分模糊，尤其当"公园"一词包含了"花园"所指示的要素。例如在艾资哈尔公园和科亚花园公园，它们既是花园但也具有公园所具有的社会功能，这也正是纽约中央公园的核心特征。

② ［美］尼尔森·古德曼：《艺术语言》，褚朔维译，光明日报出版社，1990年，第64~77页。

符号既例证了其符号本身的特征，又例证了其所指。① 像这些例证的符号既需要其本身具有被例证对象的文字性特征，又需要具备一套象征规则，即从被象征的对象（自然、城市）向符号（花园）生成的规则系统。在古德曼的审美符号理论中，例证也是一种审美征候，它将论证花园可以作为一种审美象征形式。

文字性的例证在花园与自然之间发生的基础是它们都包含了树木、鲜花、石头与水。例如在中国园林中，富含生机和具有灵动形式的石头例证了自然中的大山，园林中的池塘则指称了自然风景中平静的湖水。与此相类似，通过花园与城市里的亭榭和其他建筑间的交相辉映，例证也发生在花园与城市之间。花园也同样例证了自然与城市两者间所共有的特征。例如园林中的桥连接着被溪水和河流分割开来的不同部分，而在自然与城市之中，桥也是被建造起来用以连接被自然分割开的部分。在这个例子中，自然与城市中的桥都表现出了人对自然的主观设计和改造，而花园也表现出了这种特征。从另一层面看，花园也例证了在自然与城市中存在的生长、成熟与腐烂的循环周期。

将花园作为一种符号来理解自然、城市之间的联系，这个论断还借助了隐喻理论。对于古德曼来说，表现是一种隐喻性的例证。基于这一论断，我将隐喻理解为一种概念化的过程。在这一过程中"相似的意图被隐晦地运用到新的场景之中，或在旧的场景中以一种新的方式出现"。② 回到我们以上所举的例子中，花园中那些生长、成熟和腐烂正是这样一种隐喻，它表现出了在自然与城市中都共同存在的这一自然循环。

可以看到在一些情况中，花园也是一件艺术品，由此以隐喻性的方式而非文字性的指称方式可以将花园作为这样一种更为恰当的符号，这种符号更适合

---

① Nelson Goodman and Catherine Elgin, *Reconceptions in Philosophy and Other Arts and Sciences*, Indianapolis, Cambridge: Hackett Publishing Company, 1988, p.19.

② Nelson Goodman and Catherine Elgin, *Reconceptions in Philosophy and Other Arts and Sciences*, Indianapolis, Cambridge: Hackett Publishing Company, 1988, p.19.

阐释花园作为艺术品的审美性特征。在这些例子中，花园中那些文字性的指称被转化为充盈的审美隐喻，它们使我们能够轻易地超越文字性的关联去抓住自然与城市之间的联系。

对花园进行隐喻性的理解，使得花园例证出了诸如"自然美""形式美""愉悦"这些传统的美学价值，以及其他诸如"和谐""平衡""优雅"这些独特的审美特征，这些审美特征是美学家们附加在对自然和城市的审美过程中的。当我们畅游在花园的空间里时，隐喻使我们能够抓住审美情感与感官经验中的内在本质，甚至是审美经验中那些想象性的反思。最终，我们在这些环境中的审美体验，以及这些审美特征都不再是一种文字性的或"客体性"的了。

至此，花园作为符号，通过对自然或城市环境的例证，使自然与城市的特征凸显出来并证明了它们之间的关联。这些特征能够在城市或自然中被直接地认识，或被隐喻地运用到城市与自然之中。例如，在柏林犹太博物馆的花园中有来自世界各国的犹太人大屠杀幸存者种植的植物，并且花园的地面是不平坦的，以至于找不到一个可以站稳脚的地方。由此，花园里无法驻足的地面和根植于其上的植物是对犹太人经历的一种隐喻，是对犹太人大屠杀幸存者所种的植物文字性的例证所作的隐喻性的运用。

墨西哥的瓦哈卡民族植物园，既例证了对风景的自然性指称，又对其历史与地域的文化性指称进行了例证。这座花园位于一座 16 世纪的圣多明戈修道院前，花园里的植物由低到高连绵起伏，并且整个花园轮廓的设计是为了象征该地区在一千年以前就进行植物种植这一悠久的历史。花园里遍布由人类学家挑选的植物，它们包括霸王树、管风琴仙人掌及其他来自该地区的植物。这些植物使人联想到那一片仙人掌与蛇共存的自然景象——"密布的鲜花和荆棘，干燥的空气和那带来潮湿的飓风"（巴勃罗·聂鲁达）。花园喷泉中的水被从当地特有的白色寄生虫体内挤出的血染红，它既意喻古老的萨巴特克血祭仪式，也意喻墨西哥在殖民统治下的流血牺牲。①

---

① Edward Rothstein, *The Past Has a Presence Here*, New York Times, June 15, 2012.

在花园例证自然、城市的特征过程中，我们不能预设已经存在一套建构起来的符号系统，就像那些业已存在的语言或与语言相似的系统。可以认为在理解自然与城市的关系中，花园作为一种符号，其指称"系统"是基于我们的经验。经验在这里包括了建造花园的知识，花园发展的历史和花园与自然、城市间所具有的那些共同特征。

花园作为一种符号形式，其指称性的运用类似于基于我们理解一幅画时所基于的图像能力，而不是基于语义和语法系统规则的语言能力。因为从某种程度上说，我们对花园的经验受到视觉和知觉的巨大影响。但是，对花园经验的审美鉴赏并不像欣赏一幅画或其他视觉性的艺术品那样，它需要调动除味觉以外的所有的感官能力。正如凯瑟琳·埃尔金（Catherine Elgin）所描述的那样："我们听到鸟和昆虫的鸣叫，我们闻到花与落叶的味道，我们感觉着脚下的土地。"[1]

通过对花园的解读来理解自然或城市的环境，这需要我们将丰富的经验和知识与它们紧密连接起来。花园作为自然与城市间的符号，其最重要的基础是符号（花园）和所指（自然、城市）间存在的"自然的"关系，这种关系基于它们间共同的特征，如来自大自然的树木、石头和水，以及由人的心灵和活动所设计创造出的楼阁建筑、桥和雕塑。将花园阐释为与自然和城市间相关联的符号也是基于一系列复杂的经验，这些经验是在我们每天与自然、城市的碰面中，通过视觉、听觉和其他感官活动获得的，并且这些经验还包括我们从历史、科学、哲学与美学中所获得的知识。

对花园进行定义、比较和阐释的基础并非是一个抽象的符号系统，相反，它们是全世界所有城市花园都最为具体、本质的主体组成部分。每一座花园都引起我们对自然及与其所在城市环境相关联的文化的关注，在此，花园是自然与城市特征的一种样本，而不是对自然与城市的叙述或描绘，这就是花园与自然、城市间的符号关系。

---

[1] Catherine Elgin, *Letter commenting on an earlier draft*, June 14, 2012.

古德曼指出符号的"正确性"和有效性是基于我们希望符号所要象征的是什么。不同的符号遵循不同的标准规则，在此我们的目的是试图理解自然与城市的审美特征，所以我们注重的是这一主题中符号的审美特征。在任何情况中，对符号价值的衡量在于它对我们感知的激发能力，以及提高我们认识事物的能力。因此，那些各式各样的，指称一系列自然与城市结构模式的花园最能激发、丰富我们对城市和自然的理解。

然而，仅仅出于理论的新颖性而简单地引入符号理论是不够的，我们对符号的引入应该具有其自身价值。由此在对自然与城市进行概念定义的过程中，其中一个任务就是将自然与城市中那些丰富的图像与自然和城市的特征统一起来。花园就是这样一种包含了自然与城市各方面特征的鲜活的符号，在自然和城市的环境中，它比通过语言或图画的手段更容易触及我们的感知和加深我们的认识。

译者：杨一博，西南政法大学

（刊于《郑州大学学报》2013 年第 4 期）

环境审美的共识与冲突

——从我国重大建设项目的美学激辩谈起

⊙刘永涛
⊙东南大学艺术学院

随着经济社会的快速发展和我国城市化进程的不断加快，我国城乡社会面貌发生了巨大变化，城乡居民对优美生产生活环境的美好期望和诗意化生存诉求不断提升，"美丽中国"已经成为承载和实现"中国梦"的重要内容和表现形式。在社会转型、文化多元的当下语境中，人们对于改造环境、美化环境在美学层面也呈现出一定的认识分歧，在一些重大建设项目中甚至还有激烈的话语碰撞、交锋与冲突。

一、我国重大建设项目中环境审美的碰撞与交锋

重大的、标志性的建设项目是城市建设和环境美化的重点，往往会对环境美学、建筑美学提出较高的要求，以其特质性的美感成为一座城市的亮点和名片。分析研究其建设过程中的美学要求、美学争辩，是当下研究环境审美的重要视角。

1. 标志性和重大建设项目的美学要求

我国城镇化率由 1978 年的 17. 92% 发展到 2012 年的 52. 57%，已进入城市化加速发展阶段。在日新月异的城市化建设中，越来越多的建筑作为经营城市的手段和"名片"，预算一个比一个庞大，人们对重大建设项目的美学价值、与城市协调性等方面的要求也越来越高。如国家大剧院、北京奥运主体育场、

央视新大楼等国家层面的重大建设项目都进行了全球性的设计竞赛。国家大剧院全球设计竞赛开始前，评委会就提出了"三条美学要求"：一看就是一个剧院，一看就是中国的大剧院，一看就是天安门附近的大剧院。北京西客站的设计中，设计者在总体上运用了我国古建的最高制式——大式建筑配以黄色为主的琉璃瓦面，在建筑组合上采取了主楼——左右配楼、主殿——左右配殿、主亭——左右配亭的对称形式，吸取了我国古代高台楼阙的建筑手法。"高高踞上的仿古建筑的金顶玉栏、银灰腰线、彩画牌楼犹如李白笔下的'天上宫阙'"，这样的设计使西客站充满了浓郁的民族风格，表现出庄重雄浑的气派。由赫尔佐格、德梅隆设计的北京奥运会主体育场，其外观如同树枝织成的鸟巢，透明的膜材料覆盖着灰色的钢网，中间包含一个土红色的碗状看台，设计者诗意地把其形容为一个有着菱花隔断和冰花纹的中国瓷器。除了这些项目，位于杭州的中国动漫博物馆、杭州大剧院，广东博物馆，广州歌剧院，内蒙古大剧院及博物馆，贵州省博物馆，湖南省博物馆等省级和省会城市文化设施，甚至像无锡市大剧院、襄樊市博物馆这样的地市级建设项目，也普遍举行了全球性的设计竞赛，这些项目中标的方案一次又一次颠覆着人们的视觉想象力。这些重大建设项目以其国际化、多元化的美学理念和艺术性、颠覆性的外在形态，以及巨大的社会影响力，对全社会环境审美的认知力和判断力产生了重要影响。

2. 标志性和重大建设项目中的美学激辩

由于重大建设项目的公益性、社会影响力和设计竞赛招标等因素，在公民意识提升、信息资讯和信息媒介越来越便捷的情况下，重大建设项目的公众关注度进一步提升。我国一些重大建设项目在规划、设计、施工、装饰等过程中，出现过不同程度的美学争辩，集中反映了人们在环境审美方面的认识和态度。北京西客站曾被评为"北京十大新地标"，其环境设计、交通组织设计、时代精神和主体的协调等为其赢得了赞誉，但专业的批评也不绝于耳，如著名建筑设计师张开济尖锐地批评北京西客站的设计"和现代的设计思想是背道而驰的"。国家大剧院也陷溺于舆论旋涡，吴良镛、张开济等一大批国内知名专

703

家和国内外的媒体都对国家大剧院给予了高度关注。支持者把安德鲁设计的方案形象地比喻为"一滴晶莹的水珠""蛋壳",认为国家大剧院"内涵丰富、意境含蓄",独特而有创造力,充满诗意和浪漫。反对者则认为其在文化形象上"太具侵略性",在功能和安全上"违反常规功能",不无戏虐地将其称为"粪团"。2000年6月,49位两院院士,100余名知名建筑师、规划师及工程师分别联名上书中央,迫切要求有关方面慎重考虑、重新论证乃至撤销安德鲁的"世纪之蛋"方案,以至于大剧院暂时停工又重新进行了可行性评估。2008年北京奥运会主体育场"鸟巢"中标后,被誉为展现东方含蓄美学,具有很强的震撼力和视觉冲击力。"没有任何多余的处理,一切因其功能而产生形象,建筑形式与结构细部自然统一。"① 但争议一直连绵不绝,2004年6、7月份,中国工程院土木、水利、建筑学部全体院士上书国务院,直陈"鸟巢"求大、求新、求洋而带来的安全隐患和浪费问题。有建筑专业的院士毫不客气地指出,对于"鸟巢"方案只有买断原方案,推翻重来才是上策。荷兰设计师库哈斯设计的央视新大楼方案被人赞为"对于北京的意义,将不亚于埃菲尔铁塔对于巴黎的意义"。② 但其奇特的造型为其带来了"大裤衩""斜跨""雄起""大麻花""高空对吻"等一系列"绰号",尤其是"大裤衩"迅速成为这个地标建筑的代名词,甚至有人批评"大楼的造型,酷似一个屈膝跪者,简直一座文化自卑者造像"。在我国重大建设项目中,诸如此类的激烈争辩并不罕见,其中以环境设计和建筑设计为核心的美学激辩成为重要内容,对我国的环境美学实践产生了深远影响。

① 王军:《鸟巢=里程碑? 北京奥运会主体育场重点实施方案遇争议》,新华每日电讯,2003-04-02。

② 李志军、陈晓培:《2002年上海双年展·国际论坛热点交锋,CCTV新大楼弥漫争议硝烟》,《生活周刊》2002-11-28。

二、社会转型期的环境审美：日常生活中的分歧与冲突

自然环境和社会环境构成了人赖以生存和发展的基础，人通过能动作用改造环境，使之更加适应人的生存。随着社会进步，人对环境美的要求愈来愈高，不仅满足于生存，而且要满足更高层次、更高境界的诗意化生存。在人改造环境、美化环境的过程中，环境审美已经融化为人们的日常生活。由于对美的认识不同，导致了环境审美的分歧与冲突。

1. 谁在制造环境审美的分歧与冲突

一是专家在主流媒介上渲染分歧。"在日益专业化的现代社会，专业话语已经形成了一种权力话语。""在专家面前，我们往往如同任人宰割的羔羊，完全失去了自主权。"① 当今社会进步的一个重要特点就是生产方式科技化日臻提高、专业化日益加深、社会分工越来越细，对某一领域具有精深研究和较高造诣的专家理所当然在该领域拥有话语权。虽然各种产品的自动化程度和智能化程度不断提高，但人们在生产生活中越来越需要聆听和依赖专家的见解和解决方案。环境美学领域也是如此。人们可以对美有特异性的感受，但无论是建筑规划还是环境设计，显然都依赖于专业知识。因此，建筑、规划、美学、工程等领域的专家对重大建设项目环境美学的意见至关重要。但是，在一些重大建设项目中，国内一批顶尖级的专家占据了主流媒体，以超越学术讨论的姿态和强度，争论不休、意见相悖，造成强大的舆论传播影响力。例如，在关于国家大剧院的争论中，《建筑学报》等专业媒体及《读书》《瞭望》《人民日报》《光明日报》等几乎全国重要的媒体都介入争鸣中，专家们争得面红耳赤甚至势不两立，普通民众却无所适从、倍感错愕。什么是美的，什么是对的，这些基本的价值判断变得模棱两可。

二是官员在实践场域制造分歧。近年来，以大尺度、大广场、大马路、大

---

① 张云龙：《交往与共识何以可能——论哈贝马斯与后现代主义的争论》，《江苏社会科学》2009 年第 6 期。

草坪和高楼大厦为标志的城市化建设具有强大的生命力和辐射力，日益成为一种美学标准和建设模板不断被复制和扩大。以鄂尔多斯为例，自2003年启动了轰轰烈烈的"造城"运动，建造起现代化的博物馆、图书馆及大剧院，有些道路的绿化带种植了引自东北和云南的名贵树种，立志打造为东方"迪拜"。在鄂尔多斯的一片沙漠地带，鄂尔多斯"100项目"则发起了国际建筑史上一次罕见的建筑师集群设计，来自29个国家和地区的100位著名建筑师进行了令人耳目一新的建筑设计，被形容为"心理与社会的试验"。与此同时，在这种环境美学影响下，国内众多城市实施了大规模的旧城改造和拆迁，"短命建筑"不断刷新纪录，沈阳五里河体育场仅使用了18年，青岛昔日的标志性建筑之一铁道大厦仅使用了15年，浙江大学湖滨校区教学主楼仅使用了13年。2008年，某地级市决定要使城市面貌"三年大变样"，对旧城进行了强势拆迁，当地媒体不无赞誉地形容为"大规模、大范围、大手笔且势如破竹的建设热潮""一场以大拆促大建，以大建促大变的暴风骤雨式'城市革命'拉开了序幕""一座古老的城市将焕发新的生机"，这样的建设模式、建设速度在全国各地被广泛移植和应用。由于社会发展不平衡，城市和城市之间甚至是城市内部发展也并不平衡，城镇化以令人惊讶的发展速度与"慢城生活""旧城保护"进行着博弈，在实践层面制造出关于环境审美的冲突与分歧。

三是民众在跟随适应中扩散分歧。经济社会的高速发展，深刻地改变了中国的城乡面貌，城镇化承载和传播的环境美学理念，以其巨大的操控力和影响力在民众层面制造出跟随、适应效应。无论是在城市还是乡村，人们对待环境的态度和城市化扩张的速度已经和世界越来越同步。1990年代中后期，当住房消费逐渐成为人们的消费内容时，社会上出现了"装修热"，装修的风格倾向和审美取向明显与宾馆酒店的装修风格相似，时代特征十分鲜明。在农村地区，出现了"视觉颠覆过程中装饰风格的低俗化"倾向，城市里花枝招展的各种张贴广告在乡土环境里随处可见，农村新建的民居外墙大多采用瓷片进行装修，造成"瓷砖污染"，即使是在木版年画之乡朱仙镇，烧制的瓷砖对联早已取代木版年画。尤其是在新农村建设和新型农村社区建设的推进下，乡土建筑城市化成为明显的发展趋势。这种自觉和不自觉的跟随、适应行为使传统的环境审美观悄然裂变，滋长着美学层面的分歧。

2. 产生环境审美分歧与冲突的原因

一是社会转型期和城镇化加速阶段的发展导向。中国正处在从传统社会向现代社会转型的历史时期。郑杭生认为，中国的社会转型包含着丰富的内容，意味着从农业向工业、从乡村向城镇、从封闭的半封闭的传统型社会向开放的、现代型社会转型。我国三十多年的改革开放，使工业化、城市化社会化的步伐大大加快，使原有的社会结构发生了深刻变化。金钱并非万能，但"效率"是社会转型期一个重要的社会导向，经济规模和增长速度是衡量地方政府业绩和领导发展能力的重要评价指标。在这种情况下，城镇化加速推进，资源配置向权力和资本集中，发达地区的经验和高收入群体的生活方式成为欠发达地区和中低收入群体追逐的目标。在经济全球化的背景下，产品、技术、资本、信息等呈现出大规模、高频率的跨国交换和流动，在这个过程中体现出的对环境审美的经验和认知，在国内经由"发达地区—欠发达地区"的路径进行传导和扩散，给人们的生产生活方式带来深刻影响。正是由于社会转型期的原因，不同的收入、爱好、个性和品位，对环境审美的认知和感受呈现出复杂的一面。例如苏南地区，早在 20 世纪 80 年代，"小洋楼"就成为许多农户家庭致富的象征。随着时间的推移，人们的环境审美观念逐渐发生变化，导致从整体上陷入了"建了拆、拆了建、建了再拆、拆了再建"的怪圈，原有的美学生态和居住环境不断被推翻、更新、否认，折腾来折腾去，最终换来的并非理想化的生态环境。

二是乡土式微、大众消费崛起背景下传统美学的异化。中国的传统文化深深植根于农耕文明，正如梁漱溟所说，中国的文化"多半是从乡村而来，又为乡村而设"。[①] 在工业文明"制度轴"的作用和盲目学习西方模式的双重作用下，"百姓日常生活中的各种礼仪习俗，由于知识分子阶层对自然科学法则的

---

① 梁漱溟：《梁漱溟全集》（第二卷），山东人民出版社，2005 年，第 150 页。

迷信和国家政治力量推行的一系列'移风易俗'的举措，已发生了巨大的变化"①。大量的农民工如同迁徙的候鸟一般在城市和乡村之间进行着身份转换，许多新生代农民工从心理到生理上都已经适应了城市生活方式，乡村的记忆和经验逐渐被边缘化甚至已相当隔膜。与此同时，经济的高速发展使中国成为全球第二大经济体，成为世界第一汽车产销大国，成为奢侈品消费大国。中国已经从整体上处于宽裕到小康的居民消费阶段，大众消费已经初见端倪。令人眼花缭乱的消费品、丰富多彩的服务萦绕和包围着人们的社会生活空间，欧美社会的审美经验、文化观念和社会价值，冲击着逐渐式微的乡土文明。当集体无意识的根基和环境发生了变化，中国的环境审美势必会在传统和现代之间产生重大变化。"我们现在是处在一个追求奇特的阶段和异常的阶段，一时之间忘记了脚下的土地和脚下的文化。必须重新认识我们的土地是美的，我们的稻田是美的。必须回到寻常和自然的状态。"②

三是重大建设项目中的环境因素成为利益寻租场域。随着城镇化进程的加快，一大批重大建设项目不断实施，成为经济增长和增加财政收入的重要支撑。很多重大建设项目对国际化效果的追求，势必以巨大的预算开支为依托。我国规定大型建筑设计费不超过总造价的 3% 和 4%，实际上，一些项目的设计费都远超这个比例。据媒体透露，国内一重大建设项目的设计费竟然占总造价的 11%。在一些重大建设项目的激烈争论中，一些对中标的方案持激烈反对意见的，实际上也参加了设计竞赛，但没有中标，这样的反对、批判和辩驳难免有利益之争的嫌疑。"失去公众的真正认同和服从，公共权威就会成为无源之水，甚至会出现权威危机，在此情况下达成的共识即成为虚假。"③ 当环境设

---

① 陈春声：《乡村的文化传统与礼仪重建》，载《乡土中国与文化自觉》，生活·读书·新知三联书店，2007 年，第 188 页。

② 俞孔坚：《美化城市还是破坏城市?》，《美术观察》2005 年第 2 期。

③ 陈仕平：《对达成社会价值共识路径的反思》，《华中科技大学学报》（社科版）2009年第 1 期。

计成为巨大利益蛋糕的有机组成部分，环境审美的冲突和分歧就在所难免。

三、文化自觉和规则意识：环境审美共识凝聚和生成的关键

在中国社会转型期的背景下，人们出于不同的知识经验和美感体验，对环境审美进行争论、探讨，出现分歧和冲突是一种正常的社会现象。但不容忽视的是，这种冲突和分歧有时过于随意、感性、相互排斥，加剧矛盾、割裂情感，原本一些基本的常识、判断和命题变得含糊不清。"如果社会更多跟随交往和对话的理想，即人们更多倾向于达成共识，那么个人和集体都生活得更好。"[1] 因此，有必要重建和凝聚环境审美共识。

1. 为何要促进环境审美共识

一是建设和谐社会、促成社会共识的历史需要。当前，我国正处在全面建设小康社会的关键历史时期，全面深化和推进各个领域的改革十分迫切，资源的整合、利益的调整都不可避免地促使社会矛盾多发、易发、频发和复杂化，和谐社会建设面临着繁重的任务。和谐社会的重要内涵包括人与人的和谐、人与自然的和谐，以及人与社会的和谐，和谐必然建立在共识的基础之上，有共识才能达成和谐。由于美本身的多义性和认识主体的局限性，人们对环境审美的认识也各不相同。同时，美又体现为民族性的集体无意识，在中华民族几千年来对环境的积极改造中，积淀和升华出了独特的民族审美心理。环境生态既包括个体的生存空间，也包括集体和民族的生存空间，与每个人的生活质量息息相关，社会关注度高。近年来，我国不少地方为了提升城市环境品质，实施了规模空前的旧城改造。因城市改造和拆迁而酿成的群体性事件和恶性事件层出不穷，个中缘由很多，但没有在环境审美上达成共识是很重要的原因。倘若政府多关注"旧城"日常生活中蕴藏的美学元素，理解民众的合理化诉求，进行科学合理的规划，民众进一步增加对城市的归属感，积极接纳新环境带来的美感提升，政府和民众在如何保留、延续和更新环境之美上达成共识，拆迁和

---

[1] Andrew Edgar, *Habermas: the key concepts*, New York: Routledge, 2006, p.74.

改造或许就会达到共赢。因此，和谐社会建设需要包括环境审美共识在内的社会共识，这是化解社会矛盾，理顺对抗情绪促进社会理性、和谐发展的必然需要。

二是促进生态文明、建设美丽中国的历史需要。传统工业文明为人类社会创造了高度发达的物质生活，但也以惊人的速度恶化了人与自然的关系，破坏了生态系统平衡，层出不穷的环境危机和环境灾难，已经使地球和人类处在"救生艇状态"。我国经历几十年的高速发展，环境生态方面也出现一些问题，如在建设过程中过度追求大空间、大尺度，环境虽然更加气派，但却压缩了居民的交流空间，生活节奏加快、交通压力加大、空气污染严重，光污染、空气污染、交通拥堵、严重内涝等"城市病"频发，大量进城务工人员生活条件恶劣，居民生活品质和幸福指数降低，"城市病"下乡现象正在凸现。与此同时，传统文脉在逐步丧失，传统建筑、聚集生活空间和标志性建筑大量被毁，千城一面、没有特色。因此，有学者不无忧虑地指出我们正在遭受史无前例的民族生存空间危机和国土生态安全危机。在这样的情况下，中共十六大提出要走"新型工业化路子"，十七大提出要"建设生态文明"，十八大提出要"建设美丽中国"，这是在我国资源约束趋紧、环境污染严重、生态系统退化的背景下，一项"关系人民福祉、关乎民族未来的长远大计"。建设生态文明，必须要有全民的环境审美共识，进而才能形成建设美丽中国的自觉行动。

三是我国城镇化建设已发展到攻关转型的关键阶段。当前，我国城镇化建设加速发展，城镇化不仅是规模和速度上的城镇化，更要体现为内涵和质量上的城镇化，更高层次和更高境界的城镇化必然是环境优美、富有诗意、适宜人居的城镇化。在城市，由于人们对居住环境的要求不断提升及建筑质量等原因，建于20世纪中后期的不少建筑都被纳入拆迁改造之中，甚至像深圳这样年轻的城市，也在不断实施"城市更新"工程。在小城镇和乡村，农民建新房的刚性需求强劲，加上不少地方大力推动"新型农村社区"建设，使农村的基础设施建设处在一个深刻转型的历史阶段。越来越多的城市基本建设、高速公路、铁路、引水渠、输油管线项目，深刻地改变着原有的城乡面貌，一些古城、古都、古村落等不可再生的文化瑰宝，成批成批地倒在推土机下。这些情况与人民群众渴望美好生活环境的愿望之间呈现巨大的落差，充分说明推进环境建设的艰巨性、复杂性和紧迫性。在这种情况下，不断加强和提升环境审美教育，提升人们对环境审美的共识，显得尤为迫切。

2. 环境审美共识的凝聚和生成

在文化多元、个性化需求凸显的背景下，促进人们对环境审美的共识无疑是艰难的，可以采用多种手段、方式和方法来促进共识，其中，文化自觉意识和规则意识是基础和关键。

一是以文化自觉引领环境审美共识的凝聚和生成。在某种程度上，美的多义性造成了理解的歧义性，对于个体的感知来讲，美并不具有恒定性、唯一性。从这个意义上看，环境审美共识的凝聚和生成，关键在于人内心的道德感和价值观。"中国建筑的美学思想是建立在人与自然、人与环境和谐的中国哲学思想基础之上的，中国的建筑追求与自然、与环境的协调，同时还追求建筑与建筑之间的相互呼应、相互尊重、交相辉映的和谐关系。""我们之所以至今都还没有出现让大家都认同的中国现代建筑，正是我们还没有真正经得起时间考验并对人生有积极意义的价值观的缘故。"[1] 针对中国百年来的文化变迁，费孝通先生曾提出"文化自觉"的理论，指"生活在一定文化中的人对其文化有'自知之明'，明白它的来历、形成过程、所具的特色和它发展的趋向，不带任何'文化回归'的意思。不是要'复旧'，同时也不主张'全盘西化'或'全盘他化'。自知之明是为了加强对文化转型的自主能力，取得决定适应新环境、新时代文化选择的自主地位。"[2] 费孝通以"各美其美、美人之美、美美与共、和而不同"概括了"文化自觉"的核心理念，"'各美其美'就是不同文化中的不同人群对自己传统的欣赏。这是处在分散、孤立状态中的人群所必然具有的心理状态。'美人之美'就是要求我们了解别人文化的优势和美感。

---

① 梁梅：《中国建筑应该传承中国的美与价值观》，《美术观察》2010 年第 11 期。

② 费孝通：《文化与文化自觉》，群言出版社，2010 年，第 195 页。

这是不同人群接触中要求合和共存时必须具备的对不同文化的相互态度。'美美与共'就是在'天下大同'的世界里,不同人群在人文价值上取得共识以促使不同的人文类型和平共处。"① 做到"各美其美、美人之美、美美与共"并不容易,对于促成审美共识来说,首先就是要对中国几千年来形成的传统美学观有正确的认识,进一步树立文化自信,在城乡环境建设中自觉弘扬和传承优秀的传统文化,使其在新的历史条件下更加适应人们的生活需求。其次要正确认识西方现代城市文明,"共识是差异的补充、升华而非替代,价值共识也不意味着对价值多元的简单否定"。② 要汲取西方城市建设、城市规划中的经验,因地制宜,创造性地加以运用,而不是一味地奉行拿来主义、全盘复制,以致邯郸学步、不中不洋、不伦不类。可以说,文化自觉是需求共识的思想基础,只有具备文化自觉意识,我们才能对生活的意义和究竟应该确定什么样的生活方式和发展目标作出正确的应答。③

二是注重环境美化中的制度规范和行为约束。随着我国城镇化建设的不断推进,各种问题也随之显现,其中最突出的问题就是缺乏制度规范和行为约束。一些重大建设项目中出现的美学激辩,虽然对项目的安全性、经济性等重大问题起到了有力的促进、保护乃至挽救作用,但从规则层面看,在已经履行了招投标程序、项目已经动工的情况下出现这种情况,显然是不正常的,从中也反映出这些重大项目建设过程中制度设计的漏洞和不规范。如不少地方在城市建设中,决策者的喜好成为重要标准,出现规划随意变更、重复建设等乱象。"建筑有由功能体转变为'视觉奇观'和'图像'的趋向。"④ 对此,应该有一系列的制度规范对环境建设进行行为约束,通过制度营造共识。20 世纪

① 费孝通:《文化与文化自觉》,群言出版社,2010 年,第 208 页。

② 沈湘平:《反思价值共识的前提》,《学术研究》2011 年第 3 期。

③ 沈湘平:《反思价值共识的前提》,《学术研究》2011 年第 3 期,第 249 页。

④ Ilka & Andreas Ruby and Philip Ursprung, *Images*, *A Picture Book of Architocture*, Prestel, 2004, pp.4-11.

60 年代，美国国家艺术基金会实行了"公共艺术计划"，即所谓"百分比艺术"，其做法是以有效的立法形式，规定中央政府及各级地方政府，在公共工程建设总经费中要提出若干百分比作为艺术基金，用于公共艺术品建设与创作开支。在项目实施的过程中，注重征求居民的意见建议，这个做法此后逐渐兴起于欧洲及亚洲一些国家，对提升城市品质起到了积极的促进作用。按照弗雷泽的分析，公共性具有四个含义①：与国家有关、所有人都可以进入、与所有人有关、与共同的善或者共享利益有关。按照这个观点，人们生活的公共空间具有公共性、开放性，因此，在公共环境和公共空间的建设过程中，还应该尊重公众的意见和建议，使最终决策"建立在一个结构平等的非专业人员公众集体的共鸣，甚至同意基础之上"，② 这样才能最大限度地化解分歧、达成共识。

我国重大建设项目中的话语碰撞及城市化建设中的问题都表明，当前环境美学和环境审美的分歧和冲突是构建和谐社会、建设美丽中国必须要面对的课题。对此，我们应该给予更多的关注，进一步化解分歧、解决问题，使环境审美的共识成为我们的生存智慧和发展策略。

（刊于《郑州大学学报》2014 年第 4 期）

---

① Nancy Fraser, *Rethinking the public sphere：a contribution to the critique of actually existing democracy*, Social Text, 1990.

② ［德］哈贝马斯：《在事实与规范之间——关于法律和民主法治的商谈理论》，生活·读书·新知三联书店，2003，第 450 页。

城市之美与自然之境
——生态美的城市建构

⊙徐碧辉

⊙中国社会科学院哲学研究所

  城市化是当代中国现代化进程中一个重要组成部分。中国的城市化进程，在改革开放以后加快了步伐，自 2007 年始，这一进程步入全面、快速的发展阶段。从整体上看，城市化给中国带来了经济结构、人力结构、资源结构的巨大变化，使中国的民众福利有了大幅度提高。据报道，中国现在城市人口已超过乡村人口，这在中国历史上是史无前例的，可以说是一个历史性的突破。但是，在这个过程中，也出现了一些令人痛心的失误，如空气、土地和河流严重污染，城市交通异常拥堵，房价飞涨，个别城市治安恶化……这些都促使我们不得不直面城市化建设中的问题。

  我们看到，近年来，各地兴起了美化城市运动大量建设巨大的城市广场，铺设人工草坪，建造大喷泉，移植古树，拓宽道路，制造"古文化"街区，街道两旁装置霓虹彩灯，甚至在各街心花园置放一些人造的假花、假树，把立交桥栏杆漆成绿色等，不一而足。但这些所谓"美化"运动不但没有达到"美"之目的，反而使各城市失去了原有的个性，变得面目雷同，千城一面，显出一种浅薄、庸俗的"暴发"气息。同时，它也没有给百姓生活带来舒适、方便，没有使百姓有一种真正的家园之感和归宿之感，反而常常把普通百姓拒之于"美化"了的景观之外。客观地讲，导致这种状况的原因是多方面的。从美学的视角看，是因为城市决策者在设计和建设城市过程中存在一些美学观念的误区：一是以大为美，城市缺乏明确定位。城市无限制地扩张，盲目求大。马路越修越宽，广场越造越大，楼房越建越高，城市里普通百姓的生活质量却并没有得到相应提高，反而相对贫穷了。普通人在生活、出行、购物各方面都变得更加不方便。以北京为例，自20世纪80年代以来，北京市区环环外扩，建设用地"摊大饼"式增长，形成城市"热岛效应"，城市噪声、热岛面积不断增大。除了被作为文物个别孤零零地保留下来的建筑，北京城原有的风貌荡然无存。然而，城市并不是越大越美，越大越好，城市里的楼房也不是越高越美，马路也不是越宽越美。有时候，盲目求大便会出现"大而无当"。

二是以整齐划一为美，缺乏个性。在城市化浪潮中，小城市模仿中等城市，中等城市以北京、上海为榜样。城市的决策者似乎认为，现代化就是水泥钢筋，就是高楼大厦。于是，所有城市最后都长成了一个模样：大广场、大喷泉、洋草坪、路边修剪得整整齐齐的低矮的冬青树、霓虹灯、玻璃墙、大高楼等，这些都是中国当代城市最醒目的符号。城市不再有个性，从前那些各具特色的城市几乎消失殆尽。戴望舒《雨巷》中那散发出古老气息的隽永小巷，那似乎听得见的脚步声敲击地面发出的略带清脆的声音，那似乎弥漫在周围的丁香气味，那一幅多么富有诗情画意的画面，现在已很难见到了。城市在飞速运转中让人眩晕，单调生硬的高楼大厦与水泥丛林让人透不过气来。人失去了自然之根与自然之性，变得浮躁粗野，几千年文明发展的成果被现代化城市的生硬与冷漠消耗殆尽。大自然中千差万别、万紫千红、充满生机与活力的生命之美在城市中再难寻觅踪影。

三是以矫揉造作、人工造假为美，失去自然。近年来，出现了一种新的"美化"城市的方法，即在道路两旁、街心花园里"种植"假树假花。看起来这是个省时省力又"讨巧"的美化城市的方法。不是吗？隆冬季节，一派寒风肃杀之中，那"盛开"在路边的一排排梅花，那一派蒙蒙灰暗之中新鲜的绿色，不让人眼前一亮吗？而且这种"花"可以常开不败，无须施肥浇水，岂不是一本万利？然而，这些假树假花不但没有美化城市，反而使得原本已经喧嚣不宁、矫揉造作不堪的城市更为矫饰和浮躁，脱离了自然，更为虚假。它们蒙蔽了人们的眼睛，模糊了人们的感官。在这种虚假世界的包围之下，不再有起码的常识与美感，不再能欣赏大自然给予我们的四季鲜明、风格不同的审美类型。人的感受力下降，以虚假为时尚，以低俗为潮流，明明无聊却沾沾自喜，分明鄙陋却自以为是。

产生这些美的误区的根源在于失去了"自然"与"生态"之美。事实上，"生态美"也应该是城市美的核心与目标。"生态美"这一概念已为许多学者所接受，然而对于它的内涵却要么含糊不清，要么直接把"生态平衡"等同于生态美。但是，"生态"不等于"生态美"，"生态平衡"也不一定是"生态美"。生态美的哲学内涵是在"自然人化"基础上的"人自然化"及"自然的本真化"。也就是说，生态美是对自然美和社会美的综合与超越，它属于后工业社会的范畴，是一个历史范畴①。生态美不仅涵盖了人与自然的关系，同时也涵盖了人与社会的关系，它所指涉的应该是整个世界。在后工业时代，在人对自然的"人化"已达到临界点的前提下，在人类的生产能力和生产规模空前提高的条件下，人类的任何决策与活动都会影响到整个地球的生存状况，这时，"生态"便不仅仅是自然界的生物多样性或生物链之间的平衡问题，也不仅仅是人类与自然环境之间的关系问题，生态概念已经超出了自然界，辐射到了人类社会。有自然生态，也有社会生态。因而，"生态美"不仅存在于自然界，而且存在于人类社会。人类社会生活的方方面面，包括人类生活的环境、社会制度、文化创造等，都可以被包涵在生态美的范围之内。城市，作为一种典型的"人化"产物，本已脱离自然，但从根本上说人不可能离开自然，因此，城市之美，从其终极意义上说，都应该以"自然"作为其理想与目标。换言之，城市之美的核心，正是一种生态美。

但是城市本是"人化"产物，要把"自然"作为其追求的理想，便是一件十分困难之事，却又是必为之事。人作为自然之子，不能长久地脱离自然，

① 徐碧辉：《自然美·社会美·生态美》，《郑州大学学报》（哲学社会科学版）2012年第6期。

城市建设必须设法在"人化"环境中营造"自然"的气氛，塑造自然的感觉，在"人化"与"自然化"之间达到一种完美的平衡，这种平衡也就是李泽厚先生讲的"度"，它是一种自由的形式，即"人类主体所掌握、使用的形式力量"。① 人化与自然化之间的这种"度"作为一种自由的形式正是美。城市的生态美应该包括直观感受形式、生活与艺术实践（生存与发展）、历史文化积淀三个互相联系的方面。从审美形式上说，一切有关形式和直观感受的因素都属于城市生态美的范围，这是城市生态美的外在形式方面。它是指一个城市在形式和直观感受方面所创造的美，即与人们的视觉、听觉、触觉、味觉等直观感受相关之美。它是一种形式之美，一种韵律、节奏、颜色、声音、味道之美。从城市对人的生存与发展关系来说，城市生态美还应该包括它所提供给人们在生活上的便利度和舒适度，如餐饮、居住、购物、交通、健身、娱乐的完善设施与配套建设，这些设施必须首先保证人们基本的生存权利得到满足。因此，首先要求合理，其次在合理的基础上要求美。从发展层面说，城市的建设不仅要为人们提供实用生活的便利，还要提供给人们精神生活质量的丰富与多层次，因此，城市的艺术馆、博物馆、学校、影剧院、体育场馆、健身设施等也是考察城市生态美的重要指标。最后是一个城市的历史文化积淀和意蕴所产生的人文之美与精神之美。特别是那些具有深厚历史传统的城市，其建筑、街道、地名及曾经在这个城市生活的人们所发生的故事，由这些人所形成的民俗、风俗等，更是构成一个城市之美不可缺少的条件。一个城市的美应该是由以上三个因素共同作用而形成的，具有这三个方面条件的城市才可以称得上美的城市，三个方面有机结合、融汇起来，才构成一个城市的生态美。

一、城市的直观形式之美

城市的直观感受形式之美，是指城市中的那些最直观、最外在、最直接的形式之美，即视觉、听觉、触觉、味觉等直接感官所能感受到的美，它是一个

---

① 李泽厚：《实用理性与乐感文化》，生活·新知·读书三联书店，2005年，第40页。

城市审美化的最直接、最具体的指标。打个比方，它大约相当于传统审美的外在形式方面。问题在于，城市作为一个巨大的系统，它的外观也是复合的、综合性的。下面我们试从视觉、听觉、嗅觉和触觉几个角度分别论之。

1. 城市的视觉审美

所谓"城市的视觉审美"是指一个城市给人们留下的视觉印象与感受。比如城市建筑的天际线、楼房、街道、寺庙、纪念碑、公园等建筑群所构成的整体布局，各建筑的个性与其周边建筑风格之间的协调等。实际上，一个城市的视觉审美牵涉到传统美学的所有审美元素：色彩、韵律、节奏、比例、多样统一。从这个角度来说，中国的现代城市大都是非审美的。比如节奏，城市应该有它自己的节奏，这种节奏应该给人以真正的美感。城市里，机动车道、自行车道、人行道之间有明确的功能分割和醒目的区分。人们走在城市的街道上，感到温暖、安全、舒适，如同在自己的家里。本来，城市就是大部分现代都市人的"家"。但是，这个"家"事实上已不再像家。仰望天空，密集的高楼大厦使得城市的天际线变得狭小、凌乱，极大限制了人们的视线。对于生活在城市里的人们，"地平线"这个词似乎早已不存在，人们看到的只是由周边的高楼大厦围绕起来的巴掌大的天空，因而，居住在现代城市里的人们其实也就是现代化时代的"井底之蛙"。俯瞰大地，不仅沥青水泥地面隔绝了人们与土地之间的亲密接触，而且川流不息的汽车之流也限制了人们看到真正的大地。在城市的许多地方，道路被挤到只剩下非常狭小的一小条，放眼望去，皆是各种不同颜色、不同类型的汽车。人们不仅看不到远处的地平线，也再难见到大片的开阔土地。人们看到的是一个由密集的车流组成的"车平线"，而被挤在汽车缝隙间穿行的人们更像一群被围困在巨人中的矮人，不仅没有"家"的感觉，反而处处充满了危险。

在城市的视觉审美中，还有一个重要的内容，光之美。

《圣经·创世纪》记载，上帝在开天辟地时，创造了光。"神说，要有光，就有了光。神看光是好的，就把光暗分开了。"可见，"光"对于人类是至关重要的。无论东西方，都以"光""光明"来表示希望、进步、善良、美好等正面、积极的意思，表达人对于理想生存境界的向往。在工业化之前，"光"基本上是一种自然现象，是由自然本身决定的。日出日落，昼夜更替，太阳的运行决定着光明与黑暗的分界线。白天，或晴或阴，或阳光普照，或风雨如晦；夜晚，或月光如水、银粉铺地，或漆黑一片、伸手不见五指。但无论阴晴，皆出自然，无论朔望，都是诗意。

工业化以后，特别是电灯发明之后，在城市里，人类参与了对光与暗的设计。人工架设的路灯、商店前面的大招牌、巨大的霓虹灯广告，这些组成了城市之光交响曲，使城市变成一个不夜之城。居住在城市里的现代人常常不再区分昼与夜：晚上可以工作到深夜子时甚至更晚，白天可睡到上午巳时甚至正午。人们的生活节律被打乱，眼睛总处于各种光源的覆盖轰炸之中。更有甚者，一些城市由于使用玻璃等反光性的建筑材料，造成了极大的光污染。阳光本是生命之源、快乐之源和诗意之源，但经过这些玻璃墙面建筑的反射，却成为现代都市里人们的健康杀手。也许单纯从形式上说，玻璃等反光建筑材料有一种晶莹剔透的感觉，可以营造出一种天堂似的气氛，使人们感觉似乎居住在水晶宫里。但是，从生态美的要求来看，它首先对人的视觉造成了不健康的刺激，它带给人的不是"自然"之美，而是强迫人长期处于一种非自然性的、紧张的状态之中。由于建筑的特殊性，它对人的视觉是强迫性的，因而这个"水晶宫"不再意味着光明、理想、童话，却代表着刺目、污染、伤害。它所给予人的不再是诗意，而是一种视觉暴力。这里便涉及"度"。玻璃之类材料，在小面积时是美、是诗意、是理想、是童话，但把它放大到整个建筑，并且在一个城市普遍使用，便超出了它的合理范围，逾越了合理的"度"。这时，美转化为丑，童话中的水晶宫转化成杀人的利剑，诗意转化为暴力。因此，实践美学特别强调事物的"度"，把"度"提高到本体论层面，使之成为一个具有本体性的范畴。

2. 城市的听觉审美

所谓"城市的听觉审美"指一个城市在声音方面的审美效果。听觉审美不同于视觉审美。视觉审美往往是复合的，可以有颜色、形状、韵律、节奏等多

719

样审美因素综合起作用。听觉审美却只有声音的高低、强弱、快慢之别。声音看不见也摸不着，它属于时间性的存在，无法停顿下来供人慢慢品味。同时它又具有一定的空间性，它在空间中扩散。周围声音的存在对于任何人都是一个既存的事实，一个无法回避的存在，一个环境，它具有强迫性。因此，城市的声音环境美与否对人也就显得格外重要。

大自然常常是一首诗意的交响乐。虫声唧唧，鸟鸣啾啾，流水潺潺，风声呜呜。走在春天的山阴道上，眼前是百花绽放，耳边是布谷声声，鼻中是花草清香，那是真正地从身体到心灵、从肉体到灵魂的洗礼。前人早有描述："从山阴道上行，山川自相映发，使人应接不暇。"（《世说新语·言语》）许多作家都曾耐心仔细地描述过大自然的声音。如"两个黄鹂鸣翠柳，一行白鹭上青天"（杜甫《七绝》），"稻花香里说丰年，听取蛙声一片"（辛稼轩《西江月》），"若夫霪雨霏霏，连月不开；阴风怒号，浊浪排空；日星隐耀，山岳潜形；商旅不行，樯倾楫摧；薄暮冥冥，虎啸猿啼；登斯楼也，则有去国怀乡，忧谗畏讥，满目萧然，感极而悲者矣"（范仲淹《岳阳楼记》）。欧阳修在《秋声赋》中以夸张、形象而不失贴切的描述赋予"秋"以听得的声音："初淅沥以萧飒，忽奔腾而砰湃；如波涛夜惊，风雨骤至。其触于物也，铮铮铮铮，金铁皆鸣；又如赴敌之兵，衔枚疾走，不闻号令，但闻人马之行声。"最使人感动的是美国作家海伦·凯勒在她那本自传性的著作里描述了大量大自然的光与影、声与色之美。作为失明、失聪、失语的高度残疾人，凭着一颗敏感、细腻而善良的心灵，她却常常"看见"别人看不见的颜色，"听见"别人听不到的声音，感受到正常人通常没有注意的美景：

"我常常想，如果每个人在他成年的早期有一段时间又瞎又聋，那倒是件值得庆幸的事，黑暗会使他更珍惜视力，寂静会教他享受声音。""我曾经询问过那些能看见的朋友，问他们看到了什么。最近，我的一个很好的朋友来看我，她刚刚从一片森林里远足回来，我问她观察到了什么，她答道：'没什么特别的。'如果我不是习惯了听到这种回答，我可能不会相信。很久以来我已确信：能看得见的人却看不到什么。"

"我不禁会问自己，在林中散步长达一个小时之久而没有看到任何值得注意的东西，那怎么可能呢？我自己，一个不能看见东西的人，仅仅通过触觉，都能发现许许多多令我感兴趣的东西。我感触到一片树叶那完美的对称性。我用手喜爱地抚摩过一株银白桦那光滑的树皮，或一棵松树那粗糙的树皮。春天，我摸着树干的枝条满怀希望地搜索着嫩芽，那是经过严冬的沉睡后，大自然苏醒的第一个迹象。我抚摩过花朵那令人愉快的天鹅绒般的质地，发现到它那奇妙的卷曲，它们向我展现了一些大自然的奇迹。有时我很幸运，当我把手轻轻地放在一棵小树上时，还能感受到一只高声歌唱的小鸟的愉快颤抖。有时，我十分快乐地让小溪冰凉的水穿过张开的手指流淌过去。对我来说，一片茂密的地毯式的松针叶或海绵一样的草地比最豪华的波斯地毯更受欢迎。对我来说，季节的轮换是一部令人激动而永不谢幕的戏剧。这部戏剧的情节是通过手指尖表现出来的。"①

"这是一个美丽的春天早晨。我独自在凉亭里读书，我感觉空气中有一种奇妙的芳香味。我一下子跳起来，本能地伸出手，似乎春之神经过凉亭。'这是什么味？'我问。过了一会儿，我马上分辨出这是含羞花的香味。我摸索着走到花园的一头，因为我知道，含羞花树长在栅栏边的小路拐角处。啊！它就在这儿，整棵树在温暖的阳光下颤动着，开满鲜花的枝条弯弯地垂下，几乎碰到了地上长得高一点的青草。世界上哪里有过如此绝妙的美景！轻轻地碰一下，它的花瓣就会敏感地蜷缩，似乎是从天堂乐园移植到人间来的。"②

在城市里，我们常常听到的是另一些声音：所谓"市声"——车声、机器声。城市的声音有不同于自然的另外一种美，那是一种人间的声音、生活的声音、尘世的声音，是城市里的人们生生死死、欢乐与悲哀、幸福与痛苦、希望与失望、现实与理想等生活和精神状态的反映，是百姓的日常生活所组成的城市声音交响曲。早先的城市里常常能听到的各种小贩的叫卖声，更是活灵活现

---

① ［美］海伦·凯勒：《假如我拥有三天光明》，中国国际广播出版社，2004年，第5~7页。

② ［美］海伦·凯勒：《假如我拥有三天光明》，第77页。

地体现出人们的日常生活状态，充满了生活的韵味。许多相声演员都模仿过都市里的市声。著名的相声大师侯宝林曾经有一段相声，专门学小贩的叫卖，给人以极大的亲切之感。随着城市人口的增加和现代化程度的加强，这些曾经给我们以浓厚生活气息的叫卖声再也听不到了。过快增长的城市如一个大怪兽，吞噬着其中生活着的人们活泼的生命，人们不但听不到自然界的虫鸣鸟语，也不再能听到自己的声音，感受到自己的气息。日夜响彻于耳边的是汽车马达的轰鸣声，是建筑工地推土机肆无忌惮的吵闹声，是歌舞厅传出来的各种荒腔走板的"卡拉OK"的歌声，是各家电视里传来的各种庸俗的肥皂剧噪声，是广场上刺耳的"广场舞"的伴奏声……这些声音构成了现代城市的"交响曲"。只是，这首"交响曲"不但没有带给人们精神的滋养，心灵的慰藉，灵魂的陶冶，反而使人们变得精神焦虑，心灵失衡，灵魂躁动。建设城市的生态美，便是要让城市恢复人们的生活家园的定位，让人们感觉这是他们自己的城市，自己的家，而不是冷冰冰的甚至是压迫心灵的荒漠，无人的建筑群，威胁人的高楼大厦，包围人的汽车喇叭与马达。

　　3. 城市的嗅觉与触觉审美

　　由于受到审美无功利观念的影响，传统美学的主要感官是视觉与听觉，因为视听感官的主体与对象之间可以构成非功利关系，主体可以欣赏对象单纯的色彩、线条、旋律、节奏等外在形式而完全不涉及其功利性的内容。在后工业社会条件下，视听感官仍是审美感受中最重要的内容。但是，后现代社会里审美感受的范围大大扩展，从单纯的视听感官扩大到视、听、触、嗅、味多种感官。像触觉、嗅觉、味觉这种传统美学认为是低级的感官，也可以产生美感。特别是对于一个现代城市来说，城市的形式审美不仅应该包括作为视听对象的线条、颜色、声音，还应该包括作为嗅觉对象的气味、作为触觉对象的软硬度等内涵。这是因为，生态美本身就是一种复合形态的美，而城市作为人的生存环境，它与人的关系是全面的、多方位的、立体的，因而，城市的气味、道路等也都应该包括进城市的审美内涵之中。现代心理学研究已经证明，洁净的空气、芳香的气味不但可以对人的身心健康和精神状态产生良好的影响，同样也可以提升人的精神境界。这种精神境界其实便是由于芬芳的空气所产生的人在情感上的愉悦，而情感的愉悦，人与自然的相互欣赏，正是一种审美。然而，现代城市里，川流不息的汽车、高密度的建筑群、群集的人群、绿色植物的稀少、周边环境的沙漠化、排水系统的年久失修和设计上的缺陷，所有这些因素均使得城市的空气变得污浊。长年生活在其中的人们嗅觉越来越迟钝。据统计，北京城里有十分之一的人都患有鼻炎，这正是长期生活在污染空气下的结果。

从触觉审美来说，城市作为一个既定的环境，它所提供给人们的是一种巨大的空间，人们对城市的触觉不是以手，而是以脚去感知的。当代城市几乎所有的路面清一色都是水泥沥青路，一种人工合成原材料所构成的道路。这种道路便于汽车行驶，却不利于人们的双脚行走。事实上，城市的设计规划者很少把人们双脚的感觉纳入考虑之中。人们生活在城市里，居住在钢筋水泥的碉堡中，奔波于各种坚硬的建筑材料构成的冰冷的"丛林"之间，常常忘了双脚的功能，忘记自己可以用脚在大地上行走，用双脚去感受大地，触摸大地。事实上，在城市里，连脚下的土地也消失不见了。人们不再能接触到泥土那柔软的质感，更感受不到泥土那潮湿中略带咸味的气息。早先城市里常常有一些石头铺成的道路，青白颜色，有时在黎明的晨曦或黄昏的余晖之中闪着微光，蜿蜒向前，伸向一条条小胡同，消失在一户户人家里面。或者，有时候，也会有一些鹅卵石铺成的小路，那时人们还穿着布鞋，走在这样的路上，微微凸起的小石头提醒着行人路面的存在，提醒人们用心去感受。但是，在现代都市里，所有这些都消失了，看不到了。城市，使人彻底地与自然隔绝，使人变成悬在半空中的孤独原子，失却土地，失却根基，失却自然。人成为悬浮的存在者。

二、城市与人的生存、发展

这是城市生态美的内容方面。相比起第一方面，它更为复杂，因为它与人们的日常生活起居，人们的工作、事业密切相关。看起来人的生存与发展是一个"实践"的问题而非"审美"的问题。但是，我们所讨论的美学本身就是

723

"实践"的而非单纯理论的。美学是在实践中建构的，所指涉的对象也是生活的、实践的。因此，在考虑城市的审美内涵时，必须考虑其与人的生存发展的关系，这是衡量一个城市美的前提性因素。换言之，城市之美，以其适合于人的生存发展为基础。适合于人的生存发展的城市，并不一定是美的，但美的城市却必然是适宜于人的生存发展的。基于这种考虑，作为城市之美的一个方面，人的生存发展似乎可以按照生存、发展、精神（人文）生活三个维度。当然，这也只是相对而言。因为生存与发展中本身就应该包含精神和人文内涵。但是，大体上生存指基本的生存，而发展指人在社会上的价值与位置，精神生活指人本身的精神生活。

首先，在基本生活层面，一个城市必须让生活于其中的人们在餐饮、起居、购物、交通出行等方面得到便利，也就是说，这些方面的设施需有合理的布局，使人们不必为日常的柴米油盐花费更多的精力和时间。对于现代社会的个体来说，基本的生活只是人们生存的最起码的要求，只是一个"事实"或"事件"，这个"事实"或"事件"是保证人们生存和工作顺利的前提。但这个"事实"绝不是一件小事，特别是对于城市设计与管理者来说，人们的生活起居是头等大事。如果连基本的生活条件都不能提供，还谈何幸福与和谐！2012 年北京"7·21"特大暴雨之灾以一种极端形式说明了这一点。在这个层面，方便、实用是基本要求，而这些基本要求又影响着人们的心情与心理健康，而后者则是生活审美的一个部分。

其次，人不但要生存，还要发展。所谓"发展"，这里指人的个性与潜能得到充分展示，人尽其才，各尽所能。一个城市应该给它的居民提供充分展示其才能的机会。它不仅是一种"就业"，还是人实现其自我价值、完善其人格的重要途径。这里便不仅有工作机会问题，还有人的教育与再教育、工作（职业培训）、自我价值的提升等问题。也就是说，一个城市是否能为它的居民提供充分的工作就业机会，是否能让所有人的孩子平等地上学受教育，是否能让已经有了工作的人有机会参加培训、提高职业水平与素质，这同样是城市建设的基本内容，也是一个城市是否具有生态美的前提条件之一。

最后，人们不仅要生活，要工作，现代文明更应该为人提供一种能够自由而诗意生活的环境。在现代社会，诗意不仅是田园风光、小桥流水，现代化大都市同样也应该有自己的诗意。这种诗意体现在一个城市给人们提供的基本生存保障和工作就业机会，体现在城市的布局、设计、外观与整体的生活之中，还体现在一个城市的历史与文化积淀之中。中国学者近年来爱引用海德格尔所引荷尔德林的一句诗："人，诗意地栖居，在这片充满劳绩的大地上。"现代人生活在都市里，田园风光式的大地已远离人的日常生活。但是，现代人同样应该有自己的诗意。诗意如何实现，它很多时候便体现在日常生活之中，体现在人们所生活于其中的环境，体现在人们的生活生存方式之中。城市是现代人的生活环境，也是现代人的生存方式。城市不仅要给人们提供基本的生活保障，更重要的是要让人们健康快乐幸福地活着，让人们有尊严有诗意地活着。但现代许多城市建设却不是以人的生存发展为目标。事实上，按照上面所说的标准，中国的城市很少真正是美的。以北京为例，在那里无论是吃住行的基本要求，还是视听嗅触的审美要求，都非常不美。北京的房价是全世界最贵的，北京的交通拥堵是世界有名的。北京的排水系统之糟糕，每逢下雨，交通便几乎要瘫痪。这与当初建设时的指导思想有关。因为，一直以来，我们以建设一个工业化的城市为傲，我们的城市规划始终是按照工业化的思想来进行的。因此，北京作为中国的首都，离真正生态美的要求甚远。当代环境美学家阿诺德·伯林特认为，在现代化条件下，有害的环境会对人的知觉本身造成伤害，从而使人的审美敏感性退化，降低人的审美能力，这实际上也是一种审美伤害。①

三、城市的历史人文之美

一个城市就如一个人一样，是有其个性的。这由城市的环境、建筑、历

① Arnold Berleant, *Sensibility and Sense: The Aesthetic Transformation of The Human World*, Exeter: Imprint Academic, 2010.

史、杰出人物、民俗、地方小吃、地方戏曲或其他地方艺术形式等多种因素汇集而成。历史越悠久的城市，其精神人文内涵越丰富。再以北京为例，作为上千年的文明古都，它本应是最有历史人文内涵和韵味的。每一个古老的街道，每一条胡同，每一条马路，每一个院落，每一种小吃，每一种习俗，都凝结着很多历史与传说，凝聚着很多精神与文化。老北京城严整肃谨的布局堪称完美的对称式结构，极具民族特色的建筑风格，气魄宏伟的城墙，使得它曾经一度可能成为中国传统建筑和城市布局的完美的活标本。其间还有数不清的小胡同，传承悠久的民俗风情，使之曾经是一个底蕴极丰厚、极具特色的文明古城。老舍先生在他的作品中满怀深情地描述过北京的诸多民俗、风情。比如端午节，老北京人讲究礼数，端午节期间再穷的人家也要买一些平时不舍得吃的食物祭灶王。食物中樱桃、桑葚和粽子三样是最普通的。粽子一般是小枣粽这是最普通的也是北京人最为钟爱的。讲究的、注重体面的人家买的则是从广东进口来的甜粽，个儿大价钱相对也贵一些。还有一种个儿头很小没有馅的蘸着糖吃，这是生活在底层百姓过节的食物。还有其他一些点心，比如有一种"五毒饼"，即在普通的点心上雕上青蛇、蜈蚣、蜘蛛、蝎子、蟾蜍等五种毒物。家里要贴符，以蝙蝠图案居多，因为蝙蝠之"蝠"谐"福"音。蝙蝠在西方文化中属于恶鸟，不吉祥，而在中国传统民间，它却象征着吉祥。

在老舍先生笔下，中秋节到了，意味着季节轮换，一年中北京最好的季节——金色秋天的真正降临。中秋之夜，家家户户在庭院中摆起香案，放上西瓜、密饯等水果和点心，在月光下祭拜"兔儿爷"。节前很早，小贩们便挑着装了各种造型、各种颜色的兔儿爷，大声地吆喝着："兔儿爷——"引得小孩子们老远就引颈张望。那烧制得并不太精致的瓷做的"兔儿爷"不只是代表孩子们过节的心情，也盛载着孩子们对生活的憧憬与希望，因为大部分"兔儿爷"还兼有储存罐的功能。孩子们把得到的零钱积攒起来，到年底"哗啦"一声打破"兔儿爷"，心中的快乐和希望也正如同那些满地乱滚的钱币一样满世界乱飞①。现今，中秋节基本上成了商家的月饼大战之"节"。事实上，无论什么节日，都已成了商家促销甚至搭售各种伪劣商品的好时机。这个有着千年历史的古城，被肢解了，被拆毁了。不但它的建筑被摧毁殆尽，它的民俗、悠久的历史文化传统基本上也只剩下一些传说。历史在它身后发出深深叹息！中国像北京这类古城极多，但也都像北京一样，很难寻觅古城的影子了。除了城市中少数被分割包围在现代化钢筋水泥高楼中的个别古建筑，中国所有城市几乎都是千城一面，没有差别，没有个性。

形式之美、内容之美、人文和精神之美应该是相互联系和相互作用的，缺少任何一方面的城市之美都是残缺的。近年来美化城市运动的缺陷便在于单纯追求直观之美，忘记了城市首先是人的家，而不是一个观赏对象。而在直观之美之中，又单纯追求视觉的大、新、炫、酷，而对于城市的听觉、触觉、嗅觉之美忽视不顾。在人的生存与发展层面上，往往忘记了城市作为人的现代的"家"必须首先要适宜于人的居住、生活、发展，在外观之美与人基本生存需要发生矛盾时，不是首先考虑人的生存发展，而是把被单一化甚至歪曲理解的外观之美作为首要选择，大量建造所谓"形象工程"，使人对于城市不是产生亲切感、家园感，而是产生被疏离、被遗忘感，直接导致城市越建越大、越建越炫但生活在城市中的人们的幸福感却并不随之上升的怪圈。在对待城市的历史文化意蕴问题上，注重的不是历史文化本身，而是其可利用的商业价值和权力交换价值，导致一些历史文化名城的历史价值和文化价值加速消失。

21世纪进入了第二个十年，中国的城市化也正在加速其进程。在审美走入生活、美学已从理论殿堂进入实践层面的今天，未来的城市建设必须考虑真正的城市之美，只有把"自然"作为城市这一人化产物的理想，才能使之真正成为具有理想型生态之美的人的诗意栖居之所，成为现代人真正的"家"。

（刊于《郑州大学学报》2014年第4期）

---

① 老舍：《四世同堂》，北京十月文艺出版社，2008年。

城市环境之美的三重维度

⊙贾 澎

⊙北京市社会科学院

在当前城市化发展道路成为必然走向的大形势下，建设"美丽中国"的最大权重是建设"美丽城市"。然而，伴随城市化进程的深刻影响，城市必然处在空间环境和物质形态急剧变化的发展境遇中：一方面，高效而现代化的城市环境，为人们提供了充分的物质和精神享受；另一方面，城市中人口、资源、环境发展不协调带来的压力，以及由此所引发的社会生态和精神生态的危机，使城市环境面临严峻挑战。如何应对挑战，破解发展中遇到的难题，实现人们对栖居于美好环境的追求，必须按照美的规律重新审视当下的城市建设。质言之，构建实用与审美相统一、人与自然相和谐的环境友好型城市，促进城市发展模式由经济型向审美型转变，城市功能由居住向宜居、安居、乐居转变，是当下亟待深入思考并作出积极回应的时代主题，更是构成城市环境之美的内在要求。

维度之一：城市生态和谐发展

城市环境是包括自然生态环境与人际生态环境在内的综合生态系统。现代工业的发展对自然生态环境的严重破坏催生了美学的生态思潮，乃至整个现代及后现代的思想理论都在很大程度上被这种批判性思潮潜隐地作用着。如果说在20世纪以前批判的矛头主要指向工业污染，那么20世纪以后批判的矛头可谓指向整个城市社会，因为人们认识到城市的存在及其运作方式是导致人与自然关系失衡的根源。如何正确理解城市中人与自然的关系、重建城市的生态之美，奠定了对城市环境之美的研究基调。这不仅在思想领域体现出美学由认识论向存在论转型的历史性学术命题，更在现实领域成为城市化深入发展大形势下工业社会向后工业社会、消费社会向生态社会跨越转型的必然选择。

1. 城市生态环境观——城市与自然和谐共生

城市中高度发达的工业文明在带给人们舒适的物质享受的同时，总是伴随着生态环境的污染——尾气、噪声、沙尘、雾霾、食品安全等问题，以至于人们依据这些表象形成一种共识：城市的存在总是与美好的生态环境相对立的。这种观点其实是建立在人与自然的对立关系及对生态学、美学误解的基础之上，认为人类的实践活动必定是对生态环境有害无益的。然而美学家们却透过表象看到了更为深刻的本质。阿诺德·柏林特和艾伦·卡尔松指出："我们几乎不可能找到摆脱人类活动影响之地，现在整个地球上几乎没有留下什么蛮荒之地。"① 的确，从现实语境出发，我们看到从国内到国外，从城市到农村，从摩天大楼到瓦房村舍，从街心公园到乡间小河，人迹所至之处，皆留下被改造过的特征，而且越是适宜人类生存之地，被改造的特征越明显。可以说，自然从来不会主动满足人类生存生活的需要，只有通过实践活动的改造才使自然满足人的需要并最终达成人与自然的和谐。对于城市来说，城市以满足人的需要为发展目标，其中的一切皆是人类实践活动反复强化作用的产物，甚至可以说，城市的舒适度是与人类实践活动的强度成正比的关系。在此条件下，明确城市与自然的关系是和谐共生的原则显得尤为重要，这是城市环境之美的基础和前提。这一原则指导我们在对待城市中的生态问题时，不再一味否定人类实践活动，转而将重心放在思考如何更好地发挥人的作用上，去创造更舒适的城市生活。如果一定要将城市文明与生态环境对立起来，恐怕我们所追寻的美好

---

① Arnold Berleant, Allen Carson, *The Aesthetics of Human Environment*, NY: Broadview Press, 2007, p.13.

和谐的生态环境就成了无法实现的乌托邦。毕竟，没有多少城市人愿意放弃城市为他们提供的一切而回到原始生存状态。

2. 城市生态环境的重心——人文景观

城市生态环境通过城市景观外显出来，城市景观分为自然景观与人文景观。在树立了正确的城市生态环境观之后，必然面临一个处理人文景观与自然景观关系的问题。阿诺德·伯林特曾这样表述："地理学家开始用'文化景观'一词，意指因为人类活动影响而塑造出来的景观，人们的耕作方式、建筑样式和居所，都会在土地上留下印记。"① 美好的城市环境特别重视人的存在和参与，城市是为了满足人的需要而存在的，因此城市中的景观绝不是与人无关的，人文景观是城市景观的重心。史蒂文·C. 布拉萨在《景观美学》一书中提出一种文化与自然相互交融的景观感知方式，即景观中蕴含的文化和历史是使人对该景观产生愉悦的根源。这种将景观与人、景观与文化联系起来，认为两者是相互作用、相互影响的观点影响十分广泛。艾伦·卡尔松也持这一观点，他还进一步认为景观的形成是一个动态而漫长的历史演变过程，并且在此过程中景观被赋予独特的文化和审美特征："对于绝大多数景观而言，关于它们'持续进行的'历史的知识对于其审美欣赏至关重要。"② 这些观点将人和自然统一、融合起来，并将融入了人类实践活动的人文景观看作城市景观的重心，推崇人性化的景观。认为一个城市的文化积淀影响了一个城市的景观，同时这个城市的文化又积淀在景观之中，通过景观的表象传达城市的价值。总之，人的参与，或者说融入了文化因素的人文景观是城市环境的重点。环境中的景观不单纯是自然物，更是人们满足自身需要和社会需要的产物。尤其对于城市而言，其景观价值的最大体现与其说是一种自然属性，不如说是一种文化

---

① ［美］阿诺德·伯林特：《环境美学》，张敏、周雨译，湖南科学技术出版社，2006年，第7~8页。

② ［加］艾伦·卡尔松：《自然与景观》，陈李波译，湖南科学技术出版社，2006年，第116页。

和社会的属性，人文景观比自然景观更能代表城市的特性。

3. 城市生态环境的向往——自然景观

钢筋水泥构筑的灰蒙蒙的摩天大楼和拥堵的街道已经成为当今中国城市的共同特征。生活于其间的人们虽然享受了现代化的物质成果，却逐渐感到生活的空间越来越狭小，时间越来越紧迫，想要像祖辈那样在雨后闻一闻泥土的芬芳或者推开窗就可以沉浸在一树花香里都成为遥不可及的奢望。如今，这种来不及深刻思考城市中人与自然关系的高速城市化发展阶段已经过去，而古人那种山水田园式的生活则成为大多数城市人的向往。让自然回归城市，换言之，强化自然景观的建设不仅是当今中国城市化发展的迫切需求，更是当下人们对城市生态环境发展的迫切要求。如何让自然回归城市，这不是简单地扩大绿化的面积，必须结合当地的气候条件因地制宜，"至少包括再造自然和保留荒野两个部分"。① 再造自然，指的是运用自然素材（如植物、木材、石材等）营造出宜人的自然景观从而美化环境，如建造公园、修建绿化带、植树造林、园艺、盆栽等，而保留荒野的意义则在于"保留了自然景观的原生态，这与任何完美的人造景观都迥然不同，它帮助居住在城市中的人们与野生动植物相连"。② 埃比尼泽·霍华德在 19 世纪末便提出建设"田园城市"的试验。"在我们城市的周围始终保留一条乡村带，直到随着时间的推移形成一个城市群……每一个居民实际上是居住在一座宏大而无比美丽的城市之中，并享有其一切优越性；然而乡村所有的清新乐趣——田野、灌木丛、林地——通过步行或骑马瞬时即可享用……居住在这一美丽的城市或城市群的居民要建设快速铁路

---

① 代迅：《城市景观美学：理论架构与发展前景》，《西南大学学报》（社会科学版）2011 年第 7 期。

② 代迅：《城市景观美学：理论架构与发展前景》，《西南大学学报》（社会科学版）2011 年第 7 期。

交通，把外环所有的城镇联系在一起。"① 霍华德主张建立城市群，在这些城市中再造自然，而在城市之间的乡村保留荒野，连接城市群的是一条快速铁路交通，让生活于其中的人们既可享受城市的物质文明，又可随时感受荒野的清新乐趣。这一思想对当今的中国，尤其是环绕北京、上海、广州等大都市的城市圈的建设仍具有十分重要的借鉴意义。此外，荒野对于城市中儿童的成长也具有十分重要的意义。"自然是人们孩童时代的重要体验。当我们建设的邻里城镇中没有了自然元素，我们实际上是摧毁了孩子们的理想乐园和对自由的需求。荒地、公园、开放的海岸、受保护的河岸、草场、山脊——这些都成为年轻人的世外桃源。人造环境被成年人统治，但自然世界，无论大小，应该成为孩子们的基本权利。他们需要足够的野外环境作为自己的领地，以他们自己的方式在那里实现梦想。"②

维度之二：城市个性鲜明突出

世界上的著名城市都有自己鲜明突出的个性。城市环境之美在很大程度上取决于建设者们是否因地因时制宜按照客观条件和美的规律使之具有独特的个性。如果把城市比作一件艺术品，那么流水线作业下简单的模仿和复制一定不是艺术创作的正确途径。而当今中国的城市建设恰恰是走入了千篇一律、互相模仿的怪圈。因此，塑造突出的城市个性之美就成为当前我国城市环境建设的重中之重。概括地讲，城市的自然景观建立在其自然气候条件和自然资源禀赋的基础之上，人文景观则建立在其历史、文化资源和传统习俗的基础之上，两者紧密联系，不可分割，相互依存，交织起来构成一座城市的个性。具体来说，塑造鲜明突出的城市个性蕴含三个方面的内容：

————————

① ［英］埃比尼泽·霍华德：《明日的田园城市》，金经元译，商务印书馆，2012 年，第 107 页。

② ［美］彼得卡尔·索普：《未来美国大都市：生态·社区·美国梦》，郭亮译，中国建筑工业出版社，2012 年，第 26 页。

1. 保持地方性与世界性的统一

日本美学家今道有信曾经阐述了关于城市建设的主张，他指出当代的城市建设要加强"内外接点"的建设①，也就是要加强建设具有国际性规模的设施，以建成国内外文化交流、对话的场所。在全球一体化发展的背景下，重视国际交流和对话已成为城市建设不可回避的重要环节。换言之，城市中地方性和世界性的关系构成了城市个性的第一个特征。一方面，一座城市所具有的地方性是承载了城市市民文化身份和文化认同的载体，其作为这座城市的自身品格内化于市民心中，以及城市生活、城市运行的方方面面；另一方面，城市发展的现实需要迫使城市必须具有开放的世界性品格，以期实现与世界发达城市最大程度的对话和接轨。没有地方性，就如同没有自我，就意味着无法与世界实现真正意义上的平等对话；没有世界性，在当今世界经济一体化的大趋势下地方性就无法得以真正地继承，地方优势就无法得以真正地显现。因此，在当今国际化的大趋势下，彰显一个城市的个性特征之美，不是单单具有地方性或世界性就可以，必须要实现地方性与世界性的统一。例如北京的地标性建筑群奥林匹克中心，就是体现北京地方性与世界性统一的代表。其建筑理念恢弘、大气、实用性强，不仅赋有中国传统元素和首都气魄，也充满国际化的特征。在 2008 年的奥运会上，世界通过它们认识了北京，如今的奥林匹克中心不仅每天仍在迎接全球各地慕名而来的游客，更是当地居民体育运动和休闲活动的重要场所，极大地改善了北京城市的综合生态环境，为北京市民的生活创造了福祉，为北京赢得了国际美誉。

2. 保持历史感与现代感的统一

大部分城市都有着悠久的历史文化积淀，并通过城市的人文景观体现出来，如古老的建筑、街道、城墙、河道等历史文化遗迹，这些都是一个城市可以看得见、触摸得到的底蕴和灵魂。当今中国的城市化发展飞快，很多城市在几年之内面貌焕然一新，在城市改容换貌的过程中大量的现代景观涌现出来，

① ［日］今道有信：《美学的将来》，樊锦鑫译，广西教育出版社，1997 年，第 49 页。

这中间必然存在旧城与新城、历史遗迹与新兴建筑的矛盾与冲突。如何解决这一对矛盾关系，显然是既要保护历史又要鼓励创新，归根结底，要以坚持历史感与现代感的统一为原则。唯有如此，才能让一座具有历史厚重感的城市充满活力，也才能令一座现代化的城市具有底蕴和灵魂。今道有信曾经提出应该加强城市"古今接点"的建设。具体来说，就是要加强博物馆、美术馆等能够联结古今文化的公共文化设施建设，并通过有偿收购、对艺术品交易免征高额税收等方式确保博物馆、美术馆中的藏品具有较高的历史价值。[①] 这的确不失为保持城市历史感与现代感统一的良策。当然，还可以在旧城之外另辟新址，进行现代化建设，如果处理得当，也能使历史感与现代感和谐统一。印度的首都新德里和我国的古都南京，都是新旧城结合的范例。德里古城曾经是印度历史上 7 个王朝的首都，独立后的印度首都新德里在建址的时候，选择在德里古城外的西南方向进行，从 1911 年到 1931 年，历时 20 年完工。完工之后的新德里是一座具有现代感的花园城市，与充满历史厚重感的德里古城相得益彰，共同构成一座历史感与现代感交相辉映、和谐统一的都城。除此之外，在保护历史性建筑的同时使其焕发新生，也是保持历史感与现代感统一的好办法，例如北京的四合院就是典型范例。四合院代表了北京浓郁的京味儿文化，是这座城市历史感的典型代表。这些年政府在对四合院进行修缮和保护的同时，也鼓励社会力量对其进行深入的开发和利用，于是我们发现很多地方的四合院已经不仅在履行其作为历史文化遗产的文化职能，或作为市民居住之所的基本职能，而且兼具商铺、酒吧等商业功能，成为商谈、交流、休闲娱乐的重要场所。这样一来不仅使老建筑焕发新生，还使其融入了现代人的生活，深受国内外游客的喜爱。这就是在保护的同时加以开发利用，实现了历史感与现代感的统一。

3. 保持景观的多样性和差异性

"如何在视觉上使城市拥有多样性，如何尊重城市的自由，但同时又在视

---

① ［日］今道有信：《美学的将来》，樊锦鑫译，广西教育出版社，1997 年。

觉上表现出秩序的形式,这是城市面对的一个重要的审美问题。……城市如果缺少多样性,那就注定会一方面导致压抑,另一方面导致混乱的感觉。"① 当今中国城市的景观呈现出一种千篇一律、相互模仿的现象,走在很多城市的大街上,我们常常囿于城市景观的"标准化"模式而不能分辨得清这究竟是哪一座城市。缺少差异性、景观单一化是当代中国城市景观呈现出的弊病。这与我们所处的特殊历史阶段有关。曾经,我们为了追求 GDP 的增长而加快城市化的进程,并没有来得及深入细致地思考应该如何建设城市。随着经济发展水平的提高,人们对物质条件的需求开始从追求数量转而追求质量,随之对城市景观的要求也从无到有、从有到宜,并体现出独特的城市审美风格。具体说来,就是要根据自然气候条件和资源禀赋的差异,以及历史文化资源传统的不同,在不同城市之间保持自然景观与人文景观的多样性和差异性。"景观实际上是作为抵抗环境同质化的一种手段,并且同时提升地方象征和场所集体感觉。"② 美国学者柯林·罗和弗瑞德·科特在《拼贴城市》一书中也表达了对城市景观多样性和差异性的追求。他们认为,现代的人们为了某种乌托邦的理想而把城市变为充满秩序和理性的空间,破坏了城市原本固有的历史文脉,这样做的结果虽然可能使人们拥有了相对平等的物质空间,却造成了彼此间的冷漠、文脉的割裂、文化的缺失及城市构造的单一化等城市弊病。一座城市并非设计者自己的城市,而是多少年来人与人相互作用、相互影响形成的历史合力的产物,所以任何人对城市的认识可能都是片面的、局部的,整个城市是以拼贴的方式存在的。"城市的拼合形态是一个永不过时的观念"③。匀质只能令城市索然无

---

① [加] 简·雅各布斯:《美国大城市的死与生》,金衡山译,译林出版社,2013 年,第 208 页。

② [美] 詹姆士·科纳:《论当代景观建筑学的复兴》,吴琨、韩晓烨译,中国建筑工业出版社,2008 年,第 12~13 页。

③ [美] 柯林·罗、弗瑞德·科特:《拼贴城市》,童明译、李德华校,中国建筑工业出版社,2012 年,第 181 页。

味，多样性、矛盾性才是城市的本来面目。当然，我们还应该在城市景观多样性的基础上注意到各种风格的统一，将各种异质风格组织在一起，形成一种片断的统一。

维度之三：城市设计以人为本

人是城市环境的主体。在对城市环境之美的追求中，内在地蕴含着城市设计以人为本的理念。亚里士多德曾经说，人们为了生活得更好而居住于城市。无论是人口密集程度，还是生产力发展水平，抑或是人们的期许，城市的环境都应以人为本，把提升人们的生活舒适度和便利性作为其发展和建设的本质要求，并通过城市设计体现出来。国际现代建筑协会（CIAM）曾发表《杜恩宣言》，指出城市环境的建设和发展必须以人们的行动为基础从整体上进行研究和设计，考虑不同条件和尺度下住宅、邻里、街道的不同功能。也就是说，城市的规划和设计必须来源于、服务于人本身。可以说，城市环境的价值在很大程度上有赖于城市的设计、布局、规划等是否有助于改善人们的生活、提高工作生活的效率、完善人性、建立平等的社会关系等，使城市社会遵循良性的发展模式服务于人。

1. 城市设计要符合认知方式

在《城市意象》这本书中，凯文·林奇运用了心理学知识，认为城市是一种"可意象的景观"。[①] 一个好的城市应符合人的认知方式，具有容易被人理解的城市空间结构和城市意象，从而"使拥有者在感情上产生十分重要的安全感，能由此在自己与外部世界之间建立协调的关系，……而且也扩展了人类经验的潜在深度和强度"。[②] 这种可理解的城市空间结构和城市意象不是被设计师赋予的，而是被生活于城市中的人自然而然地感受到的。受荣格"集体无意识"思想的影响，林奇认为："似乎任何一个城市，都存在一个由许多人意象

---

① [美] 凯文·林奇：《城市意象》，方益萍、何晓军译，华夏出版社，2012 年，第 70 页。

② [美] 凯文·林奇：《城市意象》，方益萍、何晓军译，华夏出版社，2012 年，第 3 页。

复合而成的公众意象，或者说是一系列的公共意象，其中每一个都反映了相当一些市民的意象。如果一个人想成功地适应环境，与他人相处，那么这种群体意象的存在就十分必要。每一个个体的意象都有与众不同之处，其中有的内容很少甚至是从未与他人交流过，但它们都接近于公共意象。"① 这些包含了公共意象和个体意象的城市意象构成城市的景观，具体来说由五种元素——道路、边界、地域、节点和标志物组成，这些元素"不会孤立存在"，而是"有规律地互相重叠穿插"②。这些元素是在城市自然禀赋与历史文化积淀的基础上形成的，生活于城市中的人透过由这些元素组成的景观去感受和理解城市，因此，"景观也充当着一种社会角色，……为了保存群体的历史和思想，景观充当着一个巨大的记忆系统，……向人们提示了对共同文化的回忆"，这是"将人们联系在一起的并得以相互交流的强大力量"③。林奇借助精神分析学的研究方法，把城市景观分为个体意象和集体意象两个层面，以集体意象的"集体无意识"特征确立了城市景观的设计应与人的认知方式相吻合的建构方式及不以个别人的意志为转移的客观化属性。这一方面充分奠定城市的设计必须以人为本、以人的认知方式为本源的基调，另一方面势必引导城市设计者不应从主观出发，而要遵照城市的自然禀赋、文化历史积淀和生活习俗去理解、建设城市的环境。

2. 城市设计要释放人口潜能

无论是霍华德还是刘易斯·芒福德，他们都主张以"田园城市"为原型，重新分布城市中的人口，以分散的方式解决城市中人口的快速增长问题，从而解决交通、住宅等一系列城市问题。这是一种分散型的城市空间设计理论。与这种主张不同，简·雅各布斯在《美国大城市的死与生》一书中批判了建设"田园城市"的城市空间设计主张，认为那是一种逃避主义的体现，是落后于

---

① ［美］凯文·林奇：《城市意象》，方益萍、何晓军译，华夏出版社，2012 年，第 35 页。

② ［美］凯文·林奇：《城市意象》，第 37 页。

③ ［美］凯文·林奇：《城市意象》，第 95 页。

时代的。雅各布斯激烈地抨击了美国大城市在发展中出现的各种现实问题，认为"解决的办法不能只是在都市范围内规划一些新的、自给自足的城镇或小城市，这样做只会徒劳无功"。① 他反对低密度状态的汽车型郊区化扩张及由此带来的支离破碎的城市格局，指出城市设计的成功在于建立功能完整的社区，并以步行距离和邻里个性为尺度建立合理的公共空间秩序。他认为人口是"城市活力的源头""人口的集中是一种资源""城市中大量人口的存在应该作为一个事实得到确确实实的接受，而且应该将这种存在当作一种资源来对待和使用：在需要激活城市生活的地方，提高人口密度"。② 因此他主张以"提高城市人的生活"为导向，以保持建筑年代的多样性、建设众多短小街段、街道或街区用途的一体化为手段，建立一种由一定人口密度支撑起来的具有完整性和多样化的功能型城市。雅各布斯的主张在美国影响巨大，乃至在 20 世纪 80 年代掀起了一场对美国普遍存在的城市问题进行全面反思的新城市主义运动。无论是人口分散型的"田园城市"设计主张，还是人口密度型的"功能城市"设计主张，都立足于通过人口分布对城市空间环境布局进行设计改良，其最终目标都指向改善城市中人的生存状态。可见人口因素是城市空间环境设计的主要参考和重要资源。在今天的中国，尤其是对于像北京、上海这样特大人口密度的城市，因地制宜地借鉴这些思想改善城市空间环境设计，对于疏解城市中巨大的人口压力从而释放城市潜能具有十分积极的意义。

3. 城市设计要完善社会关系

社会关系是城市环境中的人际层面。根据马泰·卡林内斯库等人的观点，启蒙的现代化高扬理性精神，而美学的现代化则追求超功利的精神超越，抵制理性的狂傲扩张。由于资源依赖性的工业经济占主导地位，现代城市无法逃避生态问题及其在社会关系领域制造的麻烦。卡尔松和伯林特等人的学术研究正

① ［加］简·雅各布斯：《美国大城市的死与生》，金衡山译，译林出版社，2013 年，第 198~199 页。

② ［加］简·雅各布斯：《美国大城市的死与生》第 200 页。

是对这种挑战的直接回应。"大规模的工业社会中充斥着极大的复杂性，不协调的各种活动制造着无序和无效，最终导致社会崩溃和混乱。机器模式是不适当的，因为它是产生无人格的、混乱的、非人性的工业化城市区域的根源。……如果我们将审美融合作为环境生态学模式，事件就转化为我们对栖息于其中的那个生活世界的体验。审美融合是人造环境的试金石：它能够验证人造环境是否宜居，是否有助于丰富人类生活和完善人性。"① 这样一种审美融合的环境生态学研究路径不仅从人的情感出发否定经济至上的经济主义，而且以其超功利的自然审美态度完善人性，把人从工业和经济理性的控制中解救出来。在此意义上，对城市环境之美的追求同时也成为调整社会关系、构筑可持续发展的新经济的方法。此外，杨·盖尔从日常社会交往对城市空间环境设计的要求出发探讨了城市空间环境设计对改善城市社会关系的作用。他认为现代城市在空间环境设计上忽略了人们的心理因素和社会交往的需要，没有充分认识到城市空间结构对社会心理和社会交往的潜在影响。因此盖尔提出在城市设计中要有效地构建充满活力和人情味的城市街道、社区、广场、公园等公共空间。我们知道，当今生活于城市中的人们普遍患上了人际关系疏离、个体孤独感增强的"城市病"，而且越是发达的城市，这种"城市病"越是严重。盖尔人情型"社交城市"的设计主张无疑是消弭城市孤独感、完善人际社会关系的一剂良药，充分体现出城市设计以人为本的人性关怀。

城市环境之美的三重维度蕴含着丰富而深刻的"美丽城市"建设思想和实践方法。探寻这些思想和方法不仅可以推动政府及城市建设者转变思想观念，自觉按照美的规律来建设城市，从而实现城市中功能与审美的和谐统一，创造出宜居的美好城市环境，还可以促使市民转变审美心态和行为方式，改变急功近利的思想，创造一个舒适宜居的家园，从满足于基本的实用功能层面上升到追求精神愉悦的层面，塑造人们的城市审美意识、家园意识，提升人们的文明

---

① ［美］阿诺德·伯林特：《审美生态学与城市环境》，程相占译，《学术月刊》2008 年第 3 期，第 12 页。

素养和文化品位，从而促进城市健康、生态、可持续发展，实现城市环境之美。

（刊于《郑州大学学报》2014 年第 4 期）

城市美学视野下的中国古代城市

⊙张　雨

⊙西南大学政治与公共管理学院

自 1986 年阿诺德·伯林特发表了论文《培植一种城市美学》以来，城市作为一种审美对象，就正式进入了美学学科的理论视域，成为一个重要的研究对象。城市作为一个庞大的人工作品，具有环境角色的双重性：一方面，它是向人生成的人居环境，是生产和生活的场所；另一方面，它又可以作为旁观的对象，作为景观而呈现。故城市美学向着城市的"宜居、利居、乐居"① 展开。虽然城市美学是在现代城市发展的强力推动下而产生的，但这一视域却可覆盖于中国古代城市。

一、作为文明中心的中国古代城市

一般认为，古代文明主要还是以农业文明为主，就像有的学者所认为的："（虽然）古代几大文明都有其代表性的伟大城市，但其主体并非城市，城市文明至多可以说是被汪洋大海的农业文明包围的孤岛。"② 从世界城市史来看，"到 1800 年，世界城市化水平只有百分之三"。③ 而中国古代社会更是典型的农

---

① 陈望衡：《环境美学是什么》，《郑州大学学报》（哲学社会科学版）2014 年第 1 期。

② 于海：《城市社会学文选》，复旦大学出版社，2006 年，第 1 页。

③ 何一民：《中国城市史纲》，四川大学出版社，1994 年，第 11 页。

业社会，相当长的时间里城市都没有引起人们的足够重视。

中国古代城市的历史可以上溯到 6000 年前新石器时代中期的原始聚落。到新石器时代晚期，仰韶、红山、河姆渡等文化区则都出现了存在着阶级分化因素的新型聚落，此时的聚落已经有了初城的性质，不仅数目增加，而且面积也扩大。大小、功能不同的聚落形成了一个个有着多层级别的金字塔体系，这个体系约等于一个城邦。所谓的城邦国家从龙山时代开始，一直延续到西周。在何兹全等学者看来，到周代，其实都还是城邦国家的形制。①

秦汉之后，中国进入中央集权的封建时代，在这个过程中，城市转型为封建统治的根据地。在城邦时期，城便是国，在中央集权制下，尤其是在领土国家的观念深入人心之后，独立的邦国消亡。但是就城市的控制力，尤其是都城对于整个国家的控制力和影响力来讲并不是削弱了，而是强化了。城市是中央政府统治地方的行政工具，城市主要成为各级政府机构的所在地。

除了少数分裂时期，中央政权持有对全国的控制力，不仅能调动庞大的人力、物力来营造都城，也出于政治军事目的在其他重要地区修建城市。同时，又由于古代生产力的发展，商品经济日趋繁荣，在交通地理位置优越、经济基础良好的地区日积月累地形成了一系列的城市，其中不乏重要的大型城市。古代城市日趋成熟完备，承担着重要的政治与经济职能，等级化的城市体系在全国范围内更加严谨地建立起来。

在行政力量和经济力量的双重推动下，"中国古代城市与欧洲同期的城市相比，不仅数量更多，而且规模更大，从汉代到清代，县级以上的城市基本保持在 1300 个左右，10 万人以上的城市也多达数十个，而都城之大，在世界古代城市史上无可比拟。"② 可见，中国古代的城市系统是相对发达的，其中尤其是都市，不但与同期的西方其他都市相比毫不逊色，甚至更为宏伟。随历史积淀下来的许多重要城市，其规模和建制无论是从文献上还是从考古上来看都是

① 何兹全：《中国古代社会》，北京师范大学出版社，2007 年，第 90~92 页。

② 何一民：《中国城市史纲》，四川大学出版社，1994 年，第 10 页。

相当可观的，有些设施与设计甚至沿用至今。

城乡绝对对立的二元结构在古代中国也并不存在。在芒福德看来，城市与村庄固然从其源头上有诸多不同的元素，但是"村庄的秩序和稳定性，连同它母亲般的保护作用和安适感，以及它同各种自然力的统一性，后来都流传给了城市"。① 不过他也指出，城市的天赋命运也在发生分化，"一条是共生之路，另一条是掠夺之路"，前一种"其后果将是一种有组织的联系，具有更复杂的性质，较之于村庄、社区及其周邻地带居于更高的水平"，后一种使城市"成为一种集中和榨取剩余资料的工具"。② 对于古代中国来讲，城乡合治更为明显，社会的运行规则在城乡之间并无太大分野，城市的政治秩序与农村的政治秩序一致，农村的政治秩序是城市政治秩序的延伸，城市政治秩序则是整个社会秩序的集中体现，并且服务于广大乡村。如薛凤旋在评论汉代的城市时说："其功能是为当地的农业经济提供组织上的支持，包括税收、发布中央行政命令，推行教化、司法，以及救灾、养老、扶贫等社会福利和服务。""城市的主要服务对象是其直接腹地，即它所处的农业区。其目的是使地区农业经济稳定发展，以提供国家所需的农产品和税收。因此，城乡关系非常紧密，并且是互补而不是相对立的。"③ 这也适用于中国封建社会的其他时期。从经济角度上城乡共生，而就其主体价值观和行为规范及社会制度来看，在中国其实也是没有太大城乡分别。以儒家思想为主流的价值观和行为规范，不仅体现于城市生活中，也普遍地体现在乡村生活中。城市是统治的根据地，但并不是奉行另一套文明，而是整体文明的关键处和凝聚点，所以也就完全谈不上是孤岛。

更重要的是，城市文明并不是乡土文明的从属，而是主导。虽然就绝对面

① ［美］刘易斯·芒福德：《城市发展史——起源、演变和前景》，中国建筑工业出版社，2005年，第14页。

② ［美］刘易斯·芒福德：《城市发展史——起源、演变和前景》，第95页。

③ 薛凤旋：《中国城市及其文明的演变》，生活·读书·新知三联书店（香港）有限公司，2009年，第131页。

积和绝对人口来讲，仍然是乡村占据多数，但这并不意味着古代中国的城市文明居于附属地位。古代城市主要有两大类：一类是出于政治和军事上的需要按照规划建造的城市，一类是由于地理条件、经济基础而长期发展扩建而来的城市。无论哪一类，都是其所处地区的无可置疑的中心。春秋以前的城市大都是统治者和贵族的居住地，城市生活的方方面面正是由这些阶层主导。唐宋之后，城市的经济职能更加发达，市民更加活跃，城市也更符合市民世俗生活的需要。但无论是主要反映帝王意志，还是主要反映市民愿望，城市作为所处地区的中心，从衣食住行的器物层面到典章制度的文化层面，城市中的文明都对所处地区有着一个强大的辐射作用。当然这一辐射作用能影响到多大的区域与城市本身的政治等级、幅员面积、经济水平、交通位置等直接相关。显然，在古代城市的序列中都城的辐射能力是最强的，其文化时尚甚至可以远播域外。

可见，中国的古代城市作为"文明的容器"，事实上居于文明的中心。但传统的美学研究，通常给予田园和山水之类的解读甚多，而对城市的关注却相对稀少。其实，对中国古代城市的美学解读是非常有必要进入理论视野的，并且由于中国古代城市本身的特点，其研究也应具有相应的路径和特点。

二、中国古代城市的美学层次

从一般意义上讲，古代城市和现代城市一样，也是一种人工建造的对象，是人性欲望需求的物态化呈现形式，是人的情感投射的载体。这些共同之处，便为古代城市由一种物质性对象向富有情感的审美性对象转化奠定了基础。古代城市固然首先是一个物态的存在。无论是其宏观的规划形制还是具体的某个建筑，或是与之相融合的自然景观，都首先是一个物质上的存在。但是沿着物态向上提升，还能达到一个观念的层面。它具有强烈的象征意味，象征着政治权力，图示着制度人伦，体现着宇宙精神，反映着人与自然的关系。所以对于古代城市的美学研究，绝不仅仅是景观研究，而是必须与其本身的性质、地位相联系。

中国古代城市的美学解读路径之一是探究其形制规划中的美学原则，其中最重要的一条原则就是配合政治、合于礼制，因为大多数中国古代城市的首要属性是政治属性，是所在区域政治权力的中心。芒福德在考察了尼罗河和两河流域的文明进程后就认为是王权制度推动了城市的出现，城市首先是服务于王权组织的，城市的出现"最重要的参变因素是国王，或者说，是王权制度"。"在城市的集中聚合的过程中，国王占据中心位置，他是城市磁体的磁极，把一切新兴力量统统吸引到城市文明的心腹地区来，并置诸宫廷和庙宇的控制之下。"① 这样的分析对于中国古代城市同样适用。中国古代城市从产生的那一天起，就和政治权力息息相关，这直接左右了古代城市的形制。龙山的邦国城市除了拥有坚固的夯土城墙作为防御工事，其核心区域便是宫殿和庙宇。这种由聚落向城市的演化中出现的形制特点的背后体现的是统治权力的形成与集中，并且暗示出这样一种精神意义：都城需要昭示权力的威严性与合法性。这种精神意义在后来真正的都城出现之后也被作为都城的重要价值而继承下来。所以中国古代城市，尤其是出于政治目的规划建设的城市，首先体现出一种城市的配置围绕权力而进行的政治美学。

这种政治美学在西周时期就已经被培育出来。城市的建制不仅从现实层面服务于国家政治，而且也是政治观念的图示化体现。《考工记》中详细记述的匠人营国之制，从最浅白直接的层面上看，是对于都城的规划营建。但是都城的规划建设已经远远不是一个技术上的问题，具体操作制度运行的背后最为重要的则是"王"或者说"圣人"之意。正如《周礼》开篇所讲，"惟王建国，辨方正位，体国经野，设官分职，以为民极"，建都最终体现的是圣王建国立邦的指导思想。符合理想的都城应该是一个反映礼教尊卑、伦理秩序的以王宫为中心而严整方正的布局。这一城市理想越是到后来，体现得越为显著。《考工记》中"旁三门""九经九纬""左祖右社、前朝后市"的形制，从两汉经隋唐到明清时期已发展得极为完备。在礼乐制度之下，都城也就成为礼制的配置物，图示着政治人伦，并且向都城之外的城市序列辐射。这种原则和标准对

---

① ［美］刘易斯·芒福德：《城市发展史——起源、演变和前景》，第38页。

于次一级的城市同样适用，大量的州府、县城也都是以政府衙门为中心，呈较为方正的布局。

当然，中国古代城市的规划除最重要的礼制原则之外，还有诸如"阴阳五行""象天法地""天人合一"等观念的渗入，也有一个越来越市民化、生活化的发展过程，整个城市成为一个丰满而有序的整体，表现出古人高超的全局意识和"天人合一"的生活理想。

中国古代城市的美学解读路径之二在于考察其丰富的器物。各色器物向着城市聚集，琳琅满目，且往往代表着同时代同地区的最高技术水准和审美水准，城市成了一个巨大的陈列室和时尚场所。中国早期的"城"与"市"并没有必然的关联，至于国都，对防卫上的安全性要求更高，所以早期的国都并不设市，市场在城外的某个固定场所。但它作为贵族的统治堡垒和居住之处，必然在周围形成为王室和贵族服务的手工业。正因为都城的手工业直接服务于统治阶级，巨大的财力和物力的投入必然得到更丰厚的回馈。譬如在商周时期的青铜器制造中，都城的青铜器制造就体现了最高的水准。正如张光直所言："青铜礼器是明确而强有力的象征物：它们象征着财富，因为它们自身就是财富，并显示了财富的荣耀；它们象征着盛大的仪式，让其所有者能与祖先沟通；象征着对金属资源的控制，意味着对与祖先沟通的独占和政治权力的独占。"① 不光是青铜器，玉器、陶器、建筑等，都城中服务于统治阶级的工艺制作都往往较其他地区更为复杂，造型更为美观，象征意义也更为丰富。

春秋战国时期因为工商业的发展，城邑的经济意义增强了，有了市的性质。城市作为政治中心与作为工商业中心就出现了合一，如齐国的临淄、楚国的郢都等。到唐宋之后，由于地理位置优越、经济基础雄厚而长期发展的城市更加普遍，如汴梁、苏州、扬州、广州等，在这些城市中手工业、商业异常繁荣。这意味着城市不仅成为各种美的物品的制造中心，也成为各种美的物品的流转中心。当城市真正成为一个工商业中心的时候，城市中的美学标准则体现

---

① 张光直：《美术、神话与祭祀》，生活·读书·新知三联书店，2013年，第91页。

出一种更为巨大的号召力和影响力，这种号召力和影响力正是在美的流通中实现的。

城市中密集的商品交换，使得美的造型进行着频繁的流通，正是在流通中使得整个社会审美潮流得以形成。在这个潮流中，皇室、贵族的审美趣味往往起着引领时尚的作用。所谓上行而下效，宫廷中美的造型代表着最高的成就，于是整个都城都以此为标杆，并以都城为中心，向周围区域传递，强有力的都市审美潮流甚至可以达到遥远的边疆和帝国之外。而都城之外的其他城市也相应于自己的地位，在发挥着引导时尚的作用。越到封建社会后期，一些重要的商业城市所发挥的潮流引导作用也越显著。

中国古代城市的美学解读路径之三在于体察其文化。城市中的文化活动最为丰富，每个时代最具代表性的美学理念也多是在其间产生，并得以传播。从历史上来看，杰出的思想家、艺术家往往都活跃于城市尤其是一些中心城市，他们的文化活动无疑推动着时代美学精神的形成。中国美学中的审美理想，或许往往指向自然与乡村，但提出这样一些理想的人却几乎都生活于城市，至少有城市生活的经历。所以那样的乡村其实是站在城市中反观的乡村。由此也可见，城市在美学理想的建构中其实并不是一个负面之物，恰恰相反，正因为有城市的存在，美学理想才得以建立并得到传播和认同。

另一方面，就中国传统中的仪式庆典、民俗活动而言，城市都远较乡村更为丰富多样，从两汉大赋到明清小说的文学艺术作品中可以清楚地看到这一点。而这些活动中无疑涌动着当时的审美潮流。这个潮流在唐宋之前，主要以贵族和士人为主导，唐之后，"都城开始从士人社会向市民社会转型"，[①] 不仅城市规划的布局从理想向着世俗转变，重大的节庆活动、宗教活动、公益活动等官方的色彩也逐渐淡化，但是从根本上，城市中的文化主流由精英阶层主导并没有改变，无论是审美时尚还是美学理想，都由城市主导着，尤其是由城市

---

① 宁欣：《从士人社会到市民社会——以都城社会的考察为中心》，《文史哲》2009 年第6 期。

中的精英阶层主导着，而这种审美时尚和美学理想又反向建构着城市与城市生活。

三、走向历史纵深的中国古代城市美学

刘成纪教授评介："在现代社会，没有任何一个对象像城市一样在国家政治、经济、文化生活中占据重要位置，也没有任何一个对象像城市一样汇聚了人艺术创造的巧思，并主宰着人的审美经验和价值判断。"[①] 而对于中国古代城市来讲，它不仅能够在形制规划、器物文明、社会活动等诸多方面折射出美学意义，而且这个美学意义能够引导我们审视传统，追溯历史。

以都城为顶点的整个城市系统，提纲挈领地贯穿起了整个国家。这个系统中的中国古代城市，事实上是其时代哲学理念和美学理想的图示化展现，对于研究当时的哲学和美学，既是一个标本，也是一个综合的活体。无论是城市本身的规制，还是城市中聚集的美的器物，或是城市中丰富的文化活动与社会生活，其中都涌动着美学精神。在功利实用中有美，在形象观照中有美，在意味象征中仍然有美。古代城市完全可以从实体到观念，从器物到社会文化生活，全面进入城市美学的视阈。古代城市美学作为城市美学的一个分支，作为一个交叉了哲学、历史学、地理学、建筑学、城市学的综合研究，是一个宝藏丰蕴的研究领域。

对中国古代城市的美学解读，也意味着对中国古典美学传统进行重新审视。既然城市才是中心，规划意识更为显著，器物更为精美集中，文化更为丰富先进，那么长期以来忽视古代城市的做法显然就是不明智的。乡村与自然当然是古典审美中的重要维度，寄托了诸多的审美理想，但是这个维度恰恰是因为城市的存在才更具有价值。

另外，借助对于古代城市的美学研究，还可以重新去审视传统美学中一个与政治体制相合作的传统。在中国历史中，虽然有几个政局动荡不安而思想上

---

① 刘成纪：《一种建设性的城市美学》，《河南社会科学》2012 年第 2 期。

却极为繁荣的时期，但这并不意味着在其他一些历时悠久政局稳定的王朝时期，以官方为主导、与即有政治体制相配合的思想和艺术创作就没有意义。恰恰相反，在这样一些政局稳定的时期，由于政治权力的强大，它有实力去主导一些非个人能力所能完成的事业，这样一些事业往往给我们留下异常丰富的历史遗产。

中国古代城市正是这样一些历史遗产。古代国家政治统一稳定的时期，常常是城市获得巨大发展的时期，因为稳定的政治体制下更能够调动起建设城市的人力物力，而剧烈的动荡和战争则是造成城市凋敝的重要原因。虽然中国古代也有自发形成的城市，但是大多数则是人为规划的城市，而且即便是自发形成的城市，也会纳入到行政规划之中。古代城市的建设和发展需要依赖政治权力的扶持，需要获得政治权力的保护，所以从根本上它和政治是相匹配的。

我们过去的美学体系总是更重视批判统治体制的思想，及那些反抗体制表达个体自由的艺术作品，但对于基于统治体制、为统治体制服务的思想和作品评介普遍偏少，这是有失公正的。对于古代城市美学的研究，可以重新去审视这另一个并非反抗体制而是与体制合作的传统，并且可以发现，这一传统下仍然有丰富的宝藏有待挖掘。当然，与体制合作并非完全丧失批判意义，批判的建设比纯粹的批判更有意义。

最后，需特别强调的是，中国古代城市的美学研究最有力的切入点莫过于从古代都城入手。在城市序列中，都城处于最顶端的位置。都城作为帝国政治、经济、文化的中心，作为整个王朝最大的辐射源，在空间和时间上的穿透力是极为强劲的。在空间上，以都城文化为中心，向周边辐射，历史上各朝各代往往是以都城作为一个中心区域创造出一个时代或者一个国家的最高文化水平。广而扩之，在帝国都城之外，围绕一些次一级的重要城市或者诸侯国和邦国的都城也形成了特定的文化片区。例如以临淄与曲阜为中心的齐鲁文化，以郢都为中心的荆楚文化，以广州为中心的岭南文化，以成都、重庆为中心的巴蜀文化等。当然这些文化中辐射力最强劲的还是以帝国都城为中心形成的代表整个帝国、整个王朝的文化，这一文化甚至可以远播到域外。从时间上，在王朝或政权更迭之后，虽然都城往往遭到毁灭性的打击，但是它所积淀的文化却会随着时间向后代沉淀，不断融入新的王朝和新的时代当中。

都城不仅仅是从其形态建制上体现出王朝和时代的政治与文化，从我国都城的迁徙史也可看出都城的命运如何与国家的命运紧密相联。中国古代都城的地理格局呈现出从长安—洛阳—开封—江南—北京的自西向东、自南向北的趋势。这样一个都城的迁徙过程，也生动地勾画出了经济、文化及民族矛盾、国际关系的变迁图。可见都城作为一个时代经济、文化、政治、军事晴雨表的意义所在。

此外，以都城为起点，作空间上横向的连缀，可以提领起一个"都城—省城—县邑"的帝国系统；作时间上纵向的贯通，则可以从都城变迁中把握整个中华历史的脉搏。一个王朝的都城就物质形态上来讲往往与这个王朝相共生，所以其都市也就成为解读某个时代文明的物态钥匙。

从古代都城切入，从历史上的重要城市切入，中国古代城市美学不仅仅具有美学上的意义，更具有文化史上的意义。以一种新的历史观和新的文化观来审视中国古代城市，中国古代城市的美学研究也就走向了历史深处。

（刊于《郑州大学学报》2016 年第 2 期）

汉都长安的自然美学考察

⊙张　雨

⊙西南大学政治与公共管理学院

　　当代的城市学学者们已经提出"田园城市"这一理想的城市类型，追求城市与自然的和谐相处。这有着非常深厚的环境美学的背景，正如陈望衡教授所言："环境美学的基本问题是人与自然的关系问题。自然对于人有两种意义：一是资源，二是家园。"[①] 在笔者看来，自然对于城市的价值可以分为三个方面：首先是实用价值。此时的自然作为地形地势、自然资源而存在，为城市提供生活资料和必要的屏障保护。自然对于城市的第二个价值是作为景观。这个层面的自然可以作为人居环境的美化元素，改善生活环境，陶冶人的精神，使人获得感官愉悦。自然对于城市的第三种价值是具有象征意义。它象征着一种更值得追求的生活方式，为人提供精神上的寄托和归宿。

　　都城与自然的关系，从根本上讲，是一个理想都城如何实现的问题。这个问题并不是现在才存在，事实上，古代的城市同样存在与自然关系的处理。汉都长安是中国古代历史上最伟大的都城之一，它与自然的关系，既有都城与自然关系的一般性，又有因汉代自然观及审美观的特点而带来的特殊性，非常值得一探究竟。

[①]　陈望衡：《环境美学是什么》，《郑州大学学报》（哲学社会科学版）2014 年第 1 期。

一、作为资源倚靠的自然

自然作为地形地势、自然资源等客观条件为城市提供生活资料和必要的屏障保护，这是自然与城市关系的第一要义。作为都城，对这一要求也更为看重。

对于国都的选址，早在先秦就已经有了理论上的认识。《管子·乘马篇》说道：“凡立国都，非于大山之下，必于广川之上。高毋近旱而水用足，下毋近水而沟防省。因天材，就地利，故城郭不必中规矩，道路不必中准绳。”《管子·度地篇》也云：“圣人之处国者，必于不倾之地。而择地形之肥饶者，乡山左右，经水若泽。”都是在讲如何鉴定一个地区是否具备立都的自然条件。谭其骧先生纵观中国历史，指出历代统治者择都都是从经济、军事、地理位置几个方面来考虑。经济上，要求都城所在的地区富饶，能够满足统治集团的物资需要。军事上，要求所在地区既便于控制内部又利于防御外来侵略。地理位置上，要求大致处于中心地区，这样才能有便捷的交通便于与各地联系。[①]

公元前202年，刘邦称帝，关于是定都处于关中地区的长安还是定都中原地区的洛阳，当时有一场争论。因为刘邦集团中关东人士居多，而洛阳也同样有着悠久的历史，所以定都洛阳的呼声也不小。但是谋臣娄敬不客气地指出“陛下取天下与周异”，汉政权是“大战七十，小战四十”得来，刘邦自己也曾说“马上得之”（《汉书·高帝纪》）。可见在立汉之初，其统治集团从上到下对于汉之武功与周之德教的区别是有认识的。虽然对周的德治政治表示充分肯定和向往，但也并不避讳西汉王朝以武力开创统治局面这一现实，并且清醒地认识到建立和巩固新政权，军事实力是最为重要的凭借，而关中地区作为军事上的易守难攻之地，与洛阳相比就更有建都的优势。

对于关中地区的地形，娄敬这样描述：“秦地被山带河，四塞以为固，卒然有急，百万之众可立具也。……今陛下案秦之故地，此亦扼天下之亢而拊其

---

① 谭其骧：《长水集》（续编），人民出版社，1994年，第15页。

752

背也。"（《史记·刘敬叔孙通列传》）张良也表示赞同说："洛阳虽有此固，其中小不过数百里，田地薄，四面受敌，此非用武之国也。关中左肴、函，右陇、蜀，沃野千里。南有巴、蜀之饶，北有胡苑之利。阻三面而守，独以一面东制诸侯；诸侯安定，河、渭漕挽天下，西给京师；诸侯有变，顺流而下，足以委输。此所谓金城千里，天府之国也。娄敬说是也。"（《资治通鉴·卷十一·汉纪三》）在娄敬和张良的考虑中，都提到了两个重要因素，一是关中地区得天独厚的军事防卫条件，二是关中地区物资充沛。

长安所在的关中地区中部是渭河的冲积平原，南靠秦岭，北面北山，西抵宝鸡大散关，为川陕交通的要道，东面函谷关，是关中陕西通往中原的咽喉。对冷兵器时代的国家都城来讲，地理上的攻守优势十分重要。长安地处关中盆地中部，易守难攻，且控制了长安也就能控制整个关中地区，进而控制全局。

定都长安除了关中地区自然环境在军事地理上的优越性，还在于物产丰富、资源充沛、农业发达。秦汉时期关中地区气候温暖湿润，水网密集，土壤肥沃便于耕种。关中地区的河谷平原与黄土台原上都土层深厚，其黄土犹如海绵，且富含钾、磷和石灰，在适当的水分下就具有了自行肥效，非常适合耕种。所以《尚书·禹贡》将关中地区划为雍州，其土为"上上"的黄壤。关中地区的水网也相当优越，渭河是最重要的一条河流，南北又各有众多支流，形成了一个严密的水网。渭水、泾水、灞水、浐水、沣水、滈水、潏水、涝水形成"八水绕长安"的局面。

对于关中美好的自然条件，史书上也多有记载。如《史记·货殖列传》曰："关中自汧、雍以东至河、华，膏壤沃野千里。"《史记·留侯世家》曰："夫关中左崤、函，右陇、蜀，沃野千里，南有巴蜀之饶，北有胡苑之利。田肥美，民殷富。"据《史记·货殖列传》记载，当时关中的耕地占全国的1/3，人口占全国的3/10，财富占全国的3/5，可见关中之于国家之重要，以及长安之于国家之重要。汉辞赋作家在作品中对长安的险要地形和优越的生态也着墨颇多，尤其津津乐道于长安地区的田园风光。无论是《西都赋》还是《西京赋》，都在肯定其险要的地形之后大力渲染其发达的农业与物质资源。如《西都赋》中曰："左据函谷、二崤之阻，表以太华、终南之山。右界褒斜、陇首之险，带以洪河、泾、渭之川。众流之隈，汧涌其西。华实之毛，则九州之上腴焉；防御之阻，则天地之隩区焉。""封畿之内，厥土千里。逴踔诸夏，兼其所有。……源泉灌注，陂池交属。竹林果园，芳草甘木。郊野之富，号为近蜀。……下有郑白之沃，衣食之源。提封五万，疆埸绮分。沟塍刻镂，原隰龙鳞。决渠降雨，荷插成云。五谷垂颖，桑麻铺棻。"这些描写几乎涵盖了长安所处关中地区的山脉、水文、土壤、植被及农业生产的种种，展开了一幅自然资源被充分利用，尤其是用于农业生产之后呈现出的欣欣向荣的景象。

诚然，将农作之事入诗并非汉代的特色，早在《诗经》中就有以《七月》为代表的农事诗。《七月》这类的风诗，采自民间，其作者身份不可考，不能断言是否真正从事了劳作，从其行文揣摩，至少应该是非常熟悉生产的。经年累月的劳作及自然物候在深刻地塑造着人的时间观念和空间观念。在缓慢的自然时间里，空间改变通过季节交替的飞鸟草虫、桑麻瓜麦来实现。对于劳作者来说，自然就是一个客观的对象，在对辛苦而又普通的生产生活娓娓描述的时候，这客观的自然并没有被寄托明显的情感。所以农事诗算是记录，其旨归却不是一种田园之乐。

辞赋中的田园记录则是另一番情景。可以确定的是，虽然描写了田园和农事，但文学家们显然并不是直接的生产劳动者。无论是修筑关隘以保都城安全，还是开挖水利泄洪灌溉，或是稼穑农事，在辞赋作家这里自然从劳作对象转变为了观察对象。田园之乐的实现也只有在这种转变中才有可能。虽然真正意义上的田园诗确非在两汉时期形成，但是文学家们在创作都城大赋的时候首先对都城周围险固的地形地貌和富庶的农林田园津津乐道，至少说明两点：其一，险要的地形保障都城的安全和发达的农业拱卫京师，这是理想都城的第一要义；其二，对于都城周边的自然开发确实也已经相当成熟。

对关中的开发，固然给都城乃至于整个王朝提供了良好的立都和立国的基础，同时也给自然环境带来巨大的压力。西汉一朝大兴土木，大量宫殿、离宫别馆及帝王陵墓的修建对当地的森林造成破坏。从史料上看，到东汉末年关中地区的山林就已经被破坏得非常严重。更重要的是，都城所在地人口基数庞大，汉代还多次从关东移民，人口的增加必然导致粮食需求的增加，从而大面积增加耕地，过度开发造成植被破坏、资源枯竭。东汉时期傅毅《反都赋》中就针对长安、洛阳之争提出，西都盛况已成明日黄花。虽然长安地区的险要地形地势还在，但是其经济状况已经由于资源的匮乏开始衰败，强烈建议迁都洛阳。当然，这已是后话。西汉的长安总的来讲，其周边的地形地理和山川物资及农林田园足以支撑它成为都城的不二之选。

二、从景观点缀到山水游娱

辞赋作家的作品中，首先提到的都是险要的地形和发达的农业与物质资源。虽然以地形之险和田园之饶作为起笔，都城与自然的关系却不会停留于此。自然不仅是生活的物资和劳作的对象，还可以是观赏的对象；不仅是生产的场所，还是生活的空间。生活的空间接引进自然的元素，构成一种景观上的塑造，使得生活空间更富于美感，也带给人精神上的愉悦。

汉长安在景观制造方面已非常普遍，不仅皇室的宫殿、贵族的府邸有这样的需求，就连一般民居和城市街道也不例外。

长安城中一半以上的空间被宫殿占据，宫中有宫，形成一个又一个相对封闭的庭院，庭院中的自然景观引人入胜。庭院是由殿室房廊围成的空旷区域，这并不是一个多出来的空间，而是人居建筑中直接与天地相融合的部分，也是体现生活情趣的重要部分。庭院内植树种草，也就成了引自然元素入人居环境的重要表现。

如未央宫的主体建筑前殿，就不是一座宫殿，而是一组大型宫殿群。由南北排列的三座大型宫殿及一些附属建筑组成，每座宫殿南边均有一个庭院。对于前殿的建筑，《西京赋》曰："蒂倒茄于藻井，披红葩之狎猎。饰华榱而璧珰，流景曜之韡晔。雕楹玉碣，绣栭云楣。三阶重轩，镂槛文㮰。右平左城，青琐丹墀。刊层平堂，设切厓隒。"建筑所用的木材都是木兰与文杏，藻井木梁上绘饰着水草菱花，橡头装饰着金箔，大门上点缀着宝石，窗户上雕着花纹，栏杆上绘着图案。前殿的正门是南门，也称端门，门内是广阔的庭院，《西京赋》云："正殿路寝，用朝群辟。大夏耽耽，九户开辟。嘉木树庭，芳草如积。高门有闶，列坐金狄。"可见其庭院里除了森严肃穆的装点，也不乏草木葱茏。

前殿以北的椒房殿是后宫首殿，也是一组宫殿群。由正殿、配殿、附属房屋等组成，正殿位于椒房殿南部，配殿在正殿东北部，由南、北二殿组成，附属房屋位于正殿以北配殿以西。正殿北部有一庭院，配殿的二殿之间和北殿北部各有庭院，附属建筑群有庭院三座，房屋九座。除了椒房殿，后宫还有许多其他宫殿。《三辅黄图》载："武帝时后宫八区，有昭阳、飞翔、增成、合欢、兰林、披香、凤凰、鸳鸾，增修安处、常宁、茝若、椒风、发越、蕙草等殿，为十四位。"对这些宫殿庭院，《西都赋》中描写："于是玄墀釦砌，玉阶彤庭。硬碱采致，琳珉青荧。珊瑚碧树，周阿而生。"可见其庭院内都是美不胜收的景观。

前殿的庭院和后宫的庭院具有不同的审美风格。正如《西京赋》中所描写的，前朝庭院是："大夏耽耽，九户开辟。嘉木树庭，芳草如积。高门有闶，列坐金狄。"后宫的庭院则是："金釭玉阶，彤庭辉辉。珊瑚琳碧，瓀珉璘彬。"虽然都是庭院，但是前朝更强调一种庄严肃穆，而后宫更重视迤逦俊逸。这种美学上的风格区别其实也很好理解，毕竟这是两个功能性质上有所区别的区域，其景观风格就需要和功能相协调。我们甚至可以推测，同样是植树种草，办公区之庭院和后宫之庭院可能就会有花草种类选择上的不同，可能前者更多嘉树高木，后者更多芳草奇卉。这从宫殿的名称中也可窥知一二。办公文化功能的殿阁，多以麒麟、白虎、金马、朱鸟等瑞兽为名，后宫则多是以合欢、茝若、兰林、蕙草等芳草佳卉为名。前者以名称暗示庄严，后者以名称昭示迤逦。

总的来说，植树种草垒山掘池在后宫区更为普遍，其审美性也更为纯粹，且逐渐形成一种园林化的存在。

未央宫的园林区就主要集中在沧池景区。沧池位于未央宫西南，沧池之中建筑了假山——渐台。园中利用人工造土山，见于文献最早的就是汉代。《汉宫典职》曰："宫内苑聚土为山，十里九坂。"堆土造山一方面是平衡了场地土方，开挖人工池泽时出的土石正好用来造山；另一方面在审美上则起到封闭视线、分割空间的作用，使有限的空间产生一种无限的观感。《西京杂记》中还记载了一些景观类的建筑："汉掖庭有丹景台、云光殿、九华殿、鸣鸾殿、开襟阁、临池观，皆繁华窈窕之所栖宿。"从其名称也可想见这是一组有亭有台、有池有山的园林化宫殿。和未央宫一样，长乐宫本身也有园林区。长乐宫地势南高北低，池苑多分布在北部。《三辅黄图》引《庙记》曰："长乐宫中有鱼池、酒池，池上有肉炙树，秦始皇造。汉武帝行舟于池中，酒池北起台，天子于上观牛饮者三千人。"可想其酒池台榭之巨。酒池和沧池一样，也是兼备着蓄水功能和景观功能。

除了各个宫殿中的庭院景观和园林布置，自然元素引入人居环境也并不是皇家的专利。前堂后室、前庭后院的民居格局使得除宫城之外的官邸府第或普通民居也是一个人与自然相和谐的小天地。

汉代院落的基本结构为门、庭、户、堂、内，《汉书·晁错传》有"先为筑室，家有一堂二内，门户之闭"的记载，可见汉代民居的基本形式是一间堂屋、两间内室，外有门、内有户。汉代四合院的住宅形式已经发展得很完善了。房屋围墙围起来的庭院，也就成了一种生活方式的表达。院落对外是封闭的，但是院落内则是一个能够引入阳光雨露和植树栽花的相对开放的空间。这样一些庭院中不乏草木池山，《汉书·食货志》中就载有对普通居民庭院绿化的规定："城郭中宅不树艺者为不毛，出三夫之布。"这些庭院景观既美化了居住环境，也美化了整个长安城。

除了居家环境，长安城中的街区也有景观绿化。长安城城墙外侧有宽 8 米、深 3 米的壕沟围绕，壕沟边广植杨树。《三辅黄图》载："长安城中……树宜槐与榆，松柏茂盛焉。城下有池周绕，广三丈，深二丈，石桥各六丈，与街相直。"可见城中是广植槐榆松柏，水域池沼星罗棋布，环境宜人，长安城充满了人与自然融洽相处的和谐感。

城市中的景观设计，作为自然元素被接引进了人居环境，美化了生活空间。但是景观和园林毕竟受到一定地域的限制，是城市包围自然。当把视线向城市周边投射的时候，会看到城市事实上是镶嵌在自然之中，是自然包围城市。此时的自然既不是劳作的对象，也不是生活的点缀，而是一种更为去目的性的风景呈现。

汉长安城周边的山水自然，以上林苑为代表。上林苑在扩建之前是秦之旧苑中的一个，当时长安周围还星罗棋布着大大小小的其他苑囿。在上林苑扩建的过程中，很有可能把它们包纳了进来，最终形成一个空前绝后的皇家苑囿，从长安城的东南向南包裹到长安城的西部。刘庆柱将上林苑比作一把打开的折扇，东以灞河为界，西到周至终南镇的田溪河，北边基本上以渭河为界，南边到终南山北麓。扇轴为汉长安城，折扇左右顶端则分别是鼎湖延寿宫和长杨宫①。如果算上渭北的甘泉苑等，几乎整个长安城都嵌入进了绵延的苑囿之中。

如此规模的山水格局，也改变了宫（城）与苑（林）的关系。如果说，长乐宫、未央宫的园林化，还是在宫城之中分割出相对独立的部分作为景观区，属于"苑在宫中"，那么，幅员空前辽阔的苑囿包括长安城，在林苑中又散布着离宫别馆，从而成了"宫在苑中""城在林中"的格局。

这绵延的苑囿中，有诸多风景优美之地，其山水之胜使人们获得了赏游之乐。这种山水游乐较之于较为狭促的庭院和局部园林的游冶之乐显然更为舒张胸怀。

昆明池是上林苑中最重要的风景区，周围楼观众多。汉武帝第二次扩建昆明池的时候，就开始围绕昆明池着重进行了宫殿楼观的修造。所谓"乃大修昆明池，列观环之""宫室之修，由此日丽"。除了各种宫观楼台，昆明池中还有各种游船。《三辅黄图》卷四载："池中有龙首船，常令宫女泛舟池中，张凤盖，建华旗，作櫂歌，杂以鼓吹，帝御豫章观临观焉。"景色如此宜人的昆明池，除调节城市供水、演习水战和养殖水产等实用功能之外，还有一个重要的

---

① 刘庆柱、李毓芳：《汉长安城》，文物出版社，2003年，第199页。

作用，那就是成为皇帝、贵族游憩赏玩之佳所。

除了昆明池，长安周围的上林苑中还有其他许多风景优美之地。《西京杂记》记载："始元元年，黄鹄下太液池。上为歌曰：'黄鹄飞兮下建章，羽衣肃兮行跄跄，金为衣兮菊为裳。唼喋荷荇，出入蒹葭。自顾菲薄，愧尔嘉祥。'"《拾遗记》载汉昭帝临琳池，"使宫人为歌。歌曰：'秋素景兮泛洪波，挥纤手兮折芰荷。凉风凄凄扬棹歌，云光开曙月低河，万岁为乐岂云多'"。自然于此处成为一种世外桃源，人赋予了自然以情感调质。

长安周边苑囿的山水丛林，并不仅仅是清玩之处，更重要的一项游娱活动是田猎。《西都赋》和《西京赋》中用了大量的笔墨绘声绘色地描写了帝王出猎的仪仗声势、勇士们追赶捕杀禽兽的热烈喧腾及田猎之后如何志满意得地赐赐战利品和举行盛大的宴饮聚会。在田猎中，人获得了对于自然予取予求的自信，在仓皇逃生的动物面前，人获得了对自己力量的崇拜。

山水之美不仅带给人愉快和力量，还唤起观者的人生感慨。汉武帝的《秋风辞》曰："秋风起兮白云飞，草木黄落兮雁南归。兰有秀兮菊有芳，怀佳人兮不能忘。泛楼船兮济汾河，横中流兮扬素波。箫鼓鸣兮发棹歌，欢乐极兮哀情多，少壮几时兮奈老何！"①对自然的观赏培育了人敏锐的感悟能力，空间感受与时间感受作为审美体验的两极，在这里得到了统一。

三、仙境与宇宙：自然的象征意义

自然对于都城来讲，从资源的存在到劳作的对象，到人居的环境，到赏玩的处所，已经越来越从功利实用走向精神审美。但自然对于长安城的精神价值还远不只于此，它有着更为丰富的象征意义。

诚然，真正意义上的山水审美要到魏晋时期才告成熟，但是将山林看作是不同于俗世的完美世界这样的意趣在汉代已不缺乏，主要的表现就是将山水与仙境紧密联系。

---

① 严可均：《全汉文》，商务印书馆，1999年，第23页。

司马相如的《上林赋》写于上林苑落成之前，曰："夷嵕筑堂，累台增成，岩宎洞房，俯杳眇而无见，仰攀橑而扪天，奔星更于闺闼，宛虹拖于楯轩。青龙蚴蟉于东箱，象舆婉于西清。灵圉燕于闲馆，偓佺之伦暴于南荣。""灵圉"和"偓佺"都是仙人，司马相如让神仙传说里的仙人出现于人间帝王的苑囿之中，便是将这人间的苑囿转化成了仙人之境。在夸饰上林苑规模宏大、雄伟壮观的同时，更强调其超凡的象征意义。在描写汉家天子游猎结束后在上林苑中置酒张乐的庆贺场面时，又写到"荆、吴、郑、卫之声，《韶》《濩》《武》《象》之乐，……若夫青琴、宓妃之徒，绝殊离俗，妖冶闲都"。"青琴"和"宓妃"也都是传说中的神女。出现于帝王宫苑里的这些仙人、仙境，其实都是汉赋作家有意想象虚构出来的，作家借助神仙传说对帝王宫苑进行夸饰描写，正是其自然山水更加靠近仙境的观念的反映。但是这种仙境并不是一种决然独立于人间的所在，从武帝对神仙的态度也可知，武帝并不是要做出尘离世的神仙，而是要将神仙请到人间来做朋友，甚至能够役使各路神仙为自己服务。扬雄的《河东赋》《羽猎赋》中多有此种想象，如"羲和司日，颜伦奉舆""叱风伯于南北兮，呵雨师于西东""丽钩芒与骖蓐收兮，服玄冥及祝融"。羲和、颜伦、风伯、雨师、钩芒、蓐收、玄冥、祝融俱是神仙，可见帝王慕仙，是羡慕其长生不死、法力无边，而不是要清心寡欲、离尘索居；也不是要去一个彼岸的世界，而是想在此岸世界获得不朽。

上林苑中的离宫别苑也在通过各种元素表达这种仙境象征的追求。其中一些仅从其名称就能见其意象上的追求，如集灵宫、集仙宫、存仙殿、存神殿、望仙台、望仙观等。在所有的宫殿中，建章宫作为武帝时期最后修建的一组宫殿群，是武帝在人间实现的仙境中最为浓墨重彩的一笔，巫鸿称之为汉武帝的"仙境纪念碑"①。诸多仙境元素在建章宫中都得到了体现：象征蓬莱的池山，象征天门的璧门，象征紫宫的正殿，高耸以迎仙的台、楼，飘摇欲举通神意的

① 巫鸿：《中国古代艺术与建筑中的"纪念碑性"》，上海人民出版社，2010 年，第 231 页。

阙上凤鸟等。除了阊阖门、神明台、井干楼、迎风欲翔的风标等高大建筑使人目眩而意迷，建章宫中太液池一池三山的格局也是对仙乡神境的模拟，暗示着无限的时空。

这种仙境其实是一种强大想象力的反映，池山苑囿已经不再是池山苑囿，它们引导着人的思致向着汪洋、四极和全宇宙飞升。山水表征出一个完美的世界，这个世界气势恢宏，包罗宇宙。晋人皇甫谧在《〈三都赋〉序》中曾如此评论汉代宫殿苑囿："大者罩天地之表，细者入毫纤之内，虽充车联驷，不足以载；广厦接榱，不容以居也。"可见西汉时期的苑囿以博大为特色，营造出的是一个天地宇宙的图式。

普遍认为西汉文化中有丰富的先秦楚文化的因子，而楚文化是一种浪漫的巫觋文化。这种巫觋文化唤起了十分绚丽的空间想象，这在《楚辞》中表现得淋漓尽致。譬如《离骚》里诗人活动于西方与东方，游走于天上和人间。里面的芳草芝兰香花奇树山川河流并不构成真实的风景，也不是客观的自然，而是一个包罗万象的想象空间。汉文化一方面继承了理智清明的中原文化，另一方面又接纳了以巫觋为特色的楚文化及广论阴阳神仙的燕齐文化，于是汉代的自然认识就别有一番特色。思想史的观念一般认为，汉人不长于抽象思维，但是恰恰是这种不长于抽象思维的思想方式，放到空间认识、自然认识上，反而成了一种极富于想象力和审美性的宇宙观。

在辞赋中，能看到汉人对自然的把握其实最终并不在那些客观的山水，而是一种幻象式的宇宙整体。枚乘的《七发》的"一发"中，从一棵树开始写起，进而描写与树相关的峡谷溪流、冬夏晨昏，最后竟然落实到琴。其实也就意味着视野已经超越了这棵树本身，而以另外一种方式（音乐）进入了宇宙秩序。在司马相如的《上林赋》中，对自然的描写从无生命的自然到有生命的自然，以近乎夸张的铺陈展示了上林苑中的山石林地、植物动物。这与其说是对上林苑的客观临摹，不如说是在想象中完成的空间建构。而这种丰富的想象力却以其卓越的表现力而为汉武帝在规划扩充上林苑的时候提供了梦幻蓝图。正如巫鸿所说："司马相如在《上林赋》中创造了一个没有焦点的微缩宇宙。他对这座离奇禁苑的描写采用了不断移动的视点，诗人似乎在其想象的景色中作着一种不间断的旅行。真实的上林苑模仿了这种文学结构。创造无数'单体'景观的热情在公元前104年以前推动着上林苑的建设，这些景观包括宫殿、观及以稀有动植物装点的池塘湖泊。"①

不独《上林赋》，在其他的汉赋中关于自然景物的描写也可以看到，极尽铺陈之能事。连篇累牍的名词和形容词用于岩石、河流、草木、禽兽，仔细去区别这些形容词之间到底有什么区别和联系，去琢磨那些名词到底都是些什么树、什么花、什么鸟、什么兽并不是理解的重点，重点在于在这样一个被建构起来的空间中堆砌了作者们想得到的一切，这个空间几乎成了整个天下宇宙的浓缩。

描写苑囿占据着汉赋主题中一个特殊的地位，虽然作者可能有着劝谏皇帝的目的，但事实上起到的大部分作用是"润色鸿业"。譬如司马相如的《上林赋》非但没有达到"归之于节俭，因以讽谏"的目的，反而因为其出色的形象想象为武帝提供了扩建上林苑的蓝图，这和汉赋的创作群体很大部分属于新官僚阶层有很大关系。汉赋中的自然既不是劳作的自然，也不是宗教的自然，而是统治思想内的自然。作者对这个自然的描写，并非要如实地描写景观，而是努力塑造这样一种印象：苑囿即宇宙。对这个"宇宙"，人（君主）是无可争议的主人，人（君主）掌握着天下宇宙。这种面向自然飞升宇宙的胸襟也正是大汉雄浑审美风格的底气，铺陈夸饰的汉大赋与后无来者的辽阔西汉苑囿共同印证了这种审美风格在自然观上的表现。

确实，在西汉时期，无论是清幽的风景赏玩还是激烈的田猎游戏，基本上都还是属于皇家与贵族的专利。"大者罩天地之表，细者入毫纤之内"的皇家苑囿以博大为特色，营造出的是一个宇宙的图式。不是在都市里面营造园林，而是在园林之中包蕴城市。这个园林不仅仅是局部的池园山石，而是扩大到了

---

① 巫鸿：《中国古代艺术与建筑中的"纪念碑性"》，上海人民出版社，2010年，第227页。

整个都市周边的山水自然。而从东汉以降，随着皇权由皇室向豪门的转移，皇家的仙境园林、宇宙园林也向着豪门贵族的自然园林转变。当然，这也意味着以自然为园林、以苑囿表宇宙的大手笔开始收缩，开始专注于营造小巧的园林来感应自然，这其实也从另一个方面印证出，西汉的彪悍雄风一去不复返了，西汉长安城的那种恢弘吞吐也将归于长久的沉寂。

（刊于《郑州大学学报》2017 年第 1 期）

二、环境美学与实践应用

耕作的艺术

⊙ ［丹麦］玛琳理·哈斯勒
⊙丹麦哥本哈根皇家农学院

第一位园丁是个女人，而第一个花园的创造是因为她发明了篱笆——至少这是丹麦园艺设计师卡尔·索伦森的理论。在他看来，园林艺术是风景和技术方法交织的产物。通过精炼灌溉技术，这些古典的、大陆的园艺呈现出了它们的特征。

古德芒德·尼兰特·布兰德关于园林艺术的实质的理论指示了另一个方向。尽管他推荐来自农业风景的灵感，但实际上是以推崇园林艺术为目的的。他以一种至关重要的，或者说以一种美学和生物学的自然观点来区分认知和联系。

如果你认为耕作的过程是一种精致的对待风景的方式，是耕作的艺术，你就可能区分这两个方面：一个是物理的、生物的严肃方面；另一个是索伦森所说的产物形式，即美学和社会学方面。这在布兰德的理论中是关于想象和解释的部分。这两个方面都是关于自然和社会关系的。

建筑中的风景，即建筑艺术，虽然有点不同，但我仍将其归于耕作的艺术。作为建立风景艺术的建筑学，它创造了空间、建筑物和遮挡物。而耕作的艺术是已经存在的标志，因为它见证了我们生活在地球上能够进行耕作这一过程是人类的、社会的行为。

所有的艺术形式都有它们自己的语言。就好像音乐有声音的语言，电影有胶卷的语言，农业风景也有它自己特殊的语言。耕作的艺术有两种语言，我把它们分别称为种植业的语言和畜牧业的语言，这和人类在地球上耕作的两种不同方式——种植或者畜牧，人类是做农民还是做牧民是相一致的。在这种人造的形式中，我们用语言谈论关于创始、生长、创新、控制和行动。而在它原始的、明显的自然形式里，语言谈论关于自我规则、平衡、成熟和存在。在第一个解释中的重要性在于你做了什么，在第二个解释中的重要性在于你是什么。

如果我们假设艺术的语言可以用于理解和处理一个社会的概念，那么耕作艺术的语言可以做到更多。它谈论的不是个别的意义，而是整个社会文化的一部分。它在社会变化的过程中给已经存在的解释学和语义学的构成框定了界限。当我在持续的讨论中形成了对现代耕作风景的疑问，不管它的真与美在于人们添加或者创造的成分，或者来自自然，答案显然是天然的，即导致了农业中的畜牧业形式。教化的和人造的逐渐被认为是自然的，因而是真的和美的。而以前的理想从牧业风景而来，现在的理想是在耕作的风景里，在橙色的林子里，在南方的梯田里，在那些人类的手更多会出现的地方。

为了了解后现代，多知道一些现代西方历史是有必要的。在 1968 年，包括美国人，法国的非政治嬉皮士、无政府主义者，荷兰人和德国人，都对一时冲动的、自由的生活方式有种彻底的信念，他们想回归本性，这就是重建和恢复自然本性的纯洁。

蕾切尔·卡逊支持这些观点，他在《寂静的春天》一书中描绘了一个由人、牛和鸟组成的城市。因为空气、水和地球上的化学污染，那里的生物先病后死，然后，一种奇怪的宁静感降临。如果鸟类和昆虫对于幸存的人类是重要的，那么浇灌、截断和修剪它们的生存支柱是悲惨的事情，花朵和果实应当留下来，也应该让草长得更高。

1973 年，荷兰艺术家路易斯·雷·劳尔写了一本书《自然机器：那些自然》，这个标题就暗示了人类错误地把自然看作机器，可以随意开关。劳尔的"耕作的艺术"的简单理论开启了西方世界自然主义的进程。这成为了一种美学基础，它将其自身与人类干扰下形成的美丽画面隔离开来。另外，有一种想法认为去重建一个特别的迷失风景，去设计一种文化的风景是没有意义的，这些已经在先前的时代得到过很好的实践了。在小范围内，他们理论的结果是应当修剪得很短的草被允许长得很高，杂草可以长到床上了。

在较大范围内，自然的保留与森林和新生态系统应当渗透到城市中并与之相关联，高速公路和机场相交集的城市风景应当被划分成小块的农田、花园和藏在森林后面的格子小路，那样你就不会再看到城市和农田了。克里斯托夫·亚历山大推荐我们聆听生命世界自身的语言。他认为用电脑或者数模可以找到最好的解决办法。一个城市的结构可以被一种由许多模式联合的系统所创造，就好像语言被很多词语所创造。他声称一个好的城市会被许多树所点缀，而公园应当灭亡——它是做作的。

那些没有栽培过的、人造的风景，城市房屋造成的有力的街道、锋利的林地，有很多阔叶草和花朵的农庄，从现在开始，在这些花园里，自然的手主宰了建筑学的语言，它们变成了"自由之地"和绿色的空间。其品质与人力干预成反比，虽然有差异和许多种类，自然仍然可以通过自我调节来适应外部条件。

从 20 世纪 20 年代起，在城市中保存自然这一理想在瑞典已经得到了实现。群岛和阔叶草地，闲逛的权利和民主放松的生活方式得到了很好的共生。时至今日，自然已经变成了人们尊敬的一个朋友。地面变绿了，屋顶上覆盖着草坪，花园垃圾被做成混合肥料，太阳辐射和雨水被回收利用。建筑的情况改变了，大量的土从新城市、倒塌的房屋和战争废墟里被挖出，然后堆积起来。而且很幸运的是，平地发挥了它的作用，这些土壤形成了起伏的山丘和弯曲的河岸。

"帐篷是不能形成的"，弗雷·奥图评论那个本应覆盖住 1972 年奥林匹克运动会的场景和看台的穹顶时说："它们按照形式的寻求过程来建立，它们有顽强的意志不在错误的时刻设计。"伊丽莎白·卡斯勒在她重编的《现代花园和风景》一书里写道，人类不再是地球的守护者，而是破坏者。她举例指出这种变化引起了建筑风景的美学革命，并呼吁我们关注伊恩·麦克哈格——他批判哈佛设计学院排除了自然和历史的教育。麦克哈格认为自然是一种进程，他将生态学引进教学中，并把他的观点写入了《设计结合自然》一书。

本哈德·括特宣称他觉得荒地比街道和城市更让人觉得亲近。基于"艺术和自然是平行的"这句箴言，他在自然和历史风景的交汇点建博物馆，并把这种单一文化的风景变成拿破仑时代下的形式，那个时候在梯田上有小块的农田和果园，峡谷上有可以放牧的森林，山谷里有柳树、池塘和草地。

"荒地和废弃的土地曾经是郊外原始风景的同义语，是仅仅对隐士和野生动物有价值的地方。"安妮·斯本在《风景的语言》一书中如此写道。荒地现在已经变成了乐园，而另一方面，考虑到人类正在破坏他们接触到的东西，城市变成了废墟，自然和社会上下交织成记忆中的工人阶级的文化景观。

如果成排地栽树是代表文化的话，腐蚀钢板就代表自然。在炉渣中生长的先锋植物是由铁矿石从世界各地带来的。荒地作为完结的工业——基础设施和生产中的港口、机场、污染的地方，一起转变成了现代的荒地。在阿姆斯特丹，机场就由白桦树组成。恩瑞克·米拉莱斯把巴塞罗那的封闭式沙坑变成了腐蚀的耕地，就好像渗透进了农田，而且好像是被填满了树的绿色坟墓。

另外一个更快更有效的从自然看到风景的方法，就是从森林里砍下一些清香的松木再把它们放到另外一个地方。这种本土化的结论会在地面上修理出很婀娜的风景。变化的季节，奔腾的水流，还有光和风的方向创造了这个空间。你甚至可以在非常自然的十二月的月空下听到山鸟的歌声。

美国人称呼欧洲的新古典主义为"美丽的城市"，他们谈论到建筑的时候会涉及城市的计划编制和喜欢修饰的艺术。罗斯、艾克波和凯利在 19 世纪 30年代就将这种风格从美国式的耕作风景中甩开，并且不希望再看到它。但它以一种古典的、欧亚混合园林艺术的形式回归了。这种历史性可以参考从伊斯兰教式的园林发展到文艺复兴和巴洛克式的园林的过程。

在波士顿公园前拍的 96 贝果的照片被放在《耕作风景》杂志的头版，虽然玛莎·施华兹争论说这些贝果很简单、廉价、容易上手和能抗旱，但编辑还是被解雇了。在这些语言中，不论是从前还是现在的各种流行过的文化都包括进来了。此外，从现在开始覆盖在上面的铁丝网也是在《耕作风景》中可以接受为有条理的排列。

在巴黎，肉市场和餐厅都关闭了。马厩和拍卖大厅都留出来，有喷泉和风景，浇铸的铁篱笆、老式的灯和长凳也被加上了。有新的排列条理的分层铁丝网和斜纹的常青树，街道上有立体铸铁画。"良好世纪"的氛围出现了，因为新理性主义和后现代的设计师，街道成为通往过去的途径。菲亚特·内维思马以自由的方式选择了后现代的历史档案。在柏林的IBA国际展览中，这些类型被混合了，就好像古典的带庭院的房子与绿色的有回收废水和温室的建筑相结合。法国的宝石项链、烹饪、红酒生产和古典花园被用于传达他们的文化身份，这种关联来源于这个民族的全盛时期他们国家的探索者和水手去世界其他地方旅行的时候。

在克利尔兄弟的新传统重建计划中，古典的建筑语言得到了重生，就好像在早期的古典主义中，正式的建筑语言是和耕作风景中的牧业语言联系在一起的。在克利尔对威莱特地区提出的建议中，毁灭性的路旁树木长在柱子和山形墙之间，公园里面是水孔，缺少的只是放牧动物形成的完美的田园牧歌。之后计划就改变了，它现在需要一个活动的文化合同，一片不是由树木而是由社会安排组成的森林，关键词是多元化和创新。伯纳德·屈米将建筑物的红色标志撕成小片，首先将它们驱散，就像扔进空气中，之后被分布在不同的地方，通过这种方法，著名的坐标方格产生了。用这种新的结合方法，你可以发现图书馆在游泳池里，经验权力在钢琴吧里穿梭，在温室里游泳，在剧场顶上滑冰。因此尽可能多的关联产生了，就好像城镇美学俱乐部里高楼的楼层一样，在这个俱乐部里，你可以戴着拳击手套吃牡蛎。红色标识的网板被打孔，像流星效应那样被四处蔓延和散播。

一个陌生的法式起伏呈现在凡尔赛学校的学生面前。可能它伴随着特殊花园开始，厨房和花园是法国文化杰出的里程碑。在活力公园，你可以学习培养这门艺术的基本能力和技巧，它们包括调节土壤与气候、光与影，包括灌溉、排水和种植。培养这门艺术的农业语言在20世纪90年代逐渐演变。多样性与植物学的特殊形式和生产语法相比居于次要地位，就像他们在苗圃和果园中做到的那样，按排行放置大麻，系统地种植树木。

在巴塞罗那，从 1978 年开始，就像在西班牙的其他地方一样，在关闭了鲜肉市场、工厂、铁路、港口和石坑后，留下了受到污染的遗址，并且在"在没有的地方制造出空间"的观念下为公司和广场留下了空间，目的是重新给城市风景以尊严和作出策略，并且清楚地说明一些特殊的地方。方法是将计划看作一个在"定位你能做的最好的事"格言下的广泛游戏的结果。所有的公园都是在同样充满了不同的语言中被创造出来的。材料是碎石、石头、生铁和旧砖，并同白色粉刷的树木和磨光的铁放在一起。几何学是弯曲、蜿蜒的，方向总是沿着对角线，作品是不对称的分层，色彩的层次也总是让人感觉有些滑稽。公园需要一些元素，比如可以划船的湖，用来跑步的小径，布满草的斜坡和瀑布落下的碎片，这些会提供一种装饰、活力和故事性。在人工的和天然的、明亮的和模糊的、城市的和农村的、正规的和非正规的、沉寂的和充满生气的、人造的和不可触摸的新公园之间，那种普遍的特征截然不同。"美丽的波纹"被压到了一起。

最初，荷兰人对于在阿姆斯特丹建立庇基莫米尔地区感到恐慌，但是雷姆·库哈斯却用积极和实际的眼光来看待庇基莫米尔。他发现了它的千篇一律和野蛮更新。现代建筑的选项并没有枯竭，问题在于元素的重复。你把自己限制在一个地方性的，只能进行游泳、钓鱼和散步等单纯活动的城镇是错误的。主要问题是缺少城市风格和密度、千篇一律的风景、建筑之间的含有画一般的小路和散落的树的空地。

20 世纪 60 年代西班牙阿姆斯特丹地区的规划就建立在这样一个理念上：在离大城市一个确定的距离上建构一个新的增长点。从 20 世纪 70 年代末到现在，这个理念被改为一个"提高紧凑的城市质量"的哲学概念，它和保护风景及创造一个令人满意的生活方式的目的相符。因为现代人经常搬家，所以将有很多电话号码和地址。住处是和网络、大众传媒还有运输系统联系在一起的。开车或乘坐地铁使城市变成了一个移动的场景，所以当代人不应该被强迫住在一个能观赏到田园牧歌式风景的家里。一流街区和街道构成的城市邻居关系不适合只期望一个基本条件的当代人。这个基本要求可以是"一个大谷仓"，"一个有着高大工作室和带小房间的塔楼的院子"，再加上海滩、一个在乡村的房子、有饭店式的屋顶，等等。这些条件的基础是他需要有个性，独处而不受干扰，这就必须是一个安全的并有篱笆围住的场所。应当把基础和自然结合为一体而不是把自己暴露在它面前。

一个城市的基础正如机场的灯光和飞机跑道、高速公路上的沥青和屏障一样，它以同样的资格与风景和耕作的艺术发生联系。美和真是按照当代人对体验和身份的要求存在于丰富复杂而多彩的事物，还是存在于最小限度的、单调的事物中？哪一种能和两类耕作方法联系起来？用农艺的方法就是移除，而畜牧业的方法就是放任自流。这两种途径或多或少都在竞争，尽管在 20 世纪还不是这种情况。

当前的社会正如其所呈现的那样，其基本的特征是它可以不一样。之前土地的功能是供人们运动和逗留，如今却成为人们彰显身份和探险的工具。为此，田园式的土地和农业土地都是不能满足要求的。现在必须有生态科技化、文化和自然历史素养的进程。突发的经历，即事物总是可以不同，并可能导致一种看起来似乎可以随时改变其形状的无形语言，伴随着突发语言的发展，在复杂的社会中处理成百上千种可能性变成了可能。

我们生活在一片持续变化的土地上，不仅它的用处在变化，它的意义也在发生变化。土地体系作为一种农业语言代表了一种意义，那就是它并不是随机和独立的，而是整个社会文化的一部分。由于其社会属性、史实性和对时间问题的解决方案，土地体系并不只与空间相联系，它与特定的时期也紧密相关。体系化语言的运用与存在的解释、社会变化进程中语义学的形成绑在一起。这是对解释的持续性讨论的主题，它要能调节气候和地球的未来，同时在交流故事的时候不需要消除以前的文化传统。

译者：陈宇慧，武汉大学

（刊于《郑州大学学报》2007 年第 2 期）

森林中的审美体验

⊙［美］霍尔姆斯·罗尔斯顿
⊙美国科罗拉多州立大学哲学系

一、作为典型的森林

如同海洋和天空，森林也是世界基础的典型之一。它向进入它的人们呈现——或者更字面地说，向人们再次展现自然狂野的力量。这种体验是对自然进行审美鉴赏的很好的例子和原型。森林具有明显的时间性和永恒性特征。它把历史上或史前的过去带到当下的邂逅中，这一时刻比大多数人意识到的奇妙得多。但是那远古的过去潜意识地存在那里，面对森林中的巨型植物，我们意识到树木生长的时间尺度与我们人类完全不同。它们对经历过的时间没有意识，但却持久地生存。

相较于人类以天和年来计时，森林中的时间以十年和百年计。在一个森林中很少有头版的新闻——也许是一场大火或暴风雨——但是大多数的生命在一个更大的时间区间内持续存在。树木不会在一夜之间长大。新英格兰的大橡树在共和国成立时就存在了，太平洋西北部高耸入云的道格拉斯冷杉是在哥伦布航行时种下的幼苗，红衫则早于基督教的发端之时。

在这里时间变得纵深了。从古生物学上讲，森林可以追溯到万万年之前，陆生植物最早出现于志留纪时期。把最早的生命元素组织成树木这样坚固而又庞大的有机体，是相当长时间进化的成果。高大挺直的植物需要细胞壁强韧，也需要向上输送水分和营养的维管系统。

干旱的季节和冬天是必须面对的问题，在早些时候的生命形式中，使异花受精是在水中完成的。澳大利亚和非洲森林中依然存在的蕨类和苏铁类植物，受精还是在水滴中发生的。只是到了后来的针叶树，才有了在空气中传花授粉的新方法——利用昆虫或借用风力。这个问题的解决使森林自泥盆纪中期起便一直持续地存在了。森林一直持续生长在热带气候的区域，假如雨水充足的话。在温带和北温带北部森林区的气候中，森林延伸和消退追随着冰层踪迹，一千年又一千年过去了，森林一如既往地存在。

这种时间上的纵深向审美提出了一个挑战。完全不同于对手工制作艺术对象的审美鉴赏方式——是新近制作的还是从古典时期幸存下来的——审美阐释所必须面对的是年代久远得不知多少倍的古迹。即便注目者关于森林历史的细节知识所知极为有限（事实也是如此，对于我们所有人都或多或少是这样），但是他知道过去就处在阴影之中——大约是几千年，由地理形貌、冰河期的冰川堆石、连续的地形模式体现出来，或者会以古生物学的时间尺度，如果一个人从化石和花粉分析发现什么的话。森林总是带给人一种古老的已失源头的神秘气息。

在这年代久远的古迹中存在着生机勃勃的变化，季节的更替，雪化了，桦树柔絮长长了，鸟儿归来又开始唱歌，白昼变长，潜鸟开始吼叫。在随季节变化时而雨水充足时而干燥的地方，如在亚马孙，雨季来临了，平原湿地开始洪水泛滥。更大范围内的生机焕发如此周而复始，但由于时隔很长而显得并不明显。这儿有的是深远而正在流逝的时间，这时一个人在自然中所面对的历史进化的要素，又是完全不同于任何在面对艺术对象及其文化历史时的审美挑战。

艺术有时因其永恒性而闻名于世，尽管存在着艺术的自身老化和被人们一代又一代地重新解读这样的事实。雕刻家用石头雕刻形象，甚至帆布上的颜料也可以保持几个世纪。但是雕像和油画都不能与森林一样逐渐演变。或许在山脉连绵弯曲的地带或在针叶树的对称性中持续存在着类似于古典形式的东西，然而无始无终地反复出现的任何事物在其周期性的变化中都是暂时的。

森林，我们一定首先想到，是史前的和永久的，尤其是与短暂的人类文明及人类的历史、政治和艺术相对比时。感觉敏锐的森林拜访者也会意识到远达数世纪的森林的历史延续，其达到最繁茂的进程，或许其间曾遭受火灾或暴风雨的打断和调整。人们所面对的森林进化历史是追寻着气候变化的踪迹的，我们可以在岩层上、峡谷的峭壁上及冰川期的山谷中看到侵蚀的地貌。石炭纪森林是苔藓和马尾草的大型俱乐部，侏罗纪森林是裸子植物——针叶树、苏铁类、银杏树和种子蕨。今天的森林是昨天正向明天的转化。未受破坏的森林是一个历史博物馆，不像文化博物馆，依然是一片生动的风景。这种活力与森林的久远性一起要求一种在艺术和工艺的批评中不可能发现的审美解读。当然，艺术有时也是充满活力的，比如在音乐和舞蹈中。但是任何的艺术形式在这样的时间尺度上都是转瞬即逝的。

在亚利桑那州的石化森林中，无数的滚动的原木散布在沙漠之上，这是两亿两千五百万年前热带森林留下的遗迹。这类森林中最主要的一个属是南洋杉型木，残余的原木不计其数。它的一个依然存在的亲属是诺福克岛松，另一个亲属是迷猴树，两种都是高大的针叶树，因树形优美，如今在亚热带气候区广泛栽种。这个属，以其独特的形状，经历了种种变化保存了下来。石化森林与大峡谷相距不远，二者的比较可以让人做出正确的判断。大峡谷的岩石是古老的，而且越往下越古老。但在过去的五百万年或六百万年间，峡谷本身常被劈开，因此古老的松树一定生长在很久以前，大峡谷有足够的时间被一次又一次地劈开。它们的后代延续到今天。

约翰·缪尔把他生命的大部分岁月给了加利福尼亚州的森林，那里的树龄达几千年之久。"美国的森林！"他惊叹道，"一定让上帝赏心悦目，因为它们是上帝曾栽种的最好的森林。"[1] 晚些年，日渐衰老的缪尔对石化森林产生了兴趣，通过他的努力，石化森林在 1966 年被宣布为国家名胜古迹。现在面对几百万年而不是几千年的时间，一种远古的时间感使他不能自持。"在这古老的

---

[1]　John Muir, *Our National Parks*, Boston: Houghton Mifflin, 1901.

775

魔林的越发深沉的寂静中，我独自一个人坐着，从早晨一直到黄昏……时间不紧不慢地流逝，对于想象当然是愉快的，但对于像古生物一样近七十岁的衰老身体而言却是极为费力的。"长久以来自然一直让森林生长着。

时间感会转化为一种对自然的遍布性和永久性的典型体验，在人类尚未出现的远古时代，地球大约60%的陆地是被森林覆盖着的，而且很多地方至今依然如此。在加拿大、西伯利亚和北欧存在大片的针叶林或北温带北部森林，历史上美国、欧洲和中国也大面积地生长着温带森林，现在则有热带雨林、热带落叶林、带刺植物森林和沿河道的长廊林。澳大利亚森林中的树木几乎没有一种能在世界上别的地方找到，但那儿还是有森林，生长着桉树或木麻黄科而不是橡树或云杉。森林现象是如此的普遍、持久和多样，自然地出现在几乎是温度和气候条件允许的任何地方，所以森林不可能是一种偶然或异常现象，相反，森林一定是创造性进程的特有体现。

当然，南非的草原、冻原和海洋这些地方也能够激起人们的远古时间感和永恒持久的生命感，在雨后的沙漠看到植物瞬间生机焕发的确是一种愉悦。但森林拥有更为明显和永久的活力。在森林里，植物的根深深地扎进地下，生命从地面向上高高地升起。森林传达着更多更永久的蓬勃生命感，垂直的树木与水平的地面相对立，凸显着自身。单位面积内生物的数量比在草地上更多。生命体占据了更大的空间，从枝叶茂密的树冠通过底层的枝叶一直到地下根系，纤维更为坚硬。森林地面上的草木包括一年生植物、两年生植物，但主要的是以十年或百年计的多年生植物。热带雨林1公顷的面积内就有300多种不同的树木，是地球上最复杂而多样的生态区。

在对自然的审美体验中，一种感动我们的特别因素是早在人类产生之前，生物圈中的核心物质——水文循环、光合作用、土壤肥沃、食物链、基因密码、分类、繁殖、延续——就已经等候在那里。我们应该说，美学是人类心理经验的某种东西，但是形成森林生态群系的动力和结构并非来自人的心理。主观的尽管是审美的体验也是可能的，我们把它与自然的必然性联系起来。森林与天空、河流与土地、亘古的山川、交迭的四季、野花和野生动物——这些都是表面上令人愉悦的场景，我们在其中进行重新创造。进一步说，它们是支撑其他一切的自然的永恒赠礼。

照此来讲，人类是较晚出现的新生物，这种意识在审美上也是需要的。人类从森林中进化出来，早期的人类就像热带的稀树大草原，那里散布着树木和视野相对开阔的环境。我们的祖先从树上下来并获得了直立的姿势，他们需要用双手来开创文明，需要可供狩猎的场地，需要搭建帐篷和建立村庄的空间。非洲的沿河道的长廊林像美国西北部的道格拉斯冷杉森林一样，它们都代表着森林的典型。人类也并没有逃开与森林的联系。我们依然遗传性地对有部分森林覆盖的风景情有独钟[1]。早期人类居住过的大部分陆地（尤其在他们从热带气候区迁移到温带气候区的时候）是森林地带，其中的很多地方一直到相对较近的时期还是密林覆盖的。文明尤其在欧洲和美洲，是在森林中创建起来的。尽管清除森林建成牧场、农场和村庄会让我们更为舒适，但我们在乡村的每个角落，在城市街道的两边甚至公园里都把树木保存了下来。

在意识的背后，我们知道，无论何处，包含在人类文明中的这些树都是来自森林的遗迹。它们提醒我们森林就在那儿，处在文化的地平线上，是支撑我们生活的系统的一部分，是我们来源的一部分。这个定位——树木在我们之中，森林在文化的地平线上——使森林以其原始性成为我们从何而来的典型领域的永久象征。森林是我们能够原始地纯粹地触到原初元素的场所。"我去森林。"梭罗评论道，"因为我希望从容不迫地生活，只面对生命的最重要的事实，看看如果我不能领会，它有什么可以教给我的，结果什么也没有，当我来面对死亡时，发现我还没有生活过。"[2]

---

① Gordon H. Orians and Judith H. Heerwagen, *Evolved Responses to Landscapes*, The Adapted Mind, eds. Jerome H. Barkow, Leda Cosmides and John Tooby, New York: Oxford University Press, 1992, pp.555-579.

② Henry David Thoreau, Walden, in *Walden and Civil Disobedience*, ed. Owen Thomas, New York: W.W.Norton, 1966, p.61.

没有人可以仅仅在森林中单独生存下去。因为对于人类来说，文明也是生活中最重要的事实之一。但是，城镇并不是一种原始的典型，生命中的那种因素就是在森林中所经历到的。如果文明瓦解了，森林会回来，地球会重新回到荒野，因为这是基础之地。自然强烈的审美感染力与艺术形式的古典审美体验形成了鲜明的对比，雕塑家、画家、音乐家和手工艺人的创作总是预示文明，挑剔的鉴赏者总是欣赏劳动的成果和文化的悠闲。但在森林中的元素是原始的，我们面对的不是艺术品或手工艺品，甚至没有艺术家，但我们却穿过了典型。

自然一次又一次创造了一些无生命的自然物——山川、峡谷、河流、河口。但是地球的神奇就在于自然用生命来装点地形，树木唤起这原始生命力：伊甸园的生命之树，耶西的树桩，黎巴嫩雪松——生命的瞬息之美一次次地在混乱无序之中绽放，生命在其无休止的生灭中得以长存。森林之行使人们产生一种持久、远古及延续的时空感，在那儿，人们邂逅"不朽的典型和象征"①。

二、对森林的科学理解

在对森林进行科学理解的过程中，人们需要林业科学所提供的知识。的确，我们可以仅凭它们的形式和色彩去欣赏森林，而不知道树木的分类学名称，更不知道森林的类型。对秋日树叶的欣赏只需要能感受色彩的眼睛，或许另有一种季节交替的感觉使人产生瞬间的感伤。这是一个可爱的印第安夏日，但是冬天就要来了。春天嫩绿的色调蓬拥在新抽芽的枝头，驱赶了树干及树枝冬日的灰暗色调，在更灰暗的针叶树背景的衬托下越发显出生机。——我们并不需要科学知识来欣赏这些特点。通常，我们更不需要古生物学知识或生态学知识。

然而，我们发现森林多少好像具有类似艺术的令人赏心悦目的形式和色彩，但仅此我们并不能很恰当地欣赏森林，森林并不是艺术品，也没有创造它

---

① William Wordsworth, *The Prelude*, Book VI, line, p.639.

的艺术家，把森林风景看作艺术对象是对森林的误解。森林也不是我们审美作品的某种潜在的材料。如果我们把森林改造成我们审美幻想的对象，比如我们可能发现一段浮木并表现它的形式和曲线，于是我们把自己的技巧和标准投射其上，然而却看不到那到底是什么。对自然的审美总是要求我们意识到自然本身并不是一个艺术对象，不是任何艺术家为我们的欣赏而设计的，不是像雕塑一样建在任何的基座之上——所有这些自然的审美感染力是一个秘密，尽管我们可以建构经历自然的审美范畴。

我们必须理解那些不明显的事物，在此科学会有所帮助。奇妙的事情一直都在发生，或在一段朽木中，或在地下，或在黑暗中，或极细微地，或极缓慢地，这些过程景色并不优美，但对它们的欣赏却可以是审美的。通过便携透镜看到的一片对生树叶底面的星状软毛是让人震撼的。于此我们经历了事物是怎样通过错综复杂的生命形态而组合在一起的。一棵树在死亡时其益处才发挥出了一半，一段残桩提供了筑巢的洞、栖息处、昆虫的幼虫和鸟类的食物。

一个人可以喜欢森林，如同基尔默一样："我认为自己永远不可能看到一首像一棵树一样可爱的诗。"但是，如果他知道那是一棵针叶树，知道这些是雌性球果，那些是雄性球果，知道枫树和白蜡树生有对生的叶子，或者知道柳树的芽蕾是单生的，那他从树木就不仅看到了诗意之美。科学要求我们对花和果实及其结构进行更近的观看，细致的观察为原本可能过于模糊的印象提供担保和支持而使之清晰起来。

诚然，如果那些能够数出叶针和正确说出树的种类的人在风吹过松林时从未体验过浑身发紧的兴奋和激动的话，他们和沉浸在幼稚的浪漫情调中的诗人一样是不足取的。只有通过科学达到由科学丰富化了的更深的审美体验时，森林才得到了恰当的认识。美学家们对此总是感到不适，他们想要坚持人们具有独立于科学而面对自然的能力。我们肯定会感动，但是我们需要朝正确方向感动，这里的"正确"意味着我们必须恰当地理解实际上正在发生什么事情。

树木朝天空挺立，这种向上的挺立感在森林鉴赏中是至关重要的。当然，关于这种朝上挺立有现成的科学解释——光合作用。它蕴含着为获取阳光而进行的竞争——能够把枝叶伸展得更高的植物是生存斗争中的胜利者。这棵树必须提供结构物质纤维素以保持需要的高度，同时也向上输送营养物质和地下水到这个高度，因此它具有树干和树枝的这种结构。另一个生态学的典型是草原，大量地存在于水资源太少而不足以生长森林的地方，还有那些具有暴风和严寒这些限制性因素的区域所特有的高山和冻原生态系统。

这些生存的技巧是森林得以形成的原因，但是通过理解这些我们能够懂得什么呢？这就又引出了在古典艺术批评中不存在范例的另一个审美挑战的元素——一个对艺术对象的恰当欣赏很少要求对其具有正确的科学理解。在某种意义上，要恰当地欣赏森林，我们必须为其去魅，尽管我们认为森林科学不必消解崇高的元素，或者甚至不应该消除神圣的因素。土生土长的前现代人典型地认为森林具有魔法性质，现在有了科学，我们不再把森林看作充满了精灵、仙女或地下宝藏守护神仙境。森林是生物生命的社区，我们使其中立化了。

也许我们可以流连于我们眼前的风景而欣赏秋日色彩的繁复及春日色调的微妙。但是仅仅靠长久而努力的观看我们并不能理解森林——无论我们所寻找的理解是科学性的还是审美性的。比如说，我们可以审美地欣赏一堆在秋夜生起的篝火，欣赏它在暮色中闪烁的光亮，或者享受它在黑夜的凉意中释放出的温暖，也许我们不需要知道氧化过程和炭的减少。但是无论观察如何仔细，我们也无法真正地懂得火是什么。博物学家拉马克尝试了但却失败了。拉瓦锡通过称量燃烧生成品重量和动物不能在燃烧过的空间中呼吸的实验，给出了我们需要的解释。他意识到氧气的存在，意识到燃烧是木炭的氧化，与呼吸相似，能量驱动了生命。

要理解森林，我们需要诸如氧化、氧平衡、光合作用之类的概念，需要关于葡萄糖、纤维素或者诸如氮和磷等营养成分的知识。如果你坚持的话，科学取消了色彩。如果离开了观看，就没有了秋天的五彩缤纷和春天的翠绿。但是科学使树木坚实地挺立在我们面前，没有我们的参与而进行光合作用，对于生命的生态系统却极端重要，而我们人类也是这生态系统中的一个环节。林业通常被看作一门实用科学，但如果从纯科学的视角来看的话，它也有助于我们理解森林本身是什么。这儿有擎天而立的树木，各类飞禽走兽，一年又一年，被迫遵循着几乎二十亿年之古的遗传的交流方式。这儿有生存的斗争和适应者的强壮，有活力的绽放和创造肥沃及非凡技能的进化。这儿有物种的延续和种类的分化，肌肉和脂肪，气味和食欲，法则和形式，结构和过程。这儿有光明与黑暗，生命与死亡，存在的奥秘。所有这一切都融入了审美体验，但在其下面必有科学的支撑。

三、对森林的审美涉入

科学，无论如何必要，但还是不充分的。森林必须被人们邂逅。森林由自然创建，科学告诉了我们它是如何创建的，然而森林本质上却不包括审美的体验，这种建构有待于人类的到来。在一个人进入森林之前，森林作为客观存在的知识并不能保证形成完整的审美经验。

我们倾向于认为未被人类涉足的自然根本不存在审美经验，树木当然没有，鸟类和狐狸也很难说有。毕竟，除非在我们人类观赏它们时，树木甚至不是绿的，更远远不是美的。如果森林中的一棵树倒了，倘若没有发现者，也就没有声音。这第二性的属性是观察者赋予的。森林凭自身不可能是美的。第一性的属性，或者生物机能或生态关系是不依赖于我们人类而存在的。但是只有当我们到来，使事物亮起色彩，并对之产生兴趣，才会有美感体验的存在。对于森林的审美经验是一种相互作用的现象，森林之美在此过程之中得以产生。

森林本身没有风景存在，是我们创造了风景，主观的体验和客观的森林——美和树林，于是对立的两面被结合和并置在一起。森林没有经历任何审美经验，树木也没有欣赏美，美存在于观赏者的眼中，由我们的感性经验所建构。要避开一些无目的的美的体验是很困难的——秋日的落叶，高山之巅或者林间小路上出人意料的鸟儿的啼啭。审美的挑战会使延续了无数岁月的森林的活力更加完美无缺，在我们到来时，涌现出崭新的生命活力。恰当的审美体验应该与森林相符，也就是说，合乎森林的形式、完整性、远古性与价值。但是这是否发生却决定于我，即除非我看到它发生，它才发生，否则它就不发生。

如果人类和科学家进入森林除了关于树木的事实别无所得的话，就没有做到对森林的审美鉴赏。

这种充分回应自然的要求与欣赏艺术的要求是不同的，对森林的审美更多地取决于我。面对一个艺术对象，我们意识到曾有一个艺术家，而且我们可能会以为再现艺术家的审美经验是重要的。我们欣赏交响乐时，音乐家也在欣赏它。审美意图创造了艺术，观赏者前来分享或许会丰富这一意图。但是在森林中，周围树木环绕，我们单独地处在审美生活的中心。这种挑战要邂逅非审美的树木、山川、河流，要唤醒美的体验。为人类艺术制定的范畴不可能应用并满足森林的审美经验。

对自然的审美鉴赏，在森林和风景的层面上，需要全身心的投入、沉浸和斗争。最初我们可能以为森林是提供观看的风景。这是错误的。森林是要进入的，而不是仅供观看的。一个在路边穿着套头毛衣的人能否比在电视屏幕上对森林有更多的体验是令人怀疑的。动物园中的鹿与见到的野鹿是不同的，笼子阻碍了真实。透过车窗体验森林就如同观赏者在笼中一样，与真实又隔了一层。在确切地身处其中之前，你并没有真正地涉入森林①。

森林触动着我们所有的感觉——视觉、听觉、嗅觉、触觉甚至味觉。诚然，视觉体验是至关重要的，但是，没有闻到松树或野玫瑰的气息，对于森林的体验是不充分的。此外，还应该捕捉到有多少动物的气息可以超过我们自己的气息。我听到驯鹿的声音，但并未看到它们。如果拉紧夹克挡住风的话，不能听到和触到风的森林会是什么样？这不是一只戴菊鸟在叫吗？——这个季节我第一次听到，艺术很少如此多感官地感染人们。

最重要的，一种与审美相关的肉体的在场感在场所中具体化了。一个人发现了吃午餐的屏蔽处，然后步履轻盈地散步到了那里，感觉有太多的树荫，而后移到太阳下享受阳光的温暖。朝森林深处行进，背后是几个小时的脚印。我已经转过了一个弯，前面连绵延伸的森林比我已经穿过的更为广袤。下一个水

① Arnold Berleant, *The Aesthetics of Environment*, Temple University Press, 1992.

源可能在哪儿？今天我还可以安全地行进多远？

这种环境和涉入，这种自然而然参与其中的多变故性是与艺术不同的。艺术的特点是位置固定，只供观赏。比如一幅带框的画或一座有底座的雕像。一个人可以沉浸于某些艺术中，比如说一幢辉煌的建筑或一个花园。但这些也有它们的边界：他可以站在远处观看建筑或画出花园的边界。一座森林最终也必定有它的边界，但这边界常常是过渡区，在此一种审美挑战转入另一种。这边界足够宽阔，一个人可以进入如此之远以至于分离的边界都消失了，尤其是在大森林中。森林考验一个人是否能从边界处走得那么远，这多少使边界在延续的意识中消失了。这种边界在艺术中很少消失。我们需要一个框架把艺术品隔离出来来限制我们的体验范围。

与更功利的追求相反，美学要求客观、公正和距离，这种观点即使对于艺术也只说对了一半。所有的艺术品都邀请人的参与，审美体验必定与此相关。然而对森林来说，我们是身陷其中，经受风吹雨打，被整个的风景包围，必要的参与就显得更为紧迫了。

的确，我们只有在吃住这些基本需要得到满足后才能体验到森林之美。在黑色夹克衣袖上偶尔瞥见的雪花是美的，但是正在聚集的暴风雪却是危险的。冬日的雪地上，再多堆积几英寸厚的雪就会填满我们的小路，模糊我们的路线。但是，我们会把雪花之美与这一事实区分开来。尽管这样，在森林中的全身心投入，在机会和威胁之中对能力的要求和欣赏，为反抗原始边界中而进行定位的斗争——这一涉入丰富着审美体验。我不可否认地就在这儿。森林尽管充满了审美激发力，对我的需求却漠不关心。距离旅行的起点五英里之遥，我只能靠自己。暴风雨即将来临，云杉被风吹弯了腰，晚饭还没有煮好，天色暗了下来。

巴挈拉得写道："我们不必在森林待太久就会体验到总是令人担忧的向一个无限边界中'越走越深'的印象，很快地，如果我们不知道自己要往哪儿去，我们就不再知道我们正身处何地。……这无限的边界……是森林的一个最重要的特点。"① 在森林中比在较开阔的稀树草原中更容易迷路。小路会给人一种安全感。森林可能非常茂密,树干和树叶遮蔽了空间,我们必须小心以防迷失方向。但是由此我们又再次意识到我们的局限,感觉到生命的脆弱的体现,挑战涉入崇高之域。

四、森林与崇高

在原始森林中,人类可以体验到最真实的荒野情感,即崇高感。相反,在室内、艺术博物馆、时尚购物中心或者城市公园,很少有人会有这种感觉。崇高在过去的几个世纪中是美学中一个重要的范畴,但在更现代的观点看来它已经消失了。不要顾虑目前这个范畴是否流行,在与自然的邂逅中,崇高是永恒的。因为人们一旦跨过熟悉的日常生活的边缘,就面临更具挑战性的力量的危险。这种力量在强度和深度上都超出了我们的常规经验,它既吸引我们又威胁我们。森林永远不会是现代的或后现代的,甚至永远也不是古典的或前现代的。推翻所有这些范畴,转向文化之外而进入最基础的自然。

如果凭定义,崇高是没有标准可以衡量的。空间的广袤,体积的巨大,时间的远古,力量的无限,凌厉而激烈的自然力量,这些都远远超过了我们的极限,会让人头晕目眩。通常,未开发的森林会给人一种空间上无限延伸的暗示。森林的根,它的生命之源头,深深地扎入我们不知道的地方。山坡上树木林立,一直向天空延伸,巍然高耸入我们所不知的高度。这时审美的情景是人们无法控制的,因为界限早已经消失了。文化的审美经验所熟悉的边框和底座没有了。这里没有演员要出场的舞台,没有乐手要演奏的乐器,没有花园之墙或者正在栽种下一季花木的园丁。在此我们邂逅的是最原始自然的当下呈现。

但是很少有森林是原始的,没有经过人类的重新造型——通过用锯为树木整枝,在森林中开出道路,在森林周围圈上篱笆,在其中放牛,以及有意栽种更多需要的树种。还有一些无意的改变,比如栗树枯萎病或者其底层受到忍冬

---

① Gaston Bachelard, *The Poetics of Space*, trans. Maria Jolas, Boston: Beacon Press, 1994, p.185.

的侵害。

然而，尽管森林可能被有意或无意地塑形，它仍然能够比田野或草原保存更多的自然元素。自然自行其是，即使不是一种完全处于原始状态的活动，也是相对天然的。即使所谓的森林只是一片人工种植林，令人惊叹的荒野气息在其中也依然存在。令人鼓舞的是，野生生物还在，土生土长的物种的多样性因素依然留存着。一片国家森林可能是一片作业的森林，而不是完全的荒野。然而，在其中进行一天的远足，甚至只是沿着一条古老的伐木通道行进，也比在草原上散步更有可能产生崇高感。

在自然的其他领域——比如说，站在午夜的天空下或者寒冰之上，或沉浸于大峡谷，我们会感到敬畏——但是这些美和崇高是没有生命的。在森林中崇高和美是与生存的斗争紧密联系在一起的。比如说，想象一下锯齿状山脊上狂风掠过的钢毛果球松树，或者挪威山脉林木线上生长不良的白桦树。崇高中的生物学因素是与斗争相伴而生的生命之美。审美的挑战是以一种令人敬畏的方式展现这种矛盾及其解决方法的。

如同云彩、海岸、山川一样，森林永远不会是丑的，它们只是美的程度不同而已，其美的等阶从零向上逐步升高而没有负的区域。被摧毁的森林可能是丑的——被火烧过，被风摧折，历经病害或砍伐殆尽的森林。但是即便是被毁灭的森林，如果自身又重新生长，依然具有正面的审美属性。树木向上生长，充满天空之下的闲置的空间。森林中充满了毁害了的残破的有机体——枝条折断的橡树、被践踏的紫罗兰、驯鹿的尸体、生长在冻原边缘的多节瘤的钢毛果球松树其实并不丑，如果说其丑，除非忍耐和力量是丑的。它是在暴风肆虐之下永远常新的生命的体现和象征。

森林中充满了阴影，不管从字面上，还是从比喻的意义上来看都是如此。笼罩生命的黑暗如同光明和生命一样都是美的源泉。"森林"这个词（一个比树木的复数更壮丽的词语）使人们回顾过去和展望未来，它邀请我们作出昨天的动植物群向明天转化这种全面整体的解读。我们刚刚漫步在二十年前的一场火灾后又重新长起来的黑松森林里，树丛虽然稀疏但是较高的树木却笼罩在我们的头上。

我们可以想一下，一把松果球就有足够的力量再生森林而继续留存达百万年之久。不错，冬天的巨木是倒下了，朽木堆满了地面，但正是从这些腐殖质中升起了今天的这片森林——"无数的树木正在腐烂，但它们却永垂不朽"（华兹华斯）。这样丑便得以缓和、削弱而成为一种暗淡阴郁的美。当我们到达森林的一个制高点而能够俯瞰四面八方的景色，想起历经了成千上万年才从原来森林的废墟之上重新产生了这些生命，我们就会真正地了解崇高感。

五、森林和神圣

显而易见地，在古森林中，永久活力使美转化成了崇高，这时美感也被提升到神圣之域。"众山应当发声歌唱，树林和其中所有的树都当如此。"（以赛亚书44：23）"佳美的树木，就是黎巴嫩救的香柏树，是耶和华所栽的，都满了汁浆。"（诗篇104：16）"树林是上帝的第一个圣殿"（威廉·柯伦·布赖恩特）。森林是一种教堂，树木直刺天空，就像天主教堂的尖顶，光线从上方透下来，就像透过染色的玻璃。大地在脚下延伸，而头顶没有房顶，使人有一种沉浸于森林的感觉，并由此生发出宗教体验。

正如美学家们反对过于感激科学，现在美学家可能又会抗议说他们的审美体验不必是宗教性的。[①] 但是，在崇高之域的某个地方，对自然的审美尊重和崇敬之间的界限常被无意识地跨越。与教堂相同，森林，像海洋和天空一样会诱使人们超越人类世界而体验到一个全方位的、包容性的领域。比起许多教堂中传统的，常常是很破旧的象征物，森林向我们呈现的另一世界的象征更具有激发性和永久性。站在山巅的体验，掠过松林的风声，呼啸的暴风雨，冬日林间一场静寂的落雪，参天云杉林中的独居，从上空飞过的鸣叫的鸟群——这些使人产生一种"崇高感之下有某种东西更深地融合了……一种运动和精神驱策

---

① Noel Carroll, *On Being Moved by Nature*, T. J. Diffey, Natural Beauty without Metaphysics, in Kemal and Gaskell, eds. Landscape：Natural Beauty and the Arts, pp.43-64.

着……以势不可当之力渗入通过所有的事物。因此我依然热爱草地、树林和山川"（华兹华斯）。缪尔声称："进入宇宙最明确的道路是通过森林的荒野。"

如果说科学使森林世俗化了指的是森林不再具有魔法，那么森林拒绝词源学意义上被"世俗化"，拒绝被限于"当下的年代"，而且也不是在任何简化主义者或非宗教的意义上被"世俗化"。森林没有很好地机械化，森林压根就不是机器。森林中有太多的有机物，或者说，太多的生命活力，太多有价值的东西。在这儿，空间的精神实质得到了呈现。

科学留给我们的困惑是，森林的价值是内在的还是工具性的？如果是内在的，它们是人类向树木的投射，还是自主地内在于树木而被森林的观赏者所观察？他们的审美体验使其与正在进行的一切产生了共鸣，答案似乎存在于我们在森林中发现了什么，而不仅仅在于我们对其投入了何种的偏好。但当在其中发现价值时，森林作为典型，作为自然自发的自我组织，作为生命的产生者，并不仅仅是一种资源，而是存在的源头，并开始成为某种超森林本身的终极存在的圣事。

森林自然地具有令人着迷的魔力。森林中并没有鬼魂出没，但这并不意味着森林中没有任何让人难以忘怀的东西。也许超自然的力量消失了，但是在这儿自然可以是充满异常强烈的神秘气息。科学揭开了小的奥秘（橡实如何长成能结出橡实的橡树），却代之以更大的奥秘（橡实—橡树—橡实的循环图最开始是如何建立起来的）。因为有了生化学家、分子生物学家、遗传学家、植物学家、生态学家和林学家，我们知道这个绿色的世界是如何运作的。但这对正在发生的一切是不是一种明白易懂的描述呢？

摩西认为燃烧过的灌木丛（但并没有被消耗掉）是一个奇迹。我们几乎不再相信这类超自然的奇迹，科学已经使这一类的故事不再可信。那么它究竟留下了什么？千万年来一直在燃烧促进生命合成的自我组织的光合作用？持续得比养育它的树桩更为长久的作为奇异之火的生命？有人可能会说，在世俗物质方面，在生气勃勃意义之上，这是一种坚定的精神饱满的行为。西奈山沙漠的这些灌木，黎巴嫩的这些雪松，遍布美国的这些森林，上帝曾经栽种的最好的

787

植物——即使我们不再想说这如同奇迹，所有这些木本植物的神奇也几乎不能减少丝毫。

事实上，原始意义上的"奇迹"——奇异的事件，而不考虑它是自然的还是超自然的——光合作用现象及其所支撑起的植物的生命延续是燃烧的灌木丛的现世对应物。摩西观察的灌木是已经持续了千万年的种属中的一个种类，通过成功地解码其 DNA 进行处理，经由太阳提供能量，利用达几十亿年之古的细胞色素 C 分子，并且存活了下来而没有被消耗掉。请回想一下现在亚利桑那州石化森林中两亿两千五百万年前的南洋杉型木，在非洲和澳大利亚的南洋杉属树中存活了下来。现在回到摩西看到的奇迹，一种短暂燃烧过但却没被毁灭的灌木，相较之下就会成为远远不值得惊叹的事情。

如果你愿意的话，我们所作的描述是一种自然主义的描述，但这种自然是一件壮观的事情。科学找到了一些原因，这些原因向后消失在时间的深处，并在一个延续的起源上继续向前，留给我们的是对意义的难以言说。森林仍然是一种奇境，一个令人惊叹的地方。它并非我们达不到某种终极的或绝对的本体，而是一种自然现象，我们需要比世俗范畴更多的解释。我们可以怀疑上帝的存在，但是森林的存在是毋庸置疑的，并且自然存在于其中，与之同在并在其下提供支撑。如果上帝不复存在了，那么自然需要用大写的"N"来拼写。

劳伦·艾斯利在考察进化历史时惊叹道："自然本身就是一个超越黑暗和虚无之现实的巨大奇迹。"① 麦尔（最受欢迎的在世生物学家之一，自然史的创造性给他留下了深刻的印象）说："事实上所有的生物学家都是笃信宗教的，在这个词的深层意义上，尽管它可能是一种没有上帝启示的宗教……未知的并且也许不可知的事物逐渐在我们内心培养出一种谦逊和敬畏感。"② 崇高感与宗教感从来就并非相距遥远的，既然崇高把我们带向理解的极限，很自然地我们

---

① Loren Eiseley, *The Firmament of Time*, New York: Atheneum, 1960, p.171.

② Ernst Mayr, *The Growth of Biological Thought*, Harvard University Press, Belknap Press, 1982, p.81.

会诧异在此之外神秘存在的是什么。

　　作为一种典型，森林几乎是在现象经验中能够最接近终极存在的地方，它向我们呈现自然的历史：一幅抽芽、结蕾、长叶、开花、结果、死亡又再生出新的生命等一系列的广阔画面。我对森林存在在那儿，自然地生长感到惊奇。在火星和土星上没有森林，太阳系中的任何其他星球上都没有，很可能银河系中的任何其他地方也没有。但地球的森林却无可争议地在这儿。据我们所知，在不多几个森林的腐殖质中就存在着比宇宙其他地方更多的运行组织和更长的遗传历史，怎么会这样？为什么？森林的荒野引出宇宙性的问题，与艺术品和工艺品完全不同。如果在地球上有什么东西是神圣的话，那么肯定是作为我们这个星球典型特征的这种迷人的创造性。森林是地球上升起的生命的圣礼。在此，一种恰当的美学就成为一种精神的需求。

译者：张敏、潘淑兰

（刊于《郑州大学学报》2012年第2期）

乡村审美价值的三个层面

⊙张　敏
⊙郑州大学文学院

在盲目追求高生产性的动力下，乡村的其他价值被遮蔽了，生物多样性在消失，景观丰富性在减弱，土壤在衰竭，环境逐步恶化。因此，我们不能仅仅从经济学的角度考察土地的收益，也不能仅仅从社会学的角度考察乡村聚落，而应从审美的角度感知乡村，发掘其独特的审美价值。

一

进入乡村，土地和在其上从事各种生产活动的劳动场景是我们可以通过视觉感知到的，它们共同构成了乡村的景观。不管这些要素本身还是要素之间的组合，都能够给人以审美的愉悦。

先民们最初就是因地制宜地在自然条件好的地方发展农业生产，如平坦开阔的土地、可以获取的水源，这些都是进行农业生产不可或缺的条件。人们最初对美的认识和富饶的土地有着天然的联系。在古代，"肥""美"二字的意义相近，"肥"可以化"美"，"美"也可以化"肥"。《礼记·月令》上说："烧薙行水，利以杀草，如以热汤，可以美田畴，可以美土疆。"《周礼·地官·载师》郑玄注："家所羊者多，与之美田。"美田、美地，指的是肥腴的土地。在中国农业发展史上，依据不同的自然条件产生了多种形制的农业生产形式，如平原农业、山地梯田农业或者沙漠绿洲农业。即使是现代，如以美国为代表的农业用地，也是现代工业型的农业景观。专门化的"单一种植"对宏大的规模和土地辽阔平整的要求更强烈，原来不规则的地形如溪谷、河床、泥沼、高地、斜坡及土丘都被迫屈服于当代农业景观的重新塑造。这种大面积整齐划一的土地容易使人产生强烈的形式感。

在自然环境之外，为了发展农业生产，人们不断地对自然进行改造，这样就形成了各种有利于生产的人工环境，最典型的是水利设施，如蓄水的池塘、湖泊和人工开挖的用于灌溉的沟渠等，大型的水利设施如河南林州的红旗渠和四川的都江堰，小型的水利设施星罗棋布，覆盖了广大的乡村。水利设施对于农业生产具有特别的重要性，农业生产离不开水，凡是能够有水源保证的，农业生产就发展较好。水利是农业的命脉，水利设施的修建使农业生产在一定程度上摆脱了自然条件的限制。

人类任何一次重大的技术进步都会体现在工具的变迁上，传统的农具也经历了漫长的演化和不断的改进。人类制造工具首先是为了满足物质生活中的实际需要，最早出现的是石制工具，其造型经历了由简单到复杂、由粗糙到精细的过程。从最初的凸凹不平到逐渐光滑匀整，从不规则到逐步类型化，从打制石器阶段发展到磨制石器阶段，这种变化首先不是为了美，而是为了实用，为了更有利于劳作和提高生产效率。工具的演变说明人们的实用要求推动了工具造型的发展。因为它们实用，而且又体现了人的创造性，人们才喜爱这些事物，这些事物才具有美的性质。正如普列汉诺夫所说："从历史上说，以有意识的实用观点来看待事物，往往是先于以审美的观点来看待事物的。"[①] 在工具造型上的每一个新的进展，不但体现了实用效能的提高，同时也标志着人类创造和智慧的发展，使得农具本身不仅符合实用的要求，也蕴含着形式美的规律。当代工业型的农业生产，产生了与传统农业手工操作的农具截然不同的新型农机具，这与当代科技发展和耕作方式密不可分。大型的农业机械在生产领

---

① ［俄］普列汉诺夫：《没有地址的信：艺术与社会生活》，人民文学出版社，1962年，第125页。

域内普遍使用，极大地提高了生产效率，一定程度上使人们摆脱了繁重的农业劳动。现代农机具的高效、简洁也可以使我们产生一种审美的快感。

我们向来认为农业劳动是艰苦的，但农业劳动作为人的创造性的活动，是人的体力和智力的展现。从原始人开始，人类在与自然的抗争中逐渐掌握自然规律，尽量将自己的劳动韵律化节奏化，使原始的农业劳动具有一种原始的美。普列汉诺夫说："在原始部落那里，每种劳动有自己的歌，歌的拍子总是十分精确地适应每种劳动所特有的生产劳动的节奏。"[①] 生产劳动显示了人的创造、人的活力和人与人合作的和谐关系。生产的场面侧重的是劳作过程的美，对以农业为生的人而言，土地是他的工作场地，这是一种全身心的投入。人与自然打交道的过程中，显示了对土地的精心呵护和生命本身的严肃性。表现生产劳动场面的各种艺术形式也非常多，如哈尼族的铓鼓舞，大量的舞蹈动作与梯田劳作有关，再现了生产场面的美。再如《古丈茶歌》，热情地赞美春天采新茶的生产场面。现代机械化的农业生产是一种新型的生产场面，现代的喷灌技术、高效率的播种和收割速度也能够带给我们审美愉悦。

农产品是自然与人工共同的结晶，在农产品中既凝聚着自然美，也凝聚着人工美，是由自然美与人工美化合为一的、综合形态的美。我们在精心培育的农产品上，既发现了大自然的巧慧，也发现了人工的巧慧。我们由衷地倾倒在大自然的神力之前，也倾倒在人工的伟力之前。农产品比别的人工美更见出历史感。它是人类几千年劳作的结晶，也是大自然进化的结晶。大自然的鬼斧神工与人类的艰苦卓绝本来都是极为崇高的，但它们凝聚在农产品身上都化成了优美。农产品中的美，从本质上来说，是崇高与优美的结晶，或者说是优美的现实态中蕴含着崇高的历时态。[②] 虽然土地的利用形式有所不同，但各种类型的土地利用形式，如一望无际的农田，果实累累的果园、菜园、茶园，它们的

---

① [俄] 普列汉诺夫：《没有地址的信：艺术与社会生活》，人民文学出版社，1962 年，第 39 页。

② 陈望衡：《一种崭新的农业理念——农业美学》，《湖南社会科学》2004 年第 3 期。

生长过程和产品都会使人们产生愉悦。

二

进入 20 世纪以后，乡村扮演的角色发生了显著的变化。以前，土地只是作为生产资料，现在则对人的生活产生了新的意义，观光农业、生态农业、休闲农业等新的农业类型迅速崛起。人们在乡村中找到一种与城市不同的生活方式，这种不同在于它与自然的联系更为紧密。人们在乡村环境中，能时时刻刻感受到自然，能够更深切地感受到人与土地之间的联系——这种联系使生活焕发出了诗意。

选择城市还是选择乡村一直困扰着许多当代的西方人。城市的拥挤、环境质量的恶化、紧张、压力和忙忙碌碌的生活方式引起了许多人的反感。在西方发达国家，随着交通设施越来越发达和汽车等交通工具的普及，许多高收入的人群可以选择居住在乡村。在中国，由于人口数量的过于庞大，住宅郊区化的条件并不具备也不可行，但人们可以在节假日到乡村体验农村生活，从事农业劳作，体验与城市生活方式完全不同的乡村生活方式。

乡村生活对于现代人的吸引力在于，当代人的生活已经进入到了新的发展阶段，即从物质需要的满足转向了对精神需要的追求。当代社会的人们愈加重视休闲、体验、过程和参与，而这些要素都是乡村生活方式所具有的。首先，从重视产品到对过程的体验。人们不仅需要绿色的食品，同时也想知道它的来源和生长的过程。人们不仅需要视觉的欣赏，更需要身体全部的参与。其次，"休闲"成为高生活质量的重要特征。乡村生活方式不同于城市紧张的生活节奏，乡村的一切都体现出一定的自然性，这里的生活节奏是缓慢的，可以缓解身心的疲惫。环境心理学的研究认为，人们更加乐于选择具有较多自然要素的环境，且这种环境更有益于人的健康。休闲农业体现了农业景观的这一特点。人们亲自参与到农民的生活中去，农村的食物、农村的环境、农村人际之间的交往，这些都成为对当代人具有吸引力的因素。最后，异化生产劳作的消除。在漫长的人类生产过程中，由于残酷的自然条件和社会条件，劳动被异化了，人们在劳动中看到的不是人的本质力量的对象化，不是自我能力的证明，而是苦役。我和土地的关系、我和劳动产品的关系、我与他人的关系都发生了异化。即如马克思所指出的："劳动者生产得越多，他能够消费的就越少；他越是创造价值，他自己越是贬低价值、失去价值；他的产品越是完美，他自己越是畸形；他所创造的物品越是文明，他自己越是野蛮；劳动越是有力，劳动者越是无力；劳动越机智，劳动者越是愚钝，并且越是成为自然界的奴隶。"① 在休闲农业等当代农业活动中，劳作活动本身焕发出新的光辉，劳动成为人的一种需要，农业劳作可以把人和土地重新结合起来，在劳作过程中，人们体验自我创造的快感，在这个过程中，不仅没有异化现象的发生，而且成为自我能力的投射和证明。农业劳动成为对当代人有吸引力的一种活动。

乡村生活方式虽然在当代有了新的意义，但是随着城市化和工业化的进程加快，乡村生活方式也受到了很大的冲击，我们在乡村的许多地方都可以发现这种状况——人多地少，大量的农业劳动力转向城市，进城谋生，留守在乡村的多为老人、妇女和儿童。为了获得更高的经济收益，村庄里的能人和精英也都不再从事农业生产，村庄不可避免地萧条和衰败下去。即使那些还留在村庄里的人，他们同时还有其他的赚钱途径，而不限于农业生产。当代的农村，农民与土地的联系正在减弱，在此基础上形成的传统生活方式也悄悄地进行着变革。同时，来自城市生活方式的影响不断增大，那些外出务工的人，即使返回村庄居住，也往往按照城市的模式建造房屋，消费方式也与城市相同，加之发达的媒体向乡村的渗透，都使得乡村生活方式向城市生活方式趋同，而乡村生活方式自身的特征变得越来越模糊。

三

乡村区域的文化形态有自己的特征，主要表现在四个方面：

首先，文化形态与当地的农业生产方式紧密结合，如云南哈尼族梯田景

---

① ［德］马克思：《1844 年经济学–哲学手稿》，人民出版社，1979 年，第 46 页。

观，就是哈尼族聚落中带有本源意义的因素，对哈尼族文化的所有事项都起着制约作用：哈尼族的铓鼓舞所表达的对丰收的期盼和从农业劳作中衍化的舞蹈肢体动作，哈尼族民族服饰中下穿短裤的装扮是便于在稻田中行走，哈尼族村寨的规模大小受梯田生产力限制，哈尼族的所有节庆和习俗均与农业生产相关，可以说，梯田稻作景观是哈尼族文化的核心。另一方面，哈尼族文化又对梯田稻作起到促进作用，如哈尼族人关于人与自然一体的看法，在客观上起到了环境保护作用，使哈尼族人在恶劣的生存条件下实现了生存条件和生态环境的和谐统一。许多民间工艺品所用原材料也与当地的农业生产密不可分。如中原地区生产小麦，在濮阳、商丘、汝南等多个地区，农民创造性地利用麦秆制成麦秆画，作为馈赠的佳品。河南商丘地区的宁陵县是全省最大的白蜡杆生产基地，在该县流传着这样一句俗语："金杆银杆不如白蜡杆。"该县的许多农民都靠种植"白蜡条"与白蜡杆深加工走上了致富之路，用白蜡杆制成的各种生活用具广受好评。

其次，乡土文化常常与宗教信仰交织在一起。以中原农业区域为例，宗教信仰在大规模的文化活动中扮演着重要角色。淮阳县的伏羲庙会号称"中原第一庙会"，会期长达一个月，参与者众。在庙会期间出现的许多文化形式，都以祖先崇拜为基本内核，如"担经挑"是一种具有原始巫术色彩的舞蹈，歌颂伏羲功德；庙会上独一无二的泥玩具"泥泥狗"，被专家称为"活化石""真图腾"，以生殖为主要表现内容。浚县的正月庙会影响也非常大，尤其是民间社火表演热闹非凡，各个村都有自己的传统项目，其民间文艺之所以长盛不衰，和大伾山、浮丘山香火旺盛是有关的。大伾山有北赵时修建的大佛，当地称为"八丈佛爷七丈楼，还有一丈在下头"。浮丘山上建有碧霞宫，道教底蕴深厚。大量香客云集是浚县庙会的一个重要的支撑。

再次，生活气息浓郁，为当地群众喜闻乐见。地方戏曲是乡土文化中非常活跃的一种艺术形式。如河北邯郸地区的平调落子，多为生活小戏，对白风趣幽默，大量借用土语，拉近了和群众的距离，代表剧目《借髢髢》《端花》等的演出长盛不衰。在中原，二夹弦是特色剧种，它唱腔缠绵、婉转、柔美，极

795

具特色。二夹弦上演剧目曾多达 150 多个，剧目大多为反映朴素的农民生活，表现男女爱情和宣扬伦理道德的农村题材，其生活气息和喜剧色彩浓郁，易与日常生活融合，成为农民农闲时对劳动、生活、恋爱故事的说唱，具有浓郁地域特色。戏曲和曲艺对于丰富农民的精神生活起到了重要的作用。

最后，是特定环境下农民情感和审美观的表达。中原地区的许多民间美术作品如朱仙镇的木版年画构图饱满、用色大胆，多用红色、黄色和紫色。淮阳泥泥狗造型奇特，充满想象力。豫西陕县的剪纸以黑为美，有专家认为它是夏文化的遗存。在现代生活节奏中，人们的审美需求已经不再限于传统意义上的精英艺术，多样化的审美需求和求新意识使人们把欣赏视角伸向民间美术领域。民间美术那奇特的想象、大胆的构思、富于生命张力的造型、强烈的色彩、丰厚的历史积淀都令现代人倾倒。民间美术从内涵到形式，都契合当代人的审美心理，值得我们用新的观念和眼光去重新认识和研究。那充满生命力的情感表达，本能的、直觉的创造，都越来越为现代人所接受和喜爱。

总之，乡村审美价值包含了生产价值、生活价值和文化价值等多种价值，它们是乡村环境审美价值的依托。乡村的审美价值首先是一种肯定或者否定的价值判断，抛荒的土地、破败的村庄、衰落的文化不可能是美的。当一种价值呈现出正面、积极的一面时，它就具有了积极的审美价值。审美价值不是一种孤立的价值，它与其他价值交织在一起。审美价值还是一种价值分析，通过一种有洞见的鉴赏力，指出其审美特征，保留那些有价值的因素并加以发扬。未来乡村的发展需要环境的审美批评，建设更加生意盎然的宜居之地。

（刊于《郑州大学学报》2012 年第 3 期）

建构当代自然环境审美观

——环境与资源关系论纲

⊙陈望衡

⊙武汉大学哲学学院

习近平总书记 2013 年在哈萨克斯坦纳扎巴耶夫大学回答学生提问时指出："建设生态文明是关系人民福祉、关系民族未来的大计。我们既要绿水青山，也要金山银山。宁要绿水青山，不要金山银山，而且绿水青山就是金山银山。"这一理念高度概括了我们国家在处理经济发展与环境保护关系上的指导思想，同时也概括了我们国家在处理环境与资源关系上的基本立场，从环境美学的维度来理解习近平总书记的这个谈话，对于建立当代自然环境的审美观具有重要的意义。

一

美国副总统阿尔·戈尔在为《寂静的春天》写的序言中这样说："1962年，当《寂静的春天》第一次出版时，公众政策中还没有'环境'这一款项。"他说："资源保护——环境主义的前身——1960 年民主党和共和党两党的辩论中就涉及到了，但只是目前才在有关国家公园和自然资源的法律条文中大量出现。"[①] 这段话道出了一个重要问题：虽然"环境"这个词语是早就有的，但"环境"观念或者说"环境"意识却是近半个世纪才得以真正觉醒的。

---

① ［美］雷切尔·卡逊：《寂静的春天》，吉林人民出版社，1997 年，第 9 页。

人们在观念上重资源、轻环境是有原因的。在某种意义上，环境未尝不可以看成是一种自然资源。自然资源按其对于人的价值与意义来看，可以分成两类：

第一类为满足人生活需要的资源，主要有空气、水、山岭、森林等。这类资源是环境构成的基础性因素，它有一个基本的特点，就是生态好。环境的首要性质是宜居。生态环境好，于宜居来说，无疑要摆在第一位。生态环境好，就感性直观来说，就是水好，空气好，山林植被好。这类自然资源还有一个优点：景观优美。一般来说，生态好，景观也就好。人类的审美，究其实质，是对生命以及生态的体认，生态好的自然，生命体征一般都非常鲜明，具体来说，就是绿水、青山、飞禽、走兽、鲜花、碧草……自古以来，自然界中最受到人类审美青睐的也就是这类自然，大量的山水诗、山水画都因此类自然而产生。环境的两大主要功能——"居"与"游"很大程度上均依赖于这第一类自然资源。[①]

第二类主要为满足人类生产需要的资源。人类要生存，要发展，不能仅仅接受自然现有的恩赐，还要进一步向自然索取，这索取的重要体现就是从自然界获取生产性的资源，然后将这些资源打造成人类所需要的物质。这种向自然获取资源的方式是人之为人的确证，是文明生成的主要机制，显示出人类进步的辉煌历程。山水诗、山水画一般是不太会表现这类资源的，这类资源进入文艺作品，是用来展示人的伟大的。

生产性资源与生活性资源有区分，也有叠合。区分，表现为不同的价值物，比如矿藏，它是生产性资源，不是生活性资源。叠合，表现为同一价值物，比如河流、森林，既是生活性资源，又是生产性资源。

两类资源，第一类资源关涉到人生命的保存与发展，成为环境的自然基础；第二类关涉的是人类财富的积累和文明的进步，是资源的主体。

关于资源与环境的关系，我们首先要充分认识到它们作为人类价值的统一

---

① 陈望衡：《环境美学》，武汉大学出版社，2007年，第112~135页。

性，这种统一在于它们都是人类所需要的，我们既需要环境，也需要资源。

我们现在强调保护环境，不能理解成什么资源也不能开发。

第一，就建设环境来说，一个显然的事实是如果什么资源也不开发，没有一定的财力作支撑，没有现代新能源，没有高科技作手段，我们怎么能建设高质量的生活环境？我们怎么能让人类生活得更幸福、更美好？

第二，就文明发展的规律来看，文明是递进的，生态文明是在工业文明的基础上发展的，看起来，它似是向农业文明甚至原始文明的复归，其实不是。在哲学上它体现出否定之否定规律，似是复归、倒退，实质是向上发展，向前推进。生态文明只能产生在工业文明的基础上，而不能产生在原始社会，也不能产生在农业社会。生态文明是人类的进步，而不是人类的倒退！

第三，就审美来说，生态审美不是对文明的否定，而是一种新的文明的建设。这种审美准确地说是生态文明审美，而不是生态审美。比如，现在人们都比较强调原生态的美、荒野的美，美国生态伦理学家罗尔斯顿提出"哲学走向荒野"，现在也有美学家提出"美学走向荒野"。荒野的美被提到至高无上的高度。但一个不可忽视的事实是，现在我们高度重视原生态的自然环境是立足于工业文明基础之上的，正如吃惯了大鱼大肉的人才会觉得青菜萝卜特别可口一样，只有人类的文明达到了一定的高度，这"荒野"才显得特别可贵，才放射出极为迷人的光辉。荒野的美，不是荒野本身就具有的，如果是它本身就具有的，为什么此前人们一直对之视而不见？从本质来看，荒野的美也是一种文明的美——生态文明的美。没有生态文明的视角，哪有荒野的美！

客观地说，人类对资源的开发具有积极与消极两个方面的意义。从积极的方面说，正是通过自然资源的开发，人类才创造了自己的文明，并且将文明不断地推进到新的阶段。消极地说，它的确造成自然环境的破坏。

资源开发对环境的破坏，在某种意义上是资源内部的破坏，具体来说，是生产资源对生活资源的破坏，这种破坏似是自然所致，实是人的行为所致，而人之所以这样做，是价值观出了问题。并非所有的资源开发必然会造成对环境的破坏，正确的价值观指导下的资源开发不仅不会造成环境破坏，还可能有助于环境的保护与建设。所以根本问题是人类要调整好自己的价值观念，正确处理资源与环境的关系。要充分看到，资源与环境的关系是多元的，既有冲突的一面，也有统一的一面。我们要做的是：努力避免其冲突性，充分调动其统一性。或者说尽量减少其冲突性，扩大其统一性。或者是努力转化其冲突性，力图实现其统一性。从人类的生存与发展的全局来看，我们应该是"既要绿水青山，又要金山银山"。①

二

当代环境观念是在环境与资源的冲突中产生的。

从历史来看，生态环境的破坏并不始于今日，它有一个漫长的历史过程。

众所周知，文明始于对自然的认识与改造，当人类对自然界实施着改造时，某种意义上自然界原有的生态就开始遭到了破坏，只是这种破坏对于强大的自然界来说微不足道。然而，在局部地区，它的破坏仍然引起了自然界的"抗议"与"报复"，如恩格斯在《自然辩证法》中所说："美索不达米亚、希腊、小亚细亚以及其他各地的居民，为了得到耕地，毁灭了森林，但是他们做梦也想不到，这些地方今天竟因此而成为不毛之地，因为他们使这些地方失去了森林，也就失去了水分的积聚中心和贮藏库。"②

生态环境的破坏，在工业文明的后期，具体来说在 20 世纪加剧了。20 世纪 60 年代美国学者雷切尔·卡逊就曾经就滴滴涕这一剧毒农药的使用所造成的严重危害写过一本有名的书《寂静的春天》。雷切尔之后，诸多的科学考察报告和著作揭示了地球生态失衡的严重性。就这些年人们特别关注的全球变暖问题来看，由于气温的上升，北极的冰融化加剧，海水上涨，已经导致北极熊、海豹、诸多海鸟栖息地急剧缩小，某些物种已经濒临灭绝，这种变化对于

---

① 笔者曾在《培植一种环境美学》中说："'既要金山银山，又要绿水青山'越来越成为人们的共识，这应该说是人类的一个很大的进步。"见《湖南社会科学》2000 年第 5 期。

② 《马克思恩格斯选集》第四卷，人民出版社，1995 年，第 383 页。

人类生存的影响已经有所显示，更多危险还处于不可知的潜在状态。"一些顶级的科学家告诉我们，除非我们果敢而迅速地行动起来，大规模削减导致全球变暖的污染，不然，在下一个 10 年里，我们就将跨进无路回头的严峻险境！"①

人类当下生存的困境与危险，必然直接联系到环境，环境的问题必然追索到人类对地球资源的掠夺。人类对地球资源近乎疯狂的掠夺，问题又在哪里呢？只能是在人类的观念上。

工业社会，一种自文艺复兴生长出来的人文主义膨胀到了极端，它与文艺复兴旨在反对神本主义的人文精神完全不相融合，这种观念的内容可以归纳为两个方面：一是认为人是地球上至高无上的主人，有权尽情掠取享受地球上的一切资源，二是认为地球上的资源是无限的，可以供人类任意挥霍。这种主张我们姑且名之为"极端的人本主义"。在极端的人本主义观念的指挥下，凭借高科技的威力，自然界的生态平衡被打破，地球上诸多原本宜于人生存的自然条件发生变化，这个地球已经在一定程度上不那么宜居了。

为对抗工业文明的弊病，一种名曰"深层生态主义"的声音出现了，这种声音的基本观点就是将人类文明看成是"地球这个行星的艾滋病毒"，② 将地球上的生态问题的严重出现归罪于人，这是有道理的，但是解决此问题的方式过于极端。怎么能将人类比喻为地球上的"艾滋病毒"呢？正如阿尔·戈尔所说的："这种内在的比喻只会导向唯一的药方：从地球上消灭人。"③ 这显然是荒谬的。

两种主义——"极端的人本主义"和"深层生态主义"，均行不通，唯一的出路只能是人文主义与生态主义的统一，这种统一所创造的文明即生态文明。

---

① ［美］阿尔·戈尔：《濒临失衡的地球——生态与人类精神》，中央编译出版社，2012年，第 5 页。

② ［美］阿尔·戈尔：《濒临失衡的地球——生态与人类精神》，第 167 页。

③ ［美］阿尔·戈尔：《濒临失衡的地球——生态与人类精神》，第 167 页。

生态文明既不是"极端的人本主义"所标榜的人是这个世界上唯一的价值主体，也不是"深层生态主义"所主张的"地球高于一切"，① 而是要恰当处理人的利益与生态的利益的关系，实现二者的统一。

所谓统一就是生态平衡，基于地球上生态平衡破坏的情况不同，可以分类处理：生态问题严重的地方，要调整文明建设思路，牺牲人的某些利益，坚决地让位于生态利益，力促生态恢复；生态状况良好的地方，要确定生态与文明共生战略，坚决防止生态破坏现象出现。

生态文明共生是生态文明建设的基本原则。所谓共生，就是自然的向人生成和人的向自然生成。这个过程中，生态与人出现了可贵的互动：一方面，人的目的性（人的建设文明的意志）合乎了生态发展的规律，具有合规律性；另一方面，自然的规律性（其中最重要的是生态平衡的规律）肯定了人的意志，具有合目的性。这种合规律性与合目的性的统一，即是生态主义与人文主义的统一。由于有了生态与文明的相向互动，生态主义就不是自然的生态主义而成为人文的生态主义，人文主义也就不再是社会的人文主义而成为生态的人文主义。生态与人文的这种统一的最高成就就是生态文明。

生态文明的主体是人，也只能是人。生态文明建设不是让人生活得不好，更不是如深层生态主义中某些人所主张的让人去死，② 而是让人类生活得更好。所以，生态文明建设不仅主体是人，目的也是为了人。与工业文明的人主体之不同在于生态文明主张的人主体是融入了生态利益的，或者说是以保护生态平衡为前提的，是人与生态的共生并共赢。生态文明有一个重要的原则——生态公正的原则。生态公正不仅保证人的权利与价值，也保证着物的权利与价值。生态公正的基本原则有环境正义的原则。1991 年美国第一次全国有色人种环境

---

① ［美］阿尔·戈尔：《濒临失衡的地球——生态与人类精神》，第 167 页。

② 深层生态主义有一个名为"地球高于一切"的团体，其领导人之一 M. 罗塞尔说："你们听说过自然之死，这真的会发生。但是，如果砍掉食物链上最高的一环，自然界就能重新建构——而这最高的一环就是我们自己。"

领导峰会提出环境正义的 17 条原则，其主要内容有"保证地球母亲神圣、生态系统的统一，所有物种的依赖性和免受生态破坏的权利"。[①]

人类的全部历史都是人与自然的互动，即作为规律的"真"与作为意志的"善"的互动：一方面是"真"向"善"的生成，另一方面又是"善"向"真"的依归。是"真"和"善"的统一，这个统一的成果就是"美"。

人类的全部历史都是美的创造的历史。值得强调的是，这个统一，在人类已往的文明中，并没有能够全部做到，或是部分地做到了，又部分地违背了。生态文明是人类新的文明，在实现真与善的统一上，生态文明立足于人类全部文明特别是工业文明的基础，正是因为有这样一个基础，它在实现真与善的统一上，完全能够达到人类从来没有达到过的高度。基于美是真与美的统一，这就意味着生态文明可以创造人类从未创造过的美。生态文明建设有一个过去的文明从来没有过的原则——生态平衡的原则。不是生态，当然也不是人，而是生态平衡成为调控人与自然关系的最高指导原则。生态平衡原则必然给人类的审美带来新的视界、新的标准、新的方式。生态文明的美既联系于生命的美、自然的美，又联系于文明的美、人的美，这是一种完全崭新的美。虽然这种美我们现在还不能做出很好的描述，但它确是在地球上露出了曙光。

在生态文明时代人类以新的观点、新的方式实现自然对人的两种基本价值：环境的价值和资源价值。在生态文明时代，人不是从此就不要从自然索取资源了，这项活动永远需要，只是这项活动不应是对环境价值的破坏，而应是环境价值的新实现；同样，环境保护不应成为消极的被动的保护，它应与自然资源的新的开发结合起来。这种新开发具体是什么，需要人去探求，这条道路充满艰辛，但光辉灿烂。它是真的追寻，善的实现，还是美的创造。这条道路没有尽头，魅力无穷！

---

① 贾卫列等：《生态文明建设概论》，中央编译出版社，2013 年，第 28 页。

三

在生态文明时代，不是"资源"而是"环境"成为人类对地球价值认识的总体性概念。在工业文明时代，人类对地球价值的认识主要为资源。地球上的一切，无不被看作资源。而在生态文明时代，也许由于工业文明已为人类积聚了相当的财富，人们对财富的贪欲较之工业文明时代有所降低，由于环境问题的严重性，人们的环境意识大为提升。基于环境问题的全人类利益一致性和生态问题的全球一体性，环境概念可能成为人类对地球价值认识的总体性概念。与其将地球看作资源，意在开发，还不如将地球看作家园，意在珍惜。

一个非常有意思的现象：虽然资源与环境两个概念早就存在，但从人类出现直到工业文明的后期，人们一直重视的是资源，而忽视环境。由于环境本也可以看作一种资源，所以，实际上，不是环境，而是资源成为人类对地球价值的总体性概念。然而，在生态文明时代，不是"资源"而是"环境"成为人类对地球价值认识的总体性概念。

地球的资源价值仍然在，但对人不是最高价值，环境才是最高价值。在人们的观念中，"资源"不再是为统属"环境"的总体性概念，而是"环境"成了统属"资源"的总体性概念。在人们的实践中，所有对地球资源的开发性活动，均需按程序先做环境评估，根据其对环境的影响决定是否开发以及如何开发。

生态文明时代，环境作为人类对地球价值的总体性概念，其价值非常丰富，择其要者，有生存价值、生活价值、经济价值、生态价值和精神价值。精神价值中，有科学认识价值、道德启迪价值、历史信息记录价值和审美愉悦价值等。

（一）在环境的诸多价值中，生存价值是最为根本和最重要的，它关系着人能否生存。工业社会前，环境没有遭到严重的破坏，生态平衡比较好，人类感觉不到来自环境的生存威胁，进入工业社会后，随着生态平衡的破坏，诸多生物已经灭绝或濒临灭绝，人类也明显地感受到了生存的威胁。人类环境意识的觉醒突出体现在对于环境的生存价值的重视。相较于资源对人的价值而言，环境的生存价值无疑重要得多。皮之不存，毛将焉附。生命都保不住，要财富何用？正是在这个意义上，人们理直气壮地说："宁要绿水青山，不要金山银山。"或者说："保住绿水青山，才要金山银山。"①

（二）在环境的诸多价值中，精神方面的价值如历史信息记录价值、审美价值等无可替代，而且不可计量，因此也就无法拿来与资源作比较。从本质来看，资源是一个经济概念，它是可以折换成金钱来衡量的，而环境则是人文概念，它是不可以折换成金钱来估算的。从这个意义上讲，"金山银山有价，绿水青山无价"。②

（三）环境于人的功能主要是用来为人提供生存生活的场所，是居，而不是游，更不是借此来做旅游生意大赚其钱。环境具有部分的经济价值，但它是有限的，其规模止于保护。对于环境，保护永远第一。人类财富的获取，不能依赖开发环境的经济功能。我们的口号是："保住绿水青山，才建金山银山。"

（四）人类对于价值的认识，向来主要以财富计，而财富以金钱计，故而重视资源价值，忽视环境价值。环境也是有价值的，如果不是用金钱计，"绿水青山就是金山银山"，而且"绿水青山远胜金山银山"。保护和建设美好的环境，其根本上是让人更好地生存、生活乃至发展。人的生存与发展与别的生物的生存与发展是相关的，彼此存在着不可分离的生态关系。一个美好的环境不仅是有利于人生存、生活与发展的环境，而且也是有利于其他生物生存、生活与发展的环境。调节人与物的利益的原则，为生态平衡原则。

生态文明时代，在审美上一个突出的现象是，对自然的审美意识凸显为对环

---

① 陈望衡：《我们的家园：环境美学谈》，江苏人民出版社，2014年，第24页。

② 笔者曾在《环境美学》中说："任何自然物的经济价值都是有限的，而自然物的审美价值是无限的。"论文《环境美学的当代使命》中批判对资源竭泽而渔而不惜破坏环境的现象，再次指出："资源是经济的概念，它的价值是可以用金钱换算的；环境，从本质上来看是人文概念，它的价值是不可以用金钱来换算的。"见《学术月刊》2010年第7期。

境的审美意识。自然与自然环境是两个不同的概念。自然概念与人的概念相对，它的内涵中可以没有人；环境之所以称为环境，是因为有人在其中生存、生活，故自然环境概念中必然有人。人对于自然的审美，如果联系到人的生活包括物质生活和精神生活，他实际上不是在对自然，而是在对自然环境进行审美了。虽然人类对自然的审美一直就是对自然环境的审美，但是人类并没有明确地认识到它。直到生态文明时代，环境的审美才发展成一种重要的审美方式。

马克思说："忧心忡忡的穷人甚至对最美丽的景色都没有什么感受；贩卖矿物的商人只看到矿物的商业价值，而看不到矿物的美和特征，他没有矿物学的感觉。"[1] 马克思在这里说的"最美丽的景色""矿物的美和特征"均可以理解为环境的美。他说了两类人对于环境的美没有感受，虽然一穷一富，但在对待自然环境上有一个共同点，那就是功利。饥肠辘辘的人们不会去欣赏食物的美。为了生存，穷人是可以不惜破坏自然环境的。基于此，我们能理解那些无奈砍伐自家门前的风水树去卖钱换粮食的人们。对于贩卖矿物的商人来说，他们看不到矿物的美，不是因为生存不下去，而是因为贪欲，在他们眼中，矿物都是金钱的化身，矿物的意义就在于它能变换成金钱，哪还有矿物的美呢？马克思说的这两种现象，在生态文明时代都不应该存在。要让穷人有别的手段富起来，而对于富人，要制约他们的贪欲，通过这样的方式，释放他们的审美潜能，唤醒他们的美感，让他们能欣赏自然环境的美，能珍惜绿水青山。

环境的审美意识的高扬，不仅是生态意识的最切合人性的觉醒，而且是人类向着新的文明攀登的光辉体现，是我们唯一的家园——地球最大的福音，人类最大的福音。

(刊于《郑州大学学报》2015 年第 2 期)

---

[1] 《马克思恩格斯全集》第 42 卷，人民出版社，1979 年，第 126 页。

技术时代的自然环境审美

⊙肖双荣

⊙湖南涉外经济学院文学院

近年来，审美领域发生了重大转折，即体验性的自然环境审美日益成为时尚，生态旅游、乡村旅游、休闲旅游日益成为普通大众审美生活的主要话题，曾经意味着原始与落后的自然原野与农村乡野日益成为审美注意的中心。作为审美对象，当代自然环境有别于传统的艺术世界，有别于工业文明引以为傲的城市环境，也有别于霍尔姆斯·罗尔斯顿所说的荒野环境。那么，当代自然环境审美究竟怎样得以发生，具有怎样的特性基质，又期许一种怎样的未来？

一、出离技术困境

从审美何以发生这个角度来看，外部世界的发展对审美具有非常突出的影响。尤其是在当代，技术的发展对大众审美产生了决定性的影响。可以说，正是在现代技术的作用下，艺术世界与生活世界发生了一系列变化，导致当前大众审美走向自然环境。

首先，在艺术世界，机械复制和大众传播导致了系统性审美疲劳的发生。在手工制造时代，艺术作品属于手工创作的成果，十分稀有而昂贵。这时候的作品具有唯一性，即每件作品都是唯一的"此在"，具有自己独特的历史信息和文化身份。本雅明认为，作品是由艺术家在某个时候和某个地点创作的，这种"即时即地性"使作品周围产生了一种"灵韵"。① 随着时间的推移,作品的历史信息越来越丰富,其文化身份也越来越凸显,作品完全为"灵韵"所笼罩。于是,作品所具有的审美价值类似宗教神灵所具有的膜拜价值,作品被保存和体验的场所类似宗教膜拜的殿堂,而对于作品的审美体验则类似宗教洗礼。

在机械复制时代,艺术作品如同工业产品,在艺术家完成创作或者设计以后,由工业机器批量生产。这时候的作品丧失了唯一性,表现为"涌动的杂群",每一个拷贝都廉价而普通。作品的历史信息和文化身份不再重要,不再以年久为珍、岁久为贵,倒是通过不断地改头换面,以新颖取胜。于是,由于其"即时即地性"而获得的"灵韵"便从作品的周围消失了,艺术创作必须仰仗艺术生产,才能进入大众的审美视野,否则将陷于湮没无闻的尴尬境地。作品不再具有膜拜价值,而仅仅具有展示价值。作品被保存和体验的场所不再类似膜拜的殿堂,而融入尘世的日常生活环境。对于作品的审美体验不再类似一次洗礼,而沦落为如同其他工业产品一样的消费。

进入大众传播时代以后,艺术作品的实物载体蜕变为信息,被存储在介质中,通过电子信号转换为虚拟现实。同时,由于广播、电影、电视尤其是网络等大众媒体的高度发达,获得作品所需付出的代价极其低廉,作品不仅被海量拷贝,还可以被无限次地传送,反复播放,很多时候甚至完全免费提供。在这两种因素的影响下,大众对艺术作品的审美体验不再类似柏拉图式的冥想或者静观,也不再保持布洛所谓的心理距离,而沦落为全民的消遣娱乐,成为由无数陌生人自由参与的肆意狂欢。然而,紧随着肆意狂欢而来的,则是热情的迅速消退、感觉的极度麻木,最终乃是系统性审美疲劳的发生。于是,艺术世界的审美似乎再度进入荷尔德林所说的"贫困时代的黑夜"。

其次,在生活世界,环境破坏和资源枯竭的危机导致了技术焦虑的发生。

---

① [德]瓦尔特·本雅明:《机械复制时代的艺术作品》,王才勇译,中国城市出版社,2002年,第13页。

18 世纪下半叶以来，各种技术不断地突飞猛进，日新月异，彻底地改变了人类的生活方式与生存状态。一方面，技术极大地提高了生产效率和产品总量，创造了大量的物质财富，满足了不断增长的世界人口不断增长的生活需要；另一方面，技术手段的负面影响也日益显现，地球环境遭到难以修复的全面破坏的警钟已经敲响。在《寂静的春天》中，蕾切尔·卡逊运用大量的统计数据和实地调查材料表明，由于化学药剂的大量使用，水源与土壤遭到了严重的侵害，实际上，"杀虫剂""应称为'杀生剂'"。[①] 在杀除害虫的同时，也打破了动植物世界原本自动维持的生态平衡，最终传导到人类，严重威胁人类自身的安全。

技术也塑造了一种显著有别于传统自然的现代城市环境，大面积的建筑板块堆砌的摩天大楼，复杂的立体交通网络，汹涌滚滚的钢铁洪流，成为现代城市环境的典型特征。然而，在工作和生活小环境不断舒适便利化的同时，人类却付出了大气污染、家园感丧失的沉重代价。尤其是，在一定地质时期内，地球家园所能供给的资源和能源总量是有限的，现代工业文明所引领的生产生活方式肯定是不可持续的。在《增长的极限》中，罗马俱乐部以大量数据分析表明，现代技术裹挟着人类"正在奔向地球的显而易见的极限"，[②] 如果不迅速改变发展模式，人类的前途堪忧。

于是，如何出离技术造成的双重困境，即消除艺术世界的审美疲劳和生活世界的技术焦虑，走向另一种新的审美，成为当代大众审美面临的紧迫问题。

在此，思想的道路有两个方向，一个通向过去，一个通向未来。恩斯特·卡西尔深刻洞悉这种普遍的思想规律，他说："在所有的人类活动中我们发现一种基本的两极性"，我们既"思考着未来，生活在未来"，而"对过去的新

---

① ［美］蕾切尔·卡逊：《寂静的春天》，吕瑞兰、李长生译，吉林人民出版社，1997年，第6页。

② ［美］丹尼斯·米都斯：《增长的极限》，李宝恒译，四川人民出版社，1983年，第173页。

的理解同时也就给予我们对未来的新的展望"。① 弗兰克·梯利认为，思想"有两条出路：创造生活、艺术和思想的新形式，或者复归于古代以求范本"。② 其中，向过去的历史寻找出路的方法，葛兆光称为"回溯"，他说："当追忆者对现实不那么满意的时候，对古代的追忆就成了他们针砭现实的一面镜子，这面镜子中显现出来的总是温馨的历史背影。"③

遵循这样的思想方向，当代人们自然而然地把目光投向过去。于是，曾经意味着原始与落后的自然环境引起了人们极大的审美兴趣，农业社会、农业生产和农业景观曾经处于工业化和城市化的阴影之中，现在却成为大众审美注意的焦点。生态旅游、乡村旅游、休闲旅游和"农家乐"活动堂皇地走向大众审美活动的舞台中央，农村、农舍乃至荒郊野外日益与城市、展览馆以及博物馆争宠，成为人们旅游、休闲与审美的主要目的地。

艾伦·卡尔松曾经发问，在现代社会之前，人们没有把农业景观看成审美对象，为什么到了当代，人们反而对曾经纷纷逃离的农业景观发生了浓厚的兴趣？答案显然已经明了。为了出离技术造成的双重困境，即摆脱艺术世界的审美疲劳和生活世界的技术焦虑，人们再度怀念赫希俄德称为黄金世纪的原始农作社会，呼唤卢梭那个科学与艺术缺席的自然农作社会，向往着跟"竹林七贤"一样隐遁山林，跟陶渊明一样回归田园。

二、走向技术自然

作为审美对象，自然环境曾经馈赠人们怎样的美感？伊曼纽尔·康德将其概括为崇高感和优美感。作为伟大的理性主义哲学家，康德以极富感性的笔触描述自己的这两种审美体验。顶峰积雪、高耸入云的崇山，高大的橡树，孤独的阴影以及黑夜是崇高的，而鲜花怒放的原野、溪水蜿蜒的山谷、低矮的篱

---

① ［德］恩斯特·卡西尔：《人论》，甘阳译，上海译文出版社，2004年，第73~246页。

② ［美］弗兰克·梯利：《西方哲学史》，葛力译，商务印书馆，1995年，第253页。

③ 葛兆光：《中国思想史》（第一卷），复旦大学出版社，1997年，第6页。

笆、整齐的树木以及白昼是优美的。① 然而，在当今技术时代，当人们走向自然环境之时，其所获得的美感已然不同于康德的体验。一方面，当代人类已经被高度技术化。正如马克思所言，人类的感觉在认识世界、改造世界的过程中形成，现代技术重塑了人类的生理感觉，也在更大程度上重塑了人类的心理感觉。另一方面，自然不仅在意识中被"人化"，也在物质形态方面被高度技术化的人类所"人化"，也就是被"技术化"了，也必然带给人们不同的感觉。由于人的审美意识和审美感觉也在这一双向互动的过程中形成和发展，技术化也必然带来人类审美体验的变化。概括地说，这种变化就是崇高感日渐消退，向优美感接近，从而导致优美感日渐溢出。

根据康德的观点，崇高可以分为两种类型，即数学的崇高和力学的崇高。在技术高度发达的今天，无论哪一种崇高感都在日渐消退。

数学的崇高与审美对象的数量和尺度有关，当代人们所能理解和控制的数量和尺度范围已经显著超越过去，必然造成对崇高的审美体验的变化。普罗泰戈拉曾经说："人是万物的尺度，是存在者存在的尺度，也是不存在者不存在的尺度。"② 这句话非常清楚地揭示了审美活动中的一个秘密，即人类自身的尺度以及人类活动所能达到的尺度，是审美判断赖以进行的尺度。某个事物是不是崇高的，除了取决于它自身的尺度，更取决于它与人类的关系。在当代，技术作为"手上之物"，彻底改变了人类与"手前之物"的尺度关系。雄伟的不再那么雄伟，遥远的不再那么遥远，人类关于对象尺度的心理感觉发生了变化，崇高感得以发生的心理门槛就提升了。

可以想象，在前技术时代，仅仅依靠人力或者借助畜力去旅行，攀登高山，穿越原野，渡过江河湖海，无疑将使人产生深沉而持久的崇高体验。"噫吁戏，危乎高哉！蜀道之难，难于上青天！""天姥连天向天横，势拔五岳掩赤城。天台一万八千丈，对此欲倒东南倾。"这些诗句非常生动地形容了前技术

① ［德］康德：《论优美感和崇高感》，何兆武译，商务印书馆，2001 年，第 2 页。

② 北京大学哲学系：《西方哲学原著选读》（上卷），商务印书馆，2007 年，第 54 页。

时代的一种崇高体验。在今天，建筑与交通技术让人们突破了自然环境的许多限制，原来的感性空间已经被极大地压缩了。因此，面对着与李白相同的自然环境审美对象时，人们获得的崇高体验必然消退。而且，这种体验可能变得更加复杂了，即除了对自然环境审美对象保持一定程度的崇高感，倒是可能产生对于现代技术造就的建筑与交通工程的崇高感。

比起建筑与交通技术来，信息技术对人类感性空间的压缩更是达到了极限，而对于审美感觉的影响则是革命性的。信息技术真正把曾经意味着无限空间的地球变成了人们可以把握的地球村，通过把声音、图像以及视频在瞬间传送到地球的任何角落，彻底地改变了人们之间的空间关系，也改变了人们的情感。过去时代的乡愁曾经是那么悠长，正如唐诗所描述的："日暮乡关何处是，烟波江上使人愁。""故乡今夜思千里，霜鬓明朝又一年。"今天，人们已经走进了一个没有乡愁的时代，因为故乡就在人们耳边和眼前，那么活灵活现。与此类似，过去时代的送别曾经是那么难舍，如宋词所描述的："离愁渐远渐无穷，迢迢不断如春水。""念去去千里烟波，暮霭沉沉楚天阔。"今天，人们在很大程度上已经失去了对离愁的体验，因为通信工具使遥远的时空互联互通，人们的送别变得那么干脆洒脱。由此，我们也日渐失去了对亲人牵肠挂肚的思念，失去了对往事绵密无垠的漫漫回忆。

与数学的崇高仅以审美对象在数量和尺度方面的巨大为基础不同，力学的崇高以审美对象是否使人产生恐惧感和敬畏感为基础。埃德蒙·伯克没有使用力学的崇高这个概念，不过，他认为，崇高感是由人的两大本能之一，即自我保护的本能所支配的激情，也以对象使人感到畏惧为基础。可见，他所说的崇高实际上类似力学的崇高。[1] 阿诺德·伯林特还认为，无限性与神秘性也会使

---

① ［英］埃德蒙·伯克：《关于我们崇高与美观念之根源的哲学探讨》，郭飞译，大象出版社，2010年，第35页。

人产生敬畏感，会导致崇高体验的发生。① 在当代，所有这些方面的崇高感，也都在日益消退。

技术的发达不仅改变了人们对空间的感觉，也改变了人们对自然力量的感觉，从整体上提升了人们在自然面前的信心。过去，自然曾经被看作崇高的神灵，天、地都是需要虔诚而隆重地祭拜的。今天，人们却喊出了"呵护地球"的口号。这种变化无疑反映了自然与人类力量的此消彼长，地球俨然已经沦落为人类面前的诺诺弱者。各种建筑工程、安全设施和措施极大地改变了人们周围的工作环境、生活环境以及旅行环境，使人们远离了自然环境的危险方面，因而使自然环境蜕变为人们欣赏的对象，而不是敬畏的对象。比如，在受到安全庇护的情况下，对于正在发生的风暴，人们不仅通过天气预报知晓其来临时间、持续时间、最高强度以及影响范围，甚至还了解风暴的形成原理，以及云层之上的天空其实仍如原来一样地湛蓝明亮，他们从中获得的崇高体验必然消退。

确实，地球上还存在大量对人们构成严重威胁的恶劣环境，而且受到保护，日益成为旅游目的地。正如霍尔姆斯·罗尔斯顿所言："我们选择加以保护的景观并非都是宜人的。我们越来越被荒野、沙漠、冻原、极地、海洋等自然景观的美所吸引。"② 然而，这并不妨碍当代大众审美体验中的崇高感消退。首先，作为一种日常生活审美，人们每天体验的是安全舒适的家园环境，流行的生态旅游、乡村旅游与农家乐活动大多不以荒野环境为目的地。其次，当人们有目的地离开家园环境，走向荒野环境之时，各种技术装备也会影响他们的审美体验。试想，人们带着卫星电话和导航设备，前往作为生命禁区的荒野探险，由于危险程度实际上都经过仔细的计算，并且处于可控状态，其审美体

① ［美］阿诺德·伯林特：《环境美学》，张敏、周雨译，湖南科学技术出版社，2006年，第153页。

② ［美］霍尔姆斯·罗尔斯顿：《哲学走向荒野》，刘耳、叶平译，吉林人民出版社，2000年，第24页。

验与真正的徒步穿越肯定是不同的。玄奘和马可·波罗的未知旅行充满了艰辛与危险，因而充满了崇高感。在今天，人们完成同样的旅程，却乘坐安全舒适的客机或者高铁准点到达，只不过觉得轻松惬意而已，显然是一种优美的体验。在奥尔多·利奥波德看来，从技术时代的旅游中，人们甚至连优美感都无法获得，那不过是一种非审美的日常生活经历罢了："机械化的旅游充其量也只是一种像牛奶和水一样淡而无味的事情。"①

随着科学的发达和知识的普及，自然环境在人类面前变得越来越透明和熟悉。当审美对象的无限性趋向有限性，未知性趋向已知性，神秘性趋向熟悉性，突然性趋向预期性，审美主体的感受也从崇高感趋向优美感。艾伦·卡尔松已经发现这种变化，他认为，随着科学知识的不断丰富，人们对自然的了解越来越多，渐渐摆脱了中世纪对自然的害怕与敬畏，越来越爱欣赏自然之美。维柯曾经说过："在推理能力最薄弱的人们那里我们才发现真正的诗性的词句""表达最强烈的热情""具有崇高风格""可引起惊奇感"。② 与此相似，我们可以说，只有在最缺乏自然科学理性的人们那里，才能发现真正的崇高体验，他们怀有最强烈的热情，可产生对自然世界和现象的惊奇感。

借鉴黑格尔的艺术史分期方法，也许可以这样推论，在原始的自然社会，崇高感占据主导地位，优美感还很微弱。进入传统农业社会以后，崇高感和优美感日渐达到平衡状态。进入工业和信息化的技术社会以后，崇高感日渐消退，而优美感日渐溢出。固然，陈望衡教授曾经说："环境作为人的家，它既是温馨的，也是崇高的。"不过，他接着说："现实存在的任何具体环境"，"只要追溯其历史，就都会放射出奇异的光辉，就都拥有无限的魅力"。可见，他所说的既不是数学的崇高，也不是力学的崇高，而是历史的崇高，这已经不是一个纯粹的自然环境审美问题了。

---

① ［美］奥尔多·利奥波德：《沙乡年鉴》，侯文惠译，吉林人民出版社，1997 年，第 184 页。

② ［意］维柯：《新科学》，朱光潜译，商务印书馆，1989 年，第 31 页。

三、重建技术信赖

那么，是否应该为自然环境崇高感的消退而吟唱哀歌，甚至挽留它永驻，并且因此而对作为肇事者的现代技术予以严苛的责难，放弃技术条件下的现代生活方式？除了历史深处的怀旧主义者，享受了现代生活方式的亨利·梭罗和奥尔多·利奥波德似乎也希望如此，不过，笔者却不敢完全附和。无论如何，崇高感的发生是以恐惧感和敬畏感的发生为前提的，这意味着有一种异己力量在胁迫人们。崇高感的消退意味着异己力量的消退，而优美感的溢出则意味着人们自身力量的加强，于是，人们才获得了可以优雅地居住的家园感。正如罗尔斯顿所言，"'生态学'的词源学意义"其实就是"地球是我们的家"。① 作为专注于日常生活审美的美学，环境美学秉持生态学原则，致力于倡导建立一个"温馨的家园"，而安居工程、宜居城市建设、新农村建设都是为了建设一个让人们不是崇高地而是优美地居住的家园。

因此，崇高感的消退不仅不应该得到哀挽，反而应该得到欢呼。正是因为具有崇高感得以发生的各种条件，乡愁与离愁才得以发生，而失去对乡愁与离愁的体验并非一种真正的损失。乡愁与离愁中真正有价值的东西是爱、关怀以及其他美好的情感，当乡愁与离愁发生的时候，往往意味着人们背井离乡，辞亲别友。如果借助于现代技术手段，这些情感能够一直伴随在人们身边，温暖人们，那是再好不过的了。因此，对于当代新型城镇化建设宣传中最响亮的声音"看得见山，望得见水，留得住乡愁"，人们应当作恰如其分的理解，即只需要留住乡愁中有价值的情感，而不是留住从古至今的诗人们反复吟诵过的种种忧思。毕竟，那样的"乡愁"其实是一种"病"。

怀旧主义者都有一个通病：在回忆过去的时候，很容易出现选择性遗忘，而批判现实的时候，很容易出现选择性偏执。其实，"历史的背影"并没有他

---

① ［美］霍尔姆斯·罗尔斯顿：《哲学走向荒野》，刘耳、叶平译，吉林人民出版社，2000 年，第 26 页。

们想象的那么"温馨"，现实也没有他们指责的那么糟糕，未来更没有他们担心的那么可怕。历史每前进一步，就会有怀旧主义者对过去加以赞美，但是历史从来没有真正地折返回去。其观念也许能给人们提供一个反思的角度，其行动却不能成为指引的方向。

此外，正如马尔库塞所认为的那样，审美问题也是一个政治问题。环境美学应当注意到这一点，自然环境审美也涉及权利与义务的复杂关系。被誉为绿色经典的《瓦尔登湖》和《沙乡年鉴》确实给我们描述了两种纯净而令人心醉的审美，不过，亨利·梭罗和奥尔多·利奥波德只是瓦尔登湖和沙乡的过客罢了，他们与那些世居当地以其作为家园的人们是否所见略同？利奥波德说："对于我们这些少数人来说，能有机会看到大雁要比看电视更重要。"[①]这可以成为环境美学批判当代技术的经典例证。不过，其中值得注意的还有，也许只是因为看过太多的电视，感到了对电视的审美疲劳，利奥波德才希望看到大雁；而当地看过太多大雁的人们，感到的可能只是对大雁的审美疲劳，能有机会看到电视也许更重要。尤其是，如果在大雁和电视之间二选一的话，当地人们更可能选择电视。毕竟，从电视上也可以看到大雁，而从大雁身上是怎么也看不到电视的。利奥波德既然承认自己属于少数人，他恐怕无法否认，占多数的当地人们应该享有和他平等的审美权利。

无论哲学走向荒野，还是美学走向荒野，一定不是向过去的简单回归，其中必定蕴含恩斯特·卡西尔所说的"对过去的新的理解"。正如约斯·摩尔所说的，我们应当前往自然，而不是退回自然。老子说："天地不仁，以万物为刍狗。"[②] 这表明，在人类面前，自然只不过是道德中性者，它对于万物都不偏不倚，并不会给予人类特别的眷顾，显然不值得人们信赖。自然环境本身是蛮荒的，人类不能于其中优雅地居住，如果简单地回归，就成了对自己不负责任的冒险，是对生命意志的违背。只有借助技术，人们才能在自然环境中建立起

---

① ［美］奥尔多·利奥波德：《沙乡年鉴》，侯文惠译，吉林人民出版社，1997年。

② 陈鼓应：《老子今注今译》，商务印书馆，2006年，第93页。

温馨的家园。虽然技术也是道德中性者，不过，跟自然环境不一样，技术是直接受人们控制的。只要人们仍然维持着对自身实践理性的信赖，技术就是值得信赖的，而一个更加美好的家园是可以期待的。

对技术的信赖包括三个方面的内涵。首先，人们应当对技术整体予以信赖，避免坠入技术悲观主义陷阱，错失发展途径，贻误发展时机。技术悲观主义者或许确实怀有对全人类命运的深切关怀，然而，对他们提出的观点，则应该加以谨慎的审思。杰里米·里夫金《熵：一种新的世界观》对当代发展模式提出的问题和表达的忧虑绝对值得重视，但是其中说道："无论在地球上还是宇宙或任何地方建立起任何秩序，都必须以周围环境的更大混乱为代价。"[1] 这显然过于悲观了。至少可以说，如果无机世界代表混乱，而有机的生命世界代表秩序的话，那么，生命本身可以从混乱中建立起秩序。对此，地球本身的演化史已经予以证明，这就为解决当前地球环境的混乱打开了一道希望之门。

其次，人们应当信赖技术自身的纠错能力，对暂时的技术失误保持一定的宽容度。联合国开发计划署发布的有关报告显示，一个国家的技术发达程度与其国民发展指数正相关，而不是相反。尽管当代出现了很多环境破坏和污染问题，但是从全局的角度来看，人类社会在向前发展的事实毋庸置疑。技术运用过程中出现的各种问题，应当由专业部门加以评估，并且指导纠正。缺乏专业评估手段的哲学界、美学界尤其是大众媒体想象式的妄评无助于解决问题，反而会误导全社会的认识。"我们需要许多技术去保护那些值得存在下去的东西，而且，技术能改正许多错误——只要技术不屈从唯一的利益逻辑。"[2] 秉持科学严谨的精神，全面衡量利弊以后再进行决断，才是可取的态度。

最后，人们应当相信，技术发展中出现的问题可以通过进一步的技术发展

---

① ［美］杰里米·里夫金：《熵：一种新的世界观》，吕明、袁舟译，上海译文出版社，1987 年，第 4 页。

② ［法］西尔维娅·阿加辛斯基：《时间的摆渡者》，吴云凤译，中信出版社，2003 年，第 9 页。

加以解决，不可任其沦为某些利益集团制定歧视性游戏规则的口实。比如，世界气候大会的目标是防止全球气候变暖，保护全人类的地球家园，其愿望不可谓不美好，然而，在哥本哈根世界气候大会上，由发达国家提出的全球碳排放额度分配方案虽然维护了发达国家人们已经享有的发展权利，却没有尊重发展中国家人们应当享有的平等发展权利，后者当然无法接受。时至今日，在巴黎世界气候大会上，方案已经进行了一定程度的修改，尽管仍不完善，总归是朝着公平而可接受的方向前进了。

与哲学界、美学界和大众媒体相比，技术界的可贵之处在于，在面临当前的发展困境时，不是简单地复古和怀旧，而是积极探索新的技术手段，通过调整发展方向，改变发展模式，实现人类社会的可持续发展。可持续发展模式与传统农业生产方式相似，为解决环境污染和资源能源枯竭的双重危机提供了新的可能性。一方面，后现代农业将充分利用生物技术改良土壤，使用自然的手段保持土壤的肥力，控制病虫害，生产出未被污染的食物，实现农业生产的可再生和可循环发展，① 另一方面，后现代工业将向农业学习，充分利用有机光合技术、太阳能与风能收集与转换技术，获得新资源与新能源，以取代不可再生的矿物资源与能源，突破地球作为资源与能源封闭系统的局限性。

新的可持续发展模式也将给人们带来一种全新的审美。从审美形态的角度来看，其崇高感日渐消退，而优美感日渐溢出。从审美模式的角度来看，人们不再专注于对审美对象形式的静观和冥想，而更加注重对包括个体审美对象在内的整个环境的参与、介入。从审美对象的物态表象来看，它以完全敞开的自然环境之美为基础，融入生态科学指导下的技术与艺术创造之美，"使自然变得更加完整、美丽、和谐"。② 作为一种日常生活审美，它摆脱了传统形式主义审美的理性枷锁，回到心灵与身体的整体经验。这种审美首先表现为身体舒适

---

① ［意］维柯：《新科学》，朱光潜译，商务印书馆，1989 年，第 245 页。

② ［美］大卫·雷·格里芬：《后现代科学》，马季方译，中央编译出版社，1998 年，第 193 页。

的感官快意，"深深地呼吸，感觉血液怎样通过与空气的接触得到净化和整个循环系统怎样呈现新的活力，这差不多是一种真正令人陶醉的快乐，其审美价值是决不能否定的"①。同时，这种审美又表现为生命自由的精神愉悦，是对人类与自然和谐合一的存在状态的经验，在某种意义上来说，即在技术时代，再度达至中国古典美学所追求的天人合一境界。

（刊于《郑州大学学报》2016年第1期）

---

① ［美］理查德·舒斯特曼：《实用主义美学》，彭锋译，商务印书馆，2002年，第348页。

智能化和虚拟化：环境美学的新场域

⊙刘永涛

⊙河南工程学院

当前，中国城市化加速发展，2014 年城市化率已达到 54.77%。城市化深刻地改变着中国的城乡环境面貌，尤其是随着科技进步和社会发展，新材料、新技术、新设计在建筑和环境改造中广泛应用，以信息技术为核心，智能城市和智能建筑方兴未艾，不仅改变了城乡环境的外在形态，也有力地改变着人们对环境的审美感知和审美判断。建筑与环境的智能化、信息化、科技化、虚拟化对环境美学带来的冲击与矛盾，已经历史性地成为环境美学的重要范畴和命题。

一、城市化进程中建筑与环境的新趋势与新变化

1. 城市标志性建筑带来的审美性新张力

在中国城市化推进过程中，标志性建筑往往成为一个城市的亮丽名片而为城市主政者所青睐。以大尺度、大广场、大马路、大草坪和高楼大厦为标志的城市化建设，日益成为一种美学标准和建设模板在中国不同地域、不同规模的大小城市中不断被复制和扩大，并呈现出由"功能体转变为'视觉奇观'和

'图像'的趋向"。① 以鄂尔多斯为例，自 2003 年起鄂尔多斯启动了轰轰烈烈的"造城"运动，建造起现代化的博物馆、图书馆及大剧院，有些道路的绿化带种植了引自东北和云南的名贵树种，立志打造为东方"迪拜"。在一片沙漠地带，鄂尔多斯 100 项目则发起了国际建筑史上一次罕见的建筑师集群设计，来自 29 个国家和地区的 100 位著名建筑师进行了令人耳目一新的建筑设计，被形容为"心理与社会的试验"。这样的建设模式、建设速度在全国各地被广泛移植和应用，众多的城市标志性建筑拔地而起，不仅成为"权力和空间上的物质工具，同时又是一个影响我们想象的媒介"。② 在全球化时代，缤纷的图像已经成为人们生活快节奏的重要特征，改变了人们认知、理解社会的方式，作为人类个体的"感知机制无法对每一个影像加以沉思，只能接受视觉的引导，以直观的读图方式完成对影像和图像的快餐式消费"。③ 这些有着庞大体量、新颖造型的建筑或建筑群不仅在外观风格上对原有的城市建筑风貌带来了冲击，而且大多采用了各种现代化技术构建的智能化系统而成为"智慧楼宇"。"水泥加鼠标"时代的到来使建筑具有了"聪明大脑"，形成了具备照明控制、门禁控制、电气安装、通风供暖、气温控制、视频监控、火灾探测、报警系统以及疏散系统等综合性、智能化的信息收集和信息处理系统，这些以信息化、智能化为表征的新科技、新技术、新工艺，在很大程度上提升了人们的居住品质，传达了与传统审美观迥异的具有浓郁现代化气息的建筑观、环境观和美学观，对社会公众的审美趣味产生了重要影响，形成了强烈的审美张力。

2. 旧城改造带来的颠覆性新观感、新体验

中国城市中存在大量的"城中村"，这些"城中村"人口大量聚集、脏水横流、垃圾遍地，既谈不上生活质量，还存在极大的消防隐患和质量隐患。如

① Ilka & Andreas Ruby and Philip Ursprung, *Images : A Picture Book of Architecture*, Prestel, 2004.

② Jan van Toorn, "A Passion for the Real", *Design Issues*, 2010, (4).

③ 殷双喜：《图像的阅读与批评》，《艺术评论》2004 年第 5 期。

清华大学西侧 0.25 平方千米的城中村"水磨社区"容纳了上万人；郑州市规模较大的城中村陈寨，村民的自建楼基本都是 10 层以上，楼间距仅几十厘米的"接吻"楼、"握手"楼比比皆是，已经成为城市难看的牛皮癣和伤疤。因此，伴随中国城市化而来的城市拆迁和旧城改造，存在着相当的合理性和必然性，也成为中国城市化进程中的一道"独特风景"。如郑州市建成区内曾有 228 个"城中村"，2003 年 9 月，郑州市开始启动城中村改造，截至 2013 年年底已有 170 余个进行了改造。曾以"毛主席视察燕庄纪念亭"而闻名的城中村燕庄，2006 年 3 月开始拆迁，拆迁后建成了集高档住宅、写字楼、商业等多种形态于一体的大型城市综合体"曼哈顿广场"，华丽转身为郑州的商业新地标。郑州市国基路的"普罗旺世"、大学路的升龙国际、陇海路的中原新城、花园路的郑州国贸等高档小区和优质设施，都是由"城中村"改造而来。像郑州市一样，2003~2013 年，在房地产业发展的黄金十年，中国很多城市都启动了大规模的旧城拆迁和"城中村"改造活动，这种"大拆大建"模式，深刻地影响和改变了城市的面貌。2008 年，河北承德市决定要使城市面貌"三年大变样"，对旧城进行了强势拆迁，当地媒体不无赞誉地将其形容为"大规模、大范围、大手笔且势如破竹的建设热潮""一场以大拆促大建，以大建促大变的暴风骤雨式'城市革命'拉开了序幕""一座古老的城市将焕发新的生机"2013 年四川宜宾投入上百亿元启动史上最大规模的旧城改造，不仅要建设广场、绿岛、街头公园，而且要建设快速通道和景观大道，打造城市功能主轴。同年江苏连云港决定实施史上最大规模旧城改造，争取"让城区精彩变脸"，改造面积达 500 万平方米，在连云港市城建史上前所未有。山西太原因为旧城改造一度出现"门面房房源紧缺""房租水涨船高"的情景。旧城改造不仅改造了城市的外在形态，创造出大量的由"智慧楼宇"构成的城市综合体，成为"智慧城市"的新载体和新枢纽，而且也颠覆性地改造了人们的审美观。

3. 科技进步带来的生产生活新方式

科技进步使人们的生产生活方式发生了深刻变革，尤其是互联网的高速发展，既改变了信息传输、交换、储存方式，也改变了人们沟通、信息获取和利用的方式，并正在从以信息传播为特征的传统互联网时代迈入以高速移动网络、大数据分析和挖掘、智能感应能力为特征的智能互联网时代，这些都对人们的生产生活方式带来了重要影响。从生产方式看，"互联网+"时代的到来正在颠覆各行各业，随着物联网技术、3D打印技术等进一步成熟和应用，虚拟生产、虚拟设计和现实生产更加紧密地结合在一起，家具等产业已经进入"复制"时代和"打印"时代。采用模块化新材料的3D打印别墅已经在西安实现，成本价格为每平方米2500—3500元，在三个小时就可以完成搭建，从生产到搭建也不过需要十几天时间。这些新科技、新技术在建筑领域广泛应用，影响了城市建设和环境美化的速度和方式，建筑的代际更迭进一步加快。从生活方式看，人们越来越依赖于智能互联网所提供的各种各样的服务和应用，人们的交通出行、网络购物、资金往来等以信息技术为代表的科技进步成果已经成为人们工作、生活的一部分。如近年来基于互联网的消费迅猛增加，2014年，中国网络购物市场交易规模达到2.8万亿元，比上年增长48.7%。艾瑞咨询预测，未来几年，中国网购市场仍将保持27%左右的复合增长率。"互联网背景下，社会消费呈现出三个不可逆变化：网购群体正由年青一代向全民扩散，PC端网购快速被移动端网购取代，模仿式消费日益向个性化消费转变。"[①] 这充分说明了人们生活方式的变化。生产生活方式的新变化，必然要求建筑和环境提供相应的支持，作出对应的改变，推动智慧建筑和智能家居进一步发展，成为改变环境生态的巨大力量。从以上现实看，科技进步为城市化建设中的信息化奠定了坚实的技术和物质基础，人们正在主动地适应以互联网媒介为特征的生产生活方式，并对工作、生活环境的智能化提出越来越高的需求，诗意化生存、智能化生存正在从理想变为现实。

---

① 王宇：《消费时代：互联网催化中国消费新变局》，新华网 http：//news. xinhuanet. com/fortune/2015-07-11/c-1115892307. htm，2015-07-11。

二、环境美学的新场域

伴随着城镇化的快速发展，尤其是"互联网+"时代的到来，具有高度智能化特征的物联网使"更大规模的秩序改变成为可能"，"并以一种无可商讨的方式，重构我们的时间和空间"。① 建筑的智能化和产品的智能化从内而外改变了人们的居住生活环境，带来了不同的审美特征。

一是家居生活智能化。美国国家技术奖获得者、世界上第一台光信号文字识别阅读机发明人、美国未来学家雷·库日韦尔曾预言：到 2029 年，人工智能将会达到人类智力水平。比尔·盖茨也预测：10 年之内，人与计算机的交流将不再通过键盘，而是直接使用语言甚至是意念。在库日韦尔看来，人工智能技术将会深刻改变人类的生活：纳米机器人可以植入人们的血管，完成清理体内垃圾、治疗各种心血管疾病等任务，甚至还可以进入人们的大脑，通过与脑神经元发生交互作用，使人们变得更加聪明。人类还可以具备用"意念"控制植入了芯片的机器的能力，人和人之间可以不经过语言而进行心灵沟通。中科院刘锋等人在《知识管理在互联网中的应用——威客模式在中国》一文中，曾提出"互联网进化论"②：随着更多互联网技术的运用，互联网正在从一个原始的、相对分裂的、不完善的网络，逐渐进化成与人类大脑结构高度相似的组织结构，其同样具备虚拟神经元、虚拟感觉、视听觉、运动中枢、自主和记忆神经系统。看起来这些预测似乎有些不可思议，但这样的情景在我们的生活中已经初见端倪。在城市建设中，基于"U-City"理念的智慧城市系统已经日渐成熟，信息技术正在住宅、交通、安全、娱乐等诸多城市需求要素中大量运用。早在 2004 年，韩国就制定了 U-KOREA（U-韩国）战略，韩国一些城市已发展到 U-City 的智能阶段，由无线传感器网络构成的智能化、自动化系统，对

---

① Fred Forest：《交流美学、交互参与、交流与表现的艺术系统》，［法］马克·第亚尼《非物质社会——后工业时代的设计、文化与技术》，四川人民出版社，1998 年，第 169 页。

② 屈一平：《互联网的"达尔文预言"》，《瞭望》2011 年第 5 期。

城市设施、安全监控、交通保障等实现了智能化的控制与管理。在人们的生活中，各种"高智商"的智能家电正在迅速普及，智能控制、全球定位系统、红外线感应、自动扫描、射频自动识别等新技术、新手段，使一键操作、云端融合、人机交互等成为日常生活方式，不同的设备具有的兼容性和整体性正在使家居生活的智能化加速升级，构成了一种崭新的智能化"环境生态"。

二是感官体验虚拟化。美国学者尼古拉斯·米尔佐夫将"视觉的历史"描述为三个阶段：绘画的时代、摄影的时代、虚拟的时代。信息社会意味着虚拟时代的到来，各种具有虚拟化体验性质的生活图景日益融为人们生活环境的一部分。主要表现为：第一，完全虚拟的场景。各种通过计算机生成的虚拟现实3D、4D场景大量出现，人们可以通过使用各种特殊装置将自己"投射"到这个虚拟环境中，并操作、控制环境，得到逼真的三维视、听、嗅觉等感觉，如同身处另一个世界。第二，虚拟与现实交织的场景。如各种在线街景地图，人们可以足不出户浏览世界各地城市中的 360 度实景，无论是街道等公共场所还是建筑内部的隐秘空间，都可以高清晰地呈现。场景是真实存在的，而人接受的是一种虚拟体验。第三，在线直播产生的临场感。得益于各种大数据、大规模的网络视频直播平台，人们可以随时随地通过手机客户端等方式实现家庭安全防护、关爱老人、照看孩子等功能。如 2015 年国庆长假，萤石云利用全国各大景区和道路安装的萤石互联网摄像机，联合腾讯新闻、澎湃新闻等新闻媒体，对各大景区和道路实况进行了电视、互联网、手机三网合一的 24 小时在线直播，由于直播的时间长，覆盖面广，且没有进行任何"新闻加工"，人们产生了强烈的临场感。可以说，信息技术的推进，使"我们正在构造一个由大量幻景、人造物和虚假的表象组成的社会"。[①] 不过，人仍然是虚拟环境的主宰，由互联网技术带来的虚拟化空间和虚拟化体验，已经成为一个体现人的创

---

① Victor Scardigli：《走向数字化的人？》，马克·第亚尼《非物质社会——后工业时代的设计、文化与技术》，四川人民出版社，1998 年，第 244 页。

造、充满情趣、具有审美意味的"意象世界","意象世界照亮真实的世界",①这个真实的世界同中国传统美学所说的"自然"具有本质的一致性,审美体验的虚拟化也是一种审美"真实"。

三是乡愁情怀碎片化。人的在场和自然的缺席,是 20 世纪哲学、美学面临的重要问题。城市化对环境的直接改变就是人口的大量增加和自然环境的退化,城市面临着高效率与慢生活的矛盾、高密度与舒适性的矛盾、空间生产与城市认同的矛盾。城镇建设中摊煎饼式的发展思路,挤压和割裂了原有的自然风光和山水脉络,雾霾满天、交通拥挤、人口激增、治安恶化等城市病集中暴发,树立尊重自然、顺应自然、天人合一的建设理念,让居民"望得见山,看得见水,记得住乡愁"成为城市化进程中无法绕过的历史性命题。"城市本是'人化'产物,要把'自然'作为其追求的理想,便是一件十分困难之事,却又是必为之事。""近年来美化城市运动的缺陷便在于单纯追求直观之美,忘记了城市首先是人的家,而不是一个观赏对象。而在直观之美之中,又单纯追求视觉的大、新、炫、酷,而对于城市的听觉、触觉、嗅觉之美忽视不顾。"② 城市环境审美中的"自然"和中国传统美学中的"自然"有着很多差异,传统美学对应的宏观环境是乡村,审美感知方式建立在家族、亲情、血缘关系之上。城市化虽然强调生产、生活和精神三大核心功能的协调发展,但生活在城镇中的人们"因种族关系、宗教信仰、个人道德观、生活价值观、艺术品位、音乐口味的差异,其公民认同正在变得千差万别,在这些领域已经不像以前那样存在着一致性了"。③ 人们对待人和物、人和环境关系的认知发生了很多变化,对"自然"的认识也必然呈现出很多差异。当人们站在高耸入云的摩天大

① 叶朗:《中国传统美学对现代美学的启示》,《解放军艺术学院学报》2004 年第 1 期,第 9~18 页。

② 徐碧辉:《城市之美与自然之境——生态美的城市建构》,《郑州大学学报》(哲学社会科学版)2014 年第 4 期。

③ David Miller,"Citizenship and Pluralism",*Political Studies*,1999,XIII.

厦面前，所联想到的不会是烟波浩渺的湖光山色，不会是清香迎面的稻田之美，环境改变的不仅仅是传统乡村美学的自然形态，甚至也改变了人们审美感知的判断和标准，城市的听觉、触觉、嗅觉之美，也和传统美学意境有着很大不同。尤其是在城市环境建设智能化的趋势下，用科技武装起来的智慧城市、智慧楼宇，相对传统环境是一种颠覆性的物理形态，智能化基础上的城市化带来的是网络和虚拟社会，人们的乡愁情怀变得碎片化。

智能化和虚拟化成为环境美学的新场域，有着学科发展、城镇化发展、环境变迁、现实动力以及人们生活方式变化等多方面的原因。

一是以环境设计、建筑设计为核心载体的环境美学成为多领域知识综合体。中国传统造物艺术具有鲜明的手工艺色彩，建筑营造也是如此。"从中国传统沿用的'土木之功'这一词句作为一切建造工程的概括名称可以看出，土与木是中国建筑自古以来采用的主要材料。"[1] 形成了以木作技术为基础、以木构为核心的独立体系，具有独特的民族风格和文化气息，是传统环境美学的重要审美对象。随着建筑技术和环境营造手段的进步，当下以环境设计、建筑设计为载体的环境美学已不再是一个单纯的形而上的知识学科，既具有市场价值层面的"经济审美化"意义，更成为一个融会新科学、新技术、新工艺等多学科领域的知识综合体，必须要从信息技术等领域视角去审视建筑和环境的嬗变及其带来的诸如智能化和虚拟化等美学范畴和美学命题的扩大化。

二是中国当代建筑正在遭遇拆迁的困境与必然逻辑。基于历史和国情，中国城市和乡村的很多建筑是在一穷二白的基础上建设起来的。这些建筑的缺陷比较突出，随着中国经济腾飞，这些建筑已不再符合当今城市的生活理念，建筑格局以及配套设施滞后于城市发展，有的还存在严重隐患。近年来，由于建筑质量等原因，房龄不过20余年的"楼脆脆""楼塌塌""楼歪歪"事件频频发生。2015年6月，贵州遵义的居民楼5天之内发生"两连塌"，以至于《人民日报》发表评论，提醒"有关部门再给力、再上心一点"。基于这些情况，

---

① 梁思成：《梁思成文选》（第四卷），中国建筑工业出版社，1984年，第340页。

中国城乡建设经济研究所的专家甚至断言："中国至少有一半以上的住房在未来15年后得拆了重建。"[①] 这是中国出现大规模拆迁和旧城改造的现实原因，在建筑营造技术代际更迭、互联网技术升级换代的情况下，智能化、信息化技术得以顺利地、大规模地普及和应用，创造了环境美学的新场域。

三是人们的交流聚集方式发生了深刻变化。随着互联网给人们带来的生产生活方式的变化，人们的交流聚集方式也发生了深刻变化。从规模上看，国家工业和信息化部发布的2015年6月份通信业经济运行情况报告显示，我国移动互联网用户突破9亿户，移动电话用户规模近13亿户，使用手机上网的用户总数8.6亿户，4G用户总数达到2.25亿户，占移动电话用户的比重达17.4%，3G和4G用户总数达到6.74亿户，8Mbps及以上宽带用户突破1.1亿户，光纤接入用户占比达43.5%。从应用上看，基于移动互联网的各种新媒介及应用以令人惊讶的速度不断推出，以微信、易信、陌陌等交流软件为代表的即时通信技术，进一步加强了人们的日常交流和联系。腾讯2014年财报显示，QQ月活跃账户数达8.15亿，微信和WeChat的合并月活跃账户达5亿。腾讯2015年一季度财报显示，微信月活跃用户达到5.49亿，有55.2%的微信用户每天打开微信超过10次。这些充分说明，人们的交流聚集方式越来越受到信息化和智能化技术的影响，建筑环境必然会因这种交流聚集方式的改变而改变，不仅会发生智能化的物态层面的变化，也会进一步强化甚至固化人们虚拟化的情感体验和审美感知。

三、新场域中环境美学研究的转向及切入点

1. 新场域中环境美学研究转向的若干可能

中国传统美学的哲学基础建立在乡土社会之上，对田园风光和自然山水的吟咏历来是中国传统美学的价值选择。从中国诞生城市以来，不论人们创造了怎样的城市形态和城市文明，自然山水历来是人们的精神家园。自然美在我国

---

① 陈淮：《中国一半以上住房15年后要拆了重建》，《南方日报》2010年8月6日。

先后经历了"致用、比德、畅神"① 三个阶段，魏晋南北朝时期，对自然景物的"畅神"审美观尤为盛行，文人士大夫隐逸山林、徜徉山水，通过"我见青山多妩媚"的审美生活获得澄明纯澈的心境。传统美学中的"天人合一"等命题也因此成为中国传统建筑、传统园林的核心审美取向，构成了传统意义上环境美学的根基。随着中国从农业社会跳跃到工业社会、从工业社会跳跃到信息社会的"三级两跳"，② 尽管人们的环境美学观没有发生大的转向，但是人们所处的自然环境、居住环境、城乡面貌都发生了巨大变化，尤其是以智能化为标志的信息社会的快速到来，深刻改变了建筑环境、自然环境和人们的生活方式，新场域中的环境美学研究存在若干转向可能。

一是从静态研究向动态研究的转向。建筑美学、环境美学是人们关于人与自然、人与环境关系的哲学层面的美学思考，人们的环境美学观具有静态的一面，它是岁月和情感的积淀，体现了人们的集体潜意识，具有永久性、普遍性及独立性。但传统社会向现代社会的转型，无疑使人们的环境美学观产生了变化，智能化建筑、虚拟化的环境对于我们的生存究竟意味着什么？在未来会呈现出什么样的形态和趋势？会对传统的审美观、环境观、生态观产生什么样的影响？对于这些问题，要从动态的发展的角度去解答。

二是从单一研究向交叉研究的转向。毫无疑问，当前环境美学的研究领域正在进一步拓展，环境美学研究需要进一步借助设计学、建筑学、心理学、信息科学等其他学科知识或研究工具，不仅需要定性研究，也需要定量研究。

三是从理论研究向田野研究的转向。随着环境美学的发展，其越来越显示出它与传统美学的区别："美学研究的重心从艺术转移到自然，其哲学基础由传统的人文主义和科学主义扩展到人文主义、科学主义和生态主义，美学正在

---

① 凌继尧：《凌继尧艺术学美学文集》（下卷），辽宁美术出版社，2015年，第13~28页。

② 费孝通：《经济全球化和中国"三级两跳"中的文化思考——在"经济全球化与中华文化走向"国际学术研讨会上的讲话》，《中国文化研究》2001年第2期。

走向日常生活和应用实践。"① 这种日常化的审美并不是"北京三环以内富人们的日常生活审美",随着信息技术的低门槛化,智能化和虚拟化的情感体验正在融为人们的日常生活,每一个个体新鲜独特的感受、每一栋智能建筑的功能布局、每一片环境的形态变迁,都应纳入环境美学的动态性研究视角。

2. 新场域中环境美学研究的切入点

智能化、虚拟化的新场域为环境美学研究提供了很多具有挑战性的新课题,当人们站在"互联网+"的风口,环境美学研究理应对信息社会下城乡环境的嬗变保持敏感,从哲学的维度、比较的维度、现实的维度切入,提升环境美学研究的时代性。

一是从哲学的维度切入。智能化、虚拟化的新场域为环境美学研究带来很多哲学问题,人们的虚拟化体验真实吗? 将来有一天我们如何面对逼真的虚拟"自然环境"? 人们的身体机能在对智能化环境产生依赖后会不会变得退化? 拥有意识和情感的机器人会代替一切吗? 当人们的生活环境形成一个强大的物联网络乃至形成具有"高智商"的"智慧大脑"时,人们是否会失去理解和操控它的能力呢? 这些问题都需要从哲学的层面进行深入思考和研究。

二是从比较的维度切入。环境美学具有普遍性和超越性,其核心问题是自然的审美问题,具有形而上的意味。但是,人们在农业社会、工业社会、信息社会的生存生活环境有着很大区别甚至是天壤之别,尤其是智能化的环境,使人们的情感意识、精神生活都会发生变化,影响人对自然和环境的审美认识。智能化和虚拟化的新场域与之前场域的区别是什么,人的智能化和虚拟化审美体验如何影响人对自然、环境的认识等,都需要进行比较分析。

三是从现实的维度切入。当前,中国经济社会仍处于深刻的转型之中,城乡社会环境的持续改变仍然存在现实基础和动力,城镇化面临着速度提升和质量提升的双重任务,城镇化和信息化的深度融合是重要的发展趋势。同时,由于"欧美风雨"的吹袭等多重因素,人们的日常生活、礼仪习俗、交流聚集等

① 陈望衡:《环境美学的兴起》,《郑州大学学报》(哲学社会科学版) 2007 年第 5 期。

正在发生巨大的变化，传统意义上的环境美学正在生发出很多新命题、新范畴，值得从现实的维度认真探究。

当下，信息化的浪潮扑面而来，环境的智能化和虚拟化已初见端倪，并已显示出巨大的环境塑造、情感塑造的力量。在未来，不论科幻电影般的生活场景是否成为现实，建筑和环境的"高智商化"一定会和人们的生活息息相关，当智慧建筑、智能家居、虚拟体验成为生活常态，人们的环境审美观必然会发生深刻的改变。我们要以高度的文化自觉，观察、审视、研究这种改变，拓展环境美学的新场域，因为无论未来的环境如何"科幻"，"诗意地栖居"都将是人们生活的追求和主题。

（刊于《郑州大学学报》2016 年第 2 期）

环境审美何以是动态的？

——论时间在环境审美中的作用

⊙刘少明
⊙武汉大学哲学学院

《时间美学导论》的作者傅松雪认为："只有在本真的时间境遇中，审美才会发生，美也才能得以显现。"① 依此理论，作为美学的一大研究领域，环境审美仍然需要在时间的维度中才能展开。因此，经历了时间变换的环境审美也可以被称为是动态的，即是时间让环境审美本身作为一个动态的过程呈现出来。那么，时间是如何作用于环境审美的过程、部分和细节而让其成为动态的呢？本文将从四个方面来进行阐述。

一、审美主体与时间的关系

时间与环境之间是密不可分的。不论是作为空间的环境，还是作为文化的环境，都需要把时间纳入自身的存在设定之中，这也符合我们一般的经验。与此对应，处于空间和文化中的审美主体本身也仍被时间所统治。不仅如此，时间本身的显现就与审美主体的意识和时间有着千丝万缕的联系。因此，对于这一个部分的阐述，就可以从时间与意识、身体、文化和历史展开。

1. 审美意识与时间的不可分。环境美学家阿诺德·伯林特认为："人类环境，说到底，是一个感知系统，即由一系列体验构成的体验链。从美学角度而

---

① 傅松雪：《时间美学导论》，山东人民出版社，2009年，第206页。

言，它具有丰富性、直接性和当下性，同时受到文化底蕴及范式的影响，所有这一切赋予环境体验沉甸甸的质感。"① 这说明，环境以及与之相联系的环境审美在本质上与审美感觉、体验相关。不仅如此，这些对于环境的审美感知本质上是体验链并具有当下性。体验链和当下性本身是两个具有很强的时间指向的概念。

体验链是如何与时间联系在一起的呢？胡塞尔认为："感知客体在'主观时间'中显现，回忆客体在一个回忆的时间中显现，想象客体在一个想象的时间中显现，被期待的客体在一个被期待的时间中显现。"② 可见，对于环境中客体的感知和体验本身所具有的各种形式都在时间的三个维度中形成，并在时间中流动，胡塞尔这种流动为时间河流的流动。例如，当我们身处一个音乐厅欣赏交响乐时，我们会看到指挥者的手不断地做着各种指挥的姿势，与此同时，我们会听到小提琴、钢琴和大提琴等乐器发出的此起彼伏的悦耳声音。这种体验中包含的是对于环境中同时性的感知。当小提琴的声音结束后，又会出现钢琴的声音，这时候我们不会将其当作不同的曲子，而是在意识的滞留（胡塞尔也称之为清新的回忆）中将其当作同一首曲调欣赏。而完整地听完这首曲调则需要一定的音乐素养，也就是对于音乐本身包含着看法和期待。当音乐满足了期待时，增大了欣赏的快感。而对于此次音乐厅的快乐体验又会投射到下一次的体验期待中。因此音乐厅中美好的布置、良好的空间感知会以美好的形象刻在记忆中。这就是对于环境中的对象的连续性的感知，它在回忆、体验和期待中不断流动着，即在时间的三个维度中不断进行。

当下性则是指环境审美中感知的另外一个时间特性，即亲身性。尽管感知会停留，会让人在体验时有所期待，但这些体验本身都需要感知者亲身的体

---

① ［美］阿诺德·伯林特：《环境美学》，张敏、周雨译，湖南科学技术出版社，2006年，第20页。

② ［德］埃德蒙德·胡塞尔：《内时间意识现象学》，倪良康译，商务印书馆，2009年，第148页。

验。但是这种当下性不是在物理时间上的某一个点，而是指在某一个时间段里面的直接审美，而非间接的听说和想象。不可否认的是，这种亲身性和直接性本身仍需要设定时间片段。

所以，任何环境审美的意识都是在时间之中。"作为在有限的现世中生存的人，总是在时间中与美的现象相照面的，形而上学的问法却要求在时间中的人对时间之外的美的本质给出一个明晰的回答（或言说），这必然会造成无法解决的矛盾。"① 人的意识的流动性要求在时间中对环境审美进行考察，而个人审美的多样性说明没有一个环境审美的意识的固定的本质，这也要求我们在时间中来考察环境审美的意识，否则将陷入本质形而上学的迷雾之中。

2. 审美的身体与时间不可分。"美学欣赏，和所有的体验一样是一种身体的参与，一种试图去扩展并认识感知和意义可能性的身体审美。在美学上实现的环境是我们能在其中获取这些可能性的环境。"② 没有身体的参与，意识不能单独进入环境之中感受环境。即使肢体不去感知，眼睛和耳朵也要参与其中。还有通常不为我们所注意的心、肺和其他内在身体的参与经常会起到让人所忽略的作用。"正是身体通过身体的贯穿，我们才成为环境的一分子。"③ 而身体对空间的贯穿则显示的是身体在环境审美中的时间要素。

首先，人的身体作为变化的身体，其变化的感受力会导致不同的环境审美感知。即使是一个没有亲身体验过篮球比赛中激烈对抗的人，他在观看比赛时仍能感觉到突破的速度、上篮的飘逸和投篮的精准。但这些都是一种外在的感受。对一个经历过很多次篮球赛场上各种对抗的人来说，每一次变向突破、跳起抢篮板和顶着防守队员的投篮将变得更加有意义，因为这些动作都将与自身曾经的球场体验形成对比，自己的身体也将感受到所观看的这场比赛中球员的

① ［美］阿诺德·伯林特：《环境美学》，第 94 页。

② ［美］阿诺德·伯林特：《生活在景观中——走向一种环境美学》，陈盼译，湖南科学技术出版社，2006 年，第 86 页。

③ ［美］阿诺德·伯林特：《环境美学》，第 18 页。

动作的难易程度和精湛程度。这些都是刻在肌肉中的难以磨灭的记忆。前后两个身体经历的时间上的变化导致对于篮球比赛中各种优美的动作的体验不一致。当身体有所经历时，审美者才会对史蒂芬·库里每一次迅速而又精准的投篮发出更为由衷的赞叹：哇，这太美了！甚至当一个人长时间不打篮球以至于他对篮球的正确发力的原理都已经遗忘的时候，他的身体还会引导他如何熟悉空间，如何熟悉篮球，如何调整与周遭环境之间的关系。身体对于精湛篮球的技艺的感知是不能被简单的意识所替代的，只有身体的切身经历才能更好地让当下的意识欣赏环境之美。身体的经历在当下中的显现，身体本身所经历的时间上的变化，正是审美的身体与时间的一大关联。

其次，在具体的事件中，身体本身在时间中感受着环境之美。环境中的审美往往涉及的不是一个点，而是一个比较复杂的空间，甚至是运动着的物体。当这些身体与这些环境发生关系的时候，要经历一个感官和肢体上的切换。很多时候这些感官是同时起作用的，并不断进行切换——这也被卡尔松称为"参与美学"。"参与美学强调我们对当下欣赏的任何对象进行感知投入。"[1] 还是以篮球比赛为例。"某物被称作审美对象这一事实表明了人们选择了欣赏的方式来对待它"，[2] 即运动员本身仍可以欣赏比赛。当运动员 A 运球准备突破时，他发现眼前站着一个防守队员 B，B 双手向两边伸开以防止 A 过掉他。A 快速地迈出左脚，将篮球拍向左边的地上，B 也急速地向 A 的左边跟上一步。但是这只是 A 的一个假动作，接下来 A 迅速将球拍到右边的地上，迈出右脚，一下子过掉了防守队员 B。但是另外一个防守队员 C 迅速补了上来。A 意识到自己被堵住了，但他同时发现这时候有一个队友 D 空了出来，于是迅速将球传了出去。队友 D 接球上篮。球进时 A 大喊一声：Very nice！这种自我与环境交融所导致的内心的满足感是审美中非常重要的一环。"在环境美学中，对价值的

① ［加］艾伦·卡尔松：《自然与景观》，陈李波译，南科学技术出版社，2006 年，第 7 页。

② ［芬］约·瑟帕玛：《环境之美》，武小西、张宜译，湖南科学技术出版社，2006 年，第 43 页。

体验更为重要"①。在整个环境审美中，双手、双脚和眼睛协同作用，不断切换动作完成了流畅的进攻，而环境本身也随着对手的身体位置变化不断变换着。运动员能感受到自己的速度、技巧和视野，在每一个瞬间都能体会到一种对自我的肯定和满足，在进球的那一刹那进入一种欢呼的状态。而速度、技巧和视野本身体现的就是在短时间内的运动和变化。这种短时间体现的正是运动之美（如果长时间就会显得很笨拙）。这一系列的变化加起来又构成了一个更大的身体与环境之间的互动，经历更长的时间，形成成功的喜悦带来的美。所以，身体在进行环境审美的时候，总是在时间中与环境形成互动。这也就是参与美学所带来的巨大的变革——身体必须在欣赏环境时与环境发生互动。这个互动的过程也就是动态的环境审美过程，在时间中的审美过程。

3. 审美模式的变化性。伯林特认为："作为社会性的存在者，我们透过文化模式来认知一切……时间、空间的内涵会随着文化模式以及个人年龄、心境、职业和当时的行为的变化，而不断扩展，并且个体之间的感觉常常互相产生矛盾。"② 这说明，任何环境审美都是一定文化和场合的产物，并且不断地在变化。这种变化包含审美意识的变化和身体的变化。审美意识的变化可能是时代的、国家的和民族的，也可能是个人的。身体也能经历文化的变化（审美模式的变化）："身体更确切地说是一个居于环境背景中的文化爆发，它包括那些我们在思考中具体化为意识的知觉和思考的维度。"③ 所有这一切审美模式都随着文化和场合的变化而变化，它们体现的是作为审美者本身的动态性——时间中的变动不居。所以伯林特说："荒野和森林曾经一度被认为是可怕的、潜伏着危险的、人们应该避免进入的地区，但是现在被看成是值得赞美和充满乐趣的场所。"④

---

① ［美］阿诺德·伯林特：《环境美学》，第 22 页。

② ［美］阿诺德·伯林特：《环境美学》，第 20 页。

③ ［美］阿诺德·伯林特：《生活在景观中——走向一种环境美学》，第 82 页。

④ ［美］阿诺德·伯林特：《生活在景观中——走向一种环境美学》，第 46 页。

二、环境之美的不同时间类型

根据上面对于审美主体与时间的关系的阐述，环境美本身需要在一定的文化、模式和个人状态下来理解。因为环境美本身依赖于一定条件下的审美者的体验，所以并不是所有的环境美都可以被称为环境美。"认为环境感知属于外在属性的看法不可避免地流于肤浅。"① 然而，尽管我们不能说某种环境在任何人的体验中都是美的，但是我们可以说某些环境的美感作为一种实实在在发生了的体验，仍然与环境的因素有关。因此，我们可以从时间的角度来阐述这些环境之美的要素，进而论证作为动态环境美学的审美对象仍然是时间性的。

1. 变换的美。在所有的时间状态中，变化是最容易被察觉的，变化的美也是最为直观的。变换的美以其难以预料的新鲜感和走马观花般的感官填充让人体会到惊喜。严昭柱在谈到黄山之美时就说道："你到过黄山，曾站在文殊台陶醉于雨后初晴时那云海之美吧？那云海白浪滚滚，无边无际。有时浪花高卷，漫上峰顶，给远近的山峦披上一层透明的轻纱。有时烟消云散，只有几丝云气在空中飘荡。它们浴着阳光，呈现出各种色彩，时而白如雪，时而黄如金，时而幻成紫色。忽的一瞬间又扩展成为愈来愈浓的漫天大雾。"② 这段话对于黄山的云、雾、气和光的变换的描画十分精彩。诚然，对象本身就是美丽的画卷，但其中最为重要的还是如电影般的画面的流动。在时间中，高与低、暗与明、大与小、真与幻、少与多、近与远、色彩的斑斓与单一等各种美妙的对象不断上演与变换，使人产生对整个山峦的喜爱与陶醉。

变换的时间美是如此的普遍，以至于它统治着个人和人类的环境。从自然来说，变换成了主旋律。人每天要见证天明与天暗。晴朗时见证朝霞与初日、晚霞与落日，雨雪时分又可以看到大地与天空换上另外一副面具。每个月都有月亮的阴晴圆缺，每天的月亮所升起和落下的时间点又有所区别。细心的人们

---

① ［美］阿诺德·伯林特：《环境美学》，第19页。

② 严昭柱：《自然之美》，作家出版社，2013年，第122页。

都可以从中感受到奇妙的魔力。不仅如此，在中纬度地区，人们能感受到四季的变更：春之新绿、夏之浓重、秋之金黄和冬之静谧。细心的人们也能感受到其中所蕴含的颜色、氛围和情调的变换所带来的美。从社会来说，人们都要感受不同的时间阶段，过着与之相对应的特别的生活，扮演不同的社会角色。试想，没有这一切的变换，人们窗前的树永远都是一种颜色，永远都不会生长，永远不会开花、结果和落叶，世界将陷入永远的单调之中，失去新鲜感。

而变换的美之所以是美的，除了其本身的形式与欣赏者之间的关系，主要是因为它以多样、新鲜和对于感官刺激的直接性获得其魅力。多样免去了单一的乏味，新鲜免去了陈旧的枯燥，直接的感官刺激则符合人的自然本性，免去了思考带来的费力。这也是为什么电影比书籍更容易被人所接受的原因。电影中画面的流动，直接的视效和音效比在文字中去理解和想象更"省力"，其流动的方式也更能吸引人。

2. 恒久的美。与变换相对的是恒久。既然变换是美的，那为什么恒久也会美呢？因为不是所有的变换都能带来美感，很多变换将带来痛苦和忧虑。"时间的流逝令人惊恐，原因在于它的不可逆性。一旦时间逝去，它将永不复返……时间的不可抗拒的流逝，还表现在人类个体不可逃避的衰老和死亡上……随着时间的流逝，繁华的城市成为废墟，满头青丝的少女成了白发苍苍的老妇，人类的赫赫伟业，总是在时间车轮下被辗个粉碎。"① 为了抗拒时间的流逝，抗拒时间给人带来的不断的变化，人们渴求永恒与不变。所以早在古希腊思想中，圆和星星就以其永恒而被赞扬。"希腊思想崇尚圆，因为它圆满（completeness）、完全。崇尚圆周运动，因为它循环不止、无始无终、永无穷尽。循环之所以被推崇，因为它通向永恒。"② 所以柏拉图才会相信在变动不居的感官世界背后有一个永恒的理念世界的存在，亚里士多德才会将天空的星辰当作一种实体来看待，以区别地上变动不居的物体，古希腊人也才会用不朽这

---

① 吴国盛：《时间的观念》，北京大学出版社，2006 年，第 21~22 页。

② 吴国盛：《时间的观念》，第 67 页。

个属性来描述神和崇拜神。

永恒的美代表的是人对于生命之有限的感伤，代表的是对永存于世的渴望和对永恒存在之物的艳羡。在我们个体生命之外，我们仍然见到了思想、文化、民族和自然之物的长期存在。相比较短暂的个体，它们具有经受住时间之刃的坚韧。而这崇高之美之所以为美，是因为永恒性是我们每一个个体的生命自身所不能拥有和把握的，所以我们才会对其渴慕与向往。

3. 瞬间的美。瞬间本身是与恒久相对的概念。如果说变换指的是多个瞬间的交替登场，那么瞬间则是时间长河中的短暂片段，它具有不可重复性，也不会有什么交替。恒久能带来崇高的美，那瞬间何以也能带来美呢？事实上，瞬间的不可重复性和瞬间中伟大的努力都能带来无比绚烂的美。而瞬间之美具体体现在两个方面：悲剧之美和珍贵之美。

瞬间产生的悲剧也可以分为两种：瞬间存在的无意义和瞬间中悲壮抗争的无意义。瞬间存在的无意义本身就是一个悲剧。西尔维娅·阿加辛斯基认为："这世界'经过'的生物从来不能在今世找到自身的意义，在它们本身中找到自己的意义……'过客''短暂'被抛进了非存在，丧失了一切意义。"① 既然短暂的存在不能有任何的目的和意义，它为什么要存在呢？就仿佛陈子昂在幽州台上所体会的那样："前不见古人，后不见来者。念天地之幽幽，独怆然而涕下。"天地幽幽之中，历史长河中的一个片段是如此的孤寂，以至于人对于自身产生了无限的怜悯和哀叹。而对于瞬间中的抗争则体现了人对于逃脱短暂的无力。正如伟大的阿喀琉斯希望获得不朽一样，他也不得不屈从于命运的安排，死于脚踵的箭伤。或者也如杜牧的诗句"折戟沉沙铁未销，自将磨洗认前朝。东风不与周郎便，铜雀春深锁二乔"中的周郎一样，功业盖世却也在历史的长河中品尝到了失败的味道，最后只能在几百年后被后人感叹和唏嘘。

但是瞬间的短暂并不必然带来悲剧，它常常也会带来珍贵的美。樱花盛开

---

① ［法］西尔维娅·阿加辛斯基：《时间的摆渡者》，吴云凤译，中信出版社，2003 年，第 12 页。

之时，也宣告着它短暂的生命快要结束。但在短暂的绚烂绽开之中，也让世人见识了它的美丽，让人趋之若鹜。如果不是因为这短暂，常年盛开的樱花恐怕就将失去它本身所蕴含的对于人生的鼓励的意蕴。同样，昙花开放的时间更短，却因其短暂成就了它在人们心目中不可忘记的地位。花如此，人更如此。人的一生在历史的长河之中是如此的短暂，但正是因为死亡带来的短暂成就了人对于自身的认识和选择。"因为只有会死之人才能持守自身，才能让自己作为自身出现。"① 所以，面对死亡的必然，人就会深深体会到自己的生命中所孕育的意义，那就是自己成就自身。所以曹操的诗"老骥伏枥，志在千里。烈士暮年，壮心不已"才更让人动容。因为他想让有限的生命在无限的历史长河中绽出一朵光彩夺目的花朵，为短暂的生命添上光环。正是因为这短暂，才会让一切都显得那么珍贵，才会在无意义的虚无之中出现生机，找到意义。这些努力最后都会像划过天空的流星一样，短暂而精彩。

4. 历史的美。"我们都是过去的产物，我们之所以是我们，因为我们有历史。"② 如果我们不知道自己从哪里来，有着什么样的过去，又如何理解当下的意义呢？而作为环境审美的对象，常常在其"当下"中包含了无限丰富的过去。只有体会了其中包含的历史的积淀，才能在环境审美中找到历史的美。而历史之所以是美的，是因为欣赏者在其中体验到了过去的事件，从当下看到了过去，同时体会到了时间的力量在物上面的巨大作用。

在自然环境中，"气候土壤决定植物种类。植物是定位吸纳营养体系，动物是吞纳营养体系，植物作为动物的初级食物链，因此也终归受气候土壤的控制"③。因此，在具体的欣赏中，我们固然可以从当地的动植物本身的样态来进行审美，但在动物学家或植物学家看来，动物或者植物身上所包含的被历史环

---

① 黄裕生：《时间与永恒——论海德格尔哲学中的时间问题》，江苏人民出版社，2012年，第184页。

② 杜君立：《历史的细节》，上海三联书店，2013年，第5页。

③ 陈诗才：《地学之美》，南开大学出版社，2012年，第76页。

境所影响的因素所导致的一些特征更加珍贵。这些特征照耀着以前的事件，让人豁然开朗。即使是普通的审美者，在欣赏喀斯特地貌的岩洞时仍然会被每一根石柱的形成历史所吸引。当得知很多石柱都是由几十万年的沉积而导致的时候，仍不免发出赞叹。在人文环境中，历史之美就更为普遍和重要。比如，当我们欣赏故宫的时候，就能感受到其蕴含的历史感。"其严整的中轴线布局，有前序，有过渡，有高潮，有结尾，十几个院落和几百所殿宇纵横穿插、高低错落，再加上强烈对比的色调和各种装饰物的烘托，把皇帝的权威渲染得淋漓尽致，使亲临其境的人自然会产生对于皇权威势的感受和联想。"① 因此即使在今天，我们仍能穿越历史感受到皇权在建筑中的精神气质。这样的建筑在现代化的建筑中已经越来越少，加上其独特的地位，因而更显厚重。如果能更多地了解其毁坏、修缮等细节的话，又会令欣赏者对这座宏伟的宫殿产生或怀念或遗憾的感叹，从而进入一种新的审美情景之中。所以人们总爱去观赏历史文物或遗迹，因为历史本身就体现了其厚重之美。

5. 未来的美。当下的环境能告诉欣赏者历史，能让审美者穿越时间回到过去，让审美者去体会历史之沧桑、壮丽、长久与多舛。然而，当下的环境同样也能指向未来，指出未来之美。春天大地上的新绿不仅因其自身的颜色让游人沉醉，更因其不断生长的活力、指向了未来的壮丽和收获而令人期待。山顶的日出不仅仅因为太阳的色彩和形状带给了人们愉悦，更因为它象征着朝气，让人感受到白天的来临，人们可有丰富的光明去面对工作与生活。

所以未来之美是因为它本身所具有的象征作用。毛泽东用早晨八九点钟的太阳比喻年轻人，是赞叹年轻人的朝气，鼓励他们前行。这说明年轻人在毛泽东的眼中是美的，因为他们代表着新中国的未来。然而未来毕竟尚未到来，它只是已经在当下的环境中有所体现和征兆，给人以无限的期待，这期待本身就展示了其独特的美。

---

① 刘叔成、夏之放、楼昔勇：《美学基本原理》，上海人民出版社，2001 年，第 178 页。

三、环境审美：审美者在时间中参与环境

上面从审美主体和审美对象两个方面谈到了时间因素在环境审美中的作用，因为只有说明审美主体与时间的不可分和时间本身也能导致环境美，二者才有可能在时间中结合，成为一个不可分的统一体。在具体的环境审美中，并不是所有的美感都是时间导致的，但它总是必然与主体在时间中参与环境相关的。伯林特在谈到建筑的审美时说："具有意识的身体参与到一种动态的整体中去，这种整体被所有的感官综合地感知。我们必须从我们所在的位置开始，在提供许多可感知性质的环境中，这些性质受限于感知和意识的范围，即它的视域。"① 这句话说明了人们对于环境的审美往往带有时间的因素，因为环境作为一个很大的空间范围，它超越了人一时的视域，从而审美者必须更换观察点，让自己的身体运动起来。这其实也就是在时间通道中的审美。约·瑟帕玛认为人与环境的关系"可以是动态的，也可以是静态的，动态意味着能动的关系，静态意味着一种考察的关系；当然这种区别并不是很大"。② 从这个角度来说，人的意识和身体在时间中对于环境的参与可以分为动态参与和静态参与。

动态指的是身体与环境之间的相对位置的变化，即处于一种互动的关系之中。"对环境的欣赏，并不仅仅是赞许地看着美丽的风景，而应该包括在蜿蜒的乡间小路上驾车，在幽静的小道上行走，在可爱的溪流中戏水，以及在所有的这些活动中感受到声音、气味、太阳与风、颜色与外形的细微差别。"③ 开车、行走和戏水都体现的是身体与环境的交融，其中，时间因素是必不可少的。因为人的意识可以从这段时间中体会到乡间小道的历史之美，体会到阳光穿过不同的树叶洒在自己脸上的变化的美，更能体会到一段久久的静谧带给自

---

① ［美］阿诺德·伯林特：《环境美学》，第 136 页。

② ［芬］约·瑟帕玛：《环境之美》，武小西、张宜译，湖南科学技术出版社，2006 年，第 102 页。

③ ［美］阿诺德·伯林特：《生活在景观中——走向一种环境美学》，第 10 页。

己的那种宁静之美。不仅如此，声音、气味、太阳与风、颜色和外形的细微差别都能带来时间上的不同体验的美。这样，动态的参与就有两重的时间因素——身体在环境中穿梭的时间和感官对于环境本身的时间的感知，即审美主体的时间和环境美本身的时间。前者作为一个时间背景让参与者参与环境，后者作为被欣赏的时间而成为美的对象。

静态的参与主要有两层意思。第一层意思表现的是审美主体采取一种纯粹考察的态度来对待环境，而非与环境处于一种互动的关系。但严格来说，这种静态的参与只是动态参与的另外一个方面。因为假如动态的参与者仅仅是与环境之间保持着一种互动的话，就难以体现参与者的审美者身份。只有当他进行一定的静观，保持对于此参与的一种考察态度，才会有赞美、喜爱等态度，从而将环境当作审美的对象。

静态参与的另一层意思是身体与对象保持一定的空间上的关系的静止。但这种静态的参与仍然是一种参与，因为人的五官和意识都通过一定的方式通达对象，保持了对于环境对象的审美。这种审美仍然是动态的。首先，这种环境审美仍然需要一段时间。以对艺术品的欣赏为例。"艺术品的世界总是想象性的；受众没有物理上通向它的道路……当然，考察者具有心理上通向作品和它的世界的道路。"① 这说明考察者在心理上经历了一个想象的过程，它穿越到作品所指示的世界中，并添加自己的理解，从而完成一次静态中的动态环境审美。其次，静态的审美对象仍然具有时间上的美。平静的湖面所体现的是恒久之美，高举着双手的不动的雕塑能展现历史、未来之美，塞尚的燃烧着的苹果则体现了变化之美。而即使是一刹那的对环境的美的感受也是要体现瞬间美的时间特征的。这两个方面是不可分割的，后者在审美者的意识的时间中激荡，即湖面、雕塑和塞尚的苹果的时间美实际上都是在审美者的意识的时间中所呈现的。

---

① ［芬］约·瑟帕玛：《环境之美》，武小西、张宜译，湖南科学技术出版社，2006年，第103页。

四、动态环境美学的基本要义

从上面的分析可以看出，任何环境审美都是在时间中展开的。具体表现为作为审美主体的意识总是在时间中不断展开环境、体会环境。而主体的身体更是需要在空间的变换中参与到环境中来，而这个变换本身就是身体自身的动态变化过程。从对象上来看，环境本身会有变化、恒久、瞬间、历史和未来的时间方面的美，但环境审美毕竟是一个审美者与环境的互动过程，在这一过程中，无论是感官、肢体、意识本身都需要经历与环境在时间上的共同"度过"的过程。同时，审美者需要在时间中体验环境本身的时间美，从而将环境的时间美纳入到自身的体验中来。所以环境美学之所以是动态的，是因为其中体现了双重的时间：参与本身所经历的时间和审美者体会到的时间之美。

（刊于《郑州大学学报》2017 年第 1 期）

第五编　环境美学家思想研究

作为环境批评的哲学

—— 约·瑟帕玛环境美学思想简评

⊙张文涛

⊙武汉大学哲学学院

约·瑟帕玛（Yrjö Sepänmaa）是当今世界上致力于环境美学研究的学者之一。他在 1986 年出版了一部名为《环境之美》（*The Beauty of Environment*）的环境美学专著，至今仍是环境美学方面的重要著作[①]，也是其本人的代表作品，集中反映了瑟帕玛的环境美学思想。

一、两种环境美学——积极和消极

瑟帕玛把环境美学的基础研究称为消极的环境美学，把环境美学的应用研究称为积极的环境美学。两者只有先后顺序之分，没有等级上的区别。之所以称专业性的理论研究为消极，原因在于其对后果较少关注，瑟帕玛对环境美学研究进行分类的意思也在于此。按这一标准，《环境之美》整本书的重心应属环境美学中消极性的基础研究。从美学发展史看，环境美学整体上偏重应用研究，再依照瑟帕玛的分法来推论，环境美学完全应归入积极的一面，故环境美学中两者的区分似乎没有必要，书中也没有太多事实涉及这一区分。如再把消极理解为有负面意思，那么《环境之美》这本书也就可能没太多存在的意义，

[①] ［加］艾伦·卡尔松：《自然和景观》，陈李波译，湖南科学技术出版社，2006 年，第21页。

当然这完全不是瑟帕玛区分及其写作的本意。从 20 年后的今天看环境美学应用性方面的进一步加强，可判定瑟帕玛的初衷是具有一定前瞻性的。其实《环境之美》中的"前景展望"一章即表明了瑟帕玛对环境美学积极方面的努力意向[1]。

现代人文学科的应用性研究（瑟帕玛所谓积极的一面）因有社会思想史作为参照，一般都要避免一劳永逸式的工具主义的倾向，同时也要克服传统的无所不包的形而上学式的抽象演绎。当然避开后一误区是应用性研究的题中之义。那么，应用性研究作为第三条道路是否能与上述两大误区脱开干系呢？显然不行。在理论品格上，完全不能降低精细的驳析能力和宏大的把握能力，按黑格尔的说法，愈抽象才能愈具体，以此来看，两大误区恰恰都失误于其主张的不彻底上。如何走出这一困境是环境美学作为应用性学科能否有意义的标志。

环境在环境美学的理解中达到了当今人文学科所能达到的最高限度，这与美学源自哲学因而得自哲学品格自有一种天然的理论敏感有关。环境在西方人的视野中大致可分为两个认识阶段，前一个阶段的主要特征在于认为环境与人有关，那么这一看法就有很多游离状态，且常常把环境等同于自然，这样就可能出现三种情况：第一种，环境与人无关，这是环境与人有关的可能性推论；第二种，环境与人有关，这是整个看法的主要表征；第三种，环境即是人的环境。环境与人或离或即，明摆着环境有异质于人的可能性一面，这种认识作为观念形态尚无太大的价值效应，如在社会上付诸行动，则会出现人类大范围地破坏环境而不用做出检讨的现象。历史事实也证明这一看法所带来的可怕后果。也正是来自现实的教训使得西方人去除了对环境的模棱两可的认识，从而把环境定位为环境就是人的环境的明晰认识。瑟帕玛没有给环境一个确切的规定，他从较宽泛的意义上说："环境可被视为这样一个场所：观察者在其中活

① ［芬］约·瑟帕玛：《如何言说自然?》，陈望衡主编《美与当代生活方式》，武汉大学出版社，2005 年。

动，选择他的场所和喜好的地点。"① 如何体现环境与人的紧密关系呢？有两个
环节是必须指出的。首先，环境中的人是用各种感知能力与环境发生关系的，
传统美学只注重视觉和听觉的倾向在环境美学中被打破，而且环境美学大胆地
引进带有神秘色彩的通感学说，以此来进一步表达人与环境的不可分性；其
次，虚拟的现实由于也是人的行动结果，也可以纳入环境的范畴当中，这就为
艺术作为环境的一部分提供了理论依据。当然，对环境美学家来说，指出环境
就是人的环境这一看法还不够，还必须在整个统一性中找出一个理论牢固的伸
展点。

环境问题需要现代各种学科共同参与，以取得较为全面的认识，从而找出
相应的解决办法。美学在现代与很多传统学科一样也面临着自身的发展问题，
如何利用美学自身的理论优势，同时又避开以往局限在概念式研究的偏颇，以
使美学具有时代性？这成为美学研究者追求的目标。环境美学作为学科的含义
并不是环境和美学两个学科研究简单的相加。为此，瑟帕玛指出环境美学研究
的两条线索："（1）对环境的审美本质的研究属于美之哲学，它基于对环境的
直接观察和在个人自己的趣味的观察力的系统的框架内分析别人对环境的反
应。同时我们也考察涉及环境作为审美对象的普遍本体问题。（2）研究我们对
涉及环境审美本质的，趣味判断的理由：元批评。"② 这两条线索构成了环境美
学的核心问题。第一条线索关注的是环境美学的对象，而第二条线索则意在审
美对象的表达问题，也就是瑟帕玛试图建立环境审美模型之所在。环境没有一
个明确的审美模式被认同，因为审美方式仅是考察环境的一种可能方式。环境
美学的对象的建立其实就是要找出环境和美学的结合点，这个结合点不是对象
本身，它只提供可能性和方向，无疑艺术领域的存在为这个问题的解决指明了
思路。正如瑟帕玛所说："在研究属于环境诸审美对象时，这些审美对象必须

---

① ［芬］约·瑟帕玛：《环境之美》，武小西、张宜译，湖南科学技术出版社，2006 年，
第 23 页。

② ［芬］约·瑟帕玛：《环境之美》，第 25 页。

被置于与其他审美对象——那些完全人造的，并首先作为艺术品而存在的对象——的关系中来考察。在我的考察中，重点放在艺术品和通过对环境和艺术品的比较而得到的对它们之间异同点的说明上。"①

瑟帕玛的环境美学之所以围绕艺术展开自有其学理根据。艺术作为审美的典型形态是任何美学研究都回避不了的，况且近代以来艺术形态急剧的变动给艺术标准和审美趣味带来了很大冲击，其直接效果就是抹平了生活和艺术的界限，克罗齐"直觉即审美（艺术）"的口号无疑在思想上给艺术的平民化造了声势。艺术各种形式之间可以相互结合，如电声音乐图画化，在艺术博物馆里举办音乐会，在古堡里演出歌剧，在教堂里展出绘画。现实开始简单地被称为艺术品，艺术品否认自身是艺术品，作品的复制品被称为新的独立的作品，等等。这些现象可以集中为一个事件，那就是画框外的背景算不算绘画的内容，或者说艺术是否一定要通过媒介来表达。如果传统所理解的艺术多种界限大都可以打破，那么注入当中的艺术思想观念又是什么呢？这种观念早就存在于艺术和审美之间复杂的关系当中。在此不能厘清艺术和审美的关系，只能指出这样一个关键事实，那就是审美与审丑不是对立的，审美只与非审美对立，但两者绝对是有区别的，如从艺术的角度理解，审美与审丑又都可以是艺术的发生。传统美学也研究丑、崇高、悲剧等能与美并列的范畴，这种事实完全来自诗学（艺术论）的启发，那么环境美学从现代艺术寻求观念突破也是一种历史惯性。很多美学家把美学当作艺术哲学，表明艺术的就是美的，反过来，美的就是艺术的。循此思路，艺术、审美其实就是一种态度，外在对象如何甚至是否存在并不重要。瑟帕玛也说："对审美考察的对象的选择不是关键，所选择的价值才是关键。同样的事物可以用不同的尺度在不同的体系或话语中进行考察：道德的，宗教的，操作性的，等等。"② 当然，瑟帕玛不主张一味地把审美泛化，所以在价值抉择时有一定的"尺度"，这"尺度"也就是他努力建立

————————————————

① ［芬］约·瑟帕玛：《环境之美》，第36页。

② ［芬］约·瑟帕玛：《环境之美》，第7页。

的模型。

二、一个理论模型——对环境批评的批评

瑟帕玛的环境美学完全建立在传统的美的哲学和艺术哲学的研究之上，以往对自然美和生活艺术化的理解又成为它走向环境美学的可能性契机。在此基础上，他试图从中拓展出更适合环境美学研究的第三条道路，即批评哲学的传统。批评哲学的中心任务是对主要的批评活动——描述、阐释和评价——进行理论上的分析。描述就是对环境进行刻画，阐释是描述的延续，美学作为价值研究主要涉及评价。当然评价脱离不了描述和阐释两个环节，描述和阐释也不仅仅是纯客观的记录，而是渗透了个人的体验。评价又总是以某个衡量体系的存在和其在阐释对象上的应用为前提。所以瑟帕玛说："环境美学的任务是考察和分析这个体系。"[①] 这个任务具体表现为"在元批评的意义上是对环境的描述、阐释和评价的理论上的把握以及创建一个参考模型"。[②] 如把环境批评的三环节作为基础批评，环境美学就是对这个基础批评的进一步批评，顺序在后的第二次批评逻辑上却排在前面，意思也更为深入，称为元批评。但由于"体系""模型"可能导致僵化的后果，瑟帕玛明智地否定了环境美学能够提供现成的"体系""模型"的可能。那么，"体系""模型"提出的意义就不在于建立了什么，而是如何建立的过程本身。

所以思考目标的建立问题又回到了环境和美学得以统一的出发点，艺术常被视为环境的审美感知模式的提供者之一。为此，瑟帕玛花了大量篇幅探讨了艺术和环境的区别，认为环境与艺术品最根本的相通性就在于都可以当作审美感知的对象。当然，两者的区别也是明显的，具体表现为：

其一，从创作上看，艺术品是一件人工制品，由某个人创作，而环境（自然）是给定的，独立于人类，或未经全局规划而形成的；艺术品是在习俗的框

---

① ［芬］约·瑟帕玛：《环境之美》，第110页。

② ［芬］约·瑟帕玛：《环境之美》，第110页。

架内诞生和被接受的，环境则不存在这样明确的习俗；艺术品是为审美感知和产生愉悦而创作的，环境的审美品质是其他利益的副产品或一个事物的各种价值综合而成的整体。

其二，从对象上看，艺术品是虚构的，环境是真实的；艺术品是省略性的——微缩、概括或模型，环境则是它本身；艺术品是一个已被界定的、确定的整体，环境是无限的、"无边框的"；艺术品和它的作者都有名字，这在审美分析时是必须考虑在内的，环境的各部分是没有名字的，或者是与审美立场无关的名字；艺术品是独特的、原创的，环境则在变化的形式中重复自身；艺术品是感官的，环境虽也是感官的，但可增加更多的历史文化内容；艺术是静态的，环境是一个动态的过程。

其三，从观察者来看，观赏艺术品的场所是限定的，但对环境而言，则是自由的；艺术品以考察者对它的距离和无利害关系为前提，环境的观察者则是环境的一部分，与环境直接接触；大多数艺术形式的作品是用一种感官来感知的，环境观察通常由多种或所有的感官联合作用而形成，并且所有的感觉都是相关的。①

以上的区别没有绝然的界限，当人们考虑到环境和艺术的混合形式时，两者的区别变得模糊，它们只是为了更好地理解环境美学的动态模型而先行设立的一些标志，通过环境和艺术之间的意义互动侧面显示出理解这个综合性模型的大致方向。此外，对环境作为自然的一面，自然科学提供了另一模式来源。在两个来源中，艺术主要是对事物的形式分析和象征意义给环境美学提供帮助，而自然科学则使环境的运行可被理解。瑟帕玛试图结合两条路线来建构他的模型：一条来自带有强烈情感性的艺术，一条则基于概念式的批评。也就是说，环境美学研究的环境既要是审美的又必须是有标准的。对环境的审美理解的目标是将恰当的审美价值最大化，但不是把审美泛化以及绝对化从而导致其他价值的丧失。在艺术审美的世界中完全的自由是可以允许的，而在现实生活

---

① ［芬］约·瑟帕玛：《环境之美》，第77～105页。

中则是不可能的。环境美学处理的是环境批评中理论和概念的问题，对具体的环境研究和环境批评它不能提供答案，瑟帕玛在《如何言说自然?》一文中简明地指出它是"指批评的逻辑性，而非批评的对象"。① 结合感性和理性一般的研究思路是心理学的——社会学的实验，而瑟帕玛则认为，环境批评从描述、阐释到评价都涉及语言，所以，瑟帕玛意在建构环境美学模型的过程实际上是语言分析过程。

在瑟帕玛的心目中，最理想的环境批评家是博物学家，通常的理解是把博物学家当作一个具体的人，可在阐释学的影响下，现代人文学者一般都会把作品的描述者"当作是处于文本中的一个人，一个从文本中构建出来的人"，②而不仅仅是一个活生生的人。这个构建文本背后的人既可以充当批评家的角色，也可以充当艺术家的角色。博物学家看到什么、选择什么进行表达虽是个体行为，但已凝聚了丰富的社会习俗内涵，从其使用的语言就可以看出一种社会价值规范。语言使用的背后若没有理由认定是欺骗性的，就可以思考有些体验和感知借助语言是可以被分类的。在此，环境美学给予了博物学家绝对的地位，从而否定一般人任意的环境审美经验在建构环境美学模型中的作用，所以社会学的统计方法在此研究中失效。这一定位更不是如卡尔松"自然全美"观所表述的一切原始自然都美，因为卡尔松完全否定人的作用，陷入了另一个极端，其观点本质上是泛美主义的另一翻版。一个环境批评，不仅是对对象的一个记录，也是对价值体系的一次记录。熟悉批评的传统为批评者提供了分析工具，在这个过程中批评者可以发挥个性化的特点以克服受传统的局限从而发展出有审美特性的且具专业知识的体系。这个工作过程表现如下：

第一步骤——描述。描述的手段除借助语言文字外，还可以使用摄影、电影、绘画等其他的方法来重新创造事物。环境美学从描述开始就试图教会人们

① ［芬］约·瑟帕玛：《如何言说自然?》，陈望衡主编《美与当代生活方式》，武汉大学出版社，2005年，第109页。

② ［芬］约·瑟帕玛：《环境之美》，第124页。

如何看环境。环境观是习得的，不是任意形成的。描述环境是一种替代性的活动，不管是否去过这个实际的环境，经过博物学家的描述，人们不用怀疑当中的精英主义和道德权威因素，完全可以信任这一艺术化产品。当然对象的存在也不是可有可无的，描述时必须准确地刻画对象，使之"看起来像"。审美的描述要与科学的、艺术的描述区别开来，故在描述之初，就要有一个导向审美的目的，一个有利于阐释和评价的意向。

第二步骤——阐释。阐释环境即是间接地说明环境的各种价值，为评价创造基础。"它指出了欣赏什么却没有说该如何欣赏。如何欣赏得在评价中确定。"① 阐释不是无中生有，它有一个先定视野，瑟帕玛认为这个视野表现为知识与联想。知识的前提是一个正确的阐释的一般条件和相关背景，而联想则是个人化的发挥，它不是正确阐释的一部分，而是应该去掉的附加物，即使保留也至少应该认识到它的有限性。对环境进行审美至少以一般水准的知识为前提条件，最好是博物学专家等的知识。知识能深化审美体验，同时也限制审美的扩大化，这也就为伦理等价值共同参与构建模型提供了可能。

第三步骤——评价。评价是最富有美学特色的部分。评价者必须与环境保持一种审美的距离，在评价时应区分开审美的与道德的、经济的等价值判断，对环境作为评价对象方面应在具有当代科学、自然和文化知识的基础上区分出何谓天然的，何谓人工的，以及两者之间的中间界限。人越有知识，就越有可能欣赏各种对象，虽然自然的目的并不是为了人的审美，依照艺术融化对象的功能，在选择了一个合适的接受方式和标准的有效范围内，可以采用任何处于自然状态中的事物都是美的这一基本假设。描述、阐释都可以使用审美术语，但审美上的评价术语是整个研究的核心，人们从评价术语出发进展到对文本环境的分析，再到使用这些术语的依据，通过对这些依据进行分类便把握了整个趣味系统。

在形成一个大致趣味体系的前提下，人们就可以从中复现出一个标准。这

① ［芬］约·瑟帕玛：《环境之美》，第137页。

853

个标准在形式上体现为和谐、对称、秩序、关系和节奏，在内容上则表现为恰当性、可操作性、持久性和多样性。落实到具体环境，针对人们未触及的自然，如要体验为美，其使用的主要标准是本真性，文化的存在破坏了自然的本真，因此，文化环境使用的标准主要是恰当性。在多重标准皆运用成熟的基础上，环境美学就从描述性阶段走向了规范性阶段。规范性美学的典型形态是生态美学，规范并不是量化，生态最重要的原则在于顺应自然。

为环境审美建立模型并不是瑟帕玛的独创，很多环境美学家都在努力实现这个目标，如伯林特就试图建立一个城市生态的审美范式。城市作为小环境与其他环境在作为环境意义上没什么区别，美学家所建立的范式的不同主要表现在受各自审美观制约而形成的内在结构上。伯林特描绘了四个富有启示意义的场景（帆船、马戏团、教堂和日落），从中引发不同的生成城市审美范型的维度。帆船提供的是灵活多变的功能性环境，马戏团则能让人体验到幻想的世界，教堂从精神特别是神圣方面满足人的需求，日落使城市伸向远方进而联络单一建筑物和周遭环境，四个方面形成一个整体，城市建设者如能考虑到这四大要素，就能给人们提供丰富的体验城市的方式。①

三、最终目标——环境美学的应用

环境美学家必须在社会现实中找到自身存在的合法性依据，这取决于环境美学理论模型的传播方式和在实践中的可行性。社会运作是一个整体协调的过程，作为一个学科，环境美学必须与其他学科如教育学、社会学、心理学、艺术学进行合作。这个过程表现为两大方面：

一是进行环境教育。一般的环境教育通过提供自然运行机制和自然史知识以及人化了的自然特性为人们熟悉环境规律、协调各种环境关系奠定基础。环境教育从属于审美教育，当前还没有专门的环境审美教育，由于艺术与环境有

① ［美］阿诺德·伯林特：《环境美学》，张敏、周雨译，湖南科学技术出版社，2006年，第52~70页。

着密切的关系，所以环境审美教育可向艺术教育借鉴经验，工作要点在于培养环境工作者的艺术敏感力和审美趣味。对瑟帕玛来说，审美教育的目的不只是影响趣味，最重要的还在于教授描述、阐释和评价的方法。漫长的艺术发展史中，出现了一系列的艺术惯例，环境美学模型的推行就可以从这些惯例中找到根据，例如再现性艺术品与环境类似，那么艺术的形式法则就可以通过类比的方法运用到环境审美教育中；在语言层面，艺术和环境批评的很多术语可以互换，这就更直接地为形成环境审美教育机制提供了方便。

二是进行环境立法。社会运作中立法带有滞后性特点，在确定了合格的研究者和理想的环境后，从一般标准上为环境立法，瑟帕玛认为是可行的。立法作为最低要求在美学上则是一种理想，如何处理两者之间的关系然后用法律文本所要求的精确性来陈述标准是整个工作的难点。因为"改变环境时必须调和不同人的审美观，同样还要解决不同种类的价值之间的矛盾"，[①] 所以最好是能够发展出解决矛盾的调控体系和常规惯例，但这仅仅是一种设想。为此，瑟帕玛举出了一个有趣的实例来为这个问题寻找出路。他从城市交通灯颜色的设计方案中找出安全和审美两大要素，通过某一比例如 1∶5 来尝试排列出一个普遍能接受的公式，其总体思路是明确的，可局部细节的组合却还是传统量化的做法。可见，积极美学的创建路途还很遥远。

（刊于《郑州大学学报》2006 年第 4 期）

---

① ［芬］约·瑟帕玛：《环境之美》，第 210 页。

连续性形而上学与阿诺德·伯林特的环境美学思想

⊙邓军海

⊙武汉大学哲学学院

随着阿诺德·伯林特的主要环境美学著作在中国的翻译出版，他的名字对于中国学者已经不再陌生。在这些著作在中国翻译出版之前，已有学者对其美学思想做了客观而准确的介绍。① 然而这些介绍文章，很大程度上只是观点的罗列，忽略了阿诺德·伯林特的环境美学思想的哲学根基：连续性形而上学。

事实上，不理解连续性形而上学，不但阿诺德·伯林特的美学思想会有沦为片段的危险，而且环境美学这一新兴学科也会遭受一定程度的误解。本文之主要任务就是，揭示连续性形而上学与阿诺德·伯林特的美学思想的内在本质关联，并在力所能及的范围内，揭示连续性形而上学在环境美学研究中的基础地位。

一、分离的形而上学与连续性形而上学

连续性是阿诺德·伯林特环境美学研究的哲学基础。他在《生活在景观中：走向一种环境美学》一书中明确地说："连续性正日益成为我思考的基础。实际上，这本书可以被称作'自然的连续性'，因为它确定了将环境的各个方

---

① 张敏：《阿诺德·伯林特的环境美学建构》，《文艺研究》2004 年第 4 期。

面联系起来的潜在概念。"① 他对连续性这一概念十分看重。他认为,连续性形而上学"并不是对西方哲学主要路线的扩充,而是从完全不同的方面来理解人类世界,是一种更多地认识到联系而不是差别,连续而不是分离"。②

连续性形而上学反对的是"分离的形而上学"。当然,这并非伯林特的独创,而是环境哲学家的一个共识。对于环境哲学家来说,分离的形而上学,可以说是西方哲学尤其是西方现代哲学的主流。环境危机的深层根源就在于这种分离的形而上学。正是这种哲学,默认甚至提倡对自然的宰制与奴役。利奥波德著名的《大地伦理学》一文所传达的就是这样一种信念:"环境问题在性质上最终是一个哲学问题,如果想要使保护环境有更多的希望,我们就需要提供某种哲学的方法。"③ 而我们为什么直到最近还对工业革命以来的环境破坏熟视无睹?"答案在于,我们的认识受到我们的世界观所驱使。"④ 这种世界观就是"分离的形而上学"。"在其 2500 年的历史中的大部分时间里,西方哲学试图通过揭露世界的构成和结构而不是其联系和连续性来理解世界。"⑤

概括说来,分离的形而上学就是"通过揭露世界的构成和结构而不是其联系和连续性来理解世界",它至少有以下几种表现:(1)实体论。实体论早期形式是古希腊的原子论,其发展极致则是现代的机械论。对于实体论来说,一个实体是不依赖他物而存在的,不管其所处关系如何,它基本上保持不变。⑥

---

① [美] 阿诺德·伯林特:《生活在景观中》,第 4 页。

② [美] 阿诺德·伯林特:《生活在景观中》第 5 页。

③ [美] 尤金·哈格洛夫:《环境伦理学基础》,杨通进等译,重庆出版社,2007 年,第 19 页。

④ [美] 小约翰·科布:《生态学、科学和宗教:走向一种后现代世界观》,杨通进、高予远《现代文明的生态转向》,重庆出版社,2007 年,第 86 页。

⑤ [美] 阿诺德·伯林特:《生活在景观中》,第 3 页。

⑥ [美] 小约翰·科布:《生态学、科学和宗教:走向一种后现代世界观》,杨通进、高予远《现代文明的生态转向》,重庆出版社,2007 年,第 89 页。

（2）还原论。既然世界是由一个个实体构成的，那么理解世界，就是要解释这个世界的构成。将世界还原为一个个实体，于是就有了还原论。（3）二元论。按照实体论逻辑，精神与物质是属性迥异的实体，于是就有了二元论。这种二元论的极致就是笛卡尔的身心二元论，而其最普遍的形式则是人与自然的分离。这时，"所有的精神都被有效地从自然中清除出去。外部的对象只由数量构成：广延、形状、运动及其量值。神秘的特性和性质只存在于心灵中，并不在物质对象本身中"。①

总体来说，这种分离的形而上学的产物就是现代的机械论世界观，或者说，机械论世界观的哲学基础就是分离的形而上学。正是机械论世界观导致了卡洛琳·麦茜特所说的"自然的死亡"。

环境哲学家虽然主张各异，但是在反对分离的形而上学、主张连续性形而上学方面却是一致的。阿诺德·伯林特说："连续性观点的出现为环境是什么和意味着什么做出了最好的解释。然而连续性并不是只为环境所限制，它是实现更一般的形而上学的理解的关键，就如同19世纪的进化论一样。"② 所以，我们有理由认为，连续性形而上学是阿诺德·伯林特环境美学的思想基础。

二、连续性形而上学与环境

阿诺德·伯林特说："从哲学尤其是美学的观点来接近环境，要求我们修正关于环境是什么的观念。关于环境的观念，就像所有的基本观念一样，包含着深层的哲学假定——关于我们的世界、我们的经验、我们自身的本性。"③ 对他而言，这个深层的哲学假定就是连续性形而上学；而对我们日常所理解的环

---

① ［美］卡洛琳·麦茜特：《自然之死》，吴国盛等译，吉林人民出版社，1999年，第224页。

② ［美］阿诺德·伯林特：《生活在景观中》，第5页。

③ Arnold Berleant, *The Aesthetics of Environment*, Philadelphia：Temple University Press, 1992, p.2.

境而言，哲学假定则是分离的形而上学。连续性作为环境美学所理解的环境的形而上根基，最明显地表现在阿诺德·伯林特的自然观上。

根据他的梳理，西方的自然观在哲学上有两极：一极是洛克式的自然观念，这里自然被理解为脱离人类的某种东西，是外在世界；另一极是斯宾诺莎式的自然观念，这里自然被认为是无所不包的。在这两极之间，则有一些过渡形态。于是，西方的自然观就有这样四种基本观点：

（1）完全对立的自然观。这里，自然是人类领域外部的一切，是与人的目的、利益相抵触的区域。自然是我们的最大敌人，它以疾病、灾害以及死亡来与人作对。因此，自然必须被征服、被驾驭，从而服务于人类。文明程度就是这种征服和驾驭的程度。

（2）比较温和的分离观。相对于第一种，这种自然观具有更多的调和、合作色彩。这里，自然与人不同，但不必对立，人必须与之和谐相处。因此人在自然中宛如物品在容器之中，人类的目标就是保持这个容器的平衡状态。自然不再是疏离的领域，相反，人们有时对自然持一种尊敬态度。

（3）比较温和的统一观。人不满足于与自然之间的和谐，而是追求融入自然，因为人是渺小的。这里，人与自然的关系可能有一定的理想化成分，但是却抓住了人与自然的深层关联。自然人是自然法则中的一分子，人尊重自然的权威，同时也在实现着自身的目的。

（4）完全一体的自然观。这里，自然就是一切，自然之外无一物。在这个意义上，没有什么被排除，也没有什么是外在的。自然是一个无所不包的、总体的、整一的、连续的过程。"所有事物都服从同样的存在标准，所有事物都展现了同样的过程，所有事物都例示了同样的科学原理，所有事物都同样令人惊奇、同样令人沮丧、同样让人最终接受。"这里没有自然和人工、内在自我和外在世界、人与神、自然与文化的分际。在这个意义上，自然保护区的设立也就完全没有必要。①

阿诺德·伯林特对环境这一概念的理解，正是建立在这种斯宾诺莎式的完全一体的自然观之上的。他所说的环境就是一个无所不包的全体，这个全体并不是生态系统意义上的全体。在他看来，生态系统这一重要观念还是将环境复合体客体化了。因为生态系统依然是人从外部进行科学研究和分析的客体。他所理解的环境和自然是不允许人站在外部的。正是基于这样一种观念，他说："环境是人经验过的自然，人生活过的自然。"②

假如我们知道他所认同的斯宾诺莎的自然观，就不难理解这一段话了："环境并不仅仅是我们的外部环境。我们日益认识到人类生活与环境条件紧密相连，我们与我们所居住的环境之间并没有明显的分界线。在我们呼吸时我们也同时吸入了空气中的污染物并把它吸到了我们的血液之中，它成为了我们身体的一部分。在我们吃食物的时候，其中的水分和添加剂也被一起吸收了。即使是我们穿在身体之外的衣服也是我们个人形象的一部分，我们居住的房子可以展现我们的个性和价值。我们与这些事物之间的关系是相互的，因为我们种植饲养我们所吃的食物，制作我们所穿的衣服以及我们居住的房子。"③ 从这里就可以看出，阿诺德所理解的环境和我们惯常所理解的环境的最大区别就在于，我们所理解的环境依然是在我们外部的，其哲学基础是分离的形而上学；而阿诺德·伯林特所理解的环境则与我们是一体的，其哲学基础是连续性的形而上学。概言之，我们所理解的环境是 the environment，而他所理解的环境则是 environment。关于这二者之间的区别，阿诺德·伯林特说得很清楚："我通常不说'这'环境（the environment）……由于'这'环境使环境客体化，它

---

① Arnold Berleant, *The Aesthetics of Environment*, Philadelphia：Temple University Press, 1992, pp.6-9.

② Arnold Berleant, *The Aesthetics of Environment*, Philadelphia：Temple University Press, 1992, p.10.

③ ［美］阿诺德·伯林特：《生活在景观中》，第8页。

将环境转变为一个实体，我们可以思考它和应对它，仿佛它外在于我们且独立于我们。……'这'环境（the environment）是身心二元论的最后残余之一。"① 传统美学和环境美学对环境的理解上的不同，也就是 the environment 和 environment 之间的不同。

三、连续性形而上学与审美

"美学和环境之间的联系是挑战性的。"② 其挑战性首先表现在对审美的理解上。因为既然环境并非一个对象或客体，而是人所经验的总体，那么，传统美学所主张的有距离的静观态度，就成了这种环境观念所挑战的首要目标。

建立在连续性形而上学基础上的环境概念对于传统审美理论的挑战，在伯林特对审美环境的这一段说明中，表现得再清楚不过了："审美环境并不仅仅是像远景那样横亘目前的宜人风景，环境也不是望远镜中或观景台栏杆之外的的一个客体。它无处不在，与我息息相关。它不仅包括在我目前的，而且包括我身后、脚下和头上的。审美环境并非主要由视觉对象构成：它为我的脚所感觉到，它在我运动中的身体的肌肉动觉里，它在扯拉行衣的树枝上，在引我留意的四面八方的声音中。审美环境也不仅仅是一种普泛的知觉意识。它拥有明确的感性品质：脚下土地的质感，溪边松针间的凉风或清香，漫步于其上的地面的舒适，森林之中的视觉景致，小道让人留恋脚步，林中空地或旷野中对空间的感受。从这些知觉邂逅中涌现出一种对相互联系的丰富理解；不，不止这个，还有对将我的有意识的身体和我所居之地绑在一起的实际连续性的活生生的感受，纵使只是约略感到。这就是审美投入，而环境知觉可清晰而有力地例

① Arnold Berleant, *The Aesthetics of Environment*, Philadelphia: Temple University Press, 1992, p.3-4.

② Arnold Berleant, *The Aesthetics of Environment*, Philadelphia: Temple University Press, 1992, p.1.

示这种经验。"①

与传统理论所说的审美态度相比，这段对审美体验的描述至少有以下几点不同：

（1）无主客之分。传统审美理论总是要假定一个审美主体和审美客体，主体是在一定的距离上静观审美客体。在这里，没有处于一定距离之外的观者，也看不到作为静观对象的审美客体。环境与我不是分离的，而是与我连为一体。我的欣赏经验来自环境之内，而不是来自环境之外。

（2）无感官优先。传统美学理论将人的感官分为两种：一种是视听觉这样的高级感官，一种是触觉、味觉、嗅觉这样的低级感官。审美经验只来自视听觉。而在这里，全部感官经验都是审美经验的一部分。

（3）无深浅之别。传统审美理论一般强调，审美是对审美客体的形式的观照。审美只关乎表面，而无关深层。而在这里，不但当下的直接感知形成了审美经验，而且还有形而上的深层领悟。

（4）一体的审美经验。这里的审美经验是一体的，审美经验并不是通过不同的感官渠道传递，后经亚里士多德所说的通感连为一体，而是从起始就是一体的，也并不是先有感觉经验，后有深层领悟，而是同时出现的。各种感官同属一体，相互影响，因而在实际经验中没有生物学意义上分离的感觉。又由于我们是文化的存在，也没有纯粹生理学意义上的感觉，感觉中总有意蕴。

一言以蔽之，这个审美经验就是审美投入，这种观点就是阿诺德·伯林特闻名于世的投入美学。审美投入并非仅仅存在于环境审美经验中，在他看来，投入是理解审美经验的关键，而"无利害的静观已经成为一个学术上的时代谬误"。② 他在其成名作《艺术与投入》中明确地说，他的前期研究中的一个核

---

① Arnold Berleant, *The Aesthetics of Environment*, Philadelphia: Temple University Press, 1992, pp.27-28.

② Arnold Berleant, *Art and Engagement*, Philadelphia: Temple University Press, 1991, p.33.

心观念就是，欣赏者与客体或艺术背景之间的参与性投入①。这种观念的哲学基础就是连续性形而上学："审美投入挑战这整个传统。它主张连续而非分离、语境相关性而非客观性、历史多元论而非确定性、本体论上的等值而非优先"②。审美投入所挑战的整个传统，就是 18 世纪以来建立在分离的形而上学基础上的无利害的静观。他给自己的使命就是，"将投入这一观念发展成为审美理论中的一个解释原则"③。与艺术相比，环境是审美投入的更好例证。

四、连续性形而上学与美学

连续性形而上学对传统美学的挑战并不仅仅表现在审美理论方面，还表现在美学这门学科的研究方式上。

在阿诺德·伯林特看来，从研究方式上分，有三种美学：

（1）本质美学。这种美学有悠久历史，它对一般意义上的艺术以及个别艺术作品的特征、经验和意蕴，提出肯定性观点（当然有时也有否定性的），考察它们在社会秩序以及哲学体系中的地位。把艺术解释为再现、情感表现、感情符号、一种语言、一种同情经验，这些耳熟能详的理论，就是本质美学。

（2）元美学。这种美学是新近才引起人们兴趣的分析美学。它将上述大问题放在一边，从事那些看起来更具操作性的工作，即重订艺术和美学中的概念问题。这里，中心问题是艺术定义，多种多样的范畴的定义，以及不同观点的逻辑后果。

（3）描述美学。这种美学既有对审美的理论说明，又有对审美的经验描述。它"说明艺术和审美经验，这种说明可能是半叙述性的，半现象学的，半

---

① Arnold Berleant. *Art and Engagement*, Philadelphia：Temple University Press, 1991, p.11-12.

② Arnold Berleant, *Art and Engagement*, Philadelphia：Temple University Press, 1991, p.13.

③ Arnold Berleant, *Art and Engagement*, Philadelphia：Temple University Press, 1991, p.13.

激发性的，有时甚至还是启示性的"。① 这种美学不仅具有理论品格，也具有实践品格："描述美学将敏锐观察和富于说服力的语言结合在一起，鼓励读者走向活生生的审美邂逅。"②

显然，连续性形而上学为美学所带来的转变就是纠正传统美学的纯思辨色彩，使得解释与经验、理论与实践之间的连续性得以呈现。这种美学就是伯林特所说的"描述美学"。在他看来，这种美学才应当是美学这门学科应当采取的研究方式："美学与哲学的其他领域的不同在于，不论是其起源、其资料，还是其概念，都并非纯然是哲学性的。作为一门学科的美学的存在，起源于人们理解艺术活动和场景、理解自然欣赏的努力。美学家只能通过畅游于多种领域而工作，时而作为一个阅历丰富的观察者，时而作为一个人类学家，时而作为一个学者，但最重要的是作为一个艺术——审美活动的参与者。"③ "美学家之所以既要是一个欣赏家，又是一个理论家，从一般意义上讲，是因为经验与解释之间的连续性；从美学这门学科的特殊意义上讲，则是因为美学的理论解释必须有大量的审美经验的支撑：纵使美学更多地站在解释这边，而不是站在艺术经验这边，解释和经验这二者不可分割，因为二者是相互影响的。"④ "在这一领域，任何理论都不能希望是自明的。作为一个基于经验的学科，美学必须在艺术活动和艺术经验的证据之上建立自身。"⑤

显而易见的是，描述美学的中心课题是活生生的审美经验，而不是关于"美是什么"或"艺术是什么"等问题的纯抽象的哲学思辨或概念分析。当

---

① Arnold Berleant, *The Aesthetics of Environment*, Philadelphia: Temple University Press, 1992, p.26.

② Arnold Berleant, *The Aesthetics of Environment*, Philadelphia: Temple University Press, 1992, p.26.

③ Arnold Berleant, *Art and Engagement*, Philadelphia: Temple University Press, 1991, p.1.

④ Arnold Berleant, *Art and Engagement*, Philadelphia: Temple University Press, 1991, p.2.

⑤ Arnold Berleant, *Art and Engagement*, Philadelphia: Temple University Press, 1991, p.3.

然，在传统美学研究中，也牵涉到实际的审美经验，但仅仅是例证。而对于描述美学来说，活生生的审美经验则是美学思考的中心。

五、连续性形而上学与环境美学的学科定位

环境美学经常被我国学界定义为美学的一个分支学科或应用学科，比如："环境美学属于应用美学，或者说门类美学。如果说基础理论处于美学的第一级，那么，环境美学就处于第二级。美学基础理论研究与人类生态研究结合起来，形成了环境美学。"[①] 这个学科定位是误导人的。原因有二：（1）环境美学即使是一种应用美学，也不是"美学基础理论研究与人类生态研究结合起来"意义上的应用美学，而是理论与实践本不可分意义上的应用美学；（2）环境美学即使是门类美学，也是对整体美学理论形成挑战并要建立统一审美理论的门类美学。下面详细说明这两点：

1. 解释世界和改变世界之间的连续性。阿诺德·伯林特也坦然承认，环境美学是"应用美学"。但是他所说的应用美学是基于理论与应用的连续性基础上的应用美学："在所有的人类活动中，要数审美活动最直接地反对将纯粹和应用、理论和实际不恰当地割裂开来。艺术和美学与人类涉足的其他领域更普遍地联系为一体。"[②] "在环境美学中，理论思考和实践目的是不可分割的。"[③]这也就是说，我们习惯所认为的纯粹美学和应用美学之间的划分，对于美学来说只是人为的。就美学之本性而言，即使是美学基本理论，也必须是应用的。环境美学就是这个意义上的应用美学。

这里就牵涉到了对马克思的名言"哲学家们只是用不同的方式解释世界，

---

①　王卫东：《环境美学的学科定位》，《民族艺术研究》2004 年第 4 期。

②　[美] 阿诺德·伯林特：《环境美学》，张敏、周雨译，湖南科学技术出版社，2006 年。

③　[美] 阿诺德·伯林特：《生活在景观中》，陈盼译，湖南科学技术出版社，2006 年，第 28 页。

问题在于改变世界"① 的理解问题。对这句话的最大误读莫过于，马克思轻视"解释世界"而关心"改变世界"。② 因为"解释世界"和"改变世界"并非两相对立，马克思所不满的仅是无关痛痒地"解释世界"，所期望的则是通过"解释世界"来"改变世界"，强调哲学的实践本性。关于"解释世界"和"改变世界"之间的血肉关系，麦金太尔的这段话堪称经典："除了概念，哲学听任万物于自然。而既然掌握概念涉及行为，或能够在某些情况下以某些方式改变概念，无论是通过修改现存的概念还是创制新概念或摧毁旧概念来进行，都将改变行为。所以判处苏格拉底死刑的雅典人、在 1966 年谴责霍布斯的《利维坦》的英国国会和焚烧哲学书籍的德国纳粹，至少就他们领悟到哲学对于人们的既定方式可以是破坏性的这点而论，他们是正确的。理解道德世界和改变这个世界绝不是不相容的任务。"③ 假如我们承认麦金太尔所说的事实，那么，我们就必须承认，即使单纯处理概念的纯粹哲学，究其实，也是应用的。理查德·沃尔海姆在详细讨论了纯粹哲学和应用哲学的区别之后，说了一段意味深长的话："好多哲学，或许我们所从事的绝大多数哲学，都是应用哲学。而且，要是哲学被当作应用哲学来从事，那么，越多越好。道德哲学便是佐证。"④ 假如环境美学是应用美学，也应当是这个意义上的"应用美学"。

2. 统一的美学。加拿大著名环境美学家艾伦·卡尔松指出，"适当的自然美学所应具备的必要条件"之一就是"伯林特的统一的美学要求"。⑤ 所谓

---

① 《马克思恩格斯选集》第 1 卷，人民出版社，1995 年，第 57 页。

② 对这种误读的批评见俞吾金《马克思的权力诠释学及其当代意义》，载《天津社会科学》2005 年第 1 期。

③ ［美］阿拉斯代尔·麦金太尔：《伦理学简史》，龚群译，商务印书馆，2003 年，第 24~25 页。

④ Richard Wollheim, *On the Emotions*, New Haven：Yale University Press,1999,p.11.

⑤ ［加］艾伦·卡尔松：《自然与景观》，陈李波译，湖南科学技术出版社，2006 年，第 44 页。

"统一的美学要求"，就是说，我们所需要的美学不是那种"将两种不同现象并置，一个关乎艺术，一个关乎自然"的分裂的美学，而是关于艺术和自然的统一的美学，其中自然和艺术"实际上所涉及的是涵盖了二者的一种经验，这种经验需要一个充分的理论来包容"。①

这也就是说，环境美学并不是要在美学理论这棵大树上分出一个枝杈来，而是要从环境审美经验出发，反思并重建美学基本理论。说得直接一点，环境美学从根本上来说，还是"美学"，其目标在于建构一个统一的美学理论。这一点，正是环境美学家所一直强调的："如果美学被认为是美之哲学，那么便没有理由把对艺术的探讨和对环境的探讨分成两个独立的学科。"②"环境美学不是艺术哲学、美之哲学、批评哲学之外的独立的第四个美学传统，而是一个更大的整体的一部分，由许多美学子领域组成。主要的和统一性的因素便是美的概念。"③

将环境美学定位成应用分支学科的最大错误就在于忽略了环境美学的哲学之维、理论之维。

总之，从上面我们可以看出，环境美学并不是形而下层面上的应用门类美学，而是对美学基本理论提出挑战的、具有形而上之维的应用门类美学。

六、余论

20 世纪 70 年代，西方哲学有一个应用转向，哲学理论开始关注医药、堕胎、核竞争等公共问题。最早发展起来的应用哲学是"医学伦理学"，"它也

---

① Arnold Berleant, *The Aesthetics of Environment*, Philadelphia: Temple University Press, 1992, p.161.

② ［芬］约·瑟帕玛：《环境之美》，武小西、张宜译，湖南科学技术出版社，2006 年，第 197 页。

③ ［芬］约·瑟帕玛：《环境之美》，第 30 页。

是至今最成功、最有影响的应用伦理学"。① 这种应用哲学的特点在于，理论和原则是"已知"的，是理论用于实践的模式。早期关注环境哲学也是如此："大多数环境问题的哲学研究也遵循这一应用伦理学模式，即确定、澄清伦理问题，并以伦理学理论和原理来分析。……至少在初期，伦理学应用于具体问题并没有影响到伦理学本身。应用的理论和原理在应用中保持不变。"② 到了20 世纪 90 年代，人们发现，走过 20 年的环境运动流为时尚，环境破坏依然如故，甚至变本加厉。哲学家才发现，利奥波德在《大地伦理学》中所说的这一段话的意味深长："如果在我们的理智的着重点上，在忠诚感情以及信心上，缺乏一个来自内部的变化，在伦理上就永远不会出现重大的变化。资源保护还未接触到这些最基本的品行的证据，就在于这样一个事实：哲学和宗教都还没有听说过它。因为我们企图使资源保护简单化，我们也就使它失去价值了。"③概言之，环境问题强迫哲学反思自身："哲学伦理学需要突破传统。"④ "在应用伦理学中没有一个学科能像环境伦理学那样，从根本上处理哲学问题。它对整个哲学学科都是一个严肃的挑战。"⑤ 这时，哲学理论和原则不再是"已知"，而是"未知"的，需要重新探索。哲学开始走向荒野。⑥

---

① ［美］尤金·哈格洛夫：《环境伦理学基础》，杨通进等译，重庆出版社，2007 年，第 1~2 页。

② ［美］贾丁斯：《环境伦理学》（第三版），林官明、杨爱民译，北京大学出版社，2002 年，第 44 页。

③ ［美］奥尔多·利奥波德：《沙乡年鉴》，侯文蕙译，吉林人民出版社，1997 年，第 199 页。

④ ［美］贾丁斯：《环境伦理学》（第三版），林官明，杨爱民译，北京大学出版社，2002 年，第 97 页。

⑤ ［美］尤金·哈格洛夫：《环境伦理学基础》，杨通进等译，重庆出版社，2007 年，第 2 页。

⑥ ［美］霍尔姆斯·罗尔斯顿：《哲学走向荒野》，刘耳、叶平译，吉林人民出版社，2002 年。

与环境哲学相对应，环境美学也有这么两个发展阶段。早期的环境美学在很大程度上是景观美学，是已知的审美观念在环境中的应用；后来的环境美学则是环境哲学的一个分支，反思传统审美观念中的人类中心主义和二元论。[①]环境美学的这两种品格的差异，可以从罗瓦赫原野公园标牌的变化上看出。过去的标牌是"留花供人赏"；现在的标牌是"让鲜花开放"。

美学如何从关注"留花供人赏"走向关注"让鲜花开放"，应当是我们每一个美学研究者思考的问题。这不要求我们抛弃传统，而只是要求我们反思传统："我们不需要一件新的外衣，我们需要的只是一件进行了重要修补的外衣。"[②] 这一点，也是连续性形而上学所要求的。

（刊于《郑州大学学报》2008 年第 1 期）

---

① 陈望衡：《环境美学》，武汉大学出版社，2007 年，第 4~7 页。

② ［美］尤金·哈格洛夫：《环境伦理学基础》，杨通进等译，重庆出版社，2007 年，第 4~5 页。

美与善的汇通

——罗尔斯顿环境思想评述

⊙赵红梅

⊙武汉大学哲学学院

作为国际上著名的环境伦理学家，罗尔斯顿的环境伦理思想已被国人所知。但是，在对罗尔斯顿有关著作的研究上，国人往往因为过于关注他的伦理思想而忽略了他的美学情结——《哲学走向荒野》以对环境的体验与欣赏结束全文，《环境伦理学》以诗意地栖息于地球结尾，在《从美到责任：自然的美学与环境伦理学》一文中，他甚至提出了美学走向荒野的观念。国人研究中的这种忽略导致了目前国内环境伦理学研究的一种偏颇，那就是环境伦理学的研究很少关涉环境美学问题，或者说环境伦理学研究者们在探讨环境问题时极少将环境美与环境善结合起来。环境美学家阿诺德·伯林特认为，环境美学与环境伦理学是一而二、二而一的关系。罗尔斯顿的环境美学思想与其环境伦理学思想也紧密相连，环境美学甚至可以成为环境伦理思想的基础。忽略罗尔斯顿的审美情怀不仅使我们不能全面地把握其思想，而且也会导致国内环境伦理学研究中的盲点。

无论是环境美学观，还是环境伦理思想，罗尔斯顿均将其立足于自然价值论，其环境伦理观和环境美学思想，也均以整体和谐为旨归。稳定、和谐、健康不仅是"环境善"的评判标准，而且也是构成"环境美"的前提条件。"环境美"与"环境善"的动因不是主体的一种赋予，而是来自大自然的创化能力。在罗尔斯顿的环境伦理学中，我们随时可以感受到美与善的相通性。我们甚至可以说，罗尔斯顿的环境思想是对美、善相亲关系的再一次说明。

一、环境伦理学与环境美学思想的哲学基础：自然价值论

罗尔斯顿认为，美与善的相通性首先表现在它们拥有共同的哲学基础：自然价值论。

在传统价值观看来，价值就是指客体满足主体的需要及其程度。人是价值的主体，是评价价值性质的唯一尺度，离开人这个特定的利益主体，是无所谓价值的。正如有人指出，任何时候说到"价值"，都是相对于人的意义而言的。立足于此类价值观念，许多理论家否认自然价值一说，即使勉强承认自然价值的概念，也仅仅是在工具性意义上说的。如佩里认为自然事物没有任何价值，除非它能用来满足人的需要。价值是"欲望的函数"。詹姆斯认为宇宙中的所有事物都没有意义色彩，没有价值特征。我们周围的世界似乎具有的那些价值、兴趣或意义，只不过是观察者的心灵送给世界的一个礼物。寂静的沙漠没有价值，直到某些跋涉者发现了它的孤寂和可怕；大瀑布，直到某些爱好者发现了它的伟大，或者它被利用来满足人的需要时，才具有价值。自然界的事物，直到人们发现了它们的用途时才有价值，而且，它们的价值，根据人对它们需要的程度，可以提高到相应的高度。任何客体，无论它是什么，只有当它满足了人们的某种兴趣时，才获得了价值。

罗尔斯顿的自然价值论是建立在对上述价值观的反驳上的。在罗尔斯顿看来，将人视为价值唯一尺度的做法过于武断，是属于主观主义的价值论。这种价值论由于完全否认了价值评价与价值对象之间的内在联系，把自然物的价值理解成了完全由人的兴趣和欲望来随心所欲捏塑的泥团，使对自然价值的认定完全陷入了主观主义的泥潭之中。

罗尔斯顿认为，人类可以体验自然所承载的各种价值，但价值却不是主观的一种臆想。价值就是自然物身上所具有的那些创造性属性，是进化的生态系统内在具有的属性。也就是说，主体与客体的结合导致了价值的诞生，自然价值是存在于自然中的那些价值的反映。价值的形式虽然是主观的，但评价的内

容却是客观的。罗尔斯顿把自然价值分为 13 种：支撑生命的价值、经济价值、科学价值、娱乐价值、基因多样性的价值、自然史和文化史价值、文化象征价值、性格培养价值、治疗价值、辩证的价值、自然界稳定和开放的价值、尊重生命的价值、科学和宗教的价值。这些价值大致分为两类：工具价值与内在价值。工具价值是指自然界对人的价值；内在价值是指自然界及其存在物本身所固有的价值。前者是从人的角度来看自然价值，后者是从自然的角度来看自然价值。面对自然，我们既不能仅从人的角度来评价，也不能仅从自然的角度来评价。因为有些自然价值的发现离不开人，而有些自然价值的存在是非人类中心、非人类来源的。

立足于自然价值论，罗尔斯顿认为，自然是生命的系统，是充满生机的进化和生态运动，作为生态系统的自然并非是不好意义上的"荒野"，也不是堕落的，更不是没有价值的。相反，它是一个呈现着美丽、完整与稳定的生命共同体。自然的价值（善）可以表现为对人的需要的满足，即表现出工具性的价值，但另一方面自然也有其自身的目的，即自身的善。每一种有机体都有属于其物种的善，它把自己当作一个好的物种来加以维护。一个有机体所追求的那种属于它自己的"善"，并不是以人的利益为唯一标尺的。花绽放、鸟飞翔、狼逐兔，自然善存在于自然中，我们不能因为狼或荨麻草都力图维护它们自己的"善"，就说它们是恶的。

立足于自然价值论，罗尔斯顿认为，审美价值也不是主观的偏好。自然中的美是关联性的，起于人与世界的交感中。人类点燃了美之火，正如他们点燃了道德之火一样。"没有我们，森林甚至不是绿色，更不用说美了。""人类到来时，美被点燃了。在被评价的和有价值的森林、盆地湖、山脉、美洲杉或沙丘鹤中并不自动地存在美，美伴随着主体的出现而产生。"[①] 另一方面高山悬崖周围飘浮的薄雾、漫天飞舞的雪花、细小别致的水晶确实能增添登山者的审美

---

① ［美］霍尔姆斯·罗尔斯顿：《从美到责任：自然的美学与环境伦理学》，［美］阿诺德·伯林特《环境与艺术》，阿什盖特出版有限公司，2002 年。

体验。如果它们消失了，登山者的审美体验就会减弱，可见，自然的审美价值不可能离开具有审美属性的事物而存在。没有鲜花，对花的审美体验就成了无源之水。虽然对花的欣赏建构了花的审美价值，但是鲜花的审美价值仍然是客观地附丽在绽放于草丛中的鲜花身上的。

罗尔斯顿对自然美的把握类似于杜夫海纳对艺术美的理解。一方面，杜夫海纳认为审美对象是审美地被知觉的客体，亦即作为审美物被知觉的客体。另一方面，他又认为审美对象一直就存在于那里，只等待我前去感知、欣赏。它像物那样顽强地呈现出来。它为了我存在于那里，但又像不存在于那里一样。审美对象不规定我去做任何事情，但要我去感知，即把我自己向感性开放，因为审美对象首先就是感性的不可抗拒的出色的呈现。废墟之所以仍是审美对象，是因为废墟的石头仍是石头，即使磨损变旧，它也表现出石头的本质。因此，审美对象就是辉煌地呈现的感性。我们除了去感知，没有其他办法①。

在对自然善与自然美的把握中，罗尔斯顿立足于自然价值论，一方面将自然善、自然美与主体相联系，另一方面又将对自然善、自然美的把握与自然本身联系起来。通过把价值从人们的主观体验延伸到自然的客观生命中，达到美、善把握上的对主观论和客观论的超越。

二、善与美的前提：健康的生态环境

罗尔斯顿的环境伦理学不仅关注自然的价值、自然善的问题，而且也重视自然的审美价值、自然美的问题。在《环境伦理学》一书中，罗尔斯顿不仅在自然所承载的价值中提到自然的审美价值，而且还对自然的审美评价提出独到的见解。可以说，罗尔斯顿的环境伦理学包含着对环境美的思考，并且在他那里，自然善与自然美有着共同的前提：健康的生态环境。

在罗尔斯顿眼里，自然不应理解为僵死的物质实体即物理学意义上的对

---

① ［美］霍尔姆斯·罗尔斯顿：《从美到责任：自然的美学与环境伦理学》，［美］阿诺德·伯林特《环境与艺术》，阿什盖特出版有限公司，2002年，第114~116页。

象。自然与生长相关，如一个橡子的"自然"（性质）就是要长成一棵橡树。虽然一个橡子自身有长成一棵橡树的内在原因和动力，但是它能不能激发这个潜能，则与外部环境相关。也就是说橡子的生长状态如何与其生长的环境相关，自然要实现它的善和美也与其所处的环境相关。在罗尔斯顿看来，健康的生态环境是一个生命力旺盛的环境：土壤肥沃、气候宜人、水源丰富、物种多样，并且具有较强的自我修复能力。在这种健康的生态环境中，自然的善与自然的美才可以充分地表现出来。为什么"健康"的生态环境与自然"善"、自然"美"相关呢？

其一，从文字学上看，据竺原仲二考证，"健"与"壮"同义，"健"有"高壮"之意，"高壮"貌被认为是"善"（美）。"康"可训为"美"。可见，"健康"是一个与善、美相联系的概念，人们可以从健康的事物的姿态中得到美的感受，人们往往也认为具有健康姿态的事物就是善的事物、美的事物。同样，"健康"的生态环境由于各种物种健康发展、生态系统健康运行而显现出勃勃生机，大自然所承载的各种价值才得以实现出来。

其二，从显现的角度看，自然事物都有美与善的趋向，自然事物的生长过程，就是美与善的显现过程。自然善的显现离不开健康的生态环境。不管是工具性的自然善，还是自然本身的善，其价值的实现都离不开健康的生态环境。狮子的生态环境是广袤的原野和适当的食物链。当狮子的生活领地被无限制地缩小、食物链条被人为破坏后，狮子的价值表达能力就会受到影响。狭隘的功利态度往往使人们在满足自身的欲望时破坏了物种的生存环境，生态环境的破坏影响了自然善的发挥。如阔叶林的生长期比针叶林的生长期长，人们为了木材生产的需要往往把阔叶林地带改变为针叶林地带。针叶林虽然可以带来较快的经济效益，比如用来生产纸浆和新闻纸，但是原有的阔叶林为野生动物提供了丰富的果实并形成了有序的食物链。如果把阔叶林移走，就会损害原有的野生动物种群的利益。如果原有生物种群的生存都受到影响，那它们又怎么能显现出自身的善呢？

同样，自然美的显现也离不开健康的生态环境。首先，自然物有属于自身的小环境。如雁排长空、驼走大漠、鱼游潭底、虎啸深渊……只有在适合它的、健康的小环境中，自然万物才能各得其所。其次，自然美即自然环境美，它是整体性的美。醉翁亭的环境是美的，这种美不仅依存于优美的林壑与秀丽的诸峰、野花的芳香与鸟儿的鸣叫，而且依存于清澈的酿泉、肥美的鱼和甜美的山肴。正如王维在《山水论》中所说："山借树而为衣，树借山而为骨。树不可繁，要见山之秀丽；山不可乱，须显树之精神。"山因树而显"秀丽"，树因山而显"精神"。山的美离不开茂盛的草木、清澈的泉水。在利奥波德眼里，埃斯库迪拉山与黑熊之间是不可分离的。当黑熊统治着埃斯库迪拉山时，山是美的；当人类消灭了黑熊，埃斯库迪拉山就失去它的灵魂，变得不再神圣，它的审美价值也大打折扣。

三、环境善与环境美的标尺：整体和谐

罗尔斯顿的环境保护主张不同于动物权利论者和动物解放论者的地方就在于：它不仅关注动植物的价值与利益，而且也关注人类的生存与权利。面对自然，罗尔斯顿强调自然的法则，面对人类社会，罗尔斯顿强调文化的力量，并力图将二者统一起来。罗尔斯顿寻找自然价值不仅为自然环境的保护提供了理论依据（不能随意虐杀动物），而且也为人类的生存提供了理论说明（人类为了生存必须要吃掉一部分动物）。罗尔斯顿不仅强调个体的价值，而且也强调系统的价值，系统价值在罗尔斯顿这里具有绝对的优先性。通过对罗尔斯顿有关环境思想的梳理，我们发现，整体的和谐在他这里得到强调，并且这种强调源于对利奥波德思想的继承：一件事情，只有当它有助于保持生物共同体的和谐、稳定和美丽时，它才是正确的，反之就是错误的。在罗尔斯顿看来，整体和谐不仅是环境保护的最终目的，而且也是环境美与环境善的标尺。罗尔斯顿有关整体和谐的思想包括以下两个方面：

（一）共生

通过观察与聆听，罗尔斯顿发现，"共生"是万物生存选择的一种结果。共生不仅包括自然物种间的共生，而且包括人与自然的共生、人与人的共生。

其一，人与人的共生。人与人的共生是和谐环境的关键。人类生存环境的破坏在很大程度上是因为人类之间的不和谐造成的，人与人之间的纷争使环境美、环境善成为不可能。据有关资料统计，造成环境破坏的最大力量是战争，如伊拉克战争引发的石油大火极为严重地污染了中东地区的环境。

其二，物种间的共生。虽然物种都有追求与维护自身善的本能，但物种的生存都是通过共生而得以繁衍至今的。狼力图维护自身的善，鹿力图维护自身的善，它们都是拥有自身的"善"的有机体。狼与鹿之间既存在竞争，也存在共生之处。狼过多，鹿群就难以生存下来；反之，没有狼，鹿就会泛滥成灾以于威胁到自身的生存。狼与鹿在追逐与逃避中得以生存。有些植物为了生存能够以减少竞争的方式来达到相互适应，如植物生长的时间和开花的时间错开，植物对阳光、温度和土壤环境的适应力各不相同，不同的动物食用不同的食物或以前后相继的方式食用同一食物资源等。个体的善应符合系统的善。"事实上，具有扩张能力的生物个体虽然推动着生态系统，但生态系统却限制着生物个体的这种扩张行为；生态系统的所有成员都有着足够的但却是受到限制的生存空间。系统从更高的组织层面来限制有机体，系统强迫个体相互合作，并使所有的个体都密不可分地相互联系在一起。"①

其三，人与自然的共生。不仅自然物种在竞争中学会共生，人与自然也是这样。人体内的细菌种类众多，但很多细菌是有益于人体的。在帮助人类消化食物的过程中，这些细菌得以生存下来。即使是那些引起疾病的细菌，也确实拥有它们自己的"善"，而且在生态系统中发挥着一定的功能。但是"一个好的（强壮的）癌细胞不是某种好的物种。……癌细胞不属于任何自然物种，它只是一个失去控制的好细胞，一种不适应人的身体的细胞。而且，在多细胞有机体那里，细胞的善对整体来说只具有工具价值。物种的内在善不仅出现在物种层面，也出现在有机体层面。从细胞或个体的观点看，一个好的癌细胞是一

① ［美］霍尔姆斯·罗尔斯顿：《环境伦理学》，中国社会科学出版社，2000 年，第 221 页。

个自相矛盾的词语，一个旺盛生长的癌细胞是在走向自身的灭亡"①。同样，一个只知道把自然视为征服对象、只能从经济的角度来利用大自然的人类，也只是一个强调个体善的物种，最终会造成系统善的丧失而自食其果。

罗尔斯顿认为，和谐的环境有赖于人与人、人与自然以及物种之间的共生，而且认为和谐的环境有赖于个体善对系统善的臣服。

（二）动态变化

共生是物种间相互适应的结果，它包括选择与被选择、淘汰与被淘汰的过程。与共生相比，罗尔斯顿更强调存在于生态系统中的生生不息的冲突过程。他认为，生态系统须依赖竞争才能兴旺繁荣起来。

通过选择与竞争，有机体都能很好地适应它们生存于其中的小环境，并各自追求自身的善。但是，生态系统中，各种不同的善总是以互相补充、彼此交换的方式永不停息地相互竞争着。美洲狮在追求自身善的过程中消除了有疾病的鹿，快速敏捷的鹿在追求自身善的过程中剔除了体弱迟钝的美洲狮。衣原体微生物在追求自身善的过程中导致了黄石公园的加拿大盘羊角膜炎，红眼病的流行使加拿大盘羊的数量减少，但却使金雕的数量得到了前所未有的增加，因为大量的盘羊尸体满足了金雕这一物种的生存需要。云杉芽虫在追求自身善的过程中造成了对森林的毁坏，但是它的数量却在短尾刺嘴莺追求自身善的过程中被大量削减。一种物种的善被其他物种的善代替。

也就是说，和谐的环境不是一成不变的环境，和谐环境的实现是在动态变化中完成的。这种变化一方面表现为物种之间"善"的交替，另一方面通过这种交替表现为美与丑的转化。

罗尔斯顿认为，在生态过程中，丑是必然存在的。但是，在生态系统那里，丑不再丑陋。自然中存在着丑，但是，还存在着把丑转化为美的恒常的转化力量，存在着以熵为代表的破坏性的力量，也存在着与之抗衡的以负熵为代表的积极的建设性力量。当消极性的力量暂时胜过积极性的力量时，大自然中

---

① ［美］霍尔姆斯·罗尔斯顿：《环境伦理学》，中国社会科学出版社，2000年，第141页。

就会出现局部的丑。所有的生命或早或晚都将毁灭。但是，个体的死亡并不是生命的结束。衰老生命的毁灭，常常导致年轻生命的复兴。无序和衰朽是创造的序曲，而永不停息的重新创造将带来更高级的美。也就是说，丑虽然不时地以特殊的形式表现出来，但这并不是大自然的全部。我们不仅看到丑在空间上的当下展开，还看到美在时间上的延续。大自然是生生不息的，它一定能从丑中创造出美来。某个丑的自然物，如果在生态系统的演变过程中发挥了作用，它的丑就结出了甜美的果实（尽管丑并未消失），而且，它还对生态系统的美和后来产生的个体（不管是同种还是其他物种的）的美做出了贡献。如此看来，哪怕是力量凶猛的溶流和海啸，也不能说不具有美感特征（尽管对生命来说它们是一种毁灭性的力量），因为，在灾难过后，植物和动物群落都会尽力重新繁荣，而在它们的这种再繁殖的努力中就存在着一种重要的美。生命死而复生，美逝去还来，因此在某种意义上，生命的死亡，只要把它视为生命再生的序曲，就不再像人们以往所认为的那样丑了。①

　　正是立足于这种动态变化的伦理观与审美观，罗尔斯顿一方面反对物种的"非善即恶"的二分观念，另一方面也反对"自然全美"或"自然全丑"的独断论。环境的美与善均来自环境中各物种的相互争斗与相互适应。

（刊于《郑州大学学报》2008 年第 1 期）

---

① ［美］霍尔姆斯·罗尔斯顿：《环境伦理学》，中国社会科学出版社，2000 年，第 330 页。

生活（居）：一种理想的环境审美模式

——陈望衡环境审美思想简论

⊙晏杰雄

⊙中南大学文学院

从环境美学现有的发展看，西方诸种环境审美模式虽然有纯正的学理性和自成体系的原创思想，但有两个明显的问题，一是自然美倾向，二是极端性，可以说是"书斋里的学问"。一个根本的原因，就是西方环境美学是建立在以逻各斯为中心的理性主义基础之上，在一个片面的冰冷的哲学体系之内发展。在这种情况下，建基于中国传统哲学美学思想之上的生活（居）环境审美模式的提出，则是"将中国古人的审美理想，糅合进环境美学理论之中，并提出一系列明显的来自中国但却具有人类普遍意义的命题"。① 它致力于整合中西环境美学资源，把人的生活视为环境美学的首要问题，明显地扩展了理论视界，增强了现实介入力量，可以说是一种理想的环境审美模式的现实范本和实践形态。

一、双主体论与和合思想

生活（居）环境审美模式首先把环境美学从静止的自然美学和实用的景观美学中摆脱出来，确认环境美学首先是一种哲学。"环境哲学思考的是人与自

---

① 邓军海：《陈望衡的学术追求及其环境美学研究》，《环境美学前沿》（第一辑），武汉大学出版社，2007 年，第 414 页。

然、主体与客体、生态与文化的基本关系问题，寻求这些对立因素的和谐。"① 其中核心的问题是人与自然的关系。

首先，生活（居）环境审美模式打破了西方环境美学"主客二分"的模式，摒弃了他们对自然美客观性的书生气十足的刻意追求，树立了人与自然的新型关系——双主体论。双主体论是从生态主义的环境伦理学出发的，也融入了中国古典美学思想。"人的主体性不是绝对的，我们既要肯定人的主体性，又要肯定自然的主体性，两者的统一，则为'生态主体'。我们既要尊重人的价值，又要尊重自然的价值，两者的统一，则是'生态价值'。"② 在生活（居）模式中，自然被提升为与人对等的主体地位，以往人对自然的主宰地位被颠覆了，这就使以人为中心的自然美学发生了质的变化。双主体关系的确立，主要体现为敬畏生命原则、公正原则和爱的原则。在这方面，它与德国思想家阿尔贝特·施韦泽的"敬畏生命"原则是一脉相通的。因为其所说的"生命"不只是人的生命，而是包含了一切生命。对生命的敬畏含有对生命的敬重、畏惧、珍惜、热爱等多种意义，其中也包含了人和自然对等的思想。"只涉及人的伦理学是不完整的，从而不可能实现充分的伦理功能，但是敬畏生命的伦理学则能实现这一切。由于敬畏生命的伦理学，我们不仅与人，而且与一切存在于我们范围之内的生物发生了联系。"③ 敬畏生命与爱护生命、维持善也是联系在一起的，因为美的内核是无私的爱："在审美活动中，最具代表性的是对自然的爱。因为这种爱具有最为明显的无私性。"④ 既然自然和我们是一个对等的有生命的主体，"我"甚至是自然生命的一部分，就有理由要求把社会伦理中人与人之间的爱扩大到人对自然的爱。人类对自然的爱，源于人与

---

① 陈望衡：《环境美学》，武汉大学出版社，2007年，第4页。

② 陈望衡：《环境美学》，第234页。

③ ［德］阿尔贝特·施韦泽：《敬畏生命》，陈泽环译，上海社会科学院出版社，1996年，第7~8页。

④ 陈望衡：《当代美学原理》，人民出版社，2003年，第194~195页。

自然的不可分割的联系。自然是人类的母体，是人类的根，而且也是现在人类生存、发展的力量所在。双主体论还意味着人和自然处于对等的地位，人与自然相比没有什么优越性可言，对待生物应和对待人一样公正。这种公正也涉及权利。人有生存与发展的权利，物种也有它生存与发展的权利。"按环境伦理，人与物种都具有在这个地球上生存的权利，如遇冲突，只能以符合自然生态平衡为最高原则。"① 从双主体论出发，生活（居）模式甚至认为应把物种的价值提升到审美的价值，认为动物和人一样，也是具有审美感受的，如动物对对称性形式的喜爱，这极大弘扬了自然的主体性。其实，动物是否具有美感并不重要，重要的是人类要认识到自然的主体性，甚至要主动赋予它主体性，这样人类才能在一个对等的位置上去尊重它，理解它，爱护它，这便是生活（居）模式双主体论的意义所在。

其次，生活（居）模式融会了中国古典哲学中的和谐思想和马克思主义哲学的辩证法，从而有效地克服了西方环境美学中的片面性和自然主义倾向。和合，是中国思想文化的精髓，是中国前现代的传统思想，却奇妙地和后现代的环境美学有着高度的契合和内在的精神相通，并且为当代环境美学的发展提供了丰厚的思想资源。西方环境美学之所以囿于书斋，远离生活世界，学术发展乏力，很大程度上就是因为它们是工业文明的思想资源。西方哲学天然地属于工业时代，而东方哲学则天然地和环境结缘。环境美学本质上是属于东方的哲学。作为中国传统优秀文化的组成部分，生活（居）模式很自然地看到西方环境美学的硬伤，并且很自然地用中国传统哲学去完善它。所谓和合，就是和谐与合一，就是以天人合一为核心的传统儒释道思想，尤其是道家处理人和自然关系的思想。在中国思想史上，"天人合一"是一个基本的信念。经典的表述有："天行健，君子以自强不息。"（《易经》）"人法地，地法天，天法道，道法自然。"（《老子》）"昔者庄周梦为蝴蝶，栩栩然蝴蝶也。自喻适志与！不知周也。俄然觉，则蘧蘧然周也。不知周之梦为蝴蝶与，蝴蝶之梦为周与？"

---

① 陈望衡：《环境美学》，第 79 页。

（《庄子》）"能尽人之性，则能尽物之性。能尽物之性，则可以赞天地之化育。可以赞天地之化育，则可以与天地参矣。"（《中庸》）至汉代董仲舒，则明确提出："天人之际，合而为一。"季羡林先生对其解释为：天，就是大自然；人，就是人类；合，就是互相理解，结成友谊。西方人总是企图以高度发展的科学技术征服自然、掠夺自然，而东方先哲却告诫我们，人类只是天地万物中的一分子，人与自然是息息相通的一体。生活（居）模式基本认同季羡林先生的观点，认为天即人，人即天，环境是人，人是环境，人与环境不可分。在此基础上，它进一步提出环境美学的最佳境界就是人与自然的和谐统一，和谐既是环境美的基础，也是环境美的灵魂。它从"天人合一"中看出"天"的"生态"含义，认为中国哲学中的"天和"就是生态平衡的意思，这就使生活（居）环境审美模式带有浓厚的环境伦理意味。"环境美学建立在环境伦理学的基础之上，但是它超越了人类与环境的那种对立的关系，而在人与环境的和谐统一中寻求精神上的愉快。环境伦理面对的是人与环境的抗争，对立是它的关键词，如何消除这种对立是它的职责；环境美学面对的是人与环境的统一，和谐是它的关键词，如何将这种和谐转化成精神享受是它的使命。"[①] 环境美学讲究的和谐是多元的，它包含诸多的和谐，主要体现在四对关系上：一是生态与文化的和谐；二是自然与人文的和谐；三是人文诸要素的和谐；四是人与环境的和谐。以生态与文化的和谐为例，生活（居）环境审美模式认为，环境美学的哲学基础不只是生态主义，还有人文主义。纯粹的生态无所谓美，美在人文，生态文明才是美。生态文明不是生态的文明，而是生态与文明的结合。它既是生态的，又是人文的。生态与文明是天敌，我们不是要生态，而是要生存，讲生态为的是人的生存，所以环境美学只能以人为本。实际上不存在生态美学，只存在生态文明美学即环境美学，环境美学实质是文化美学。从这种和合思想出发，生活（居）环境审美模式发现了当代环境美学的许多症候，提出了一系列更切近环境美本质的美学思想。此外，生活（居）模式还包含了

① 陈望衡：《环境美学》，第 72 页。

马克思主义哲学的辩证法。当然，在中国古典和合思想中也含有朴素的辩证思维，但具体到生活（居）模式中，它主要还是马克思主义的辩证法，这是它相对于中国古典美学的现代的一维。在西方环境美学家眼里，环境审美和艺术审美是两种对立的审美模式，有着真实与虚构、变化与固定、介入与距离、动观与静观的明显区别。但生活（居）模式认为，环境审美和艺术审美并不是完全对立的，这些对立的范畴其实都有并存于审美之中的情况，如变化在环境和艺术中都存在，作为区分艺术和环境的核心范畴在审美实践中不一定可靠。这种辩证分析实际上就是用联系的观点看问题，找出事物或事物特征之间的微妙联系。相对于当代西方几种环境审美模式习惯于"割裂"思维，生活（居）审美模式注重联系，注重对立中的统一，体现了马克思主义实践美学求真务实的辩证思维。

二、生活论

当把环境的理念作为概念时，它是哲学；当把其作为感性的体验而存在时，它就是审美的了。从体验出发，生活（居）环境审美模式发掘了环境美学的生活品质，把生活确定为环境美学的主题。因为，一方面，审美本身就是生活化的。"只有感知世界，才是审美的世界，由于世界本就是感性的。因此，回到生活本身，也就是回到审美本身。"① 这是从审美的本源上去看的。另一方面，环境是生活的。相对于虚拟的艺术形象来说，我们生活于其中的环境是真实的，是我们的家，而家是生活的地方。"人们实际上是生活在环境中，而不是将环境单纯地当做一出戏或一幅画来欣赏。生活是第一位的，审美只是生活的派生物。"② 这是从环境的性质上去看的。环境是生活世界，而不是纯粹的自然物。环境美学生活论固然与生活（居）模式对审美本源和环境本质的定位有关，也与其思考问题的方式有关，那就是在事物之间寻找联系，把问题落实到

---

① 陈望衡：《环境美学》，第6页。
② 陈望衡：《环境美学》，第107页。

实践层面。环境美学生活论实际上就是把环境美学从自然美学的窠臼中摆脱出来，把自然和人联系起来，认为环境是人化的自然和自然的人化的统一。人是生活的主体，环境是生活的地方，两者怎么分开呢？从现实层面看，生活论是很简单明白的道理，但当代西方环境审美模式却很难突破，总是在抽象的学理层面徘徊。因此，相对于西方模式，生活（居）审美模式具有很强的实践价值和现实针对性，它淡化或虚化审美，因为环境的意义主要是生活的场所，生活的功能性决定它的审美。环境主要不是用来审美的（如艺术、自然），而是生活的。

正因为人在环境中生活，环境是人类的家，因此，环境美学的根本性质是家园感："对于当今的人类来说，更重要的是要将自然看成我们的家。家，不只是生活的概念，还是一个深刻的哲学概念。家不只是物质性的概念，还是精神性的概念。环境美的根本性质是家园感，家园感主要表现为环境对人的亲和性、生活性和人对环境的依恋感、归属感。"① 环境不仅为我们提供居住之所，还是我们的情感与精神的归宿。这就意味着环境美不仅存在于悦耳悦目的层次，它同时也是悦情悦意、悦志悦神的。环境美的深刻性，系于它的家园感。在人类文化史上，家既是物质性的，又是精神性的。从表层看它是一个生活化的词，从深层看它关涉到人的存在、生命、本质等诸多本体论问题，这些问题都要触及作为人类生存之本、生命之源的环境。而从家派生出来的家园感，是人类一种古老的感情。中国最早的哲学著作《周易》就表现了对环境的依恋感，《周易·象辞》把大地作为人类家的本质："坤厚载物，德合无疆，含弘光大，品物咸亨。"揭示了环境作为家，为人类提供丰富的生活资料，养育了众多的生命。人类学的资料表明，人类对家的依恋和归宿感是一种自古就存在的集体意愿，世界各民族人们中普遍存在一种复返乐园的情结，其根源可以上溯到人类童年时代普遍存在的永恒回归的神话模式。原始人在生产劳动过程中形成一种宇宙万物是周而复始变化的原始观念，后来又逐渐发展成史前宗教中

---

① 陈望衡：《环境美学的当代使命》，《学术月刊》2010 年第 7 期。

永恒回归的信仰。由于原始人的思维方式是形象思维，这种原始观念和回归信仰并不是通过系统的语言加以表述的，而是分散体现在世界各民族的象征、仪式和神话故事中，从而形成永恒回归的神话模式。它发轫于史前人类朴素的世界观和神话思维方式，是初民对自然和社会中一切循环变易现象的神话式概括和总结，是后世一切宗教、仪式和神话的一个基本主题和模式。原始人普遍相信，人类社会只有通过神话和仪式周期性地回归到那个最初的乐园，象征性地重述或重演时空肇始、万物创生等创世活动，才能确保自然和社会的延续和有效更新，重新获得发展和运动的动力。这种不断重复的周期性回归开端的信念，沉积在先民集体无意识的底层，化作人类永恒的回归情结。美国宗教学家艾利亚德在《永恒回归的神话》中说："在某种意义上甚至可以说没有什么事物在世上是新发生的，因为一切事物都只是同样一些初始范型的重复。这种重复，通过再现原初运动所显示的那个神话的时刻，不断地将世界带回那神圣开端的光辉瞬间。"① 永恒回归的神话模式在人类文化史上至关重要，具有哲学上的本体论意味，对人类文化的走向影响深远。在中国文化中，这个模式直接派生出了道家返璞归真的哲学观。道家创始人老子说："大曰逝，逝曰远，远曰返。"（《老子》第二十五章）这个"返"就是归返、回复、循环、回归的意思。永恒回归的思想贯穿《老子》一书的始终，"归"的字眼多次出现，如"各归其根""故成全而归之""复归于无物""复归于无极""复归于婴儿""复归于朴"等。人类学学者叶舒宪认为，从字面上看，这些回归的目标似乎不同，其实是一样的，都是指事物发生的根和宇宙运动的本源。所谓"无物"和"无极"指的是世界初始之前的状态，亦即万物产生的总根源，正如老子所说的"天下万物生于有，有生于无"（《老子》第四十章）。至于所谓"归于朴"和"归于婴儿"，从象征意义上讲，也都是归根返本，即回到事物初始状

① ［美］艾利亚德：《永恒回归的神话》，萧兵、叶舒宪《老子的文化解读》，湖北人民出版社，1994 年，第 109 页。

态的意思①。从人类学的立场看，老子的回归思想正是脱胎于史前宗教中"永恒回归"的信仰，即宇宙间的一切生命运动都始于创世神话中所讲述的"神圣开端"。永恒回归的神话模式还可以阐释那流淌在中国古典诗词中亘古的乡愁。中国古典诗词有个特别突出的现象，就是怀乡诗数量很多，而且大都写得苍凉动人。如贾岛的《渡桑干》："客居并州已十霜，归心日夜忆咸阳。无端更渡桑干水，却望并州是故乡。"从人类学的角度看，这种感情的原型就是永恒归的神话模式。它平时在文化的深层隐而不发，一旦遇到特殊的情境就会"瞬间再现"，使敏感的诗人生发强烈的复返愿望和浓浓的乡愁。在西方文化中，永恒回归的神话模式则派生出阿都尼斯再生、基督复活、失乐园、复乐园等一批原初性神话。其中，复乐园神话又衍生出千百年来人类心头挥之不去的家园意识。《圣经·创世纪》中的伊甸园就是我们人类最初的家园，也即所谓的"神圣开端"。而伊甸园里人类始祖亚当和夏娃受到蛇的诱惑，偷食禁果，遭上帝放逐，从此带着原罪漂泊异乡。家园失落了，就要去找回来，这就是复乐园母题的由来。这尽管是一个宗教神话，却为人类引发出一个复返家园的永恒主题。家园正因为失落了，才显得越发遥远，越发美好，诱惑着人们历尽苦难去寻找返回家园的路。家园意识渗入了一代又一代人的血脉之中，化作一种宿命般的渴望，变成人生命中无法割舍的情结，一种历史沉淀下来的集体无意识。②

由是观之，把环境美的本质确定为家园感，不仅具有实在的生活意味，而且具有本体论意义。因此，环境美学的家园感可细分为若干层次：一是从人类学或哲学本体意义上体现出来的人类对自然、对社会的依恋。这种情感关涉到人类与环境的那种生命关系，相对来说比较理性化、抽象化。二是从伦理学意义上体现的对祖国、对民族发源地和对故乡、对亲人的深深依恋。三是从人生哲学意义上体现出来的对自然山水的依恋。四是从心理调控意义上体现出来的

---

① 萧兵、叶舒宪：《老子的文化解读》，湖北人民出版社，1994年，第101~102页。

② 杨昌国、晏杰雄：《复返初始的神话》，《文艺理论与批评》2005年第1期。

对自然山水的依恋。①

三、居住论

"生活""居住"是生活（居）环境审美模式的两个关键词，生活是环境美学的主题，居住是实现生活的方式。家的首要功能是居住，当把环境当作人类生活的家时，居住就成为环境美学的中心问题了。居，既是名词，又是动词。名词是说它是我们的家，动词就是说我们固定在某处生活。这个词里包含了环境和生活的丰富意蕴。环境作为人的家，它的基本功能是对人的生活的肯定。生活可以换成另一个词——"居"，于是，我们可以将环境的生活品质分成三个层次：第一，宜居。主要是人的肉体生命的保存。它在生态方面和社会方面均有要求，但要求都不是太高。可以说，宜居是人对环境的最基本的要求。第二，利居。利居就是利于人的居住，它是在宜居基础上的进一步要求。如果说宜居宜在生存，利居则利在发展，即全面地、进一步地满足人们物质上的要求。第三，乐居。乐居，按说也可以放到利居中去，它也是一种发展，强调环境在精神上对人的满足。概括起来，宜居，重在生存，将生态摆在首位；利居，重在事业，将物质利益摆在首位；乐居，重在享受，将精神追求摆在首位。在三者关系中，宜居是基础，利居和乐居均建立在其基础之上。② 如果我们再从生活的角度去看，宜居、利居解决的是人们如何活下去的问题，乐居则是谈怎么活的问题。恩格斯说："人们首先必须吃、喝、住、穿，然后才能从事政治、科学、艺术、宗教等。"当人的基本生存问题解决之后，就会开始探寻生活的快乐、美感和意义了。在环境美学中，乐居起的是给人们创造一个赏心悦目的生活环境的功能。因此，把乐居看作环境美的最高功能，由此确立了人类对环境建设的最高目标。

---

① 陈望衡：《环境美学》，第 111~112 页。

② 陈望衡：《乐居——环境美的最高追求》，《中国地质大学学报》（社会科学版）2011年第1期。

在生活（居）环境审美模式中，乐居，既有现实生活的意义，又有形而上的返回生命本源的意义，正如海德格尔所说："思想深深扎根到生活，二者亲密无间。"① 乐居，正体现了海德格尔所说的"诗意的安居"这个精神命题。海德格尔还说："接近故乡就接近万乐之源。故乡最玄奥最美丽之处恰恰在于这种对本源的接近，绝非其他。所以，唯有在故乡才可亲近本源，这乃是命中注定的。"② 如果从广义上把故乡看作人生活的环境，那么海德格尔的意思就是说人的精神之源其实就在大地，在生养我们的这块土地上。诗意的安居，说到底就是要建构人与环境这种感情性的亲和关系，而这正是人在乐居时所处的情感状态，乐居中的精神境界就是诗意的安居。从环境伦理与环境审美相结合的立场来理解，诗意的安居至少包含如下意义：一是它不是人对环境的功利性的掌握，而是一种功利的超越。超越的含义不是超脱，而是对于事物的对立关系的消融。这种消融不是泯灭，而是扬弃。通过这种扬弃，在更高层次上将对立双方的重要品格融合于内，实现对立双方的统一，从而实现事物向更高层次的升华。二是它意味着人与环境的关系不是你死我活的对立关系，也不是控制与被控制的关系，而是一种相互肯定、相互渗透、相互有利的亲和关系。三是它意味着环境成为景观。景观是环境美学的本体，是环境美的渊薮，徜徉在环境中，人能获得无穷无尽美的享受。③

在实际建设层面，乐居则体现了建构美好家园的标准，其中包孕了环境建设的审美主导原则、理想城市环境、理想农村环境等美学思想。首先，景观是环境美学的本体。景观应具有综合的美感享受性，自然景观和人文景观应有很好的融合性。其次，历史文化底蕴深厚。历史文化遗存是城市重要魅力所在，城市建设中要注意有选择地保留这些遗存。再次，个性特色鲜明。人们喜欢生活在一个有个性的城市里，城市的个性特色是通过多种因素实现的，可以是自

---

① ［德］海德格尔：《人，诗意的安居》，第67页。

② ［德］海德格尔：《人，诗意的安居》，第68页。

③ 陈望衡：《环境美学》，第84~85页。

然景观，也可以是人文景观。复次，能满足居住者的情感需求与文化需求。人的情感具有个体性，决定选择的居住之地。人的文化选择具有类型性，城市建设需要有合适的文化定位①把乐居落到实处，生活（居）环境审美模式在城市环境建设中提出山水园林城市和历史文化名城两种理想城市范型，并提出"山水为体、文化为魂"的城市建设原则。可见，在乐居层次中，环境美学的景观本体与实践品格是统一的。环境美学的实践品格不是从工程学意义上具体指导如何建设环境，而是让建在环境中的工程如何符合审美的原则，与自然保持和谐，给人带来美的视觉享受。所以，生活（居）环境审美模式的实践品格是从景观本体出发，以景观本体为标准，这与工程学意义的应用性和功能性完全属于不同层面。尽管同是生活实践，生活（居）审美模式的居住论是超越实用主义的，符合审美无功利的功利性。从乐居的构想中，我们可以看出生活（居）审美模式提倡将景观和历史、园林城市和文化名城相结合，体现了自然和人文的统一。提倡个性化城市建设，体现了人性化概念，即顺乎自然大道是人的健康天性。这些都体现了生活（居）审美模式的和谐思想与合一思想。

此外，生活（居）环境审美模式还就当代环境美学对环境与艺术的区别进行了细微的辨别。在生活（居）环境审美模式看来，西方环境审美模式拘泥于环境与艺术的区别，沉迷于一元与二元、主观与客观、介入与分离、动观与静观这些琐细概念是没有多少意义的，环境美学首要的是面对生活世界。"美学是一门具有最大生活性的哲学"，"环境美学本身并不是基础理论，而应属于应用学科"。② 在某种意义上，环境美学的产生并不是学科发展的需要，而是近年来环境恶化、生态危机严重的现实需要。现实的环境恶化触目惊心，已经严重地危及人的生存。这使我们的环境美学建构不能不功利，我们需要以审美的原则去调节环境，重建美好家园，享受美好生活。从生活出发，从居住出发，使生活（居）环境审美模式坚实地落在大地上，具有很强的实践操作性。它对于

---

① 陈望衡：《环境美学》，第 116~119 页。

② 陈望衡：《培植一种环境美学》，《湖南社会科学》2000 年第 5 期。

我们当前在环境建设中如何处理资源和环境的关系、景观与工程的关系、环境保护与环境美学的关系等重要问题有现实指导意义，在城市建设上甚至提供了一个合规律性的不可替代的范型。在资源和环境的关系上，它主张改变过去把自然看成资源的观念，而应该把它看成我们的家。我们不能掠夺式地开发自然资源，而应高度重视保护好自然环境。在景观与工程的关系上，因为环境美在景观，因此应"化工程为景观"，用审美原则去指导工程建设，以实现功利性和审美性的统一，即工程和景观的统一。在环境保护与环境美学的关系上，它提出"审美的环境保护"，认为环境美学不是环境美化学，而是环境保护学，为环境保护提供美学的、哲学的理论资源。

总的说来，生活（居）环境审美模式是在批判吸收西方审美模式、融会中国传统美学经验基础上建构的审美模式，是一种更理想、更圆融、更具应用性的审美模式，与所处的时代语境和环境现状息息相关。西方的环境审美模式以欣赏为主，生活（居）模式以生活为主。不管是卡尔松的科学认知模式，还是伯林特的参与模式，其实都是在艺术审美和自然审美的传统里徘徊，而生活（居）模式已经从艺术美学和自然美学真正走向了环境美学，对现实环境建设发生影响力。科学认知模式强调客观认识，基本没有走出自然美学的藩篱。尽管参与模式认为"人与环境是贯通的"，将生活作为审美，但生活与环境仍是分离的。生活（居）模式持主客两合，以审美（对环境）为生活，认为生活是人的生活（居），自然环境是人生活于其中的自然界，城市是人生活于其中的城市，农村也一样。因此，生活（居）模式的"居"涉及整个生活，但居住是根本（以此区分旅游美学）。如把生活（居）模式与卡尔松、伯林特等西方模式并置，正好体现了一个环境审美模式的纵向发展历程，即批判中的建构。它比西方模式思考格局要大，因为它取的姿态是实践，而非空谈，是融合，而非对立。

（刊于《郑州大学学报》2014 年第 1 期）

罗纳德·赫伯恩环境美学思想研究

⊙陈国雄　杭　林
⊙中南大学文学与新闻传播学院

英国学者罗纳德·赫伯恩（Ronald Hepburn）的论文《当代美学对自然美的遗忘》于 1966 年发表在《英国分析哲学》一书中，这被视为当代西方环境美学的开端。在这篇重要的文献里，赫伯恩着眼于通过与艺术的比较，分析了自然的美学特质，集中探讨了应如何进行自然环境审美的问题，成功地预见了环境美学未来发展的重点论题，提出了环境审美模式研究中存在的主要问题。在此之后，赫伯恩陆续发表了《在艺术烛照下的自然》《自然审美欣赏中的肤浅与严肃》《景观与形而上学的想象》《阿诺德·伯林特〈生活在景观中：走向一种环境美学〉的书评》，并在 2001 年出版了《审美的生成》论文集。在这些后续的论文与论文集中，赫伯恩不仅进一步深入阐述了《当代美学对自然美的遗忘》中提出的重要理论问题，而且，他也关注了在环境美学发展过程中出现的重大理论问题，并提出了他对这些问题的理论见解。作为环境美学学科的奠基者，罗纳德·赫伯恩的环境美学思想对于环境美学学科的形成与发展产生了极其重要的影响，本文力图对上述论文与文集中的环境美学思想进行全面的探讨，从而勾勒出赫伯恩的环境美学思想及其对环境美学学科发展的重要性。

一

在论文《当代美学对自然美的遗忘》中，赫伯恩首先描述了自然被完全逐出美学领域的历史境遇。在学科创立之时，现代美学学科对自然美的漠视与排斥就初现端倪。鲍姆嘉滕在其《美学》中将美学学科界定为仅是关于艺术的科学："美学作为自由艺术的理论、低级认识论、美的思维的艺术和与理性类似的思维的艺术是感性认识的科学。"① 在此基础上，他还特别强调，作为艺术理论的美学是对起源于低级认识能力的自然美学的补充。这种对美学学科的认知基本上没有将自然美纳入美学学科的范畴。延至18世纪末，浪漫主义文学运动兴起于欧洲，并造就了自然欣赏的高峰，但从本质上考察，浪漫主义文学运动并没有从平等的角度处理人与自然的内在关系。无论是消极浪漫主义者还是积极浪漫主义者，他们都将"自我"置于"自然"之上，自然的价值仅仅体现为它是主体的情感与精神的寄托。黑格尔在其美学研究中承续了浪漫主义运动的理论惯性，他虽然没有完全将自然美摒弃在其美学研究的大范围之外，但是他坚持认为，自然美由于概念与标准的不确定，仅仅只是属于"心灵"美的反映，是一种不完善的美的形态。② 因此，基于对自然美的误解而引发的轻视，在黑格尔的美学视野中，美学的范围就是艺术，或则毋宁说，就是美的艺术。美学学科的正当名称就是"艺术哲学"，或者更确切一点，就是"美的艺术的哲学"。③ 虽然黑格尔认定美学研究的真正对象应当是艺术，但他在具体的理论探讨中，并没能真正放弃对自然美的研讨。

到了20世纪中期，作为西方美学主流的分析美学坚持认为，美学等同于艺术哲学，自然美的研究在美学研究中被彻底放逐。赫伯恩形象地描述了这个过程，他认为，假如一个人的审美教育完全侧重于只适合艺术的审美态度、审

---

① ［德］鲍姆嘉通：《美学》，简明、王旭晓译，文化艺术出版社，1987年，第13页。

② ［德］黑格尔：《美学》（第一卷），朱光潜译，商务印书馆，1979年，第5页。

③ ［德］黑格尔：《美学》（第一卷），第3~4页。

美方法与审美期待，并将这种教育一以贯之，那么他将几乎不会将审美注意置于自然之中。即使其审美注意投入自然之中，也会变得无所适从，他只会在自然之中见到仅在艺术中能够找到的东西。① 与此同时，这一时期的重要美学文本都鲜有对自然美的论述，两本经常被人引用的美学文集——美国维瓦斯（Vivas）与克里格尔（Krieger）主编的《美学问题》和英国埃尔顿（Elton）主编的《美学与语言》中就没有任何研究自然美的文章。比尔兹利（Beardsley）的重要著作《美学》以"批评哲学中的问题"作为其副标题，并在开篇指出："如果从来没有任何人谈论过艺术品，那么在我划定的范围内，就不会有任何美学问题。"② 约瑟夫·马戈利斯（Joseph Margolis）和威廉·肯尼克（William Kennick）编选的两本重要的有关美学的论文集分别以《艺术的哲学分析》和《艺术与哲学》作为书名。这三本重要的著作与文集都没有提到自然美。在很多分析美学家看来，自然欣赏基本上是主观的，和艺术相比缺乏哲学意味。唐·曼尼逊（Don Mannison）与罗伯特·艾略特（Robert Elliot）得出结论，对于自然世界的欣赏不是美学的，因为美学欣赏需要与创作意图、艺术史传统、艺术批评实践等密切相关，而自然缺乏这些特性。③

在赫伯恩看来，对于美学而言，自然美只是美学学科地图上不显示名字的地方，既然不显示名字，被人遗忘就理所当然了。然而，这种对自然美的忽视是一件十分糟糕的事情，因为这种忽视使美学放弃了对一组重要而丰富多彩的材料的考察，而且关于自然美的一整套经验被美学理论冷落时，就不容易作为经验对美学理论发挥其应有的作用，这也必然使得现存的美学研究存在理论缺

① Ronald Hepburn, "Aesthetic Appreciation of Nature", in H. Osborne, ed. *Aesthetics and the Modern World*, London: Thames and Hudson, 1968, p.53.

② ［英］R. W. 赫伯恩：《对自然的审美欣赏》，李普曼《当代美学》，邓鹏译，光明日报出版社，1986年，第365页。

③ Allen Carlson & Arnold Berleant, eds. *The Aesthetics of Natural Environments*, Canada: Broadview Press, 2004, p.14.

陷。基于此，赫伯恩认真分析了自然美这种历史境遇形成的主要原因：一是浪漫主义文学自然观的隐退，人类审美趣味的转移。浪漫主义文学家（尤其是华兹华斯）笔下的自然是人类审美和道德的教科书，然而随着历史进入20世纪，人类审美兴趣更多地转向艺术，人的典型形象就是被自然包围着的"陌生人"，人类不屑于或已无能力与自然进行审美交流，自然对人类而言不仅毫不重要，而且是一种荒诞的存在。二是科学的发展使人类对自然的审美欣赏产生了迷惑与彷徨。显微镜和望远镜不仅为人类增加了大量的审美材料，而且也使得自然景色的各种形象在科学的引领下成为主观的任意选择，"自然是什么"不再是一目了然，这似乎也印证了分析美学对自然审美的认知：自然审美是主观的、肤浅的。三是自然审美经验的特殊性。随着美学理论日益精细化，审美经验的某些特征很难从自然中直接获得，因为作为没有边缘的普通对象，自然景色不太可能像成功的艺术品那样精细地控制审美者的反应，因此，人们趋于将人工制品当作唯一的审美对象与美学研究的核心。①

二

随着时代的变化，美学研究排斥自然美的趋势必将逆转，这种逆转源于对20世纪以来愈演愈烈的环境污染问题的反思与应对。为了有效地应对西方出现的环境危机，美学学科必须作出回应，如何从审美的层面重新认识自然本身的价值并培育一种对于自然的情感成为美学学科在新时期的历史使命。为了很好地承担这种使命，美学只有着眼于学科内部革新以寻求对外部问题的解决，而这种美学的内部革新立足于以下问题的有效解决：第一，自然美与艺术美地位的问题。由于人类中心主义的影响，在西方传统美学中，自然美与艺术美的地位存在优劣之分，自然美低于艺术美，而环境美学应当重新关注自然美，重新

---

① Ronald Hepburn,"Contemporary Aesthetics and the Neglect of NaturalBeauty",in Allen Carlson & Arnold Berleant,eds. *The Aesthetics of Natural Environments*,Canada：Broadview Press,2004,pp. 43-45.

审视自然美与艺术美在美学中的地位。而这种重新审视必须建基于区分自然美与艺术美、自然欣赏与艺术欣赏，力求避免以艺术美与艺术欣赏的标准衡量自然美与自然欣赏，从而轻视甚至排斥自然美与自然欣赏。第二，如何发展一种全新的自然美学？西方传统自然美学产生于主客二分的哲学背景中，自然美依赖于审美主体，在自然审美中，更多关注的是人的价值，环境美学应对传统自然美学的哲学基础进行深入反思，将哲学基础由传统的人文主义与科学主义的结合转为人文主义、科学主义与生态主义的深层融合，形成一种着眼于人与自然之间的生态关联的自然美学。

关于上述两个问题，赫伯恩做出了卓有成效的理论探讨，并成功地开启了这种美学的内在革新。

赫伯恩首先集中辨析了艺术审美与自然审美之间的两种主要区别，第一种区别是"参与"与"分离"审美模式的分野。艺术的审美者一般置身于艺术对象之外，采用一种"分离"的模式。而对于自然审美，"当一个人欣赏自然景物时，自己也常常陷入自然的审美环境之中"，这就意味着，当我们进行自然审美时，我们进入自然之中并成为自然的一部分。在赫伯恩看来，"介入"的审美模式具有很大的优势，通过介入自然，观赏者"用一种异乎寻常而又生机勃勃的方式体验他自身"。① 而第二种区别则是有无框架与边界的分野。尽管并不是所有的艺术审美对象都具有框架或基座，但确实有许多的艺术品经由框架或基座将它们与其周围环境明确地分离开来。而与艺术品相比较，作为审美对象的自然是没有框架的，没有确定的边界。由上述两种分野可知，艺术品的一些普遍特征是自然对象所没有的。对于分析美学来说，自然对象缺乏艺术品的这些特征必然会成为影响其审美价值的负面因素。然而，赫伯恩认为："自然对象缺乏这些特征不一定是消极的，没有这些特征可能反而成为自然的审美

① Ronald Hepburn, "Contemporary Aesthetics and the Neglect of Natural Beauty", in Allen Carlson & Arnold Berleant, eds. *The Aesthetics of Natural Environments*, Canada: Broadview Press, 2004, p.45.

经验生成的可贵条件。"① 赫伯恩坚持这种可能性是完全存在的，而且他认为这种可能性通过自然的审美实践能够得到印证。对艺术品而言，艺术品框架之外的任何东西都很难成为与之相关的审美经验的一部分，而对于自然审美对象而言，正因为其没有框架的限制，那些超出我们原有的注意力范围的东西，比如一个声音或其他可见事物的闯入，就会以合理的方式融进我们的审美体验之中，从而改变和扩展我们的审美体验。正是由于这种无框架性，自然审美对象也无法提供一种完整的明确性与稳定性，但反过来，它可以给观赏者提供不可预料的审美惊奇，这就使得对自然的审美观照获得了一种具有冒险性的开放式体验。同时，与艺术相比较，作为审美对象的自然具有时间性，"从肯定的意义层面来说，自然对象这种暂时的、捉摸不定的美学特质成就了人们对新的视角以及新的'格式塔'式理解的追寻，而且这是一种无休止的、机敏的追寻"②。赫伯恩从积极方面考察了这些审美特性，坚持认为这些特性造就的流动性与变化性，促使我们寻找新的审美视点，建构新的审美体验。基于对自然对象和艺术对象之间重要差异的分析与研究，赫伯恩证明了自然独特而可贵的审美经验类型的存在："艺术或者在造就这些类型的经验方面无法与自然相提并论，或者根本就不能提供这样的经验。"③ 通过对艺术审美与自然审美区别的梳理，赫伯恩认为，由于自然的审美特质，自然美的欣赏能给我们提供独特的审

① RonaldHepburn，"Contemporary Aesthetics and the Neglect of Natural Beauty"，in Allen Carlson & Arnold Berleant，eds. *The Aesthetics of Natural Environments*，Canada：Broadview Press，2004，p. 45.

② Ronald Hepburn，"Contemporary Aesthetics and the Neglect of Natural Beauty"，in Allen Carlson & Arnold Berleant，eds. *The Aesthetics of Natural Environments*，Canada：Broadview Press，2004，p.47.

③ RonaldHepburn，"Contemporary Aesthetics and the Neglect of Natural Beauty"，in Allen Carlson & Arnold Berleant，eds. *The Aesthetics of Natural Environments*，Canada：Broadview Press，2004，pp. 47-48.

美经验和扩充我们的审美方式，从而可以有效地拓展我们的审美经验，并重新建构一种新的审美方式。而在发表于 1972 年的论文《在艺术烛照下的自然》中，他又辩证地探讨了艺术审美与自然审美之间的内在关联性，认为这两种审美经验之间在相互借鉴的基础上实现相互修正，从而实现互相促进。而且，他也强调了艺术审美对于自然审美的启发价值，认为艺术审美经验可以为自然的审美欣赏提供许多多元而丰富的新视角，而不应仅仅局限于"艺术对自然形式的同化作用来考察自然与艺术的关系"。① 基于此，从赫伯恩的理论思路而言，他是反对艺术美优于自然美的传统理论见解的，主张自然美与艺术美都应成为美学研究的重要组成部分。而通过与艺术审美的比较，赫伯恩认为，自然的审美体验极大地拓展了人类审美体验的范围，因而具有艺术无法替代的价值，它必然会成为美学研究的重要内容。赫伯恩的理论表述在很大程度上为环境美学的产生提供了一种合理性论证。

而在探讨如何建构一种全新的自然美学的问题上，赫伯恩区分了当时流行的两种自然欣赏的方式：一种方式是对个别对象具有审美意义的感性特质进行观照。这种方式流行于当时的英国哲学（分析哲学尤其明显）中，它鼓励我们赞同一种对自然美的特殊主义方法，并鼓励我们疏远"与自然同一"或"在自然之中"这样较为夸夸其谈的理论。而另一种方式是趋向一种整体的自然审美。在赫伯恩看来，这种审美方式由一批更勇于进行形而上学探讨的学者所倡导，虽然这些学者的理论之间存在重大的差异，但"统一""同一"成为他们内在坚持的美学原则。并且他们坚信，这种对自然的审美方式最终会揭示自然中的"统一"，或走向"与自然同一"的审美理想。面对这两种自然欣赏方式，赫伯恩极力想证明：在对孤立的个别事物的审美经验中存在某些不完整性，而这些不完整性必然会产生出向另一极即统一的强有力的运动。但在赫伯恩看来，如何趋向统一与整体并不仅仅存在一种唯一的方式，而是以多元的方

---

① Ronald Hepburn, *Natureinthe Light of Art*, Royal Institute and Phiosophy Lecture, 6, 1972, p. 244.

式实现的。为了重建一种全新的自然美学，赫伯恩认为应实现以下四种方式的结合：（1）扩大环境感知的范围和丰富我们审美经验中的解释要素。审美经验中解释要素的丰富，并不是利用这种要素增加对眼前景物的理论知识，而是利用这种要素增强自然经验对审美主体的审美冲击力。（2）自然的"人化"或"精神化"。这种统一的方式在浪漫主义的自然欣赏中体现得最为典型，通过审美想象，自然成为主体理念的有效载体，从而在审美主体与审美对象之间建立一种亲密关系。（3）通过发展与修正"人化"方式，实现人与自然在情感上的交融。在对自然进行审美观照时，我们有时会发现自然对象的情感特质可以用描绘人类情感的词汇来进行表述，例如忧郁、高兴、平静等，在此种情况下，自然对象被人化了。与此同时，与自然同一也意味着审美主体将自身视为自然中的诸形式之一，此时，人不再让自然的"外部性"或"他性"得到克服，而是极力促使"他性"自由活动，从而使审美主体融入自然，成为自然景观不可或缺的一部分，在某种程度上实现审美主体的"自然化"。审美主体的"人化"与"自然化"方式的结合将人与自然融为一体。（4）所有与自然环境相关的个体经验全部参与到自然欣赏中。作为审美客体的自然对象作为自然环境的一部分，审美主体在自然环境中生发的各种情感都成为了审美欣赏的背景而与审美欣赏密切相关。

通过对自然审美特质和如何实现整体性自然审美的考察，赫伯恩从美学内部革新的层面扭转了自德国古典哲学美学以来漠视自然美的局面，实现了自然作为审美对象的复归。

三

在《当代美学对自然美的遗忘》中，赫伯恩更为强调自然科学知识对自然欣赏的重大意义，坚持认为其是正确而严肃的自然欣赏的有力保证。针对自然的审美特质，赫伯恩认为，除了最大限度地运用审美想象力，自然审美还应具备必要的自然科学知识。他认为，"真实的""虚假的""表面的""肤浅的""严肃的""深刻的"等运用于艺术欣赏中的评价性术语同样也适用于自然欣赏。地图上的荒漠我们不能体验其荒凉，只有我们立于荒漠之中才能真正体验它的荒凉，这种经验不仅增加了鲜明而丰富的审美感知，而且这种对荒漠的审美经验是建立在真实与客观的基础之上的。如果不知道一棵大树已经腐朽，我们去欣赏它的强壮与力量之美，这肯定会导致一种肤浅而虚假的审美经验。"如果我们想要自身的审美体验可以重复且具有持续性，我们应当努力保证新的信息或之后的实验不会证明关于对象的知觉是一种幻象。"① 基于此，赫伯恩认为，为了实现自然欣赏的客观性与严肃性，适当的自然科学知识是必不可少的。这种观点在《自然审美欣赏中的肤浅与严肃》中得到了进一步的确认与展开。但在 1996 年发表的《景观与形而上学的想象》一文中，赫伯恩在审美想象与自然科学知识两者重要性的取舍中，他的重心发生了转移，转而强调审美想象的重要性。因此，他坚决反对卡尔松的科学认知主义自然审美模式对科学作用的过度强调。

形而上学想象模式是赫伯恩在《景观与形而上学的想象》一文中提出的环境审美模式。形而上学想象模式是赫伯恩为了反对卡尔松环境模式对科学知识的过度强调，同时也是他对环境审美模式研究理论的进一步发展。在论文《当代美学对自然美的遗忘》中，赫伯恩认为自然（环境）审美是一个多元因素参与的开放的过程，在环境审美中，想象、情感、科学知识都参与其中，但为了实现他所坚持的客观严肃的环境审美，他强调了科学知识的重要性。不过，与卡尔松不同的是，赫伯恩虽然强调了科学知识的重要性，但并没有将想象与情感排除在环境审美过程之外。在赫伯恩看来，没有科学知识的参与，运用情感与想象同样也能实现环境审美。而卡尔松的环境模式由于对科学知识的过分推崇，在环境审美中有排除其他体验方式的危险。正是意识到卡尔松环境模式的极端性，赫伯恩进一步推进了他对环境审美模式的理论思考，从而提出了形

---

① Ronald Hepburn, "Contemporary Aesthetics and the Neglect of Natural Beauty", in Allen Carlson & Arnold Berleant, eds. *The Aesthetics of Natural Environments*, Canada: Broadview Press, 2004, pp.56-57.

而上学想象模式。

在《景观与形而上学的想象》中，赫伯恩并没有完全否定他关于环境审美的早期结论，他认为，科学知识对于自然审美是必需的，因为它能够引领我们在观照对象形式的同时深入地把握其本质特征。但他也意识到，在科学认知的过程中，自然世界丰富的感知特性也在很大程度上被抽象掉了。因此，他虽然赞同卡尔松所强调的包括地质学、生物学与生态学在内的"自然史的知识"可以参与环境审美，并且也能促成一种更为深刻的自然审美，但如果我们像卡尔松那样将科学知识强调到一个不恰当的地位，则必然会影响审美过程中审美态度的生成，从而在一定程度上会损害自然审美体验的丰富性。基于此，赫伯恩的形而上学想象模式集中于审美态度的合理生成，强调形而上学的想象通过拉近人与自然之间的距离建构审美态度的作用。关于形而上学想象的界定，赫伯恩认为，它首先应作为一种解释的要素，这种要素有利于我们确定对自然的整体经验，它将被作为一种具有形而上性质的暗喻或解释，这种暗喻或解释不仅仅与我们对自然的当下体验相关，在某种意义上，它与对自然的整体经验有密切联系。形而上学的想象虽然建基于系统的形而上学理论的基础上，但它不是一种沉思，而是一种具体当下的景观经验的要素，是一种感知的融合。通过这种形而上学的想象，我们可以将自然景观视为一种宇宙的征兆或隐藏在自身背后的更为深刻的美的揭示。我们可以将地平线上的黑云视为风暴的前兆，我们也可以在极地冰川的感知中体验自然的严酷本质，我们还可以在为自然之美感动的同时，获得很难用言词和概念表达的超越感。①

因此，赫伯恩所主张的形而上学的想象模式是为了让我们在自然欣赏中更好地参与自然，实现一种与自然一体的审美体验。正如他所说，当我们谈论与自然一体时，我们的身体与自然是相连的一体，"它们（自然）的生命就是我们的生命：我们呼吸着和它们一样的空气，我们和它们的生存在同一个太阳的

---

① Ronald Hepburn, "landscape and the metaphysical Imagination", in Allen Carlson & Arnold Berleant, eds. *The Aesthetics of Natural Environments*, Canada: Broadview Press, 2004, pp.127-128.

照耀下获得温暖与支撑"。为了获得这种体验，我们必须采用一种不同的体验方式，这种方式必须在我们与自然之间建构一种感知类推基础之上的审美沉思，以便于我们经由树枝的分叉、叶脉的形状类推到我们血管的形状，经由海浪轻抚海岸的节奏类推到我们平静的呼吸。在这种类推的过程中，我们能体验到与自然的一体，这种体验是一种对和谐、共鸣、协调的节奏形式的美学享受，它远远超越了对这些形式的智性认识。① 通过这种感知类推而形成的审美沉思，人类与自然（环境）之间形成一种内在交流的审美机制。在通过形而上学的想象实现与自然一体的过程中，我们可以看到赫伯恩的形而上学的想象模式在很大程度上承续了浪漫主义的自然审美方式。浪漫主义者对自然欣赏很少单独关注自然的感性形式，经由丰富的想象，这种感性形式的关注更多与主体的情感与对世界的冥思密切地联系在一起，这就必然会造成自然成为人类情感与理念的象征。而在关注自然审美方式的过程中，赫伯恩深刻体会到，不加限制的浪漫主义想象最终会沦为幻象，从而剥夺了自然本身的独立价值。因此，在建构形而上学想象模式的过程中，为了实现严肃的自然审美，他将想象限定在自然本身的审美特征上。

在《当代美学对自然美的遗忘》中，我们更容易看到赫伯恩对科学知识的强调，而在《景观与形而上学的想象》中，我们更容易发现他对想象的重视，这种从科学知识到形而上学的想象的位移，必然会引发环境美学研究者的过度猜测：在环境审美中，赫伯恩从强调科学知识到漠视科学知识。其实，在赫伯恩的视野中，形而上学想象模式的提出并不是对科学知识的漠视，而是强调环境（自然）审美应注意以下三个方面：（1）自然的审美欣赏首先必须要保证合理的审美态度的生成，而形而上学的想象能有效地保证审美态度的形成。（2）形而上学的想象能保证自然审美中感知丰富性与思想严肃性的有效结合。赫伯恩在《自然审美欣赏中的肤浅与严肃》中提出肤浅与严肃构成了自然欣赏

① Ronald Hepburn, Landscape and the Metaphysical Imagination, in Allen Carlson & Arnold Berleant, eds. *The Aesthetics of Natural Environments*, Canada: Broadview Press, 2004, p.133.

中的两个临界点，真正的合理的自然审美应当在两个临界点的中间生成，而形而上学的想象能促成这种生成，想象能保证感知的丰富性，并且也能保证自然审美突破严肃性的临界点，但它有可能突破肤浅的临界点，从而使自然审美流于感性的肤浅，而想象的形而上学能有效地保证感性肤浅性与思想严肃性的内在平衡。（3）形而上学的想象所生成的"严肃性"并不是科学知识带来的"严肃性"所能全部替代的。赫伯恩反对"一种过度强调科学为主导的自然审美"，他虽然承认科学知识的介入有可能会促成自然审美的深化，但他认为科学知识无权也不可能取代其他促成自然审美深化的要素。①

极为可惜的是，正如瑟帕玛所感叹的一样，赫伯恩开创了环境美学，提出了一些很有价值的观点，引发了学者们对于环境审美研究的兴趣，但环境美学发展进入兴盛期后，他很少参与这个领域，很多观点都没能进行深入的阐释，但赫伯恩着眼于自然作为审美对象的复归，通过与艺术的比较，分析了自然的美学特质，并集中探讨了应如何进行自然环境审美的问题，从而成功地预见了环境美学未来发展的重点论题，提出了环境审美模式研究中存在的主要问题——作为主观的审美想象与作为客观的科学知识如何结合的问题，并且通过形而上学的想象模式提供了解决该问题的一种思路。在学科初创阶段，富有前瞻意识的问题在某种程度上比问题的简单解决更具有价值，赫伯恩提出的问题及其解决思路以其内在的理论魅力吸引着环境美学研究者，并持续不断地推动环境美学学科向纵深发展。

（刊于《郑州大学学报》2016 年第 1 期）

---

① Ronald Hepburn,"landscape and the metaphysical Imagination",in Allen Carlson & Arnold Ber-leant,eds. *The Aesthetics of Natural Environments*,Canada：Broadview Press,2004,p.130.

后　记

编辑出版学术论文集是学术生产和传播的重要途径之一，也是我在主持《郑州大学学报》（哲学社会科学版）办刊过程中一直强调和坚持的一条基本原则。2012 年，在《郑州大学学报》（哲学社会科学版）申报教育部第二批"名栏建设"期刊的汇报材料中，我曾将学术期刊在学术生产与传播中的作用概括为七个有机联系的方面，即：论文发表；学科建设；出论文集；主办会议；二次文献；人才培养；社会服务。这是我第一次将自己多年来的办刊体会和思考以文字的形式呈现出来，并且在向教育部领导和专家的汇报中得到了大家的认可。

我的主要观点是，论文发表虽然是学术期刊的主要职责，但一本学术期刊要成为好的学术期刊，要在读者、作者、学界和评价机构中具有较高认可度和较大学术影响力，就不仅仅是发表论文那么简单的事情了。即使每一本学术期刊都认真地在做着约稿、审稿、编辑、校对等程序性工作，即使每一期发表的文章都是从数千篇来稿中精挑细选出来的优质稿件，即使每一篇文章从选题、论证、观点、材料、创新上都是精品佳作，也不是稿件发出来就万事大吉了，它还需要完成上述至少七个方面的工作。从这个意义上说，学术生产与传播其实是一个"链"或系统工程，而学术期刊只是这个"链"或"系统工程"的有机组成部分。

比如说学科建设，它与学术论文发表有着内在的千丝万缕的联系。著名的例子就是以《自然》和《科学》为代表的学术期刊。在这些期刊上所发表的最新学术成果在引导学科建设和科学研究方面所起的作用是有目共睹的。一个重大科学发现或发明的推出，不仅会引导许多科学家、科研机构和高等院校去做这方面的研究，一些成果甚至还影响到科技产业的发展。人文社会科学也是这样，一本期刊尤其是优秀学术期刊，在引领学术方向、促进学科发展等方面也起着非常重要的作用。我国目前正在进行的一流大学和一流学科建设，其核心指标（A 类学科、ESI 学科排名）与其在高水平学术期刊发表论文的数量及其引用之间的关系是密切相关的。

再比如说举办学术会议。几乎所有的学术期刊都支持和鼓励编辑参加学术会议，以保持对学术前沿的关注和与学科专家的交流。其实，由学术期刊主办各种学术会议更能凸显期刊在学术方面的超前意识和引领作用。由期刊主办的学术会议，主要有讨论期刊重大选题的专家论证会、聚焦某一个选题的专题研讨会和重大成果发布会。通过这些会议，期刊不仅可以密切与学科专家的联系，保持对学科前沿的引领，而且便于期刊直接获取优质稿件，吸引优秀人才，还可以有效提升和扩大期刊的学术影响力。

至于二次文献、人才培养和社会服务等方面，更是学术期刊的天职和使命。任何一本学术期刊，都希望它所发表的文章能够被学术界广泛关注、转载和引用，这在当前的学术评价体系中，几乎是衡量学术期刊质量的核心要素。人才培养对学术期刊的要求主要是学术意识培养、学术规范化训练和推出学术新人。学术期刊的使命感就体现在它对一代又一代学术新人的发现和培养上，这既是保证学术研究不断创新的需要，也是保持学术期刊学术生命力和影响力的关键所在。社会服务主要是通过学术成果的发表，为社会提供科技和智力支撑。除此之外，学术期刊服务社会的方式还可以向实践领域拓展，比如参与重大科技和社会问题的讨论，策划、组织相关科技或社会活动等，这样不仅可以提升期刊的社会影响力，而且还可以使期刊的一些主张、理念等深入人心。

当然，编辑出版论文集也是提升期刊影响力的途径之一，其意义主要在于：一是对期刊来说，把分散在不同年度、不同刊期的文章，重新拟定主题，重新汇集、编排，这既是对期刊某一时段出版成果的集中展示，也是对其所关注的学术问题的再一次确认和聚焦，同时也提供给学术界一个可检验的、历史的样本。就像赵家璧在编纂"中国新文学大系"时所考虑的，"在资料留存的基础上展示新文学发展的实绩"。二是就传播方式而言，论文集以书籍的形式聚焦学术话题，是对期刊学术传播方式的拓展和增益。书籍与期刊相比，不仅更有利于长期保存，而且有阅读上的相对优势。即使在今天数字化阅读已成为大众习惯的情况下，图书仍然是许多人包括学者钟爱的阅读方式之一。三是对研究者来说，把某一个专题的论文集中起来，既可以为其研究工作提供方便，还可以通过与编者的交流互动，不断生成新的学科领域和新的学术热点问题。

现在，呈现在大家面前的这本《环境美学基本问题研究》论文集就是《郑州大学学报》（哲学社会科学版）教育部名栏"美学·环境美学"2005—2017年间所发表的环境美学方面的论文的选编。作为国内最早开设"环境美学研究"的学术期刊，我们坚持以服务学术研究、服务国家社会和经济建设为目的，刊发了许多前沿性、标志性的学术成果。在环境美学基本理论方面，有陈望衡教授的《环境美学的兴起》《试论环境美的性质》、张法教授的《环境—景观—生态美学的当代意义——从比较美学的角度看美学理论前景》和刘成纪教授的《重新认识中国当代美学中的自然美问题》等；环境审美方面，有彭锋教授的《环境美学的审美模式分析》、薛富兴教授的《自然审美批评话语体系之构建》和罗尔斯顿教授的《森林中的审美体验》等；环境美学的实践性、应用性方面，有徐碧辉教授的《城市之美与自然之境——生态美的城市建构》、赵红梅教授的《城市噪音的美学批判》、齐藤百合子教授的《城市环保主义中美学的作用》、柯蒂斯·卡特教授的《花园·城市·自然——环境美学理论的实践性运用》和刘永涛教授的《环境审美的共识与冲突——从我国重大建设项目的美学激辩谈起》等。许多文章发表后先后被《新华文摘》《中国社会科学文摘》《高校文科学术文摘》以及中国人民大学报刊复印资料转载（摘），在社会上产生了较大的反响。现在把这些成果汇集成册，一方面是对我刊多年来关注环境美学研究成果的总结，另一方面也是我刊对教育部"名栏建设"工作的一个汇报。感谢教育部"名栏建设"工作的推进，使我刊不仅得到了河南省教育厅和郑州大学的大力支持，而且在综合性学术期刊专业化、特色化方面探索出了一条新路。

论文集的编选得到了几位年轻学者的帮助，他们是河南省社会科学院文学研究所副研究员席格、河南工业大学马克思主义学院副教授王燚、《河南财政金融学院学报》编辑部副编审周军伟。本书从选题策划到论文选定，每一个细节都凝聚着他们的智慧创造和辛勤劳动，在此向他们表示衷心的感谢！

大象出版社作为国内学术出版的重镇，对本论文集的出版给予了大力支持。郑强胜先生和责编、美编等人对书稿严格把关，认真编校，付出了大量心血，在此也向他们心系学术、服务学术的精神致以崇高的敬意！

付梓在即，发现全书仍有诸多不尽如人意之处，恳请学者和编辑同人不吝指正，我们将以此作为继续为学术出版事业不懈奋进的动力。

乔学杰

2018 年 8 月 30 日